D1672042

Ganzheitliche Fabrikplanung

Günther Pawellek

# Ganzheitliche Fabrikplanung

## Grundlagen, Vorgehensweise, EDV-Unterstützung

Springer

Prof. Günther Pawellek
TU Hamburg-Harburg
Inst. Logistik und Unternehmensführung
Schwarzenbergstr. 95
21073 Hamburg
Deutschland
pawellek@tuhh.de

ISBN 978-3-540-78402-9 e-ISBN 978-3-540-78403-6

DOI 10.1007/ 978-3-540-78403-6

Bibliografische Information der Deutschen Nationalbibliothek
Die Deutsche Nationalbibliothek verzeichnet diese Publikation in der Deutschen Nationalbibliografie; detaillierte bibliografische Daten sind im Internet über http://dnb.d-nb.de abrufbar.

© 2008 Springer-Verlag Berlin Heidelberg

Dieses Werk ist urheberrechtlich geschützt. Die dadurch begründeten Rechte, insbesondere die der Übersetzung, des Nachdrucks, des Vortrags, der Entnahme von Abbildungen und Tabellen, der Funksendung, der Mikroverfilmung oder Vervielfältigung auf anderen Wegen und der Speicherung in Datenverarbeitungsanlagen, bleiben, auch bei nur auszugsweiser Verwertung, vorbehalten. Eine Vervielfältigung dieses Werkes oder von Teilen dieses Werkes ist auch im Einzelfall nur in den Grenzen der gesetzlichen Bestimmungen des Urheberrechtsgesetzes der Bundesrepublik Deutschland vom 9. September 1965 in der jeweils geltenden Fassung zulässig. Sie ist grundsätzlich vergütungspflichtig. Zuwiderhandlungen unterliegen den Strafbestimmungen des Urheberrechtsgesetzes.

Die Wiedergabe von Gebrauchsnamen, Handelsnamen, Warenbezeichnungen usw. in diesem Werk berechtigt auch ohne besondere Kennzeichnung nicht zu der Annahme, dass solche Namen im Sinne der Warenzeichen- und Markenschutz-Gesetzgebung als frei zu betrachten wären und daher von jedermann benutzt werden dürften. Sollte in diesem Werk direkt oder indirekt auf Gesetze, Vorschriften oder Richtlinien (z. B. DIN, VDI, VDE) Bezug genommen oder aus ihnen zitiert worden sein, so kann der Verlag keine Gewähr für die Richtigkeit, Vollständigkeit oder Aktualität übernehmen. Es empfiehlt sich, gegebenenfalls für die eigenen Arbeiten die vollständigen Vorschriften oder Richtlinien in der jeweils gültigen Fassung hinzuzuziehen.

*Einbandgestaltung:* WMXDesign GmbH, Heidelberg

Gedruckt auf säurefreiem Papier

9 8 7 6 5 4 3 2 1

springer.com

# Vorwort

Produzierende Unternehmen können sich auf veränderte Anforderungen mit unterschiedlichen Geschwindigkeiten und Kosten einstellen. Gründe hierfür sind vielfältig und mit der Komplexität von Fabrikplanungsaufgaben verbunden. Extreme Standpunkte reichen von „für Planung haben wir keine Zeit“ bis zur „buchhalterischen Verringerung des Entscheidungsrisikos“. Oder es wird die Richtung des Gestaltungsprozesses, nämlich das top-down-Vorgehen oder der bottom-up-Ansatz, als Leitgedanke für Veränderungen festgelegt. Dabei liegt die Lösung je nach Situation irgendwo in der Mitte bzw. in einer kombinierten Vorgehensweise.

Schwerpunkt des vorliegenden Buches ist die problembezogene Planungs- und Entscheidungssystematik. Es soll das Verständnis aufgebaut werden, wie die im allgemeinen äußerst komplexen Aufgabenstellungen in der Fabrikplanung zunächst richtig definiert und dann so zu strukturieren sind, dass konkrete Planungsschritte in entsprechender Planungstiefe und unter Berücksichtigung ihrer Abhängigkeiten im interdisziplinären Projektteam zielgerichtet bearbeitet werden können. Dabei sollen die Anforderungen und Lösungsansätze der „Fabrik der Zukunft“ und der prozessorientierten Fabrikplanung ebenso berücksichtigt werden wie auch traditionelle und bewährte Ansätze. Bild 0.1 zeigt die Struktur des Buches. Nach der Einführung und den Grundlagen der ganzheitlichen Planung orientiert sich der Aufbau an den allgemein gültigen Planungsphasen der Strategie-, Struktur-, System- und Ausführungsplanung. Klassische und innovative Inhalte werden komprimiert dargestellt. Zahlreiche Beispiele aus Praxisprojekten sollen dem besseren Verständnis dienen. Abschließend wird eine Übersicht über die EDV-Unterstützung in den einzelnen Planungsphasen gegeben.

Ganzheitliche Fabrikplanung und Logistik stehen auch im Mittelpunkt meiner Industrie- und Forschungstätigkeit. In meinem Forschungsschwerpunkt „Fabrikplanung und Logistik“ an der Technischen Universität Hamburg-Harburg (TUHH) konnten wir neue Methoden, Hilfsmittel und Instrumente zur effizienten Bearbeitung unterschiedlichster Aufgabenstellungen entwickeln und gemeinsam mit Mit-

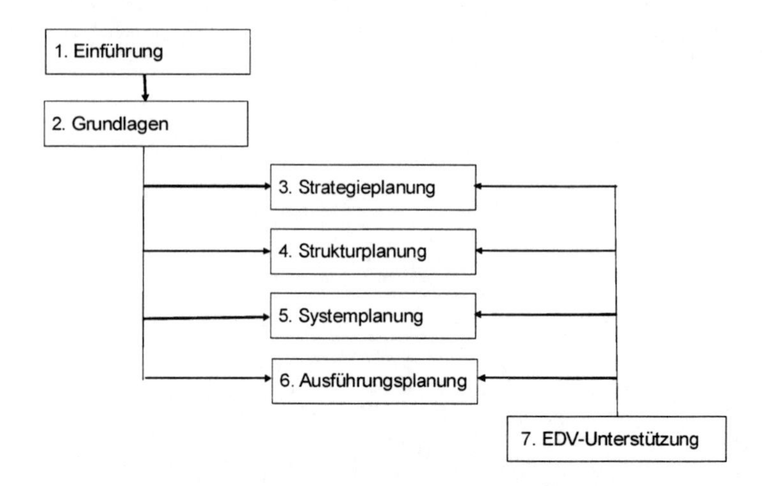


**Abb. 0.1** Aufbau des Buches „Ganzheitliche Fabrikplanung"

gliedsunternehmen der bereits 1992 gegründeten Hamburger Forschungsgemeinschaft für Logistik e.V. in der Praxis anwenden. Öffentlich geförderte Forschungsprojekte, firmenspezifische Verbundprojekte und Forschungskooperationen zwischen der TUHH und der an Fabrikplanung und Logistik interessierten Unternehmen bilden dabei die Basis für einen beschleunigten Wissenstransfer zwischen Praxis und Wissenschaft. Im FGL-Kompetenznetzwerk „Fabrikplanung und Logistik" (PLANnet) bzw. „Competence Network Industrial Planning" (CNIP) haben sich verschiedenste Partnerunternehmen zusammengefunden, um gemeinsam den kompletten Leistungsbereich der ganzheitlichen Fabrikplanung von der ersten Idee bis zur Realisierung im Sinne eines „virtuellen Unternehmens" unter wissenschaftlicher Begleitung international anzubieten.

Das Lehrbuch richtet sich an Studierende des Ingenieur- und Wirtschaftsingenieurwesens an Universitäten und Hochschulen sowie an Management und Planungsingenieure in der Industrie. Es stellt einen ganzheitlichen Ansatz für die Fabrikplanung dar und bietet dem interessierten Leser die Möglichkeit, eigene Problemsituationen einzuordnen und systematisch Lösungswege zu entwickeln.

Das Buch will die Ganzheitliche Fabrikplanung mit ihren planungstechnischen Grundlagen beschreiben und erklären. Dieses Konzept, vor allem in seiner Ausprägung der logistikgerechten Fabrik, zu entwickeln und für Unternehmen verschiedener Größen und Branchen zu realisieren, war Aufgabe meiner Tätigkeit in der AGIPLAN Aktiengesellschaft für Industrieplanung, Mülheim/Ruhr. Für den damaligen Gründer, Herrn Dipl.-Ing. W. J. Silberkuhl, der den größten Wert auf die permanente Weiterentwicklung der Planungsmethodik legte, waren die „ganzheitliche Ordnung nach innen und außen" und die „Erkenntnis logistischer Verknüpfungen maßgebend für den Erfolg eines Fabriksystems". Sein berufliches Profil ist umrissen durch die schöpferische Konzeption moderner Industrieplanung aus europäischer und amerikanischer Zusammenschau, die er aufgrund jahrelanger

Tätigkeit und Erfahrungen in Europa und Amerika gewonnen hat. Anfang der 50er Jahre hatte er einen Lehrauftrag an der Universität Hannover zum Fachgebiet Anthropotechnik: Der Mensch im Mittelpunkt betrieblicher Systeme. Die heutige AGIPLAN GmbH entwickelt zukunftsweisende Konzepte, plant Fabriken und Logistiksysteme und schafft effiziente Produktionen. Implementierungsstärke und Projektrealisierung zeichnen AGIPLAN auch heute noch aus.

Diesem außerordentlich innovativen Unternehmen gilt zunächst mein Dank. Insbesondere dem damaligen geschäftsführenden Vorstand Herrn Bernhard Lehmköster, meinen ehemaligen Kollegen, den Herren Dipl.-Ing. Gerhard Karsten, Dipl.-Ing. Rainer Kwijas, Prof. Dipl. rer. pol. (techn.) Helmut Schulte und Prof. Dr. Franz Wojda, damals Geschäftsführer der AGIPLAN Österreich und Vorstand des Instituts für Arbeits- und Betriebswissenschaften an der Technischen Universität Wien, sowie dem damaligen Vorsitzenden des Aufsichtsrates Prof. Dr.-Ing. Hans-Peter Wiendahl von der Universität Hannover und Prof. Dr. Hans Rühle von Lilienstern, mit dem ich gemeinsam zahlreiche Praxisseminare zur „Fabrikplanung und -organisation“ an der Technischen Akademie Wuppertal durchführen konnte. Von den Beiträgen der verschiedenen Referenten und Diskussionen mit den Teilnehmern, meist Geschäftsführer und Entscheidungsträger für Unternehmensentwicklung und Planung von Investitionsvorhaben, profitiert ebenso das vorliegende Buch. Weiterhin danke ich meinen wissenschaftlichen Mitarbeitern Dipl.-Ing. Ingo Martens, Dipl.-Ing. Arnd Schirrmann, Dr.-Ing. Axel Schönknecht und Dipl.-Wirtsch.-Ing. Andreas Schramm für die Unterstützung bei der Bearbeitung des Manuskriptes. Zuletzt danke ich aber vor allem Frau Annette Bock und meiner Frau Iris für die Bearbeitung der Manuskripte sowie für das Korrekturlesen mehrerer Manuskriptfassungen.

Hamburg-Harburg, im Frühjahr 2008

Günther Pawellek

# Inhaltsverzeichnis

# 1 Einführung in das Fachgebiet

## *1.1 Die „Fabrik der Zukunft"*

In der Geschichte der industriellen Güterproduktion gab es immer die „Fabrik der Zukunft". Von den Anfängen organisierter Manufakturen bis zu den heute technologisch und organisatorisch hoch integrierten Produktionsstätten haben verschiedene Einflüsse die kontinuierlichen Veränderungsprozesse zur Gestaltung und Erneuerung der Fabrikanlagen bewirkt, wie z. B.

- soziale Aspekte,
- technische Entwicklungen,
- bahnbrechende Erfindungen,
- neue Konzepte.

Eine bestehende Fabrik kann Veränderungen je nach Flexibilitätsgrad mit unterschiedlichen Geschwindigkeiten und Kosten adaptieren /Wie00/. Die Fabrik auf der „grünen Wiese" dagegen kann mit einem Schlag neue technische und organisatorische Konzepte realisieren und damit Quantensprünge in Bezug auf die Leistung erreichen /Schu97/.

Seit über drei Jahrzehnten wird im deutschsprachigen Raum auf dem Fachgebiet der Fabrikplanung wissenschaftlich geforscht /Dol73/, und es erscheinen immer wieder interessante Doktorarbeiten (siehe z. B. /Klar02; Mac02; Schm02; Ber05/). Insbesondere durch Forderungen seitens der Industrie, z. B. nach beschleunigten Planungsprozessen, hat die Fabrikplanung in den letzten Jahren zunehmend an Bedeutung gewonnen /Nyh04/.

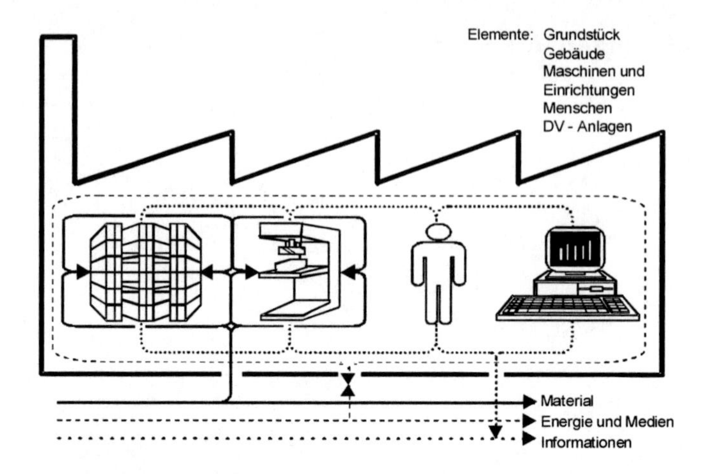


**Abb. 1.1** Fabrikanlage als System

**Fabrik als System**
Die Fabrik besteht aus Elementen /Kom90/, die in ihrem Zusammenwirken eine Leistung, ein Produkt, erzeugen (Abb. 1.1).

Elementare Produktionsfaktoren im Sinne der Betriebswirtschaft sind /Schu84/:

- Arbeits- und Betriebsmittel, gemeint sind alle Einrichtungen und Anlagen, welche die technischen Voraussetzungen zur betrieblichen Leistungserstellung (insb. zur Produktion) bilden, sowie
- menschliche Arbeitsleistung und Werkstoffe, die mit Hilfe von
- Anweisungen und Regeln bzw. mit Informationssystemen, zum betrieblichen Produktionsprozess kombiniert werden.

Der Mensch kombiniert die Faktoren mit Hilfe von Informationen. Daraus resultieren Material-, Informations- und Energiefluss sowie die Kostenstruktur. Die Integration aller Elemente ergibt die betriebliche Leistung.

## *1.2 Produktionsstrategien und Fabrikplanung*

Deutsche Produktionsstandorte geraten im globalen Wettbewerb zunehmend unter Kostendruck /Dak05/. Dieser kommt nicht nur von externen Wettbewerbern und Konkurrenten. Auch der interne Standortwettbewerb zwischen den Werken eines Unternehmens im In- und Ausland zwingen die Geschäfts- und Werksleitungen, die Kosten an den deutschen Produktionsstandorten grundlegend zu reduzieren.

Innovationen zur Kostensenkung und Leistungssteigerung sind daher die Herausforderung an die Fabrikplanung. Das bedeutet, dass die Gestaltung der optimalen, international ausgerichteten Prozesskette zu einem wesentlichen Wettbewerbsfaktor wird. Grundlage dafür ist eine globale Produktionsstrategie /Vet04/.

Die Leistungsfähigkeit des Fabriksystems hängt auch zunehmend davon ab, wie die ständigen und vielfältigen Veränderungen im dynamischen Umfeld des Unternehmens (Abb. 1.2) von der Fabrik aufgefangen werden können /Dom04/. Dabei führen die Veränderungen im Unternehmensumfeld zu gesellschaftlichen, marktorientierten und technologischen Herausforderungen (Abb. 1.3). Sie wirken sich sowohl auf Produkte als auch auf Prozesse aus. In den Unternehmen sind umfassende Reorganisationsmaßnahmen angestoßen worden bezüglich /Koc99; Mac02; Paw08/.

- Produkt, z. B. Plattformkonzepte, Modularisierung, fertigungs- und montagegerechte Produktgestaltung
- Produktion, z. B. Fraktalbildung, Integration indirekter Aufgaben, Automatisierungsszenarien
- Logistik, z. B. interne Lieferantenbeziehungen, teiledifferenzierte Logistikoptimierung, logistikgerechte Produktgestaltung, adaptive Logistikleitsysteme
- Organisation, z. B. Prozessorientierung, Lean Production, virtuelle Unternehmen, interdisziplinäre Teams, internetbasierte Kommunikationsplattformen

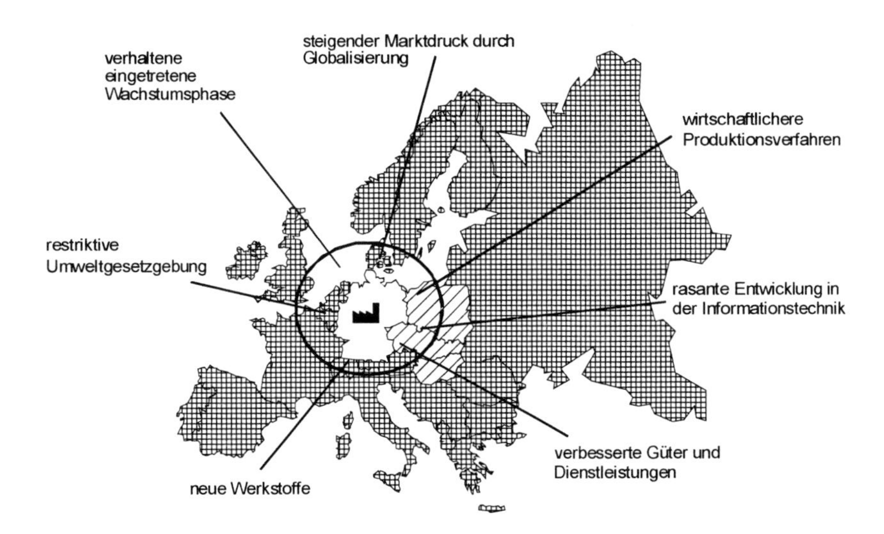


**Abb. 1.2** Unternehmen im dynamischen Umfeld

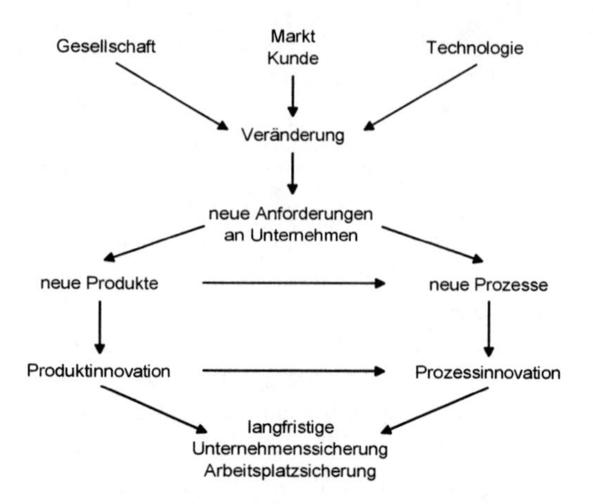


**Abb. 1.3** Zum Innovationsprozess

Die Ziele zukunftsorientierten Produktionsstrategien sind marktorientiert /Paw84/. Sie fordern eine höhere Flexibilität in der Produktion, um die Trendveränderung vom Verkäufermarkt zum Käufermarkt auffangen zu können (Abb. 1.4). So haben sich in den vergangenen Jahren alle wesentlichen Strategien der Produktion verändert (Abb. 1.5).

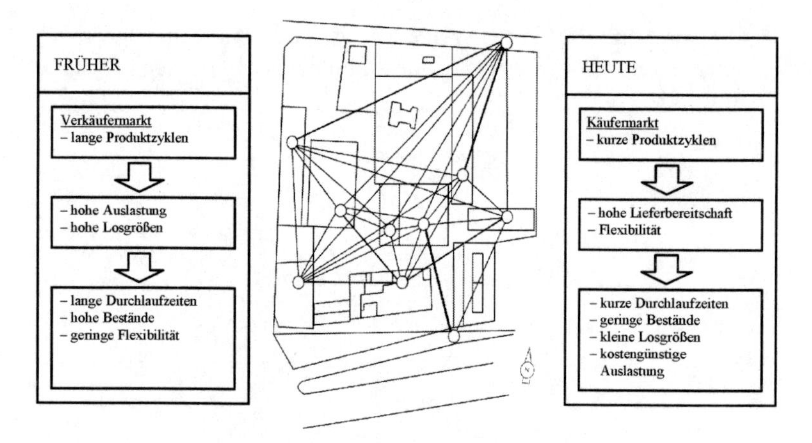


**Abb. 1.4** Trendveränderung für Produktionsunternehmen

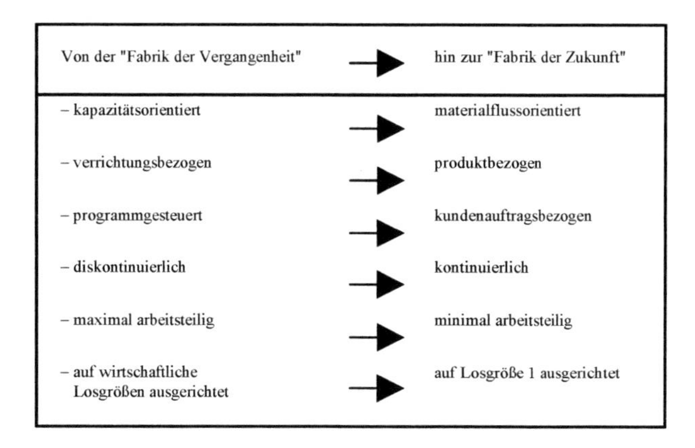

| Von der "Fabrik der Vergangenheit" | → | hin zur "Fabrik der Zukunft" |
|---|---|---|
| – kapazitätsorientiert | → | materialflussorientiert |
| – verrichtungsbezogen | → | produktbezogen |
| – programmgesteuert | → | kundenauftragsbezogen |
| – diskontinuierlich | → | kontinuierlich |
| – maximal arbeitsteilig | → | minimal arbeitsteilig |
| – auf wirtschaftliche Losgrößen ausgerichtet | → | auf Losgröße 1 ausgerichtet |

**Abb. 1.5** Gegenüberstellung von Produktionsstrategien

Die neuen Produktionsstrategien zielen auf geringste Kosten, kürzeste Durchlaufzeiten und absolute Beherrschbarkeit der Technologie. Betrachtet man den Wertschöpfungsprozess als Zuwachs der Herstellkosten über die Zeit, so entsteht das so genannte Zeit-Kosten-Diagramm (Abb. 1.6).

Darin werden die Zusammenhänge und Auswirkungen der Veränderungen deutlich. Für die Fabrikplanung ergeben sich als Konsequenz folgende Kernaufgaben /Schu97/:

- Zielkostengestaltung und -management
- Durchlaufzeitgestaltung und -management
- Technologiegestaltung und -management

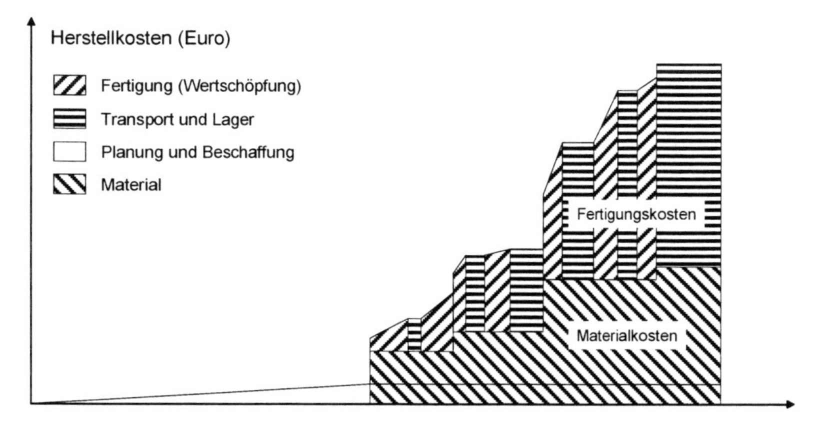


**Abb. 1.6** Zeit-Kosten-Diagramm

Es gilt also, frühzeitig veränderte Marktanforderungen zu erkennen und in der Fabrik konsequent umzusetzen. Zukunftsorientierte Fabrikkonzepte sind z. B. die

- Basis-Fabrik; d. h. der Weltmarktpreis bestimmt das Produkt, alle Kostenarten sind vorgegeben, das minimale Fabrikkonzept mit den niedrigsten Investitionen und Betriebskosten wird daraus bestimmt.
- schnelle Fabrik; d. h. der Markt fordert eine grundlegende Verkürzung der Lieferzeit, z. B. von 24 Tagen auf 2 Tage.
- High-tech-Fabrik; d. h. für höchst innovative Produkte (wie z. B. MB-Chips) ist es sehr wichtig, möglichst schnell von der Entwicklung in die Produktion zu gelangen (time to market). Im Vordergrund steht die Beherrschung der Technologie und die reibungslose Inbetriebnahme der „Maschine Fabrik", und nicht die Optimierung der Fläche.
- kooperative Fabrik (z. B. Smart); d. h. bei einer Fertigungstiefe von weniger als 20% und einer Durchlaufzeit vom Pressen der Rohkarosse bis zur Abnahme in 7 Stunden steht die drastische Reduzierung der Komplexität im Wertschöpfungsnetz sowie die kooperative Zusammenarbeit mit den Systemlieferanten im Vordergrund.
- wandlungsfähige Fabrik; d. h. die Wettbewerbsfähigkeit einer Fabrik hängt von der Fähigkeit ab, sich Veränderungen anpassen zu können und die hierzu notwendigen Gestaltungsprozesse reaktionsschnell und wirtschaftlich durchzuführen.

## *1.3 Fabrikplanung und Logistik*

Die Fabrikplanung gestaltet die Logistik bereits bei der Standortwahl sowie dem organisierten Zusammenführen der Fabrikelemente. Ziel ist es, die Kosten zu minimieren und die Effektivität zu erhöhen. Dabei ist die logistische Denkweise von besonderer Bedeutung, die durch folgende Merkmale charakterisiert ist /Paw83/:

- Systemdenken; dieses berücksichtigt die gegenseitigen Abhängigkeiten zwischen den einzelnen Standorten, Fertigungs- und Transportprozessen in den Werken. Dadurch werden suboptimale Insellösungen bei logistischen Entscheidungen vermieden.
- Flussdenken; dieses betrachtet die Flüsse von Materialien, Informationen und Personen, aber auch die Energie- und monetären Flüsse.
- Gesamtkostendenken; dieses fordert auch die Heranziehung aller relevanten logistischen Kosten als Entscheidungsgrundlage, was bedeutet, dass z. B. Transport-, Lager- und Bestandskosten nicht in den Deckungsbeiträgen „verschwinden".

– Qualitätsdenken; dieses hat das Ziel, die fertigungstechnischen und logistischen Prozesse so zu gestalten, dass Fehler und Ausschuss sowie deren Ursachen frühzeitig, vor oder zumindest während der Prozessdurchführung erkannt werden.

– Servicedenken; dieses geht davon aus, dass Logistikkosten nur dann gerechtfertigt sind, wenn sie durch eine entsprechende logistische Leistung, z. B. einen entsprechenden Lieferservice, verursacht werden.

Durch die ganzheitliche Betrachtungsweise von Fabrikplanung und Logistik werden Insellösungen vermieden und die Wertschöpfungsprozesse, Material- und Informationsflüsse im Sinne der Gesamtzielsetzung des Unternehmens gestaltet (Abb. 1.7).

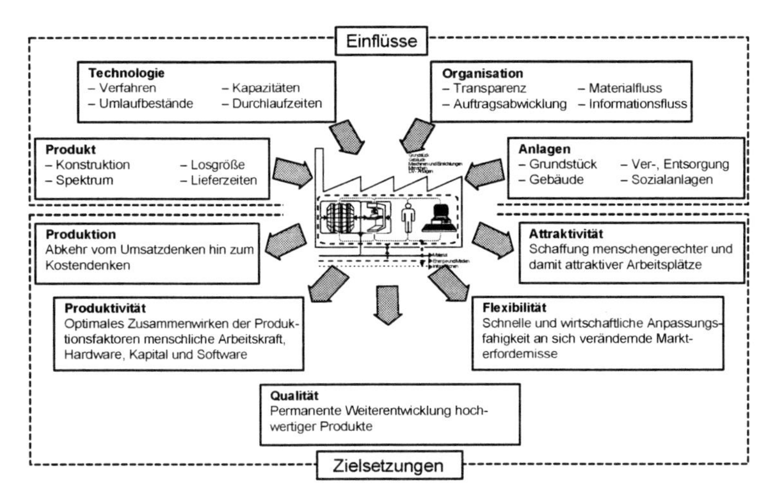


**Abb. 1.7** Einflüsse und Zielsetzungen

Im industriellen Anpassungsprozess steht heute und zukünftig verstärkt die Logistik im Vordergrund /Rüh92/. Drei voneinander unabhängige Anpassungsphasen zur Verbesserung der Fabriklogistik können unterschieden werden (Abb. 1.8):

– Kurzfristige Anpassung im Rahmen der Disposition und Steuerung der Betriebsmittel

– Mittelfristige Anpassung im Rahmen der Reorganisation betrieblicher Abläufe

– Langfristige Anpassung im Rahmen der Produkt-, Standort-, Fabrik- und Investitionsplanung

Alle diese Aufgaben beeinflussen sich gegenseitig. Die langfristigen Entscheidungen beeinflussen die Anpassungsmöglichkeiten bei der mittelfristig wirkenden Reorganisation von Arbeitsabläufen. Gleichzeitig stecken die Reorganisationsmaßnahmen den Rahmen für die kurzfristige Anpassung im Bereich der Disposition und Steuerung ab /Paw84/. Eine höhere Qualität der Logistik muss bereits mit der Fabrikplanung implementiert werden.

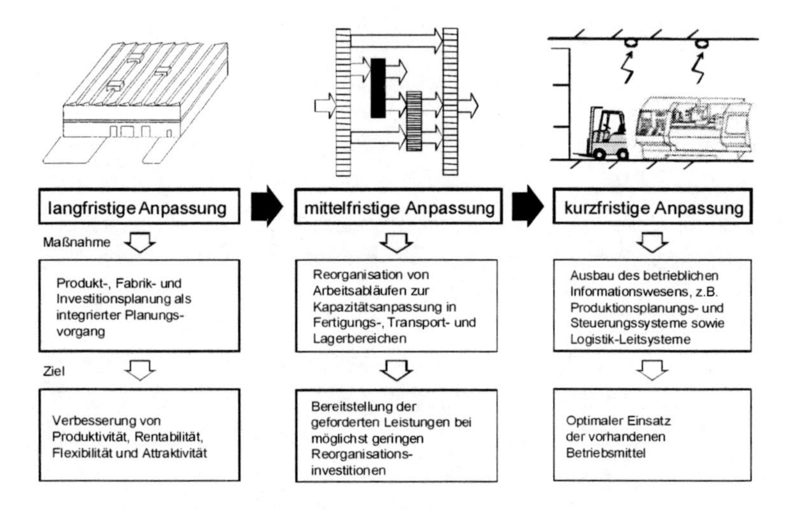


**Abb. 1.8** Kurz-, mittel- und langfristige Anpassung an Veränderungen

## *1.4 Neue Anforderungen an die Fabrikplanung*

Die Methoden der Fabrikplanung basieren noch größtenteils auf den klassischen Planungsprinzipien /Ket84; Agg90/. Diese sind für eine determinierte, weitestgehend statische Umfeldsituation und überschaubare Planungskomplexität ausgelegt. Und es wird nur von einer geringen Veränderlichkeit der Fabrik ausgegangen. Erfolgreiche Unternehmensstrategien für das Behaupten im Wettbewerb erfordern jedoch eine ständige reaktionsschnelle Anpassungsfähigkeit von Unternehmens- und Fabrikstrukturen /Dom04/. Mit zunehmender Geschwindigkeit der Veränderung der Einflussgrößen auf das Fabriksystem stellen sich danach neue Anforderungen an die Fabrikplanung:

- Die Fabrikplanung wird nicht einmalig von einer Person zu einem sich zufällig ergebenden Anlass durchgeführt, sondern
- die Fabrikplanung ist eine permanente Aufgabe von verschiedenen Fachleuten und Disziplinen nach vorgegebenen Zielgrößen des Unternehmens.

Ein Mix aus den besten Ideen wird bei genügendem Umsetzungswillen zur besten Lösung führen. Deren Erarbeitung fordert:

- Zielgerichtetes, schrittweises, strukturiertes Vorgehen
- Nachvollziehbarkeit der Entscheidungsfindung
- Einzelne Planungsschritte erzeugen abgeschlossene, entscheidungsreife Ergebnisse
- Genaue Arbeitsvorbereitung für die Planung

Die wesentlichen Forderungen an die Fabrikplanung sind daher:

- Konzentration auf das Wesentliche
- Wahl der richtigen Methoden und Instrumente
- Konzentration auf Bestände und Durchlaufzeit
- Bereichsübergreifende Lösungsansätze
- Lösung liegt im Gesamtkonzept
- Rasches Umsetzen

Das rasche zeitnahe Umsetzen von optimierten Konzepten ist – neben der Anwendung von Methoden zu deren Erstellung – der Schlüssel zum Erfolg. Dabei ist immer zu beachten, dass die Wertschöpfung das Hauptziel des Produktionsprozesses und damit auch der Fabrikplanung sein muss (Abb. 1.9), so dass die Qualität der Gestaltung der Fabrik sich letztlich im Zeit-Kosten-Diagramm widerspiegelt.

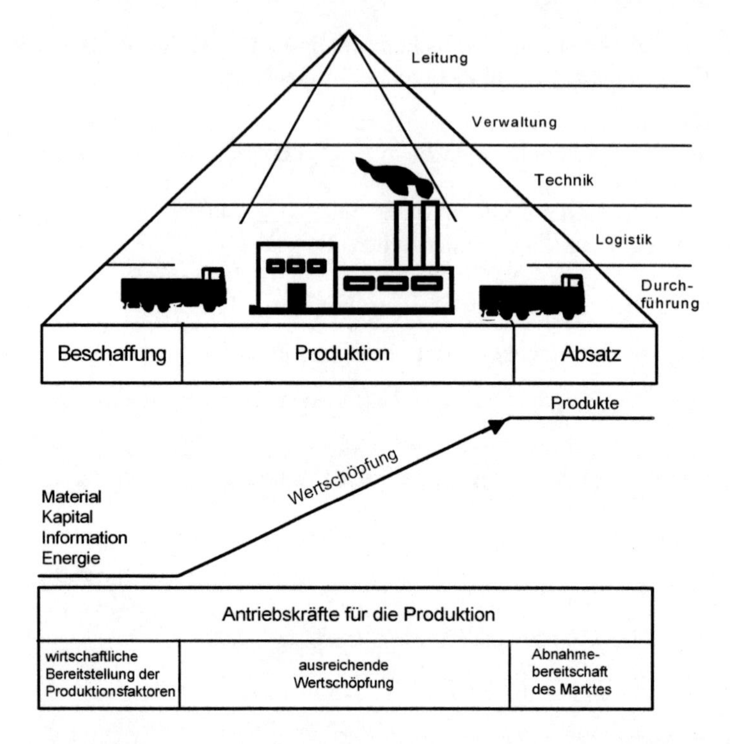


**Abb. 1.9** Wertschöpfung – Hauptziel des Produktionsprozesses und der ganzheitlichen Fabrikplanung

## *1.5 Übungsfragen zum Abschnitt 1*

1. Welche Strategien der vergangenen Jahre haben sich grundlegend verändert?

2. Nennen Sie Beispiele zukunftsorientierter Fabrikkonzepte.

3. Welche Merkmale charakterisieren die logistische Denkweise in der Fabrikplanung?

4. Nennen Sie die Anpassungsphasen an Veränderungen.

## *1.6 Literatur zum Abschnitt 1*

/Agg90/ *Aggteleky, B.*: Fabrikplanung, Band 1.
Carl Hanser Verlag, München 1990

/Ber05/ *Bergholz, M.A.*: Objektorientierte Fabrikplanung.
Diss. RWTH Aachen 2005

/Dak05/ *Dakowski, R.; Uffmann, J.*: Kostenreduktion in Produktion und indirekten Unternehmensbereichen.
VDI-Zeitschrift 147(2005)7/8, S. 25–27

/Dol73/ *Dolezalek, C.M.*: Planung von Fabrikanlagen.
Springer-Verlag, Berlin/Heidelberg 1973

/Dom04/ *Dombrowski, U.; Quack, S.*: Die ungenutzten Potentiale in bestehenden Fabriken.
In: Tagungsunterlage zur 5. Deutschen Fachkonferenz Fabrikplanung am 31.03. und 01.04.2004 in Stuttgart

/Eve95/ *Eversheim, W.; Bochtler, W.*: Simultaneous Enhineering – Erfahrungen aus der Industrie für die Industrie.
Springer Verlag, Berlin 1995

/Kla02/ *Klauke, S.*: Methoden und Datenmodell der „Offenen Virtuellen Fabrik" zur Optimierung simultaner Produktionsprozesse.
Diss. TU-Dresden 2002

/Koc99/ *Koch, R.*: Integrierte Produktionstechnik – Modularität, Mehrfunktionalität, Mobilität.
Dresdner Produktionstechnik Kolloquium 1999

/Kom90/ *Komorek, Chr.; Pape, D.F.*: Die neue Fabrik – ein komplexes System: Vielfältige Wechselwirkungen zwischen Technik, Organisation und den Menschen im Unternehmen.
VDI-Z 132(1990)10, S. 27–29

/Mac02/ *Machill, H.*: Beitrag zur prozessorientierten Fabrikplanung und Reorganisation produzierender Unternehmen mit einer Neuausrichtung von Produkt, Produktion, Logistik und Organisation.
Diss. TU-Dresden 2002

/Nyh04/ *Nyhuis, P.*: Fabrikplanung – operatives Geschäft oder Wissenschaft?
Wt Werkstattstechnik 94(2004)4, S. 94

/Paw83/ *Pawellek, G.*: Einfluß der Logistik in der modernen Industrieplanung.
In: Kongreßhandbuch II zum 4. Internationalen Logistik-Kongreß ILC'83 in Dortmund, hrsg. von der Deutschen Gesellschaft für Logistik e.V., Dortmund 1983, S. 68–73

/Paw84/ *Pawellek, G.*: Die Produktionslogistik beeinflusst zunehmend industrielle Umstrukturierungen: Einsparungsmöglichkeiten liegen in der mittel- und langfristigen Anpassungsfähigkeit.
Industrielle Organisation (1984)9, S.382–385

/Paw08/ *Pawellek, G.*: Wer die Produktionsprozesse schlank ausrichtet, gewinnt !
In: New Management (2008)4, S.100–104

/Rüh92/ *Rühle v. Lilienstern, H.:* Die Bedeutung der Logistik für produzierende Unternehmen.
In: Tagungsunterlage „Fabrikplanung und -organisation" der TAW am 18. und 19.02.1992, Nürnberg

/Schm02/ *Schmidt, K.:* Methodik zur integrierten Grobplanung von Abläufen und Strukturen mit digitalen Fabrikmodellen.
Diss. RWTH Aachen 2002

/Schu84/ *Schulte, H.*: Die Strukturplanung von Fabriken.
In: Handbuch der neuen Techniken des Industrial Engineering. Landsberg 1984, S.1202–1254

/Schu97/ *Schulte, H.:* Marktanforderungen verändern Fabrikstrukturen.
ZwF Zeitschrift für wirtschaftliche Fertigung 92(1997)1/2, S. 12–14

/Vet94/ *Vetter, R.; Wiesenbauer, C.:* Teamarbeit – Kritischer Erfolgsfaktor im Projekt.
zfo Zeitschrift für Organisation (1994)4, S.226–231

/Wie00/ *Wiendahl, H.P.; Hernandez, R.*: Wandlungsfähigkeit – neues Zielfeld in der Fabrikplanung.
Industrie Management 16(2000)5, S. 37–41

# 2 Grundlagen der ganzheitlichen Fabrikplanung

## *2.1 Inhalt und Umfang der Fabrikplanung*

### 2.1.1 Zum allgemeinen Fabrikplanungsbegriff

Zur optimalen Zukunftsgestaltung der Fabrik können unterschiedlichste technische und organisatorische Maßnahmen für die verschiedenen Fabrikbereiche geplant bzw. definiert, konkretisiert und umgesetzt werden.

**Planung**
ist die gedankliche Vorwegnahme einer zielgerichteten aktiven Zukunftsgestaltung. Sie beinhaltet das systematische Suchen und Festlegen von Zielen sowie Aufgaben und Mitteln zum Erreichen der Ziele /REFA85/.

**Fabrikplanung**
Aufgabe der Fabrikplanung ist es, unter Berücksichtigung zahlreicher, spezifischer Randbedingungen die Voraussetzungen zur Erfüllung der betrieblichen Ziele sowie der sozialen und volkswirtschaftlichen Funktionen einer Fabrik zu schaffen /Ket84; Schm95/.

Der Fabrikplanungsbegriff wird – wie der Planungsbegriff an sich – nach Inhalt und Umfang nicht eindeutig verwendet. Folgende Interpretationen sind z. B. möglich:

- Fabrikplanung als Funktion bzw. Aufgabe, die bei einmaligen Reorganisations- oder Investitionsmaßnahmen eine methodische Entscheidungsvorbereitung erarbeitet.
- Fabrikplanung als Führungsinstrument bzw. -prinzip, das permanent und systematisch die Anforderungen und deren Auswirkungen auf das Fabriksystem erfasst und nach der wirtschaftlichsten Lösung strebt.

- Fabrikplanung als Institution bzw. Abteilung, in der einem bestimmten Personenkreis die Funktion oder Tätigkeiten der Fabrikplanung zugeordnet sind.

Bei aller Unterschiedlichkeit umfassen die Aufgabeninhalte der Fabrikplanung im Allgemeinen

- Strategievorhaben, wie z. B. Outsourcing-, Kooperations-, Produktions-, Technologieentwicklungsstrategien
- Strukturvorhaben, wie z. B. Standort-, Produktions-, Materialfluss- Gebäude- und Infrastruktur einschließlich der Konzeptionen für Produktionsorganisation und -logistik sowie Verwaltungs- und Hilfsfunktionen
- Systemvorhaben, wie z. B. Bearbeitungs-, Transport-, Lager-, Gebäudesysteme einschließlich der zugehörigen Organisationssysteme und Einrichtungen

Diese Aufgaben umfassen die Ressourcen der Fabrik, die i. d. R. über die Laufzeit von mehreren Produktzyklen gleich bleiben /Schm95, S. 14/. Dabei sind die Erfassung oder Bereinigung der Produktstruktur, die Verteilung der Wertschöpfung im internationalen Produktionsnetz, die Fertigungs- und Materialflussprozesse am Produktionsstandort sowie dessen Ver- und Entsorgung stets Bestandteil der Fabrikplanung.

### 2.1.2 Ganzheitliche Fabrikplanung

Unter „Ganzheitlichkeit“ wird generell die Beachtung aller zur Gestaltung der Fabrik erforderlichen Komponenten verstanden. Ganzheitliche Planung ist systemorientiert und berücksichtigt daher auch alle wesentlichen auftretenden Wechselwirkungen und Beeinflussungen zwischen den Komponenten. Bei systemorientierter Betrachtung der Gestaltungsbereiche der Fabrik können hierzu die Wirksysteme eines Unternehmens (Abb. 2.1)

„Produkt – Technologie – Organisation – Anlagen – Personal – Finanzen“

herangezogen werden, die in ihrem Zusammenwirken den Herstellprozess sowohl im Produktionsnetz, am Produktionsstandort oder am Arbeitsplatz (Arbeitssystem) charakterisieren (vgl. Abschnitt 2.2.2.2). Dabei können Wechselwirkungen unterschieden werden

- einerseits zwischen den äußeren Anforderungen (Markt, Ökologie) und den inneren Wirksystemen bzw. Subsystemen eines Unternehmens und
- andererseits zwischen den einzelnen Wirksystemen untereinander.

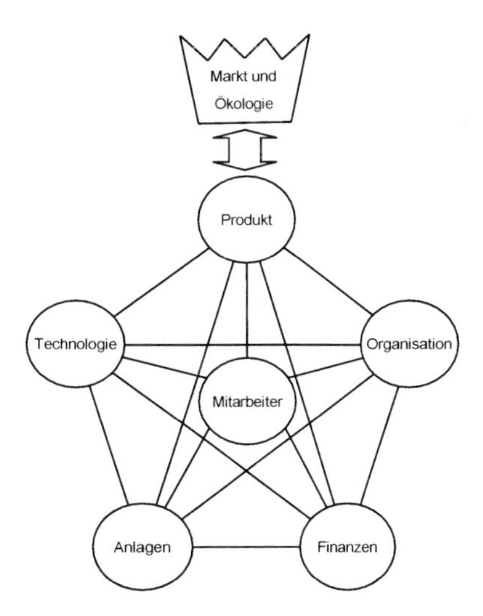


**Abb. 2.1** Wechselwirkungen zwischen Markt und internen Wirksystemen eines Unternehmens

Die Wirksysteme sind die inhaltlichen Komponenten der Fabrik, d. h. alle Betriebsprozesse bzw. Untersuchungsbereiche beinhalten diese. Sie beeinflussen die Durchführung und das Prozessergebnis. Deshalb muss die ganzheitliche Fabrikplanung die Wirksysteme integrieren und unter Berücksichtigung ihrer Abhängigkeiten einzeln, je nach fallweiser Bedeutung, gestalten. Der Fabrikplanungsbegriff kann dann wie in Abb. 2.2 dargestellt im Begriffsfeld der Unternehmensplanung eingeordnet werden. Darin bildet die ganzheitliche Fabrikplanung die Brücke zwischen Unternehmensplanung und dem Betrieb über alle Planungsebenen, dies unter Berücksichtigung aller Wirksysteme mit ihren Abhängigkeiten sowie ihrer Wirkrichtung.

| | | Unternehmensplanung | | | | | |
|---|---|---|---|---|---|---|---|
| | | | Fabrikplanung | | | | |
| | Planungsebenen \ Wirksysteme | Produkt | Technologie | Organisation | Anlagen | Personal | Finanzen |
| Planung | Unternehmen Produktionsnetz | | Strategieplanung | | | | |
| Planung | Werk Funktionsbereich Subsystem Gewerk | Produkt-planung | Strukturplanung Systemplanung Ausführungsplanung Ausführung | | | Personal-planung | Finanz-planung |
| Betrieb | | Produkt-management | Fabrikmanagement Kontrolle des Planungserfolges Kontinuierlicher Verbesserungsprozess | | | Personal-management | Finanz-management |

**Abb. 2.2** Einordnung des Fabrikplanungsbegriffs in die Unternehmensplanung

### 2.1.3 Prozessorientierung in der Fabrikplanung

Traditionelle Vorgehensweisen und Methoden der Fabrikplanung sind i. d. R. nicht flussorientiert sondern bereichsbezogen oder funktional ausgerichtet. Sie zielen meist auf eine eher kleine, für die Beherrschung neuer Situationen gerade ausreichende, Verbesserung der bestehenden Situation ab. Oft scheitert eine grundlegende Verbesserung aus den unterschiedlichsten Gründen, wie z. B. an zu engen Grenzen im Denken, Know-how-Mangel hinsichtlich der Durchführung von Veränderungen, der Angst vor dem Versagen der „großen Lösung" oder an machtpolitischen Interessen im Unternehmen.

Die in den letzten Jahren stärker in den Vordergrund tretende Ablauf-, Vorgangs- bzw. Prozessorientierung ermöglicht es, über die Abteilungs- und Bereichsgrenzen hinweg die Beschränkung auf Funktionen außer Acht zu lassen und konsequent nach dem Flussprinzip logistikorientiert zu gestalten. In diesem Zusammenhang soll der verwendete Prozessbegriff in der Fabrikplanung präzisiert werden.

Ausgehend von der verrichtungsorientierten Gliederung der Fabrik (Taylorismus) haben sich inzwischen wesentliche Umfeldfaktoren (Wandel vom Verkäufer zum Käufermodell etc.) verändert. Dennoch ist die verrichtungs- oder funktionsorientierte Fabrikorganisation nach wie vor für kleinere Betriebsgrößen oder für Unternehmen mit homogenem Produktprogramm die effizienteste Organisationsform. Steigt aber der Umfang wichtiger strukturbedingter Probleme, wie z. B. Koordination der Funktionsbereiche, kurzfristige Reaktionen oder Komplexität strategischer und dispositiver Entscheidungen, so muss die Arbeitsteilung überdacht und der Übergang vom Verrichtungsprinzip zum Prozessprinzip vollzogen werden.

Traditionell wird in der Fabrikorganisation zwischen Aufbau- und Ablauforganisation unterschieden /Kos62/. Für letztere wird seit wenigen Jahren zunehmend der Prozessbegriff verwendet, begründet auch durch die Verbreitung des Business Prozess Reengineeringkonzeptes nach /Ham93/.

Der Begriff „Prozess" im Kontext der Fabrikplanung kann demnach wie folgt differenziert werden:

- Planungsprozesse, mit den Teilprozessen der Gestaltung der Fabrik, wie z. B.
  - Analyse- und Bewertungsprozesse
  - Alternativenbildungs- und -reduzierungsprozesse
  - Dimensionierungs- und Konstruktionsprozesse
  - Projektmanagementprozesse

- Betriebsprozesse, mit den Teilprozessen des Fabrikbetriebs bzw. den realisierten Ergebnissen von Planungsprozessen, wie z. B.
  - Fertigungs- und Montageprozesse
  - Lager- und Transportprozesse
  - Auftragsplanungs- und -steuerungsprozesse
  - Beschaffungs- und Distributionsprozesse

Um eine Prozessorientierung zu erreichen, wird in einem ersten Schritt die Fabrikorganisation z. B. nach Produktgruppen gegliedert, womit komplexe Strukturen in der Produkt/Markt-Beziehung aufgelöst werden können. Danach sind die Prozesse zu identifizieren, zu gestalten und können dann betrieben werden.

### 2.1.4 Planung im Systemlebenszyklus

Die Planung jeder betrieblichen Veränderung kann im Systemlebenszyklus entsprechend Abb. 2.3 eingeordnet werden:

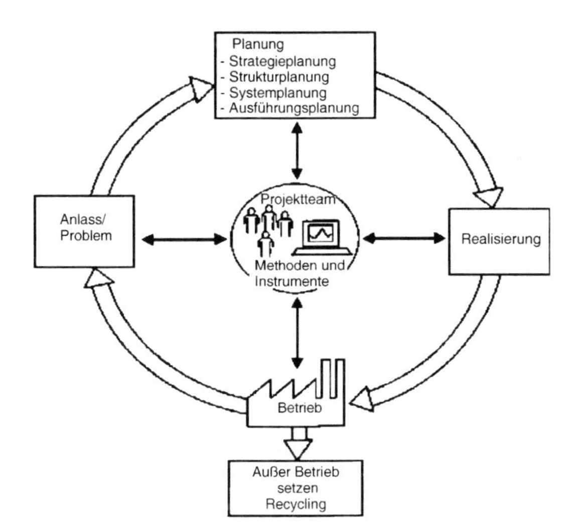


**Abb. 2.3** Die großen „Phasen" der Veränderung

**Anstoß der Veränderung**

Hauptaufgabe bei „Anstoß der Veränderung" ist das gemeinsame Erkennen und Erleben eines Problems. Dazu ist es notwendig,

- persönliche, bereichs- und unternehmensspezifische Ziele offen zu legen bzw. gemeinsam herauszuarbeiten,
- bestehende Strukturen und Widerstände gegen eine Veränderung aufzuweichen,
- die Problemsituation transparent zu machen,
- das Problemfeld abzugrenzen (z. B. fachlich, zeitlich, räumlich),
- einen Zwang zum gemeinsamen Handeln empfinden zu lassen sowie
- die gemeinsamen Vorteile der Problemlösung aufzuzeigen.

Nach „Anstoß der Veränderung“ müssen sich Führungskräfte und Mitarbeiter wechselseitig zu offenen Problemfindungen und zur gemeinsamen Problemlösung verpflichten /Sei90/.

**Planung**
Mit der Planung beginnt die eigentliche Arbeitsphase jeder Veränderung. Planung ist dabei erforderlich vor allem bei

- ungenügend bekannter Problemstruktur,
- großer Komplexität bzw. hohem Informationsbedarf,
- großem Zeitaufwand zur Problemlösung bei mittel- und langfristigem Wirkungshorizont

Andernfalls sind „Improvisation“ und „Sofortentscheidungen“ angemessene Problemlösungsmethoden, die Planung entfällt dann.

**Realisierung**
Bei der „Realisierung der Veränderung“ wird das Ergebnis der Planung realisiert. Mit dem „Einführungsstichtag“ beginnt die Konsolidierung des neuen Systems. Es folgt der laufende Vergleich der realisierten Ergebnisse mit den Planungsergebnissen. Etwa drei bis fünf Monate nach Einführungsstichtag wird das neue System vom Projektteam an die Linienorganisation übergeben.

**Laufender Betrieb**
Mit der Systemübergabe beginnt der laufende Betrieb. Die Phase der „Planung der Veränderung“ mit ihren Strukturveränderungen ist erfolgreich überwunden. Bei komplexeren Veränderungen ist es sinnvoll, ein halbes bis ein Jahr nach der Systemübergabe eine mehrtägige „Realisierungsrevision“ durchzuführen, zwecks

- Erfolgskontrolle für die Planung,
- Arbeits- und Leistungsanpassung (z. B. Zeitvorgaben),
- gezielter Verbesserungen und Anpassungen.

**Außerbetriebsetzung**
Veränderungszyklen von Unternehmen liegen heute bei vier bis zehn Jahren (Abb. 2.4). Das gilt insbesondere für die EDV, die heute de facto die Organisationsstruktur widerspiegelt bzw. vorgibt. Die Nutzungsdauer ergibt sich

- einerseits auf Grund der notwendigen Produkt/Markt-Anpassung,
- andererseits durch die Erfordernisse technologischer oder organisatorischer Veränderungen.

Im Vergleich zu diesen Elementen der Fabrik haben Bauwerke die längste Nutzungsdauer. Ihre Konzeption hat somit im besonderen Maße langfristige Aspekte zu berücksichtigen.

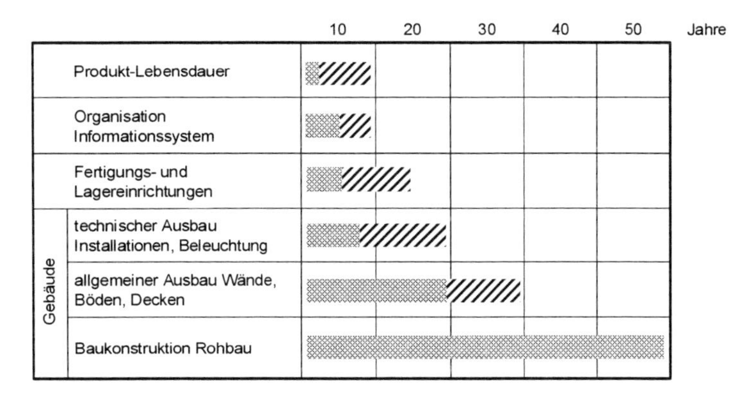


**Abb. 2.4** Nutzungsdauer von Elementen der Fabrik

## 2.1.5 Ganzheitliche Fabrikplanung im Produktionssystem

Die ganzheitliche Fabrikplanung ist ein Planungsansatz der es ermöglicht, Potenziale in höherem Maße zu realisieren. Hierzu ist ein Bündel mehr oder weniger aufeinander abgestimmter Planungsprozesse mit ihren unterschiedlichen Verfahren und Maßnahmen erforderlich, die das gesamte Unternehmen betreffen /Bar05, Dom06/. Diese können in Anlehnung an /MTM01/ unter Berücksichtigung der unternehmensspezifischen Gegebenheiten in das hierarchische Organisationskonzept eines Produktionssystems eingeordnet werden.

Mit dem Begriff „Ganzheitliches Produktionssystem (GPS)" hat sich in den letzten Jahren ausgehend von der Automobilindustrie – als Beispiel sei das Toyota-Produktionssystem (TPS) genannt – ein Konzept zur Optimierung von Geschäftsprozessen durchgesetzt /Paw07, S.225/. Damit sollen den Einzelmaßnahmen zur Steigerung der Produktivität eine übergeordnete Struktur gegeben werden, mit der sich Unternehmen und Mitarbeiter identifizieren sollen und können. Die Komplexität der „Fabrik als System“ in Verbindung mit der „ganzheitlichen Planung“ macht es zweckmäßig, alle relevanten Komponenten und Abhängigkeiten der Fabrikplanung analog in ein Produktionssystem einzuordnen.

Produktionssysteme existieren in der Praxis (vom Produktionsnetzwerk über den Werkstandort bis hin zum Montagearbeitsplatz) in unterschiedlichen Ausprägungen. Dies sowohl bezüglich ihrer Struktur als auch ihrer operativen Inhalte. Der grundlegende Aufbau eines Produktionssystems bildet eine Organisationshierarchie mit fünf Ebenen (Abb. 2.5):

- Ebene 1 stellt das Zielsystem dar, das durch Verknüpfung von Gesamtziel, Bereichszielen und Subzielen bis zu untergeordneten Teilzielen detailliert werden kann.
- Ebene 2 charakterisiert die Organisationsstruktur bestehend aus horizontal und vertikal abgrenzbaren Gestaltungsbereichen und Betriebsprozessen, die eng verbunden sind mit dem Zielsystem.
- Ebene 3 umfasst die Gestaltungsalternativen in den Gestaltungsbereichen und Betriebsprozessen. Dies können alternative Strategien, Strukturen oder Systeme sein. Je nach Ausgangssituation und Zielsetzung gilt es, alternative Verfahren und Lösungsprinzipien zu ermitteln, zu bewerten und die voraussichtlich wirtschaftlichste Lösung auszuwählen.
- Ebene 4 stellt die Vorgehensweisen, Methoden, Hilfsmittel und Tools zur Verfügung, die den Planungsprozess, d. h. den Problemlösungsprozess, den Findungs- und Entscheidungsprozess, unterstützen. Hierzu zählen z. B. einfache Checklisten, Kennzahlensysteme, graphische und mathematische Methoden bis hin zu komplexeren Analyse- oder Simulationstools.
- Ebene 5 schließlich beinhaltet die Ressourcen für die Veränderungsprozesse, d. h. die Mitarbeiter, Führungskräfte und Projektteams mit entsprechender Qualifikation und Erfahrung, ihrem Methoden- und Tool-Wissen zur Planung und Realisierung.

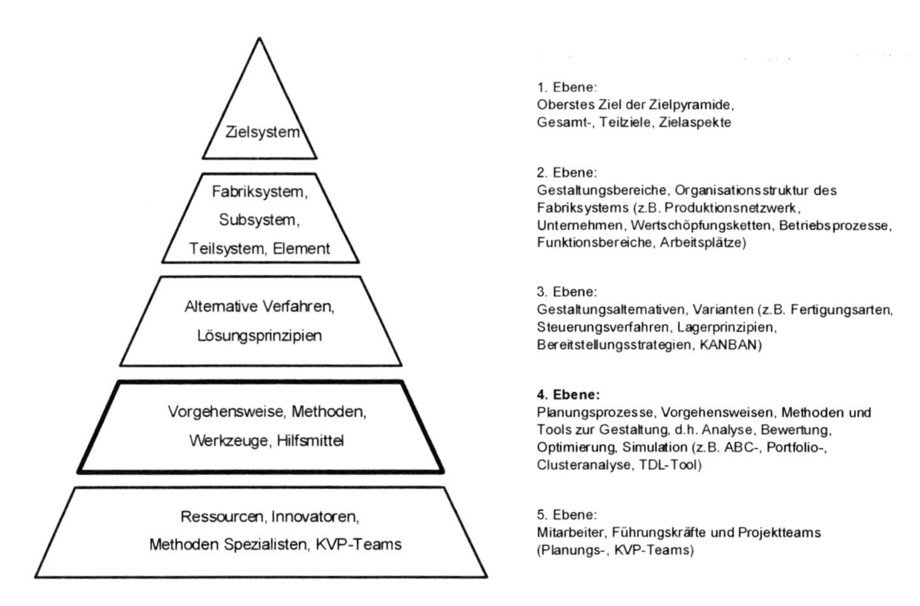


**Abb. 2.5** Grundlegende Organisationshierarchie für die ganzheitliche Fabrikplanung

Für die ganzheitliche Fabrikplanung von Bedeutung sind Komponenten aus allen fünf Ebenen und deren Vernetzungen. Zur zielgerichteten Durchführung von Veränderungen bilden in der fünften Ebene die Mitarbeiter und Führungskräfte die Basis. Sie verfügen über die Fähigkeit zur Identifizierung von Problemstellungen, Abgrenzung der Aufgabenstellung und Strukturierung der Vorgehensweise im Problemlösungsprozess. Gegebenenfalls werden sie unterstützt von externen Planern bzw. Moderatoren. Die eigentlichen Vorgehensweisen, Methoden und Tools der Fabrikplanung z. B. zur Analyse und Synthese befinden sich in der vierten Ebene. Die dritte Ebene repräsentiert die implementierten Verfahren der Ist-Situation und die möglichen Gestaltungsalternativen. Das System „Fabrik", mit seinen Betriebsprozessen und den Möglichkeiten zur situativen Abgrenzung von Untersuchungsbereichen für Strategie-, Struktur- und Systemsplanungen, kann der zweiten Ebene zugeordnet werden. Das Fabriksystem ist dann eng verbunden mit dem vernetzten Zielsystem der ersten Ebene.

Im folgenden Abschnitt werden wesentliche Komponenten der ganzheitlichen Fabrikplanung den fünf Ebenen von Produktionssystemen zugeordnet.

## *2.2 Komponenten der ganzheitlichen Fabrikplanung*

### 2.2.1 Vernetztes Zielsystem

Im Rahmen der Fabrikplanung werden ausgehend von den individuellen Gegebenheiten bzw. Erfordernissen im Unternehmen zunächst die Ziele formuliert bzw. die Frage geklärt nach dem

WOHIN?

soll sich das Unternehmen entwickeln. Ziele sind gedanklich vorweggenommene Zustände oder Endpunkte dieser Entwicklungen /Hal73/. Die Betrachtung der Ziele und Randbedingungen führt auch zur Fokussierung auf jene Bereiche und Prozesse, die im jeweiligen Projekt wirklich einer Neu- oder Umgestaltung zugeführt werden sollen.

Innovative, zukunftsorientierte Projekte, wie in der Fabrikplanung gegeben, haben eine vernetzte Zielsetzung zu verfolgen, bei der die verschiedenen Gegebenheiten und Entwicklungen in den Zielaspekten zu berücksichtigen sind (Abb. 2.6).

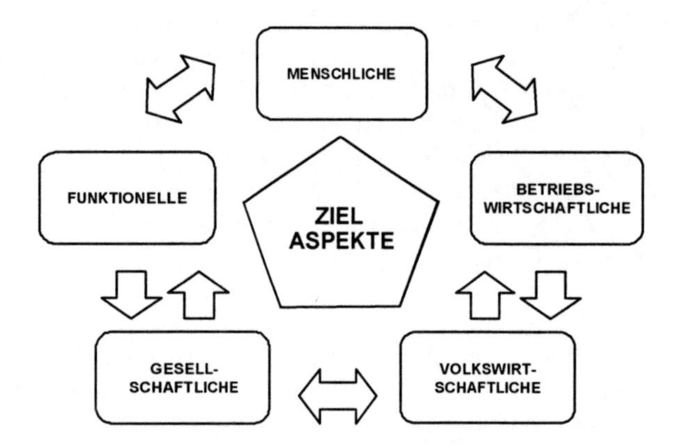


**Abb. 2.6** Vernetztes Zielsystem bei strategischer Planung /Woj82/

Relevante Einzelziele (Abb. 2.7) können gegenläufig sein. Das Zielsystem ist im Planungsprozess, somit in der Analyse, in der Entwicklung von Gestaltungsalternativen und deren Bewertung, laufend und zielgerichtet zu berücksichtigen.

Bei der Vereinbarung von Zielen sind folgende zwei Punkte von besonderer Bedeutung /Bur97, S.14/:

- Inhalt und Spezifikation der Zielsetzungen, d. h. basierend auf den vernetzten Zielaspekten werden deren gegenseitige Abhängigkeiten formuliert sowie Zielhierarchien und Zielkonflikte beschrieben. Der Grad der Detaillierung von Zielen und deren Konkretheit hängt von der Art der Problemstellung und der Planungsphase ab.

– Dynamik der Zielformulierung, d. h. infolge der sich immer rascher ändernden Umweltbedingungen und der einer Planung der Zukunft immer anhaftenden Unsicherheit ist eine rollierende (in regelmäßigen Zeitabständen) oder permanente (unregelmäßig bei Bedarf) Überprüfung der Ziele erforderlich.

| Zielaspekte | Mögliche Einzelziele |
|---|---|
| – Funktionale Gegebenheiten und Entwicklungen | – Zuverlässigkeit der Leistungserbringung<br>– Erhöhte Qualitätsanforderungen<br>– Störungsarmut<br>– Hohe Flexibilität gegenüber<br>o Produktänderungen und Neuentwicklungen<br>o Stückzahlschwankungen<br>o Lösgrößenschwankungen<br>– Personelle Schwankungen<br>– Kurze Durchlaufzeit |
| – Menschliche Gegebenheiten und Entwicklungen | – Guter Gesundheitszustand (psychisch, physisch)<br>– Hohes Wohlbefinden, Zufriedenheit<br>– Erhaltung und Ausbau der Berufsqualifikation<br>– Effektive, menschlich befriedigende Zusammenarbeit der Mitarbeiter<br>– Sicherheit des Arbeitsplatzes |
| – Betriebswirtschaftliche Gegebenheiten und Entwicklungen | – Hohe Wirtschaftlichkeit der Leistungserbringung<br>– Geringe Eigen- und Fremdkapital<br>– Weitestmögliche Nutzung der im Unternehmen vorhandenen Ressourcen |
| – Volkswirtschaftliche Gegebenheiten und Entwicklungen | – Substantieller Beitrag zur Deckung des Bedarfs an Gütern und Dienstleistungen<br>– Geringe Belastung der Zahlungsbilanz (z. B. durch Verwendung inländischer Betriebsmittel)<br>– Geringe externe Kosten durch Unfälle sowie arbeitsbedingte Erkrankungen<br>– Umweltverträglichkeit |
| – Gesellschaftliche Gegebenheiten und Entwicklungen | – Nutzung und Erweiterung der vom Bildungssystem bereitgestellten Qualifikationen<br>– Positive Beeinflussung des sozialen Klimas |

**Abb. 2.7** Einzelziele im vernetzten Zielsystem

**Randbedingungen**
Neben den Zielen sind unveränderliche Randbedingungen zu definieren. Sie stellen bei jeder Planung Einschränkungen des Lösungsraumes dar, die einerseits komplexitätsreduzierend, andererseits auch innovationshemmend wirken können.

### 2.2.2 Organisationsstruktur und Gestaltungsbereiche

Inhaltlich stellt sich die Frage nach dem

WAS?

verändert werden muss. Dabei können die Gestaltungsbereiche in Breite und Tiefe differenziert werden entsprechend der Systemhierarchie der Fabrik. Jede Ebene wiederum kann unter Berücksichtigung der zu gestaltenden Funktionssysteme und gestaltbaren Wirksysteme weiter differenziert werden.

#### 2.2.2.1 Systemdifferenzierung und Systemgestaltung

Ein System besteht aus Elementen mit Eigenschaften, die Elemente sind durch Beziehungen miteinander verknüpft. Als Elemente eines Fabriksystems sollen jene Bereiche oder Prozesse des Systems betrachtet werden, die im Rahmen der vorliegenden Aufgabenstellung der Fabrikplanung nicht mehr weiter zerlegt werden können oder sollen.

**System und Elemente**
Bei der allgemeinen Systemdefinition können alle Dinge oder Sachverhalte, auch Bereiche und Prozesse, als Systeme oder Elemente bezeichnet werden. Ein System lässt sich in Subsysteme gliedern, denen wieder Systemcharakter zukommt, bis zu den Elementen, die bezüglich der jeweiligen Systembetrachtung die niedrigste Ordnung darstellen. Dieser Sachverhalt wird als hierarchische Ordnung bezeichnet (Abb. 2.8).

Die Systemdifferenzierung ermöglicht es, beliebige Untersysteme aus dem gesamten Komplex herauszugreifen und trotzdem den Bezug zum Gesamtsystem aufrecht zu erhalten. Dabei ist zu unterscheiden, ob Aufbau- oder Ablaufaspekte bei Fabrikplanungsvorhaben stärker oder weniger betrachtet werden sollen /Bur97, S.63/:

- Gestaltung aus Sicht der Aufbauorganisation bzw. aus Bereichssicht, z. B.
  - keine wesentlichen Änderungen
  - Änderungen in einem Funktionsbereich

  - o Änderungen in mehreren Funktionsbereichen
  - o Änderungen betreffend das gesamte Unternehmen
- Gestaltung aus Sicht der Ablauforganisation bzw. Prozesssicht, z. B.
  - o keine erkennbare Prozesssicht
  - o Änderung der Prozesse innerhalb eines Funktionsbereiches
  - o Änderung der Prozesse in mehreren Funktionsbereichen
  - o Änderung der Prozesse im gesamten Unternehmen bzw. Produktionsnetzwerk

Entsprechend der Aufteilung des Systems „Fabrik" in Teilsysteme kann auch das System „Fabrikplanung" in Teilplanungen gegliedert werden.

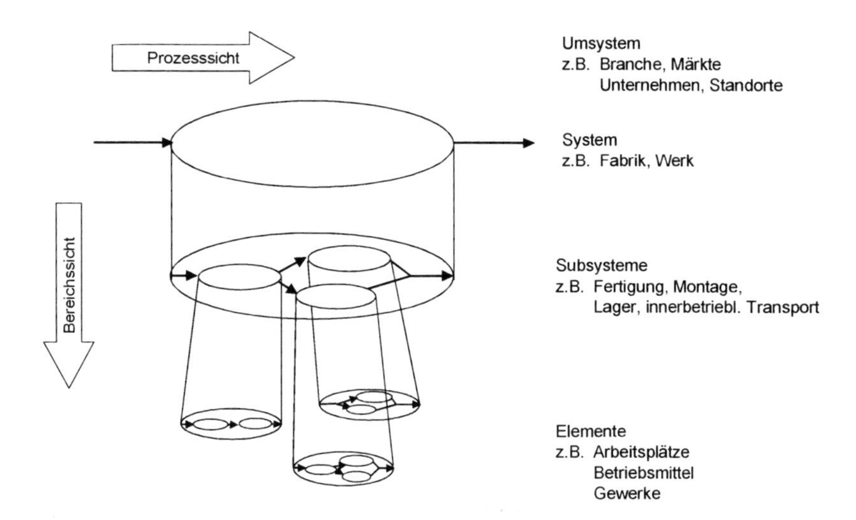


**Abb. 2.8** Systemhierarchie der Fabrik

**Strukturbegriff**

Beziehungen zwischen den Komponenten (Subsysteme oder Elemente) können als konstituierendes Merkmal eines Systems angesehen werden. Der gesamte Beziehungszusammenhang innerhalb des Systems, die Summe aller Beziehungen, wird als Struktur bezeichnet, z. B.

- räumliche Beziehungen von Bereichen,
- zeitliche Beziehungen von Abläufen,
- inhaltlich-sachlich Beziehungen von Produkten,
- inhaltlich-logisch Beziehungen von Prozessen.

**Struktur und Funktion**

Neben dem strukturellen Aspekt haben viele Systeme auch eine bestimmte Funktion bzw. gewisse Verhaltensweisen. Ein Verhalten haben nur dynamische Systeme. Diese besitzen aktive Elemente, die aufgrund besonderer Eigenschaften in der Lage sind, eine Funktion durchzuführen und bestimmte Inputs in bestimmte Outputs zu transformieren. Die Funktion eines Systems bzw. Systemelementes ist durch die Input/Output-Relation beschrieben. Zu beachten ist, dass sich die Funktion eines Systems nicht durch die Summe der Funktionen der Systemelemente ergibt, sondern im Wesentlichen von den Beziehungen zwischen den Elementen abhängt. Jeder Struktur ist eindeutig eine Funktion zugeordnet, eine bestimmte Funktion kann jedoch durch verschiedene Strukturen realisiert werden.

### 2.2.2.2 Wirksysteme und Funktionssysteme

Grundsätzlich können zur Strukturierung bzw. weiteren Konkretisierung der Gestaltungsbereiche bei ganzheitlicher Planung die Gestaltungsfelder herangezogen werden (Abb. 2.9), abgegrenzt durch die

- Wirksysteme, d. h. diejenigen Subsysteme bzw. Teilsysteme einer Fabrik, die in ihrem integrativen Zusammenwirken den Herstellungsprozess charakterisieren (vgl. Abb. 2.1),
- Funktionssysteme, d. h. diejenigen i. d. R. räumlich, prozess- oder produktorientiert abgrenzbaren und identifizierbaren Bereiche der Fabrik mit ihren Funktionen, wie z. B. Beschaffung, Produktion, Logistik, Hilfs- und Nebenbetriebe, Distribution etc.

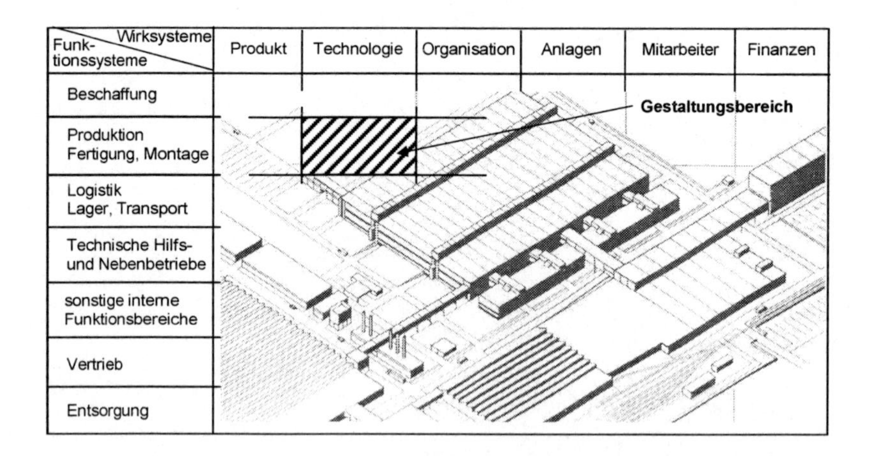


**Abb. 2.9** Matrix zur Abgrenzung von Gestaltungsfeldern bei ganzheitlicher Planung

Wirksysteme sind:

**Produkt**
Art und Menge der den Betrieb verlassenden Güter (Produkte, Erzeugnisse etc.) im Ganzen und der im Betrieb umlaufenden Teile (Materialien, Komponenten, Baugruppen etc.)

**Technologie**
Operationsverfahren und Art der Realisierung (Flexibilität, Automatisierungsgrad etc. der gerätetechnischen Ausstattung)

**Organisation**
Struktur und Verfahren der Aufbauorganisation (Bereiche) und Ablauforganisation (Prozesse, Informationen) und die Art der Realisierung

**Anlagen**
Physische Umsetzung von Technologie und Organisation in Einrichtungen und bauliche Anlagen

Die weiteren der Unternehmensplanung zuzuordnenden Wirksysteme sind:

**Mitarbeiter**
Im Betrieb tätige Mitarbeiter einschließlich Führungskräfte, die streng genommen nicht gestaltet werden, aber durch Qualifizierung und Veränderung der Innovationskultur kann eine Verhaltensänderung induziert werden.

**Finanzen**
Investitionen und Vermögens-, Kosten- und Finanzierungssituation des Betriebes

Durch die Matrix aus Wirk- und Funktionssystemen werden die Gestaltungsfelder der ganzheitlichen Fabrikplanung definiert, z. B.

- Gestaltung der Technologie in der Logistik
- Gestaltung der Organisation in der Instandhaltung

Die Abhängigkeiten eines Gestaltungsfelder zu anderen Gestaltungsfeldern müssen situativ berücksichtigt werden.

Im Unternehmen haben verschiedene Unternehmensbereiche Einfluss auf die Wirksysteme (Abb. 2.10). Die Qualität der Gestaltung der Wirksysteme hat direkten Einfluss auf das Unternehmensergebnis. Die Multiplikation der Einzelwirkungsgrade ergibt den Gesamtwirkungsgrad des Unternehmens. Für die Unternehmensplanung stellt sich somit die Forderung, sich auf die Optimierung aller Wirksysteme sowohl bei Bereichs- als auch Prozesssicht gleichermaßen zu konzentrieren. Ein schlechter Wirkungsgrad eines einzelnen Wirksystems kann den Gesamtwirkungsgrad erheblich verschlechtern.

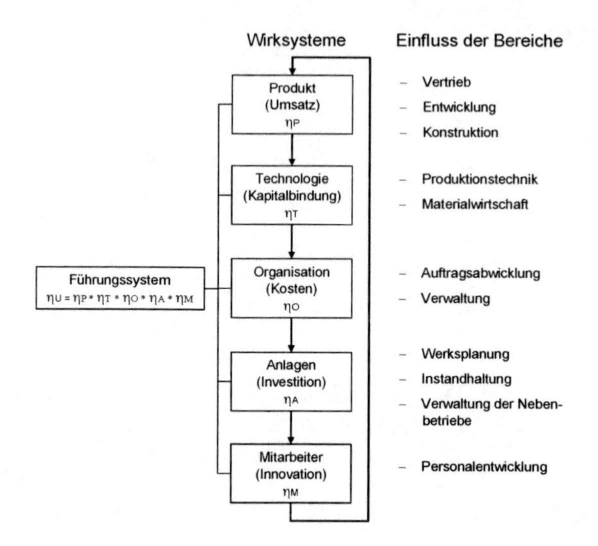


**Abb. 2.10** Das industrielle Unternehmen und seine Wirksysteme

### 2.2.2.3 Anforderungen seitens der Wirksysteme

**Prognosen zum Produkt**
Die weiter zunehmende Globalisierung verstärkt den Trend zu dynamischen Märkten. Die Forderung daraus ist die Fähigkeit zur Anpassung an Kundenwünsche. Die Bedeutung von Service und Wartung wird weiter zunehmen. Für die Fabrik bedeutet dies zunehmend

- marktorientierte, d. h. produkt- und auftragsorientierte Produktionsstrukturen
- Bündelung von Kapazitäten, weniger Schnittstellen, d. h. es ist weniger Materialvolumen zu transportieren und zu lagern sowie weniger zu koordinieren.

Die Konsequenzen für die Fabrikplanung ergeben sich direkt über die Einflüsse der Produktplanung auf Technologie und Organisation. Dabei gewinnt die logistikgerechte Produktentwicklung zunehmend an Bedeutung /Paw05/.

**Prognosen zur Technologie**
Abhängig von der Produktstruktur sind die neuen Produktionsstrukturen logistikgerecht zu gestalten (Fraktale, Segmente, Materialflussabschnitte etc.) und fordern eine Optimierung der Materialfluss-, Lager- und Pufferstrukturen. Einerseits ermöglicht die Kapazitätsbündelung höhere Automatisierungsgrade (z. B. Bearbeitungszentren), andererseits führt die Segmentierung zu angepassten Lösungen. Daraus folgen:

- Geringere Abhängigkeit der Fabriksysteme von Änderungen an Einzelprodukten innerhalb der Produktfamilie
- Abnehmender Materialumlauf, damit Abnahme des Anteils von Transport- und Lagerflächen
- Genügende Platzreserven für veränderte Bewegungsabläufe von Fertigungs- und Transportrobotern (fahrerlose Transportsysteme), für universelle Verkabelung, Absaugen etc., möglichst technische und organisatorische Veränderungen ohne bauliche Veränderungen
- Zunehmende Notwendigkeit einer hohen Flächenproduktivität aufgrund des hohen Kapitaleinsatzes

**Prognosen zur Organisation**
Die Bedeutung der Organisation und insbesondere der Ablauforganisation für die Effizienz des Technikeinsatzes nimmt weiterhin stark zu. Die Verantwortungsbereiche orientieren sich vermehrt an den Materialflussprozessen für die Herstellung kompletter Komponenten, Teilen etc. (Beschaffungs-, Lagerungs-, Bereitstellungsprozesse). Die Organisation fordert Regelkreise, Mechanismen zur Selbstorganisation und -steuerung. Für die Fabrikplanung bedeutet dies:

- Fachübergreifende Problemstellungen erfordern Teambildung (Gruppenarbeit)
- In modernen Produktionsstrukturen sind Planungs-, Überwachungs- und Wartungsarbeiten dezentral integriert (autonome Fertigungsinseln)
- An den Materialfluss bzw. Teilefluss stellen sich zunehmend Anforderungen bezüglich Transparenz, zeitnahe Koordination (Produktionslogistik-Leitsysteme)
- Die permanenten Veränderungsprozesse erfordern die Integration von Mitarbeitern und Führungskräften (KVP Kontinuierlicher Verbesserungsprozess, PCM Partizipatives Changemanagement etc.)

**Prognosen zu den Anlagen**
Die genannten Trends bezüglich Produkt, Technologie und Organisation wirken sich auf die Anlagen wie folgt aus:

- Entflechtung von personal- und maschinenintensiver Bereiche
- Bauliche Maßnahmen sind nicht als neutrale Hülle zu verstehen, sondern in direkter Abhängigkeit der vorgenannten Wirksysteme zu gestalten
- Die Anlagen müssen Flexibilität und Dynamik ermöglichen

#### 2.2.2.4 Wirksysteme und Planungsfälle

Die Reihenfolge der Wirksysteme entspricht eindeutig einer hierarchischen Ordnung (Abb. 2.11). Das zeigt auch folgendes Beispiel:

Ein Unternehmen hat ein neues Produkt (1. Wirksystem) entwickelt, das in Material, Abmessung und Stückzahl/Jahr von der bisherigen Produktpalette abweicht. Dadurch werden neue Bearbeitungsverfahren mit den entsprechenden Maschinen und Einrichtungen, wie z. B. Fertigungs- und Montagesysteme sowie Lager- und Transportsysteme, notwendig (2. Wirksystem). Die Fertigungssteuerung wird auf Serienfertigung umgestellt, daher wird die Werkstattsteuerung (3. Wirksystem) zu Gunsten der gruppenorientierten Fertigung aufgegeben. Eine Erweiterung der Werkshallen muss vorgenommen werden, die Einrichtungen zur Ver- und Entsorgung der Maschinen müssen angeschafft sowie die Verkehrswege angepasst werden (4. Wirksystem).

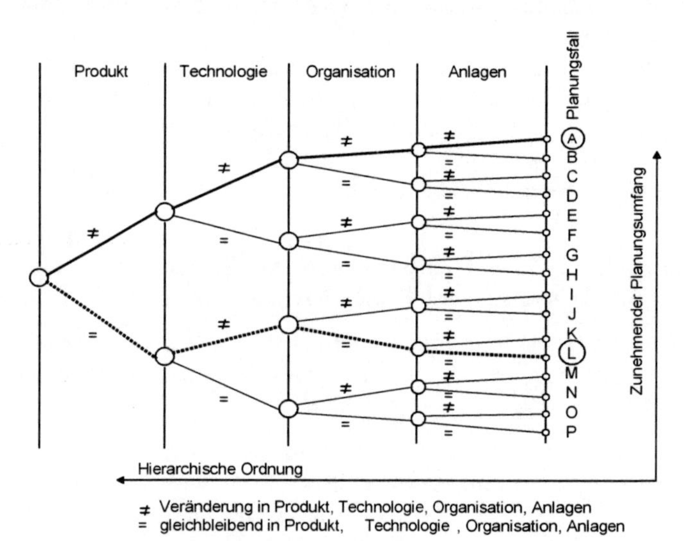


**Abb. 2.11** Planungsfälle im Strukturbaum

Die zwangsläufige Notwendigkeit von Änderungen in den nachfolgenden Bereichen bestimmt also die Aufgabe und den Umfang einer Fabrikplanung. Abb. 2.11 zeigt die möglichen Planungsfälle in Abhängigkeit der zu gestaltenden Wirksysteme in Form eines Strukturbaumes. Die dargestellte Ordnung weist nur 16 grundsätzliche Planungsfälle aus. In der Praxis gibt es aber zu jedem dieser Fälle eine fast unbegrenzte Zahl von Abstufungen, die erst den eigentlichen Umfang des Projektes ausmachen. Der Planungsumfang sagt noch nichts über den Schwierigkeitsgrad der Planung aus /Schu84/. Eine Anlage auf der „grünen Wiese“ für neue Produkte (Planungsfall A) ist oft einfacher zu planen und zu realisieren als eine Sanierung oder Rationalisierung der Werksanlagen bei gleichbleibender Produktpalette und Änderung der Technologie bzw. des Produktionsverfahrens (Planungsfall L).

#### 2.2.2.5 Wirksysteme und Planungstiefe

Die weitere Gliederung des Gestaltungsbereiches erfolgt in (Abb. 2.12a)

- Planungstiefe in Planungsphasen bzw. Detaillierungsgrade der Bearbeitung /Zim83/. Der Gestaltungsbereich wird mit zunehmender Planungstiefe entsprechend der Systemhierarchie der Fabrik enger aber auch detaillierter, d. h. die Datenmenge ist höher.
- Planungsbreite in die Anzahl der jeweiligen Subsysteme oder Elemente, die Inhalt der Planungsaufgabe sein sollen. Mit jedem Subsystem (z. B. Fertigung, Lager, innerbetrieblicher Transport) sind Teilplanungen verbunden.

Der Schwerpunkt der Planung kann sich weiterhin auf bestimmte Wirksysteme und Funktionssysteme konzentrieren /Hei89/. So z. B. auf die Planung der Produktionstechnologie zusammen mit der Planung der Logistikorganisation (Abb. 2.12b).

a) Planungsbreite und Planungstiefe

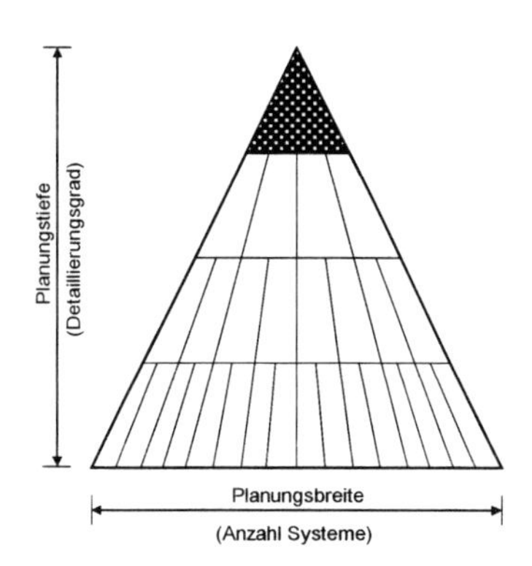


b) Gestaltungsfelder und Planungstiefe

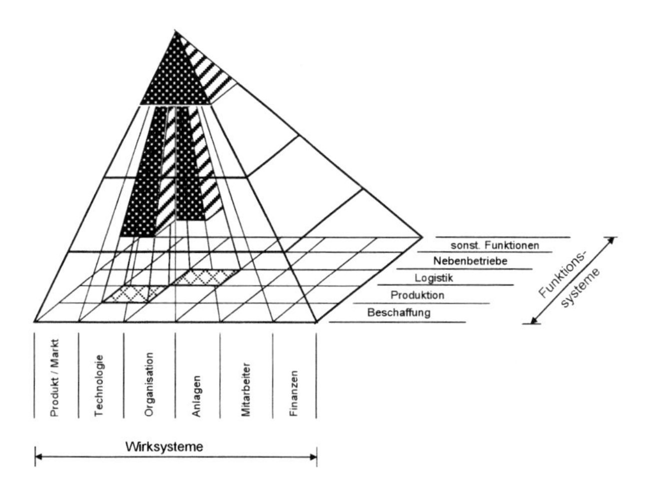


**Abb. 2.12** Zum Inhalt der Planungsaufgabe

#### 2.2.2.6 Vernetzung der Wirksysteme und Zielaspekte

Die bereichs- oder prozessorientierte Vernetzung der Wirksysteme und Zielaspekte führt zu verschiedensten Teilplanungen (Abb. 2.13). Jede Maßnahme, ob technologischer, organisatorischer oder baulicher Art, wirkt in größerem oder geringerem Maße auf jeden Zielaspekt. Jedes Ziel kann umgekehrt auch nur durch das Zusammenwirken der Maßnahmen in jedem Wirksystem realisiert werden. Dies stellt die Planung, insbesondere die Koordination verschiedener Teilplanungen bzw. -projekte vor eine schwierige Aufgabe.

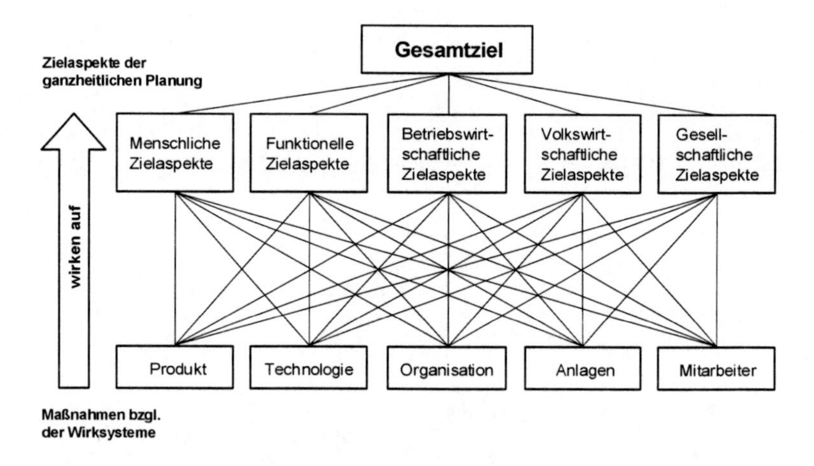


**Abb. 2.13** Wirksysteme und Zielaspekte bei ganzheitlicher Planung

| Wirksystem | Produkt | Technologie | | Organisation | | Anlagen | Mitarbeiter |
|---|---|---|---|---|---|---|---|
| | | Fertigung, Montage | Transport, Lager | Ablauforganisation | Aufbauorganisation | | |
| Verfahren bzw. Maßnahmen | – Standardisierung der Produkte<br>– Verringerung der Teilevielfalt<br>– Logistikgerechte Konstruktion | – Harmonisierung der Kapazitäten<br>– Komplettbearbeitung<br>– Automatisierung<br>– Flexible Anlagenverkettung | – Standardisierung Lade-, Transporteinheit<br>– Differenzierung der Lager und Puffer<br>– Outsourcing innerbetriebliche Logistik | – Synchronisation von Material- und Informationsfluss<br>– BDE<br>Logistik-Leitstand<br>Bereitstellungsstrategie | – Produktorientierte Aufbauorganisation<br>– Gruppentechnologie<br>– Simultane, überlappte Fertigung<br>– Einbindung der Lieferanten | – Flexible Gebäudestrukturen<br>– Gebäudeautomatisierung<br>– Zustandsorientierte Instandhaltung | – Qualifizierung<br>– Integration<br>– Enttaylorisierung<br>– Dezentrale Dispositionsspielräume |
| Teilziele | – einfache Struktur<br>– spätest-mögliche Variantenbildung<br>– montagegerecht<br>– automatisierungsgerecht | – ausfallsicher<br>– schnelle Rückkopplung<br>– höhere Nutzungszeit<br>– kürzere Durchlaufzeit | – Reduzierung von Dispositions- und Entscheidungsebenen<br>– Dezentralisierung<br>– Termingerechte Bereitstellung | – JIT<br>– ereignisorientiert | – schnelle Rückkopplung<br>– bedarfsgerechte Informationsbereitstellung | – schnelle Anpassung an Veränderungen<br>– hohe Verfügbarkeit | – Reduzierung von Störungen<br>– Einsatzflexibilität<br>– Verantwortung |

**Abb. 2.14** Gestaltungsansätze bzw. -alternativen für das Ziel „Optimierung der Fabriklogistik“ /Paw07, S. 35/

Beispielhaft zeigt Abb. 2.14 verschiedene Maßnahmen bzw. Verfahren, zugeordnet den jeweiligen Wirksystemen. Um das Gesamtziel „Optimierung der Fabriklogistik" zu erreichen, bieten sich alternative Gestaltungsansätze an, mit denen jeweils die zugeordneten Teilziele erreicht werden können.

**Situativer Ansatz**

Da die jeweils definierten Ziele und Randbedingungen einerseits sowie die unterschiedlichen Ausprägungen der Wirksysteme zu unendlich vielen Situationen führen, muss die ganzheitliche Planung immer als „situativer Ansatz" gesehen werden. Es kann also keine Standardlösungen geben. Auch die Anwendung von standardisierten Lösungsprinzipien und Verfahren ist im Einzelfall auf Sinnhaftigkeit und Effektivität hin zu überprüfen.

## 2.2.3 Lösungsprinzipien und Gestaltungsalternativen

Wie das Beispiel in Abb. 2.14 zeigt, sind Gestaltungsalternativen im Allgemeinen technische oder organisatorische Lösungsansätze, -prinzipien und Verfahren zur Verbesserung eines jeweils betrachteten, bereichs- oder prozessorientierten Gestaltungsbereiches. Hier stellt sich also die Frage nach

WELCHE?

Gestaltungsalternativen gewählt werden sollen.

### 2.2.3.1 Innovationsschwerpunkte und Lösungsansätze

Wichtige Lösungsansätze zur innovativen Fabrikgestaltung sind abhängig von der Planungstiefe z. B. /Paw07, S.10–18/:

- Strategische Lösungsansätze, wie z. B.
  - Fertigungstiefenoptimierung (MOB Make-or-Buy, Outsourcing, Produktionspartnerschaften)
  - Prozesssynchronisation (JIT Just-in-Time, JIS Just-in-Sequence, Perlenkette)
  - Kybernetische Organisationsprinzipien (Reduzierung der Komplexität, Vernetzung autonomer Funktionen, Integration der Mitarbeiter)
- Strukturelle Lösungsansätze, wie z. B.
  - Logistikgerechte Produktgestaltung
  - Logistikgerechte Prozessstrukturen (Produktions-, Materialfluss-, Informationsflussstrukturen)

- Systemtechnische Lösungsansätze, wie z. B.
  - Flexible Fertigungs- und Montagesysteme
  - Flexible Materialfluss- und Lagersysteme
  - Adaptive Planungs- und Steuerungssysteme

Zur Umsetzung dieser Lösungsansätze bieten sich alternative Lösungsprinzipien und Verfahren an, die im gesamten Wirkungsbereich anzuwenden sind, um die durch die Lösungsansätze verfolgten Ziele zu erreichen.

#### 2.2.3.2 Lösungsprinzipien und Verfahren

Um die Ansatzpunkte zur grundlegenden Verbesserung sowohl von produktbezogenen Prozessen als auch von Funktionssystemen des Unternehmens zu finden ist es sinnvoll, diese detaillierter mit ihren Subsystemen und ihren zugehörigen Wirksystemen zu betrachten (Abb. 2.15a). Die weitere Unterteilung in Abb. 2.15b findet beispielhaft für das Wirksystem „Organisation“ und die Prozesse im Funktionssystem „Produktion“ statt. Auf dieser Detaillierungsebene sind die Lösungsprinzipien und Verfahren zu erkennen, welche die Produktionsorganisation entscheidend beeinflussen können. Die markierten Felder zeigen, welche Verfahren auf das Funktionssystem, Subsystem bzw. die Prozesse den größten Einfluss haben.

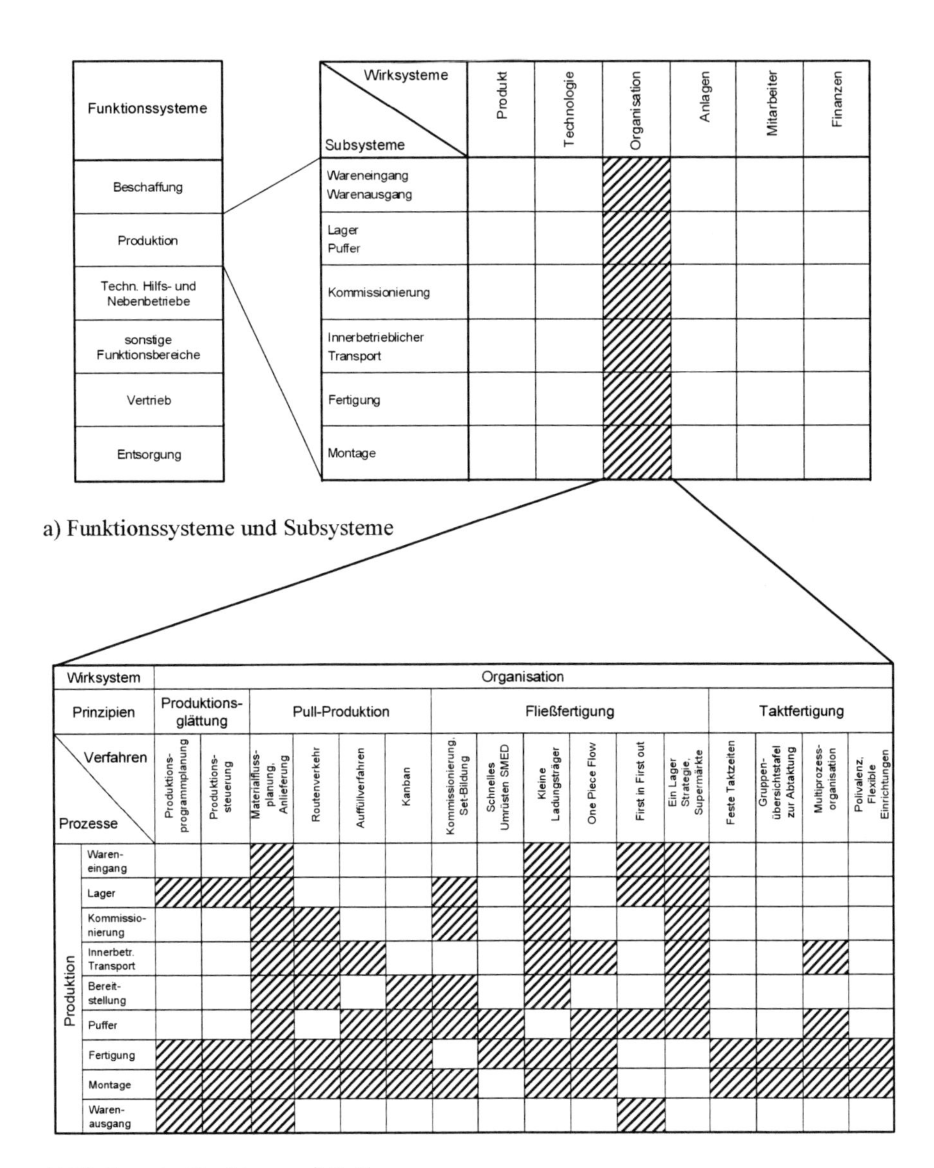


b) Einfluss der Verfahren auf die Prozesse

**Abb. 2.15** Zuordnung von Lösungsprinzipien (a) und Verfahren (b) zu den Prozessen im Gestaltungsbereich „Produktionsorganisation" (Beispiel)

Die verschiedenen im Unternehmen auftretenden Aufgabenstellungen der ganzheitlichen Fabrikplanung, wie z. B.

- Entwicklung eines quantifizierten Innovationsprogramms zur langfristigen Unternehmenssicherung,
- Entwicklung eines optimierten Beschaffungs-, Lagerungs- und Bereitstellungskonzeptes,
- Entwicklung einer logistikgerechten Produktionsstruktur oder
- Entwicklung einer integrierten Distributionsstruktur bei Unternehmensfusion

berühren mehr oder weniger stark die einzelnen Gestaltungsbereiche und deren alternativen Lösungsprinzipien und Verfahren. Deren Zuordnung erlaubt eine erste Einschätzung der gegebenen Komplexität und des Planungsaufwandes.

### 2.2.4 Vorgehensweise bei systemorientierter Planung

Neben der Abgrenzung der Planungsaufgabe in Bereiche, Subsysteme oder Prozesse und der Definition möglicher Lösungsprinzipien und Verfahren stellt sich die Frage nach dem

WIE?

nach dem eigentlichen Vorgehen bei der Planung. Denn bei der Planung der Veränderung steht natürlich die Vorgehensweise im Mittelpunkt der Betrachtung. Die zunehmende Komplexität von Projekten in der Fabrikplanung bringt es mit sich, dass die Projektabwicklung und fachlichen Zusammenhänge für den Einzelnen nicht mehr überblickbar sind. Einen wesentlichen Einfluss dabei haben zunehmender Projektinhalt, Projektausmaß und Projektrisiko sowie die diesen Projekten zugrunde liegenden vielfältigen Zielsetzungen.

Eine zielgerichtete Durchführung des Planungsprozesses ermöglicht ein systemorientiertes Vorgehensmodell mit folgenden Bausteinen (Abb. 2.16):

- Nutzung von problemspezifischen Planungsvorgehensweisen; Kenntnisse über Problemabgrenzung, -strukturierung und Planungsprozesse
- Anwendung von Planungsmethoden und -hilfsmitteln; Kenntnisse in mathematischen Methoden, Verfahren der Entscheidungsunterstützung, Kennzahlen
- Einsatz von Planungsinstrumenten; Kenntnisse über IT-Einsatz zur Datenerfassung, -analyse, -bewertung, Simulation IT-Tools

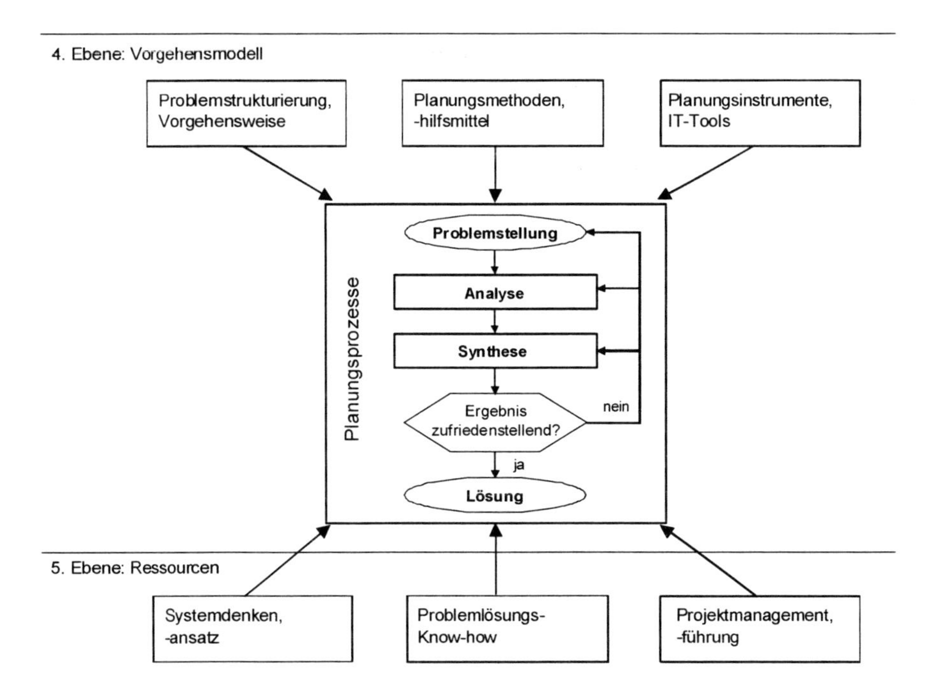


**Abb. 2.16** Bausteine des systemorientierten Planens in der Organisationshierarchie für die ganzheitliche Planung

Die Vorgehensweise charakterisiert den eigentlichen Planungsprozess. Dabei sind die beiden grundlegenden Anwendungsformen der Systembetrachtung in der Fabrikplanung zu unterscheiden:

- Bei der Analyse (Untersuchung) eines bestehenden Systems wird die Funktion untersucht und daraus auf die Struktur des Systems geschlossen.
- Bei der Synthese (Gestaltung) eines Systems für einen bestimmten Zweck wird die Struktur gestaltet, um eine bestimmte Funktion zu erfüllen.

Entlang des Planungsprozesses finden immer wieder Rückkopplungen und immer wiederkehrende Überprüfungen zwischen Analyse und Synthese statt. Bezug nehmend auf die Organisationshierarchie des „Ganzheitlichen Produktionssystems“ (vgl. Abb. 2.5) stellen das Vorgehensmodell die 4. Ebene und die Ressourcen für die Planung die 5. Ebene dar (Abb. 2.16).

### 2.2.5 Ressourcen

Die Basis der grundlegenden Organisationshierarchie für die ganzheitliche Fabrikplanung stellen die für die Planung der Veränderungsprozesse zur Verfügung stehenden Ressourcen dar. Damit stellt sich schließlich die Frage nach dem

WER?

die Planungsaufgaben durchführen soll. Wesentliche Voraussetzungen sind:

- Anwendung des Systemansatzes; Denken in Systemen, insb. Flusssystemen oder Wertschöpfungsprozessen, ist Basis der ganzheitlichen und interdisziplinären Planung
- Verwendung von Problemlösungs-Know-how; Kenntnisse über Möglichkeiten der einzusetzenden Technologien, Fabrikorganisation
- Anwendung von Projektmanagementmethoden; Kenntnisse in der Gestaltung der Projektaufbau- und -ablauforganisation, Termin-, Kostenplanung

Bei der Gestaltung der Veränderung müssen in jeder Phase die Ressourcen das Zusammenwirken von Gegensatzpaaren fördern /Woj83/, wie z. B.

- Theorie (Wissen) und Praxis (Erfahrung)
- Deduktive und induktive Vorgehensweise
- Interne (Fachwissen, Intentionen der betroffenen Bereiche) und externe Beteiligte (Methodenwissen, Unabhängigkeit)
- Sachliche und politische Arbeit
- Kreativität und Routine
- Planung und Entscheidung
- Einzelarbeit (Bearbeitung) und Gruppenarbeit (Abstimmung)
- Beratung und Konflikt

Neben den fachlichen Ressourcen sind auch die Rollen im Team von Bedeutung, wie z. B. Planungs-, Entscheidungs- und Beratungsteam (vgl. Abschnitt 2.3.1.2). Weiterhin ist die Zusammensetzung auch gemäß den unterschiedlichen Anforderungen je nach Planungstiefe zu ändern. Während in der Anfangsphase eher Kreativität gefragt ist, geht es im Weiteren darum, Ressourcen für die Umsetzung zu organisieren, Spezialisten zur Ausarbeitung zu finden und danach die Umsetzung einzuleiten.

## *2.3 Allgemeiner Problemlösungsprozess*

Abb. 2.17 stellt die Grundlogik des allgemeinen Problemlösungsprozesses dar. Diese gilt auch bei problemspezifischer Variation des Ablaufes (Planungsheuristik). Sie umfasst folgende Schritte:

Vorbereitung der Planung

- Untersuchung der Ausgangssituation (Analyse)
- Erarbeitung von Planungsalternativen (Synthese)
- Treffen der Entscheidung

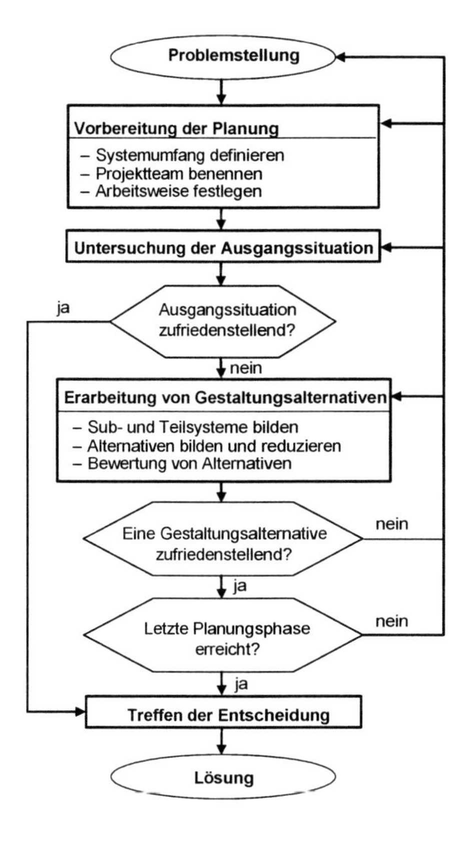


**Abb. 2.17** Grundlogik des Problemlösungsprozesses

## 2.3.1 Vorbereitung der Planung

### 2.3.1.1 Systemumfang definieren

Die Planung kann zielführend nur dann durchgeführt werden, wenn der Umfang des zu gestaltenden Systems klar definiert ist. Dabei stellt sich die Frage, ob zur Bewältigung der jeweiligen Problemstellung der betrachtete Systemumfang ausreichend ist, d. h. ob z. B. die Betrachtung das gesamte Unternehmen, einzelne Unternehmensbereiche, Teilbereiche oder nur einen einzelnen Arbeitsplatz umfassen soll. Zu beachten ist, dass die Festlegung des Systemumfangs einen wesentlichen Einfluss auf das Planungsergebnis hat (Abb. 2.18).

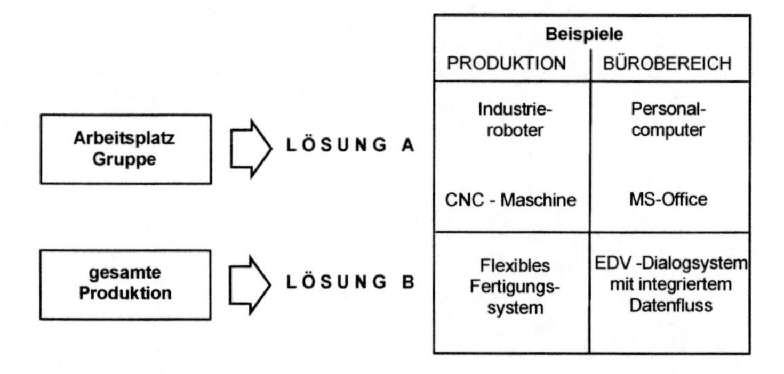


**Abb. 2.18** Bedeutung des Systemumfangs

Die Gliederung eines Projektes ist nach unterschiedlichen Gesichtspunkten möglich. Wesentliche Gliederungsaspekte sind (Abb. 2.19):

- Produktgliederung, d. h. Referenzprodukt, Kernkompetenzen, Fertigungstiefe, Outsourcing
- Topografische Gliederung, d. h. in örtlich bzw. räumlich abgegrenzte Subsysteme
- Funktionsgliederung, d. h. nach Kriterien der späteren Nutzung
- Phasengliederung, d. h. nach dem zeitlich-logischen Ablauf eines Projektes in
    - Planung
    - Realisierung
    - laufender Betrieb (Nutzung, Wartung)
    - Außerdienstsetzung (z. B. Wiederverwendung, Recycling)

- Leistungs- und Verantwortungsgliederung, d. h. nach Leistungs- und Verantwortungsbereichen (z. B. Vorstandsbereichen)
- Kostengliederung, d. h. nach Kostenarten bzw. -gruppen
- Gliederung nach Wirksystemen, d. h. nach den gestaltbaren Systemkomponenten eines Fabrikbetriebs

| GLIEDERUNGSASPEKTE | BEISPIELE | | | |
|---|---|---|---|---|
| Produktgruppe | | PG1 | PG2 | PG3 |
| topographisch (räumlich) | Werk | A | B | C |
| funktional (spätere Nutzung) | | Einkauf | Produktion | Verkauf |
| Phasen | | Planung | Realisierung | Wartung |
| Leistungs- u. Verantwortungsbezogen | Vorstands-bereich | a | b | c |
| Kosten | | Material | Betriebs-mittel | Lohn Gehalt |
| Systemkomponenten bezogen | Wirksystem | Produkt | Technologie | Organisation |

**Abb. 2.19** Aspekte zur Systemgliederung

Steht die Ablauforganisation im Vordergrund, d. h. die prozessorientierte Gestaltung der Fabrik, wird als erstes die entsprechende Produktgruppe festgelegt. Dann ist zu klären, welche Wertschöpfungsanteile von Zulieferenten bzw. vom eigenen Unternehmen erbracht werden sollen. Letztere sind dann Gegenstand für die Fabrikplanung.

### 2.3.1.2 Projektteam benennen

Für das positive Gelingen eines Projektes von größter Bedeutung sind die Planungsressourcen /Mar88; Sei90; Bra04/, d. h.

- die Zusammensetzung des Projektteams und
- die Regelung des Zusammenwirkens der einzelnen Personen und Gruppen.

Die Zusammensetzung des Projektteams kann für den konkreten Planungsfall aus den in Abb. 2.20 genannten unterschiedlichen Personengruppen des Unternehmens und Unternehmensumfeldes erfolgen.

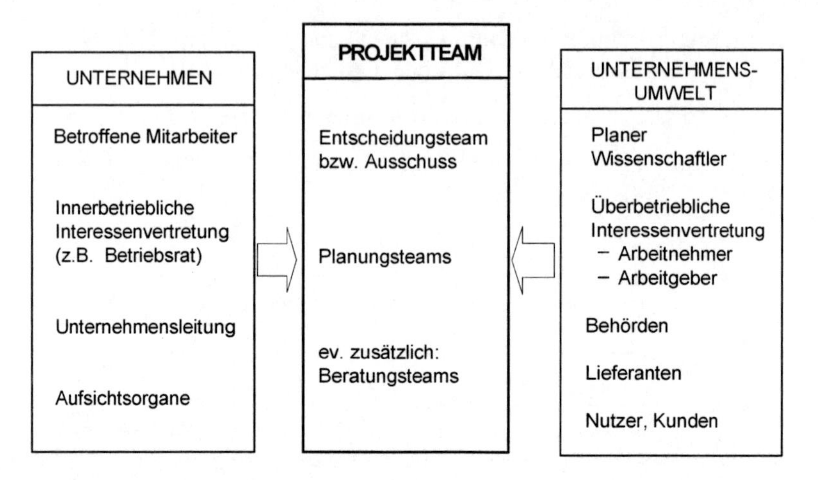


**Abb. 2.20** Zusammenstellung des Projektteams

Dabei sollten möglichst auch unterschiedliche Charaktertypen in das Projektteam integriert werden (Abb. 2.21).

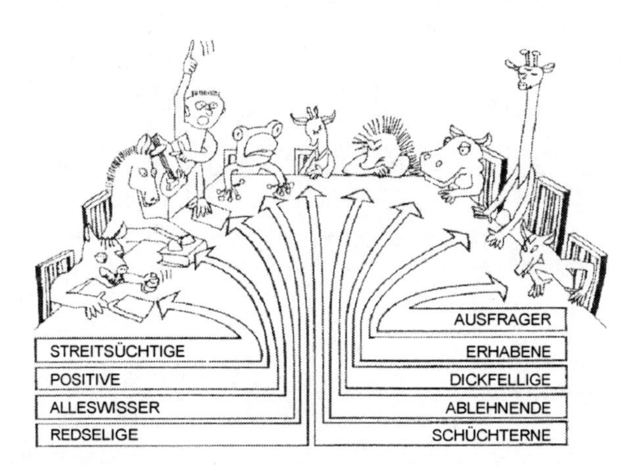


**Abb. 2.21** Charaktertypen im Projektteam

Auch muss die Wahrnehmung der beiden grundsätzlichen Kompetenzen, nämlich der

- Planungskompetenz und
- Entscheidungskompetenz,

genau festgelegt werden.

**Planungsteam**

Das Planungsteam umfasst jene Mitarbeiter im Projektteam, die direkt planen. Nach den Projekterfahrungen des Autors ist die Mitwirkung der direkt Betroffenen in den Planungsteams zur Gestaltung des unmittelbaren Arbeitsbereichs am wichtigsten. Die Arbeitnehmer besitzen hierfür einen hohen Stand der Information und auch der fachlichen Kompetenz.

Bei größeren Systemumfängen und frühen Planungsphasen wird meist noch nicht auf den individuellen Mitarbeiter eingegangen. Diese sind dann durch ihre innerbetriebliche Interessensvertretung am Planungsprozess beteiligt. Im Falle der Neuplanung, z. B. der Errichtung eines neuen Werkes, könnten – falls noch keine Betroffenen existieren – überbetriebliche Interessenvertreter zusätzliche menschlich-sozialen Gesichtspunkte einbringen.

**Entscheidungsteam**

Das Entscheidungsteam nominiert das Planungsteam. Es formuliert die Aufgabenstellungen und ihre finanziellen, räumlichen und zeitlichen Randbedingungen. Es überprüft laufend Planungsvorhaben, behält sich Entscheidungen zu wesentlichen Verfahrensfragen vor, sanktioniert Planungsgrundsätze und einzelne Lösungsansätze und fällt Entscheidungen über das Gesamtergebnis der Planung. Es bestimmt auch die Verantwortlichen, die letztendlich die Realisierung durchzuführen haben.

**Beratungsteam**

In sehr komplexen Projekten werden zur Unterstützung von Planungs- und Entscheidungsteams oft noch Beratungsteams etabliert. Sie sollen zusätzliches Fachwissen in die Planungen einbringen, ferner Anregungen im Hinblick auf neue – bisher nicht verfolgte – Ansätze bringen und letztlich auch Planungsergebnisse auf ihre Realisierbarkeit hin überprüfen. Mitglieder von Beratungsteams können somit aus den erwähnten Personengruppen innerhalb des Unternehmens oder auch aus den verschiedensten Personengruppen außerhalb des Unternehmens, wie Planungsunternehmen, wissenschaftliche Institute etc., stammen /Hep98/.

#### 2.3.1.3 Arbeitsweise festlegen

Die Art der Mitwirkung der Arbeitnehmer ist in Abhängigkeit von Systemumfang und Planungsphase zu differenzieren. Das heißt, es sind unterschiedliche Formen der Beteiligung zu wählen, je nachdem, ob einerseits eine Strategie-, Struktur-, System- oder Ausführungsplanung durchgeführt oder andererseits ob als Systemumfang das Gesamtunternehmen, Teilbereiche, Arbeitsgruppen oder der einzelne Arbeitsplatz gestaltet werden soll. Die einzelnen Personengruppen im Unternehmen haben hierbei jeweils unterschiedliche Funktionen zu erfüllen. Deren Abklärung kann unter Zuhilfenahme der Matrix in Abb. 2.22 erfolgen.

| *Gestaltungsmerkmale* / *Personengruppen* | *Planungsphase* | | | | *Systemumfang* | | | |
|---|---|---|---|---|---|---|---|---|
| | *Strategieplanung* | *Strukturplanung* | *Systemplanung* | *Ausführungsplanung* | *Gesamtunternehmen* | *Werk* | . . . | *Arbeitsplatz* |
| ***Aufsichtsorgane*** | | | | | | | | |
| ***Unternehmensleitung*** | | | | | | | | |
| ***Mitarbeitervertretung*** | | | | | | | | |
| ***Betroffene Mitarbeiter*** | | | | | | | | |

***Funktionen:***
*I: Information*
*A: Anhörung*
*B: Beratung*
*Z: Zustimmung*
*Vo: Vorschlagsrecht*
*Ve: Vetorecht*
*P: Planung*
*E: Entscheidung*
*K: Kontrolle*

**Abb. 2.22** Matrix zur Abklärung der Funktionen im Projektteam in Abhängigkeit vom Systemumfang und der Planungsphase

Zu Beginn jeder Planungsphase sind die Personengruppen, die Formen und Intensitäten sowie deren Mitwirkung im Projektteam festzulegen. Hiervon hängt es im Wesentlichen ab,

- welche Zielkriterien in ein Zielsystem aufgenommen werden und welche Ausprägungen ihnen zuerkannt werden,
- welche Gestaltungsfaktoren im Unternehmen als Randbedingungen zu betrachten sind und welche Faktoren somit einer Gestaltung unterzogen werden sollen,

- welche Methoden und Techniken für die Problemlösung herangezogen werden,
- welche Gestaltungsvarianten in den einzelnen Planungsphasen ausgewählt und damit bis zur Realisierung gebracht werden.

## 2.3.2 Erarbeitung von Gestaltungsalternativen

### 2.3.2.1 Sub- und Teilsysteme bilden

Bei komplexer Problemstellung ist der Systemumfang in Sub- bzw. Teilsysteme zu gliedern, um eine erfolgreiche Bearbeitung zu ermöglichen. Die Bildung von Sub- bzw. Teilsystemen sollte so erfolgen, dass

- sie gegeneinander einfach und eindeutig abgrenzbar sind,
- die dabei entstehenden Sub- bzw. Teilsystemumfänge noch überschaubar bleiben,
- die Gestaltung der Sub- bzw. Teilsysteme möglichst unabhängig von einander möglich ist.

Übersichtliche Gliederungen mit klaren Abgrenzungen ihrer Inhalte

- führen zur erforderlichen Transparenz,
- vereinheitlichen die Terminologie,
- erleichtern Koordination und Kommunikation,
- sind unerlässliche Vorgaben für die Aufgaben des Projektmanagements.

### 2.3.2.2 Alternativen bilden und reduzieren

Planung fordert die Bildung von geeigneten Alternativen, deren Bewertung und Auswahl der wirtschaftlich besten Lösung. Bei komplexen Planungsaufgaben ermöglicht der systemorientierte Planungsansatz ein gestuftes, zielgerichtetes Vorgehen. Dabei ergeben sich prinzipiell drei Möglichkeiten der Systemstrukturierung (Abb. 2.23).

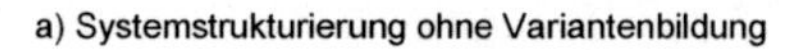


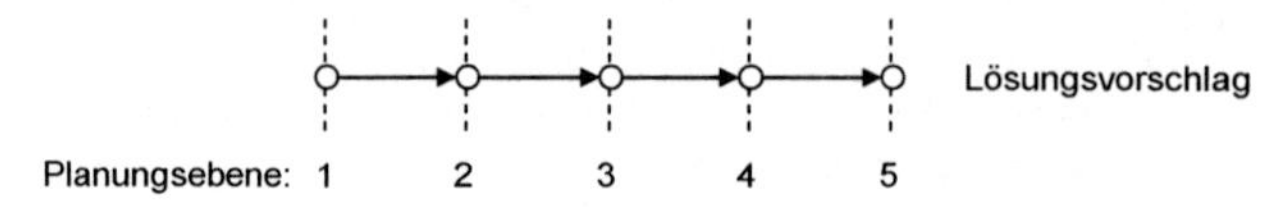


b) Systemstrukturierung mit mehrstufiger Variantenbildung

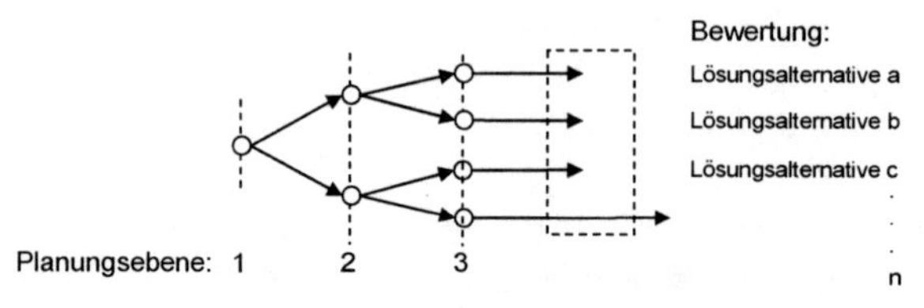


c) Systemstrukturierung mit einstufiger Variantenbildung

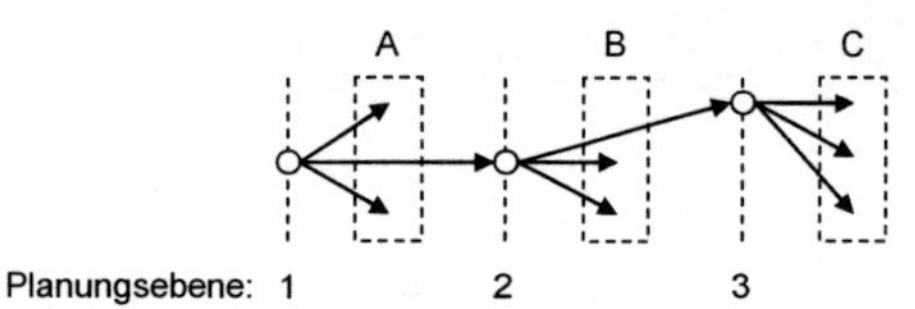


**Abb. 2.23** Alternativenbildung und -reduktion

### 2.3.2.3 Bewertung von Alternativen

Die Bewertung von Alternativen und die anschließende Auswahl einer Lösung bestimmen die weitere Planungsqualität /Sche01/. Deshalb sollten zunächst die ursprünglich bereits festgeschriebenen Teilziele überprüft und gegebenenfalls näher spezifiziert werden. Es hat sich bewährt, zwischen Muss- und Kannzielen zu unterscheiden. Die Kriterien sollten möglichst unabhängig voneinander sein, was oft nur schwer zu realisieren ist. Außerdem sollten die Kriterien von allen Beteiligten akzeptiert sein. Bei der Bewertung von Planungsalternativen gibt es zwei Fälle zu unterscheiden:

- Bewertung von Konzeptalternativen und
- Bewertung der zu realisierenden Alternative.

In beiden Fällen sind Bewertungssysteme für ein vernetztes Zielsystem zu entwickeln. Dabei kommen Kriterien zur (Abb. 2.24)

- quantitativen Bewertung (Wirtschaftlichkeit) und
- qualitativen Bewertung (Nutzwert)

zur Anwendung (Dualer Bewertungsansatz).

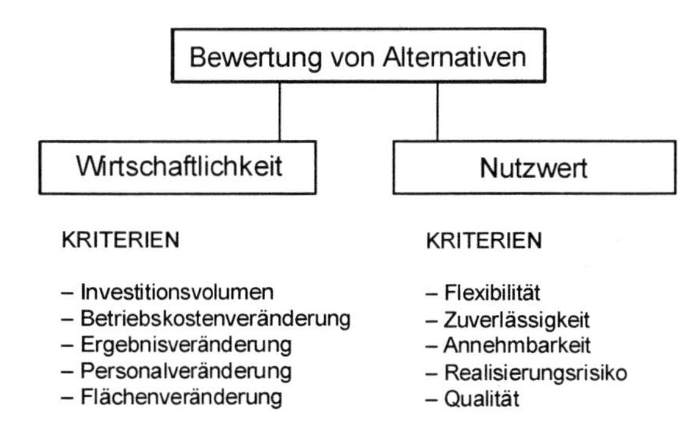


**Abb. 2.24** Dualer Bewertungsansatz

## Quantitative Bewertung von Planungsalternativen

Bei der quantitativen Bewertung geht es darum, die Vorteilhaftigkeit einer Investition anhand vorgegebener Ziel- und Bewertungskriterien zu überprüfen. Bei Auswahl zwischen mehreren Planungsalternativen wird diejenige mit dem höchsten Zielerfüllungsgrad ausgewählt. Die Verfahren der Investitionsrechnung lassen sich in statische und dynamische Methoden unterteilen. Der Unterschied besteht darin, dass die dynamischen Methoden den Zeitpunkt, an dem Kosten, Rückflüsse und Einsparungen wirksam werden, durch Verzinsung berücksichtigen. Dies tun die statischen Methoden nicht, d. h. Einsparungen, die in zehn Jahren erst wirksam werden, werden genauso gewichtet, wie Kosten, die heute anfallen. Methoden der Investitionsrechnung sind:

- Statische Methoden, z. B. Kostenvergleichs-, Gewinnvergleichs-, Amortisations- und Rentabilitätsrechnung. Diese Methoden weisen zwei Merkmale auf:

  - Die Zeitunterschiede im Anfall der Projektdaten werden für das Ergebnis nicht berücksichtigt. Es werden in der Regel nur durchschnittliche oder repräsentative Werte verwendet.
  - Als Projektdaten werden Kosten und Erlöse verwendet.

  Statische Methoden sind einfach, jedoch müssen die genannten Einschränkungen berücksichtigt werden. Sie kommen daher insbesondere für den Kostenvergleich verschiedener Zahlungsalternativen, bei relativ kleinen Investitionsobjekten und bei Investitionsobjekten mit kurzen Laufzeiten zur Anwendung.

- Dynamische Methoden, z. B. Kapitalwertmethode, interne Zinsfußmethode und Annuitätenmethode. Sie berücksichtigen im begrenzten Umfang die zeitlichen Unterschiede im Anfall der Zahlungen. Wesentliche Faktoren sind, dass

- o die Ausgaben und Einnahmen, die mit einer Investition verbunden sind, über einen längeren Zeitraum in unterschiedlicher Höhe anfallen und
- o der Zeitfaktor mittels der Zinseszins-Rechnung bewertet wird.

Die dynamischen Verfahren der Investitionsrechnung finden besondere Anwendung bei Investitionen mit hohem Kapitaleinsatz und längeren Nutzungsdauern. Einschränkungen bei der Anwendung sind z. B. ein erhöhter Rechenaufwand, Unsicherheiten in der Prognose zukünftiger Ausgaben und Einnahmen sowie die vorausgesetzte Bedingung einer sofortigen Reinvestition der Rückflüsse, die nicht immer gewährleistet ist.

**Qualitative Bewertung von Planungsalternativen**
Die Vergangenheit hat gezeigt, dass eine Alternativenbeurteilung anhand nur wirtschaftlicher Kriterien den Anforderungen an die Investitionsplanung nicht vollkommen gerecht wird. Zu berücksichtigen sind neben gut quantifizierbaren Kriterien auch weiche, d. h. schlecht erfassbare, bis rein qualitative Kriterien. Zur qualitativen Bewertung kommen die Kosten-Nutzen-Analyse sowie die Nutzwert-Analyse zur Anwendung:

– Kosten-Nutzen-Analyse; es werden Kosten und Nutzen der Planungsalternativen ermittelt und miteinander verglichen (Abb. 2.25). Die Vorgehensweise besteht im Einzelnen aus den Schritten

  - o Erarbeitung von Planungsalternativen
  - o Ermittlung von Kosten und Nutzen
  - o Vergleich der Alternativen
  - o Auswahl einer Alternative

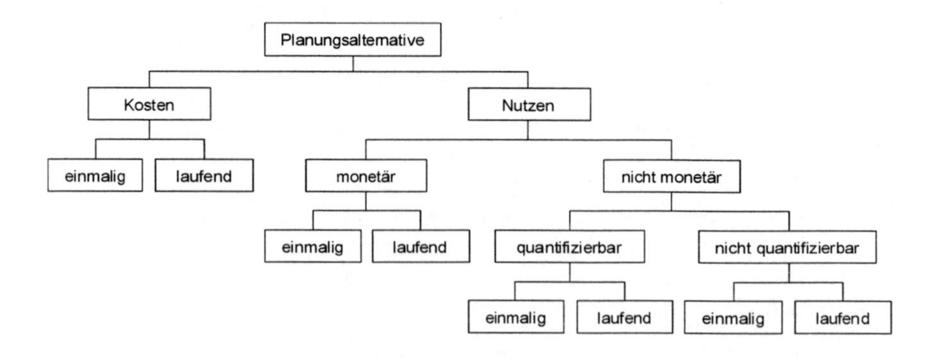


**Abb. 2.25** Einteilung der Kosten- und Nutzengrößen

– Nutzwert-Analyse; es wird die Bewertung qualitativer Faktoren mittels einer heuristischen Vorgehensweise erreicht. Ziel ist, unterschiedliche Lösungsalternativen im Hinblick auf das vorgegebene oder noch zu bestimmende Zielsystem zu bewerten (Abb. 2.26). Dabei werden die qualitativen Ausprägungen der Zielkriterien in quantitative Bewertungsgrößen umgewandelt. So ist eine Bewertung in Form eines Rankings anhand der ermittelten Nutzwerte möglich. Die Bewertungskriterien lassen sich einteilen in technische, soziale und wirtschaftliche Kriterien (Abb. 2.26). Zur Anwendung kommt die Nutzwert-Analyse insbesondere bei

- nicht in Kosten bewertbaren Bewertungsfaktoren und
- bei komplexen Entscheidungsproblemen, wobei die Alternative zu ermitteln ist, bei der die Zielerreichung insgesamt am größten ist, d. h. es wird eine Maximierung des Gesamtnutzens angestrebt
- Standardauswahl, Layoutvarianten, Materialflussgestaltung, Auswahl von Systemalternativen für Fertigung und Montage sowie Lager und Transport

In einem Projektbeispiel zur Nutzwert-Analyse werden in Abschnitt 4.5.3 alternative Layout-Varianten bewertet.

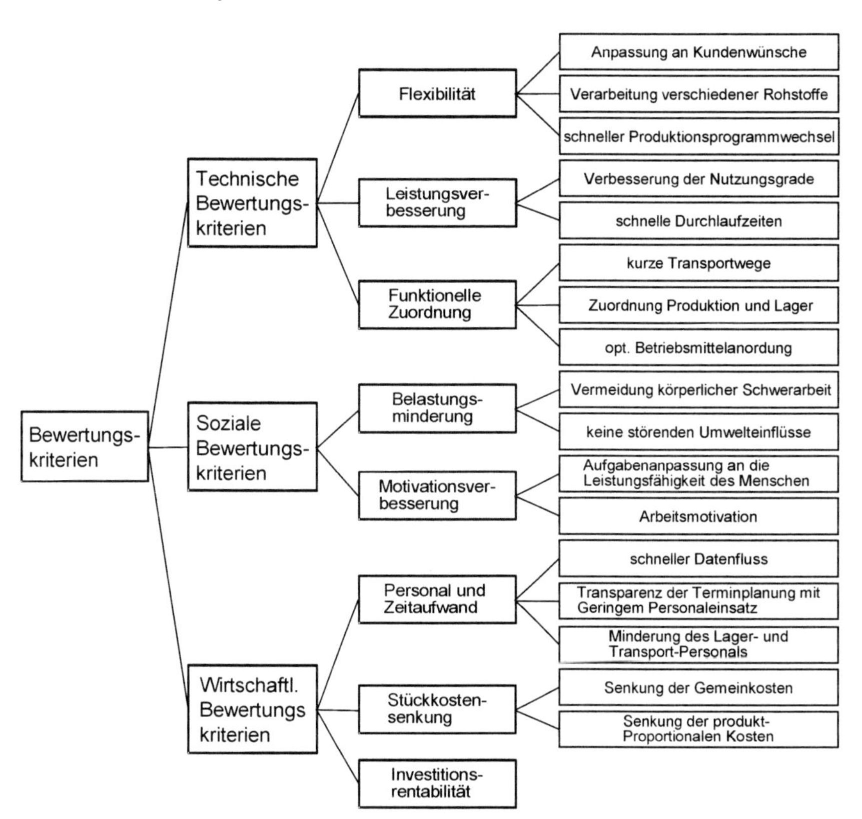


**Abb. 2.26** Bewertungskriterien in der Nutzwert-Analyse

**Gegenüberstellung von Alternativen**
Zur Auswahl einer zu realisierenden Alternative können Zielkriterien bzw. Kennzahlen herangezogen werden. In einem Kennzahlenprofil werden der Ist-Zustand und der Anforderungszustand (Soll-Zustand) oder auch das theoretische Optimum dargestellt. Die Planungsalternativen liegen dann im Feld zwischen Ist- und Soll-Zustand, wie z. B. die Alternative A1 in Abb. 2.27. Die Differenz zwischen Ist- und Soll-Zustand bezüglich einer Kennzahl stellt das kennzahlbezogene Potential dar.

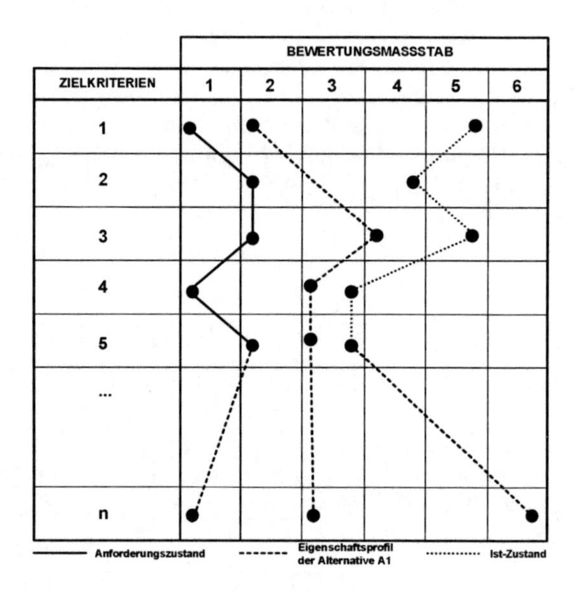


**Abb. 2.27** Gegenüberstellung von Alternativen

## *2.4 Vorgehensmodelle der ganzheitlichen Fabrikplanung*

### 2.4.1 Vorgehensrichtung Top-down oder Bottom-up

Die Vorgehensrichtung bei ganzheitlichen Fabrikplanungsprojekten ist Top-down. Sie erfordert ein gleich tiefes Vorgehen über alle Bereiche. Zur Vermeidung von Insellösungen sollte es vermieden werden, dass in einem Funktionsbereich, unabhängig von den vor- und nachgelagerten Prozessen in die Tiefe gegangen wird. Die Vorgehensrichtung Bottom-up eignet sich nicht für ganzheitliche Projekte. Sie kommt vielmehr für nachfolgende kontinuierliche Verbesserungsprozesse (KVP) in abgegrenzten Bereichen bzw. Kostenstellen zur Anwendung. Dabei werden von Anfang an die Erwartungen und Bedürfnisse der Mitarbeiter einbezogen /Bur97/. Die Realisierung von Pilotprojekten mit rascher Umsetzung, jedoch unter Berücksichtigung der Ganzheitlichkeit, entspricht dabei einem kombinierten Vorgehen.

### 2.4.2 Planungsphasen

Bei ganzheitlicher Planung mit komplexen Problemstellungen und größeren Systemumfängen ist es nicht möglich und nicht zweckmäßig, das Problem in einem Planungsschritt einer Lösung zuzuführen. Planungen sollten daher in mehreren getrennten Schritten phasenbezogen erarbeitet werden, wobei jeweils der Konkretisierungsgrad der Planungen zunimmt. Aus der Planungspraxis lassen sich vier grundsätzliche Phasen der „Planung der Veränderung" unterscheiden und zwar (Abb. 2.28):

- Strategieplanung
- Strukturplanung
- Systemplanung
- Ausführungsplanung

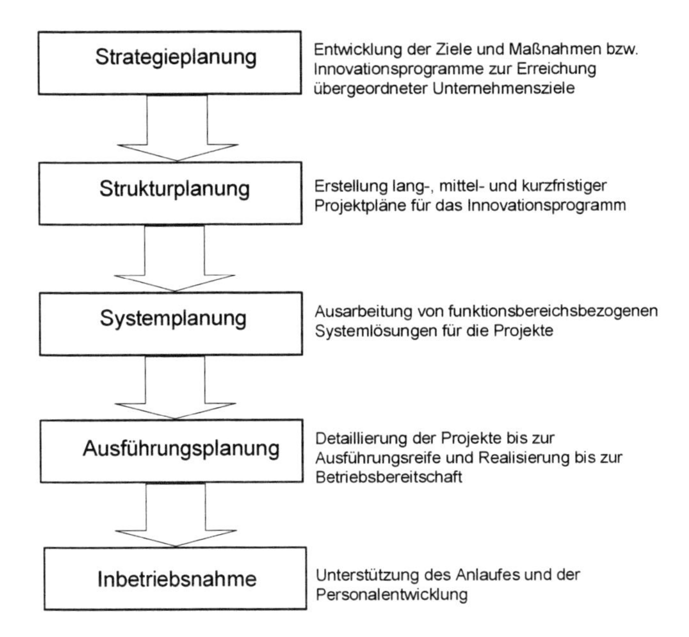


**Abb. 2.28** Planungsphasen in der ganzheitlichen Fabrikplanung

Oft bilden diese Planungsphasen in sich abgeschlossene Teilprojekte. Es liegt dann jeweils eine fundierte Entscheidungsbasis für die Fortführung des Projektes vor. Dennoch muss es gewährleistet sein, dass zwischen den einzelnen Phasen bei veränderter Datenlage ein Iterationsprozess stattfindet. Nur so kann eine Optimierung des Planungsvorgehens durch Überprüfung der Auswirkung von Veränderungen auf das Planungs- bzw. Zwischenergebnis erreicht werden. Nachfolgend wird der Inhalt der beschriebenen Planungsphasen bei der ganzheitlichen Fabrikplanung kurz definiert:

**Strategieplanung**
befasst sich mit den Zielen und Maßnahmen der Veränderung. Zunächst wird ein Zielsystem erstellt. Es geht aus von einer mit der Problemstellung definierten globalen Zielsetzung und leitet Einzelziele für die zu verändernden Gestaltungsbereiche ab. Einzelne Maßnahmen zur Erreichung der Ziele werden erarbeitet. Planungsebene der Strategieplanung bei der ganzheitlichen Fabrikplanung ist das „Unternehmen."

**Struktur- bzw. Systemplanung**
beschäftigen sich mit der Erstellung von Idealsystemen und daraus abgeleiteten Realsystemen auf Unternehmens-, Fabrik- bzw. Werksebene (Strukturplanung) sowie auf Funktionsbereichsebene (Systemplanung). Letztere stellen Lösungsalternativen dar, von denen eine ausgewählt wird.

**Ausführungsplanung**
beinhaltet die Detaillierung in der Systemplanung ausgewählten Alternative bis zur Ausführungsreife, d. h. bis zur Systemrealisierung.

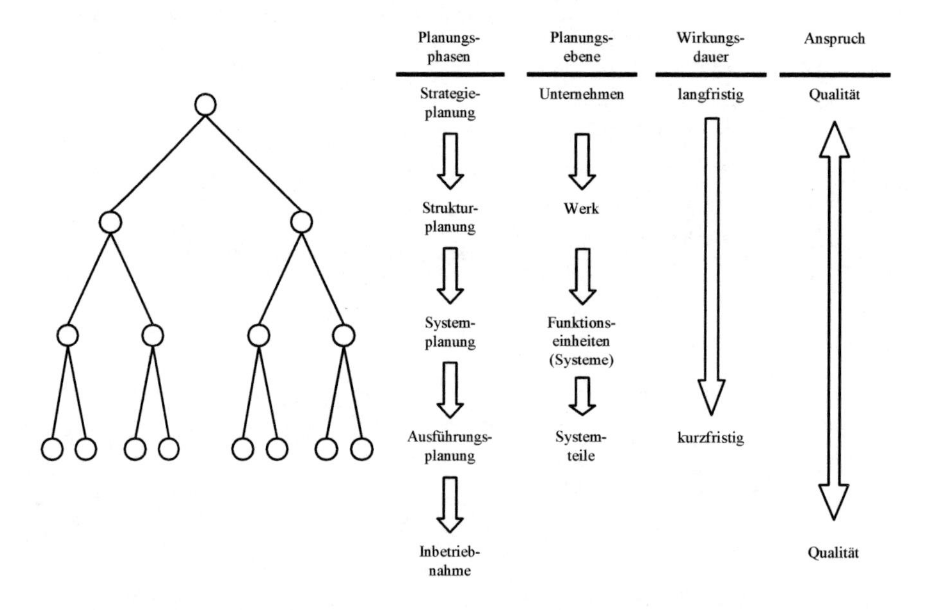


**Abb. 2.29** Aspekte der Planung

Abb. 2.29 stellt die wesentlichen Aspekte zusammen. Neben den Planungsphasen sind dies die Planungsebenen (Untersuchungsbereiche), die Wirkungsdauer der Planungsergebnisse und der Anspruch an eine durchgängige Qualität in allen Planungsphasen. Insbesondere hat die Qualität auch in den frühen Planungsphasen eine große Bedeutung. Denn am Anfang ist das Vorhaben, das zur Vorbereitung und Durchführung von Investitionen führen soll, noch wenig überschaubar. Damit wird auf die Tragweite und Bedeutung der ersten Entscheidungen hingewiesen, z. B. Errichtung eines Zweigwerkes. Denn diese beeinflussen die zukünftigen Auswirkungen auf die Kostenstruktur des Unternehmens weit mehr als beispielsweise eine spätere Entscheidung über die Art der Bauausführung. Der überwiegende Teil der Investitionen wird also in der Strategie- und Strukturplanung festgelegt (Abb. 2.30). Dagegen ist die Kosten verursachende Wirkung der Strategie- und Strukturplanung relativ gering und beträgt im Allgemeinen nur 4 bis 6 %. Auch können nach ca. 6 Monaten nach Planungsbeginn grundlegende Dinge noch beeinflusst werden /Mäh07/.

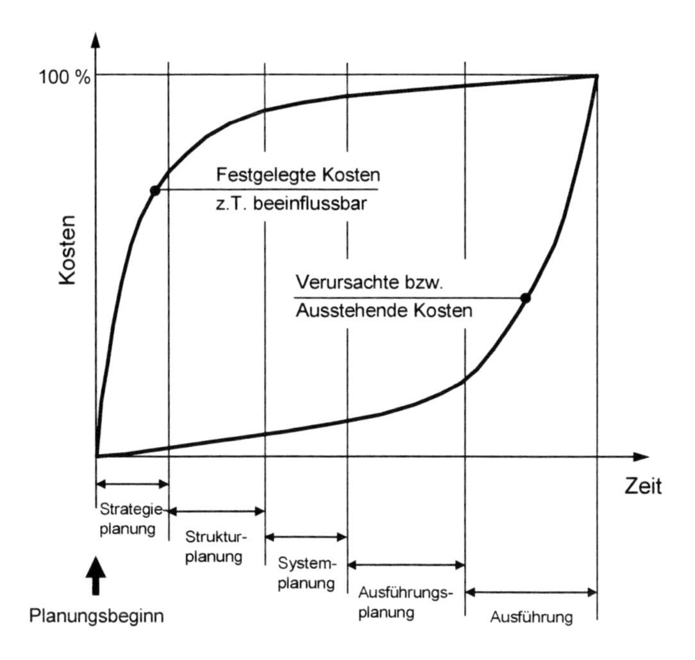


**Abb. 2.30** Festgelegte und entstehende Kosten in den Planungsphasen

## 2.4.3 Schritte innerhalb der Struktur- bzw. Systemplanung

Die Struktur- und Systemplanung unterscheiden sich durch die Planungsebene. In der ganzheitlichen Fabrikplanung wird bei der Strukturplanung das „Werk" (z. B. Werkstrukturplanung) und bei der Systemplanung die „Funktionseinheit" (z. B. Montagesystemplanung) betrachtet. Abb. 2.31 zeigt diesen Sachverhalt in der Systembetrachtung.

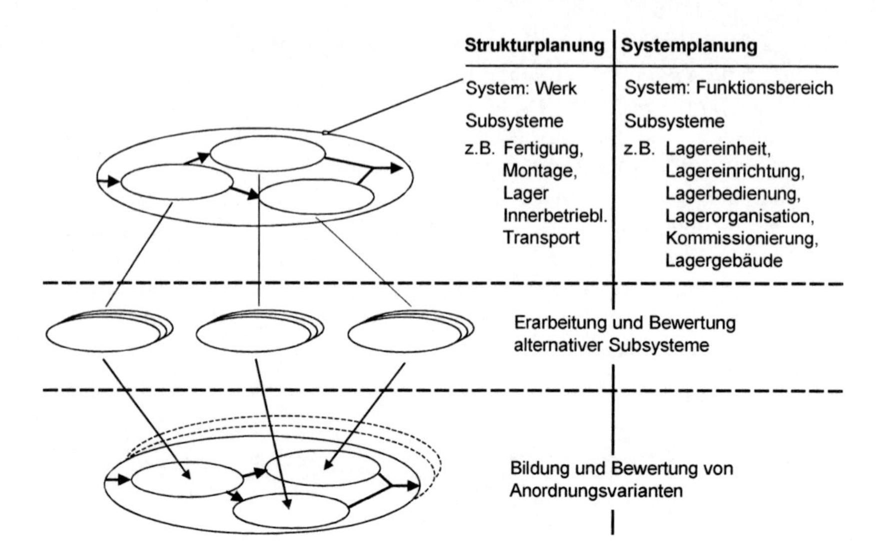


**Abb. 2.31** Gegenüberstellung von Struktur- und Systemplanung

Der Planungsablauf mit Variantenbildung und -reduzierung ist aus Abb. 2.32 zu ersehen.

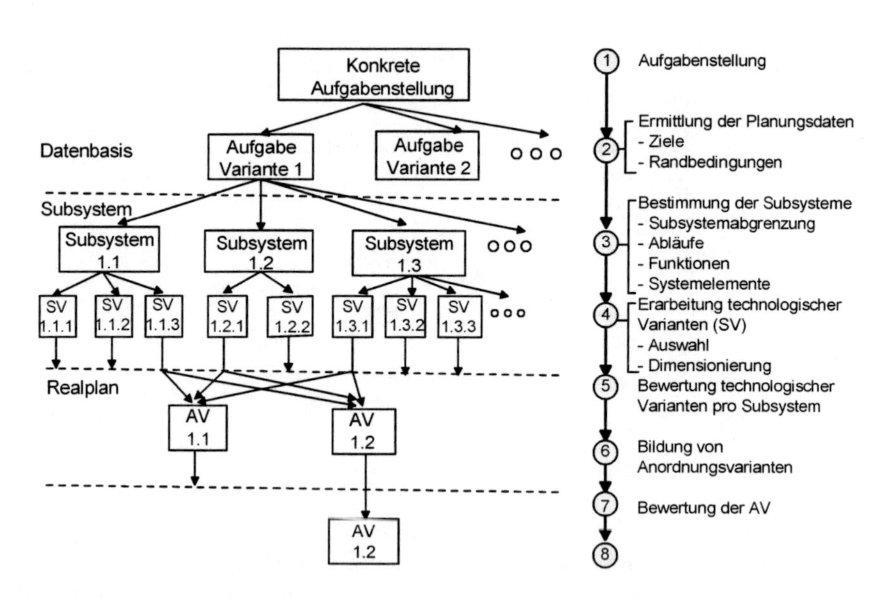


**Abb. 2.32** Variantenbildung und -reduktion

### 2.4.4 Methoden und Instrumente

In den einzelnen Schritten der Planungsvorgehensweise kommen verschiedene Methoden und Instrumente zur Anwendung, z. B. zur (Abb. 2.33)

- Informationsermittlung, -aufbereitung, -darstellung
- Konzept-, Ideenfindung
- Bewertung

Bei der projektbezogenen Auswahl spielen situative Kriterien eine Rolle. Dazu gehören Aspekte des Datenbedarfs, des Aufwandes der Datenerhebung, der Leistungsfähigkeit sowie der Vielseitigkeit.

| Planungsschritte | Methoden und Instrumente |
|---|---|
| Informationsermittlung | – Fragebogen<br>– Interview<br>– Dokumentenanalyse<br>– Multimomentaufnahme<br>– Betriebs-EDV |
| Informationsaufbereitung | – Statistik<br>– Strukturanalyse<br>– ABC-Analyse<br>– Portfolio-Analyse<br>– Clusteranalyse |
| Informationsdarstellung | – Profile<br>– Balkendiagramme<br>– Tabellen<br>– Strukturen<br>– Zustandsdiagramme |
| Konzeption/Ideenfindung | – Morphologie<br>– Brainstorming<br>– Delphi-Methode<br>– Methode 635<br>– Synthese |
| Bewertung | – Kosten-Nutzen-Analyse<br>– Investitionsrechnung<br>– Nutzwert-Analyse<br>– Potenzialanalyse<br>– Simulation |

**Abb. 2.33** Methoden und Instrumente

### 2.4.5 Gesamtstruktur bei Fabrikplanungsprojekten

Die ganzheitliche Fabrikplanung wird in der heutigen Zeit durch eine permanente Welle von Umstrukturierungs- und Reorganisationsvorhaben begleitet. Häufig werden die Projektziele nicht erreicht, die Maßnahme nicht oder nur unvollständig umgesetzt. Die Ursachen liegen meist in der unzureichenden Durchführung einerseits der Projektvorbereitung, d. h. der unzureichenden Analyse- und Konzeptphase, sowie andererseits der Mitarbeiterintegration. Die Lösung kann ein Projektansatz in Form eines „Partizipativen Change Management“ (PCM) sein /Paw01/. Dabei werden bei Beibehaltung des Top-down-Vorgehens die unteren hierarchischen Ebenen rechtzeitig und in entsprechendem Umfang in die Planungsprozsse miteinbezogen.

Der Begriff der „Partizipativen Unternehmensführung“ wurde bereits in den 70er Jahren diskutiert. Dabei ging es um den Abbau von personellen Widerständen bei betrieblichen Rationalisierungsmaßnahmen. Im Zusammenhang mit der ganzheitlichen Fabrikplanung, insbesondere bei logistikorientierter Umplanung gewachsener Produktionsstrukturen, verstehen wir heute darunter einen Projektansatz, der eine direkte Beteiligung von Mitarbeitern und Führungskräften aus verschiedenen Abteilungen und Unternehmenshierarchien entsprechend der Planungsphase und -aufgabe ermöglicht. Ziel ist, das Verstehen, Planen und Realisieren von Teilaufgaben ganzheitlicher Fabrikplanungsprojekte zu lernen, selbst durchzuführen und die Ergebnisse umzusetzen.

Um dieses Ziel zu erreichen gilt es, in die Gesamtstruktur von ganzheitlichen Fabrikplanungsprojekten neben dem Vorgehensmodell, den Methoden und Hilfsmitteln sowie den Planungsinstrumenten insbesondere auch die Personalqualifikation zu integrieren.

Dabei werden die eigentlichen Phasen und Schritte der Planung ergänzt um Maßnahmen zur

- Projektabsicherung (Kommunikation, Marketing, Konfliktmanagement)
- Konzeptabsicherung (Qualität, Methoden, Hilfsmittel)
- Akzeptanzabsicherung (Team, Methodenschulung, Planungswissen)

Somit werden bei der ganzheitlichen Fabrikplanung

- ein umsetzungsorientierter Ansatz und
- ein partizipativer Ansatz

gleichermaßen berücksichtigt (Abb. 2.34).

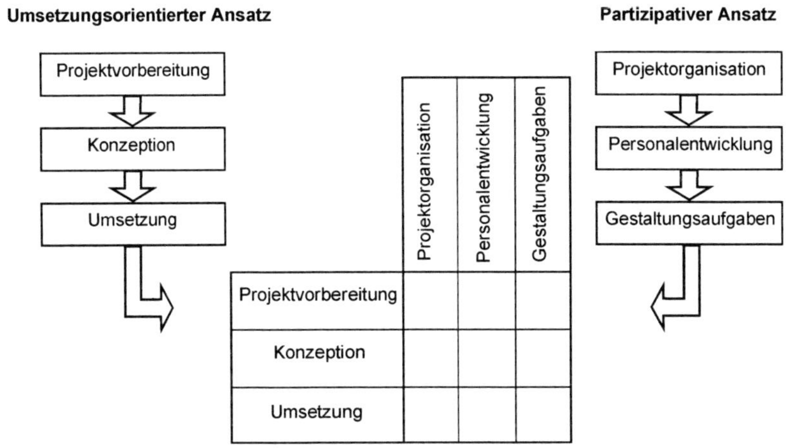

**Abb. 2.34** Methode zur Mitarbeiterbeteiligung bei Veränderungsprozessen im Unternehmen

Der umsetzungsorientierte Ansatz orientiert sich am Planungsablauf:

- Projektvorbereitung, d. h. Strategieplanung (Ziele, Maßnahmen) bzw. Voruntersuchung
- Konzeption, d. h. Struktur- bzw. Konzeptplanung
- Umsetzung, d. h. System-, Ausführungsplanung bzw. Feinplanung, Implementierung

Der partizipative Ansatz erfordert die Beteiligung der Mitarbeiter und Führungskräfte an den Problemlösungen und Entscheidungsprozessen. Denn wenn es um Innovation, flexible Reaktion, Interpretation und Kooperation geht, ist der Mensch mit seiner Denk- und Kommunikationsfähigkeit sowie seinen Ideen, seiner Kreativität und seiner Neugierde unersetzbar. Der partizipative Ansatz ist dennoch nicht eine humane und soziale Verpflichtung, sondern auch wirtschaftlich notwendig /Bul03/. Notwendig hierzu kann eine projektintegrierte Personalentwicklung, eine Methodenschulung parallel zum Projektablauf, sein /Paw92/. Diese gilt es in der Gesamtstruktur des Fabrikplanungsprojektes z. B. als Teilprojekt zu verankern (Abb. 2.35).

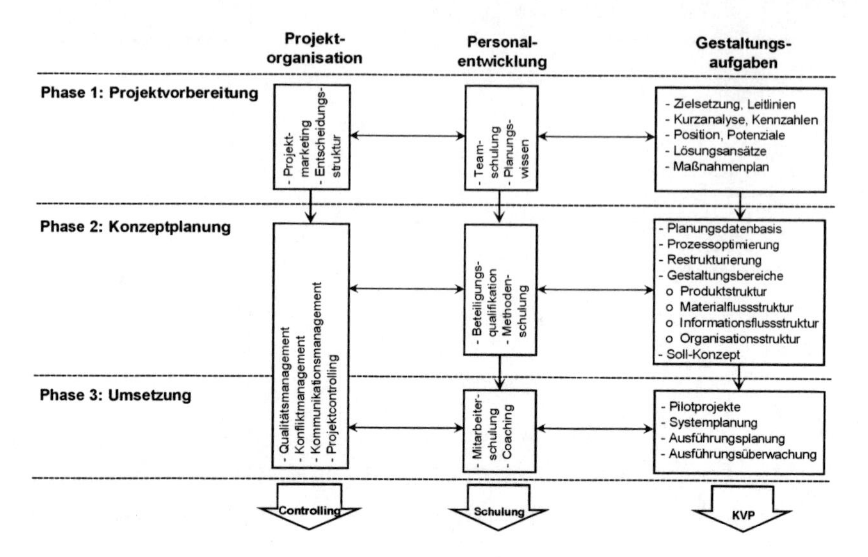


**Abb. 2.35** Vorgehensmodell zur Optimierung der Fabriklogistik

Beispielhaft zeigt Abb. 2.36 die Phase der Konzeptplanung mit den Schritten und den Methoden, die bei der Planung eines Produktionslogistikkonzeptes zur Anwendung kommen können /Paw07, S.143–195/.

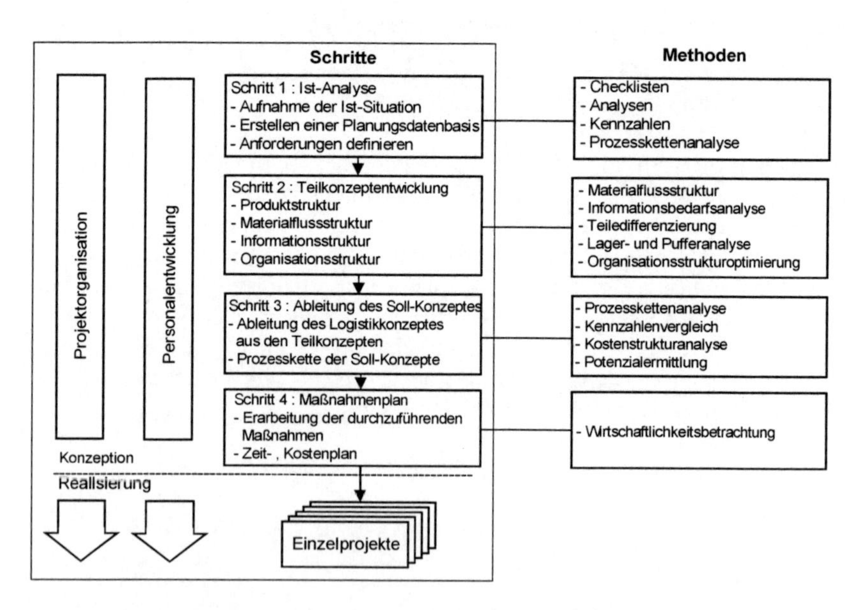


**Abb. 2.36** Schritte und Methoden der Planung eines Logistikkonzeptes

In der Projekt-Aufbauorganisation können Teilprojektteams benannt werden, die neben dem Tagesgeschäft den hauptamtlichen Kernteams zuarbeiten (Abb. 2.37).

Die Informationsbasis für die Planung, wie z. B. Wissen über Hersteller und Dienstleister, über Logistik-Planungs- und -Betriebssysteme, über Methoden, Hilfsmittel und Vorgehensweisen, aber auch die Erfahrungen und das Planungs-Know-how des Kernteams, kann auch als „Wissensbasis ganzheitliche Fabrikplanung" bezeichnet werden.

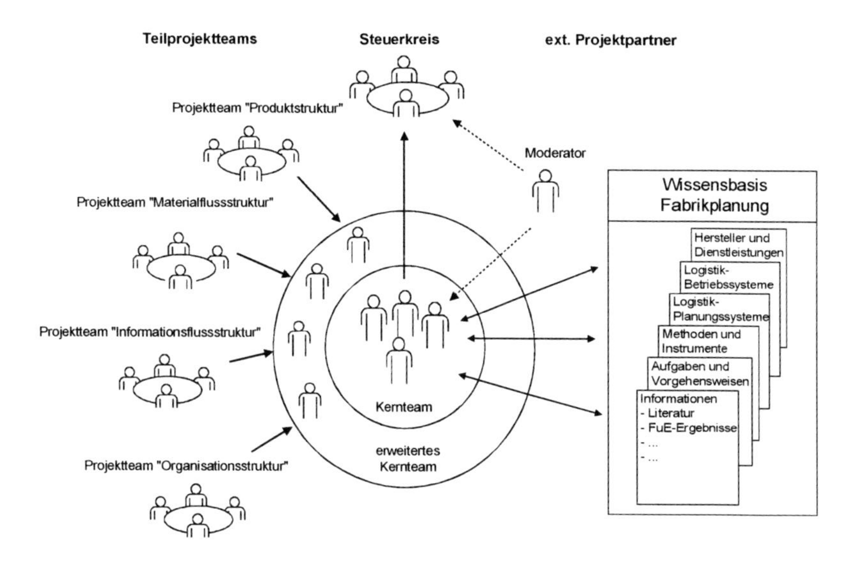


**Abb. 2.37** Projektteams in der Konzeptplanung bei Partizipativem Change Management

## *2.5 Übungsfragen zum Abschnitt 2*

1. Welche Interpretationen zum allgemeinen Fabrikplanungsbegriff kennen Sie?

2. Was wird durch die Prozessorientierung in der Fabrikplanung ermöglicht?

3. Was verstehen Sie unter der Planung im Systemlebenszyklus?

4. Welche Ebenen des Ganzheitlichen Produktionssystems kennen Sie, und in welcher Ebene sind die Vorgehensweisen, Methoden und Tools der Fabrikplanung einzuordnen?

5. Welche Zielaspekte gehören zum vernetzten Zielsystem bei ganzheitlicher Planung?

6. Wie können die Gestaltungsbereiche der Fabrik strukturiert werden?

7. Welche Bedeutung haben die Wirksysteme einer Fabrik?

8. Erläutern Sie die Grundlogik des allgemeinen Problemlösungsprozesses.

9. Nennen Sie Gliederungsaspekte, mit denen der Systemumfang bei der Fabrikplanung eingegrenzt werden kann.

10. Welche grundlegenden Möglichkeiten gibt es zur Alternativenbildung und -reduzierung?

11. Nennen Sie Kriterien zur Bewertung von Planungsalternativen.

12. Welche Methoden zur quantitativen und qualitativen Bewertung von Planungsalternativen kennen Sie?

13. Nennen Sie die allgemeinen Planungsphasen bei der ganzheitlichen Fabrikplanung mit ihren Systemumfängen.

14. Erläutern Sie Maßnahmen und Ansätze der PCM-Methode.

## *2.6 Literatur zum Abschnitt 2*

/Bar05/ *Barth, H.:* Produktionssysteme im Fokus.
wt Werkstattstechnik online 95(2005)4, S. 269–274

/Bra04/ *Bracht, U.; Eckert, C.:* Phasenflexible Projektteams zur Fabrikplanung für KMU.
wt Werkstattstechnik online 94(2004)4, S. 141–145

/Bar07/ *Barth, B.:* Qualitätsmanagement in der Automobilindustrie.
Vortrag anlässlich der Ringvorlesung „Instandhaltung und Qualitätssicherung“ am 18.01.2007 an der TU Hamburg-Harburg

/Bul03/ *Bullinger, H.-J.:* Der Mensch im Mittelpunkt.
wt Werkstattstechnik 93(2003)1/2, S. 1

/Bur97/ *Buresch, M.:* Innovative systemische Prozessgestaltung.
Diss. TU Wien 1997

/Dom06/ *Dombrowski, U.; Hennersdorf, S.; Palluck, M.:* Fabrikplanung unter den Rahmenbedingungen Ganzheitlicher Produktionssysteme.
wt Werkstattstechnik online 96(2006)4, S. 156–161

/Hal73/ *Haller, M.*: Wirtschaftspolitische Zielkonflikte zur Problematik Ihres Realwissenschaftlichen Gehaltes. Bern/Frankfurt 1973

/Ham93/ *Hammer, M.; Champy, J.*: Business Reengineering. Campus-Verlag, Frankfurt 1993

/Hei89/ *Heidbreder, W.*: Strukturplanung als abgesicherte Basis zur Gestaltung der Fabrik. In: Tagungsunterlage „Fabrikplanung und Organisation“ der TAW Wuppertal am 26.01. und 27.01.1989 in Wuppertal

/Hep98/ *Heptner, K.*: Projektoptimierung durch externe Beratung. Getränkeindustrie (1998)12, S. 863–866

/Ket84/ *Kettner, H.; Schmidt, J.; Greim, H.R.*: Leitfaden zur systematischen Fabrikplanung. Carl Hanser-Verlag, München/Wien 1984

/Kos62/ *Kosiol, E.*: Organisation der Unternehmung. Gabler, Wiesbaden 1962

/Mäh07/ *Mähr,St.*: Fabriken mit innovativen Prozessen – der planmäßige Umbau. In: Tagungsunterlage zur 7. Deutschen Fachkonferenz Fabrikplanung am 22. und 23.05.2007 in Esslingen

/Mar88/ *Martin, H.*: Das Planungsteam in der Industrieplanung. Fördertechnik (1988)2, S. 32–34

/MTM01/ Das ganzheitliche Produktionssystem – Expertenwissen für neue Konzepte. Deutsche MTM-Vereinigung e.V (Hrsg.); Hamburg 2001

/Paw92/ *Pawellek, G.*: Projektbegleitende Logistik-Weiterbildung. Logistik Spektrum (1992)2, S. 4–5

/Paw01/ *Pawellek, G.*: Supply Chain Management – Vorgehensmodell und Optimierungstools. In: Handbuch zum 36. BME-Symposium vom 12. bis 14.11.2001 in Berlin, S. 1079–1098

/Paw05/ *Pawellek, G.; O'Shea, M.; Schramm, A.*: Methoden und Tools zur logistikgerechten Produktentwicklung. In: Jahrbuch der Logistik 2005, S. 20–26

/Paw07/ *Pawellek, G.*: Produktionslogistik – Grundlagen, Methoden, Tools. Carl Hanser-Verlag, Leipzig/München 2007

/REFA85/ Methodenlehre der Planung und Steuerung.
Carl Hanser-Verlag, München/Wien 1985

/Sche01/ *Schenk, M.; Gröpke, St.*: Variantenbewertung in der Fabrikplanung.
ZwF Zeitschrift für wirtschaftliche Fertigung 96(2001)4, S. 171–177

/Schm95/ *Schmigalla, H.*: Fabrikplanung – Begriffe und Zusammenhänge.
Carl Hanser-Verlag, Leipzig/München 1995

/Schu84/ *Schulte, H.*: Die Strukturplanung von Fabriken.
In: Handbuch der neuen Techniken des Industrial Engineering.
Landsberg 1984, S. 1202–1254

/Sei90/ *Seidinger, P.*: Die Rolle des Menschen bei der Gestaltung des Wandels.
In: Tagungsunterlage „Fabrikplanung und Organisation“ der TAW am 4. und 5.10.1990, Wien

/Woj82/ *Wojda, F.*: Planungsheuristik für eine partizipative Arbeitsgestaltung.
Zeitschrift für Arbeitswissenschaft 36(1982)4, S.234–242

/Woj83/ *Wojda, F.*: Einführung in das Projektmanagement.
Vorlesungsbaustein am Institut für Arbeits- und Betriebswissenschaften, TU Wien 1983

/Zim83/ *Zimmermann, A.*: Erfolgreiche Projektabwicklung durch Integrierte Logistik.
In: Kongreßhandbuch II zum 4. Internationalen Logistik-Kongreß ILC'83 in Dortmund, hrsg. Von der Deutschen Gesellschaft für Logistik e.V., Dortmund 1983, S. 298–304

# 3 Strategieplanung

## *3.1 Aufgabe der Strategieplanung*

Aufgabe der Strategieplanung ist, Maßnahmen zur Erreichung des Unternehmenszieles zu entwickeln. In der ganzheitlichen Fabrikplanung wird als Gesamtziel die Sicherung der langfristigen Konkurrenzfähigkeit und damit Unternehmenssicherung verfolgt. Untersuchungsbereich ist das gesamte Unternehmen gegebenenfalls mit mehreren Standorten. Ausgehend von der Ist-Situation umfasst die Strategieplanung die

- Zielplanung und
- Maßnahmenplanung.

Die Strategieplanung als erste Phase der Fabrikplanung soll Veränderungsmaßnahmen bezüglich Technologie, Organisation und Anlagen definieren und absichern. Dabei spielt die Erreichbarkeit der Ziele eine große Rolle. Es können daher zwei Grundformen der Strategieplanung unterschieden werden (Abb. 3.1):

- gegenwartsorientierte Strategieplanung, d. h. ausgehend von der Gegenwart (Ist-Situation) werden erreichbare Zukünfte entwickelt (Soll-Situation) und Maßnahmen abgeleitet (Maßnahmenplanung).
- visionäre Strategieplanung, d. h. ausgehend von Visionen werden anzustrebende Zukunftszustände (Soll-Situationen) ausgewählt und rückblickend Schritte gesucht (Maßnahmenplanung).

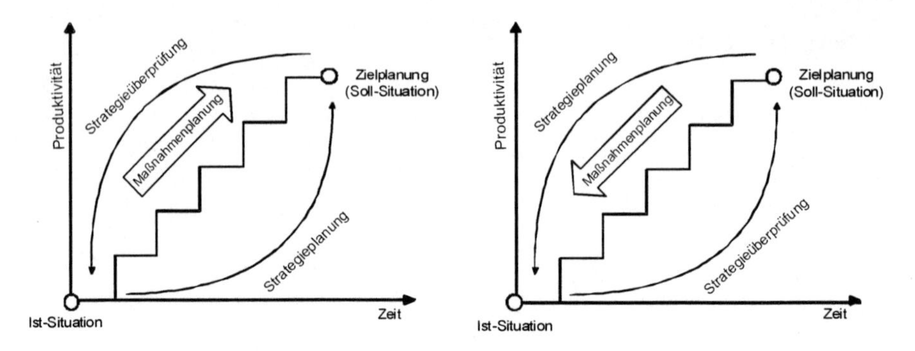


**Abb. 3.1** Grundformen der Strategieplanung

Ein wesentliches Problem der Strategieplanung ist die hohe Unsicherheit, die jede strategische Planungsaufgabe charakterisiert. Zur Evaluierung künftiger Strategien und zur Ermittlung der Robustheit einer Strategie (bei Veränderung externer oder interner Störgrößen) kann die Szenario-Technik zur Anwendung kommen /Bra99/. Kerngedanke ist, ein multiples Zielsystem mit mehreren alternativen Entwicklungsmöglichkeiten zu berücksichtigen /Gau96/. Bei entsprechendem Ereignis wird die Strategie, d. h. Zielsystem und Maßnahmenplan, angepasst (Abb. 3.2).

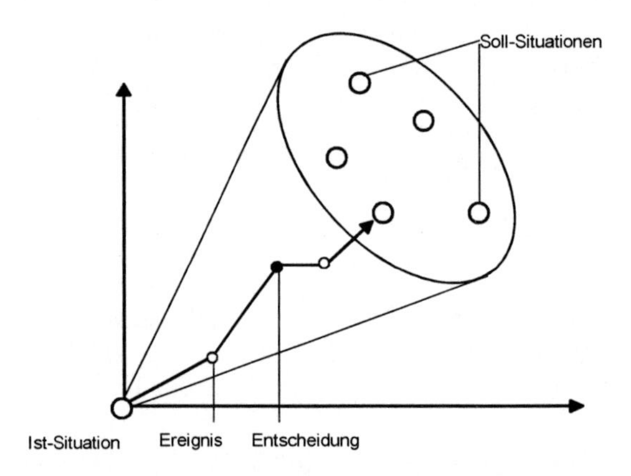


**Abb. 3.2** Anpassung der Strategie an Veränderungen

Zur Entwicklung der Ziele und Maßnahmen sowie zur Einleitung des Veränderungsprozesses wird eine effiziente Vorgehensweise auf der Basis von Schlüsselindikatoren bzw. -kennzahlen angestrebt (Abb. 3.3). In der Zielplanung dienen die Indikatoren zur Konkretisierung sinnvoller Einzelziele, z. B. Senkung der Kosten um X T€ oder der Lieferzeit um Y Tage. In der anschließenden Maßnahmenplanung werden zunächst aus der Differenz der Ist/Soll-Situation die Potenziale abgeschätzt. Diese können z. B. zur Finanzierung der Maßnahmen im Sinne des Zielkostenprinzips herangezogen werden. Selbstverständlich sind Möglichkeiten zur Rückkopplung in den Planungsschritten vorzusehen.

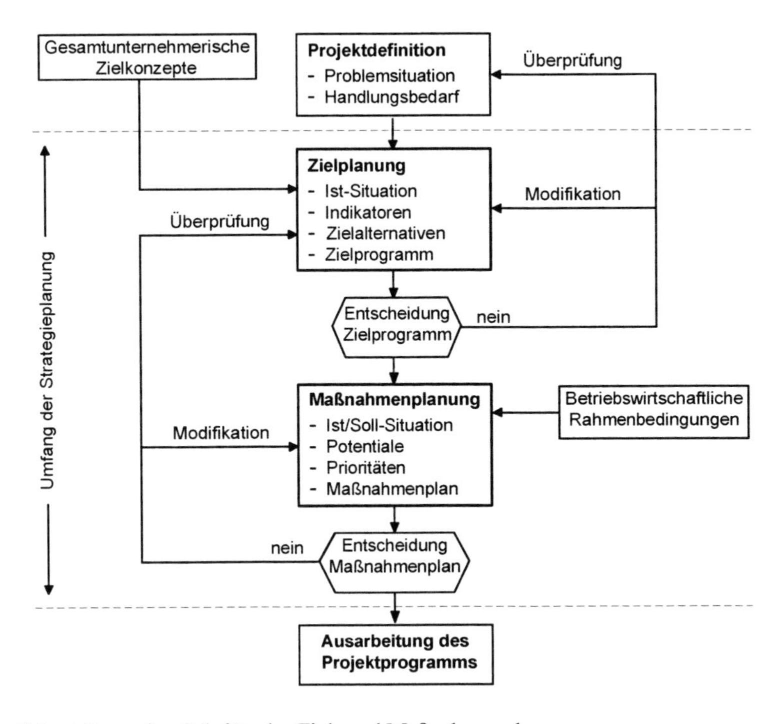


**Abb. 3.3** Allgemeine Schritte der Ziel- und Maßnahmenplanung

## *3.2 Methoden und Hilfsmittel*

### 3.2.1 Innovative Rationalisierung

Grundsätzlich sind in heutigen Veränderungsprozessen (bei Reorganisation, Umstrukturierung, etc.) verschiedene Rationalisierungsmethoden anzutreffen, wie z. B. (Abb. 3.4):

- Raubrittermethoden
- Funktionswertanalysen
- Innovative Rationalisierung

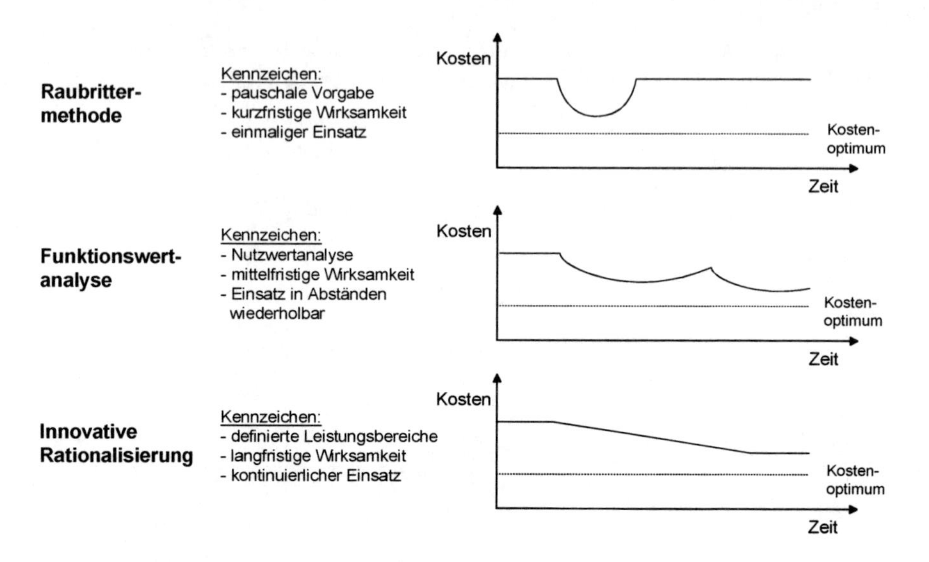


**Abb. 3.4** Methoden der Kostenbeeinflussung

Die ganzheitliche Fabrikplanung verfolgt die innovative Rationalisierung unter Berücksichtigung innovativer Lösungsansätze und Anwendung innovativer Methoden und Hilfsmittel. Es gilt, das Gesamtziel der Unternehmenssicherung bzw. die mit den vorhandenen und einzusetzenden Ressourcen erreichbaren Ziele auf wirtschaftlichste Art und Weise zu erreichen. Dabei dienen die erreichbaren Verbesserungspotenziale als Grundlage für die Erarbeitung des Maßnahmenplans /Sch89/.

### 3.2.2 Typische Kennzahlen der Fabriklogistik

In der heutigen Fabrikplanung dienen die Maßnahmen größtenteils der Erarbeitung logistikgerechter Standort- und Fabrikstrukturen. Die Logistik hat sich in diesem Zusammenhang als Instrument zur Kostensenkung und Effizienzsteigerung durchgesetzt. In der Strategieplanung gilt es entsprechende Kennzahlen zu definieren.

Bei Verwendung von Logistikkennzahlen (Abb. 3.5) ist zu beachten, dass die unterschiedlichen Planungsphasen einen spezifischen Informationsbedarf haben. Auf der strategischen Ebene werden unternehmenspolitische Entscheidungen getroffen, die noch mit einem gewissen Grad an Unsicherheit, Komplexität und Unstrukturiertheit verbunden sind. Zu wichtigen Kennzahlen in der Strategieplanung zählen u.a. Rentabilität, Servicegrad, Logistikkosten, Anteil der Vorräte am Umsatz und mittlere Auftragsdurchlaufzeit.

| Typische Logistikkennzahlen | |
|---|---|
| – Lieferbereitschaft<br>– Return on Investment<br>– Liquidität<br>– Cash Flow<br>– Fertigungstiefe<br>– Bestände<br>– Durchlaufzeiten<br>– Lagerreichweite<br>– Ausbringungsmenge<br>– Logistikkosten<br>– Termintreue<br>– Ausschussquoten<br>– Lagerspielkosten<br>– Lagerplatzkosten<br>– Förderkosten<br>– Umschlagskosten<br>– | – Frachtkosten<br>– Lagerkapazität<br>– Lagerraumnutzungsgrade<br>– Lagerbelegungsgrad<br>– Förderkapazität<br>– Fördermengen<br>– Fördermittelnutzungsgrade<br>– Zykluszeiten<br>– Verfügbarkeit<br>– Ausfallsicherheit<br>– Auslastungsgrad<br>– Be- und Entladekapazität<br>– Frachtraumkapazität<br>– Verpackungsleistung<br>– |

**Abb. 3.5** Typische Kennzahlen der Fabriklogistik

### 3.2.3 Struktur der Logistikkosten

Die Erfassung von Kostenkennzahlen der Logistik ist bis heute in den meisten Unternehmen mit Schwierigkeiten verbunden. Die Daten der herkömmlichen Kosten- und Leistungsrechnung sind nicht ausreichend, da eine Differenzierung nach Logistik-Kostenarten i. d. R. nicht stattfindet. Hierfür ist zum einen die praktizierte Verteilung der logistischen Aufgaben auf mehrere Funktionsbereiche verantwortlich, und zum anderen ist die Kostenartenbildung nicht den Belangen der Logistik angepasst. Im Interesse einer verursachungsgerechten Kostenzuordnung werden in die betriebliche Kosten- und Leistungsrechnung Logistik-Kostenarten und -Kostenstellen aufgenommen.

In der Strategieplanung von Bedeutung ist die Zuordnung der Logistikkosten nach verschiedenen Funktionsbereichen, um beeinflussbare Potenziale erkennen und Maßnahmen ableiten zu können. Hierzu werden die Logistikkosten grob unterschieden in

– Außenlogistikkosten und

– Innenlogistikkosten.

Abb. 3.6 zeigt eine entsprechende Struktur der Logistikkosten. Bei der Abgrenzung von Gestaltungsbereichen bei fabrikplanerischen Aktivitäten können danach verschiedene Projekte und Teilprojekte unterschieden werden. Logistikgerechte Fabrikplanung hat einen Schwerpunkt in der Gestaltung der Produktionsstrukturen. Dabei stehen die „Werks-Innenlogistikkosten" im Vordergrund. Hierzu zählen die Materialfluss- und Auftragsabwicklungskosten sowie Zinsen auf Bestände.

**Abb. 3.6** Struktur der Logistikkosten

**Materialflusskosten**
beinhalten die Kosten für den physischen Materialfluss, wie z. B.

- Kosten Wareneingang, Wareneingangskontrolle
- Kosten Rohstofflager (ohne Bestandszinsen)
- Kosten für Innentransport
- Handlinganteil an den Fertigungslöhnen (geschätzt)
- Handlinganteil an den Gemeinkostenlöhnen (geschätzt)
- Fertigungskontrolle
- Kosten HF-Lager (ohne Bestandszinsen)
- Endkontrolle, Abnahme
- Kosten Packerei
- Kosten Versandbereich
- Kosten FF-Lager (ohne Bestandszinsen)

**Auftragsabwicklungskosten**
beinhalten die Kosten der Administration beim Auftragsdurchlauf, wie z. B.

- Kosten Vertrieb (Auftragsabwicklung, Primärbedarfsdisposition)
- Kosten Einkauf, Materialdisposition
- Arbeitsvorbereitung (bei Sonderfertigung auf Kundenwunsch)
- Betriebsmittelkonstruktion (bei Sonderfertigung auf Kundenwunsch)
- Fertigungsplanung, Auftragseinplanung
- Fertigungssteuerung

**Zinsen auf Bestände**
beinhalten die Roh-, Hilfs- und Betriebsstoffe (RHB), gegliedert nach Wertschöpfungsstufen, wie z. B.

- Bestandswert RHB-Stoffe (bewertet zu Einstandspreisen)
- Kaufteile, Baugruppen (bewertet zu Einstandspreisen)
- Bestandswert HF (Eigenfertigungsteile, -baugruppen, bewertet zu Herstellkosten
- Bestandswert FF (bewertet zu Umsatzerlösen, nicht zu Herstellkosten, um betriebswirtschaftlich den entgangenen Umsatz transparent zu machen)
- Summierung der Bestandswerte und Multiplikation mit dem zurzeit günstigsten Zinssatz für mittelfristig gebundenes Kapital (Kapitalmarktzins)

## *3.3 Entwicklung einer Innovationsstrategie*

### 3.3.1 Anstoß für ein Innovationsprogramm

Der situativ optimale Maßnahmenplan für die „Fabrik der Zukunft“ wird in der Planungsphase der Strategieplanung erarbeitet. Wird eine grundlegende Überprüfung und Erneuerung angestrebt, besteht die Aufgabe, eine Innovationsstrategie mit dem Ergebnis eines unternehmensspezifischen Innovationsprogramms zu entwickeln. Dies wird erschwert durch die eingangs genannten Entwicklungstendenzen, durch das unüberschaubar werdende Angebot des Marktes an neuen Lösungen für Technik und Organisation sowie durch die zunehmende Verknüpfung dieser Technologien untereinander. Dadurch steigt das Risiko der Investitionen auf dem Weg zur „Fabrik der Zukunft“ derart an, dass gerade der Entwicklung der

Innovationsstrategie, insbesondere der Planungsvorgehensweise, -methoden und -instrumente zu dessen Realisierung die größte Bedeutung zukommt.

Zielsetzung für ein spezifisches Innovationsprogramm muss es sein, die erkannten Stärken zu fördern bzw. einen bestehenden Wettbewerbsvorteil abzusichern und auszubauen sowie die identifizierten Schwächen möglichst kurzfristig zu beseitigen. Es gilt also, die knappen Unternehmensmittel so zu lenken, dass die langfristige Unternehmenssicherung (Erhaltung der Ertragsquelle) und die kurz- wie mittelfristige Rentabilität (Verzinsung des eingesetzten Risikokapitals, das mit anderen Anlageformen konkurriert) gewährleistet werden.

Das Management benötigt für einen zielgerichteten und möglichst in jedem einzelnen Schritt kontrollierbaren Veränderungsprozess ein Gesamtkonzept, das nur auf einer Gesamtheitsbetrachtung basieren kann. Es sollte zu jeder Zeit eine schlüssige Antwort auf folgende Fragestellung geben können /Kor89; Schu92/:

- Wo stehe ich?
- Was kann ich?
- Was muss ich tun?

Mit Hilfe der Methode zur „Entwicklung eines quantifizierten Innovationsprogramms" (kurz: EQUIP) soll eine unternehmensspezifische Erneuerung in quantifizierten und kontrollierbaren Schritten behutsam durchgeführt werden können /Paw90/. Folgende Aussagen werden von einem Innovationsprogramm erwartet:

- Position des Unternehmens und der einzelnen Unternehmensbereiche
- Erschließbare Verbesserungspotenziale und Reservepotenziale
- Maßnahmen, Projekte und Prioritäten
- Zeit-, Kapazitäts- und Kostenplan

Zur Entwicklung eines Innovationsprogramms haben sich folgende drei wesentliche Schritte als zweckmäßig erwiesen (Abb. 3.7):

- Ermittlung der Datenbasis
- Positions- und Potenzialanalyse
- Aufstellung des Innovationsprogramms

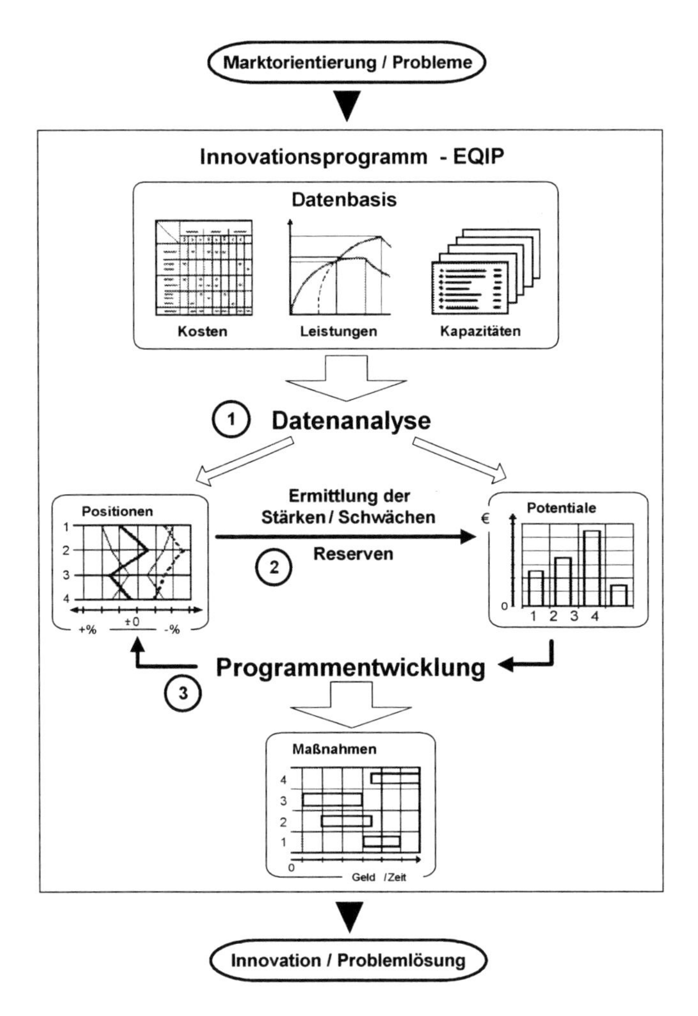


**Abb. 3.7** Entwicklung eines quantifizierten Innovationsprogramms

## 3.3.2 Datenbasis und Schlüsselkennzahlen

Im ersten Schritt ist die Datenbasis zu ermitteln. Hierzu werden Kosten-, Leistungs- und Kapazitätsdaten zur Kennzahlenbildung herangezogen.

### 3.3.2.1 Kennzahlenbildung

**Kostendaten**

Die Kostendaten werden im Allgemeinen aus dem – um die internen Verrechnungen bereinigten – Betriebsabrechnungsbogen (BAB) gewonnen. Um die Kostenstruktur und die daraus ableitbaren Kennzahlen mit Hilfe von Vergleichswerten beurteilen zu können, wird der BAB, der in den verschiedenen Unternehmen unterschiedlich geführt wird, entsprechend den Anforderungen eines Standard-BAB neu gruppiert, um die zwischenbetriebliche Vergleichbarkeit zu ermöglichen (Abb. 3.8).

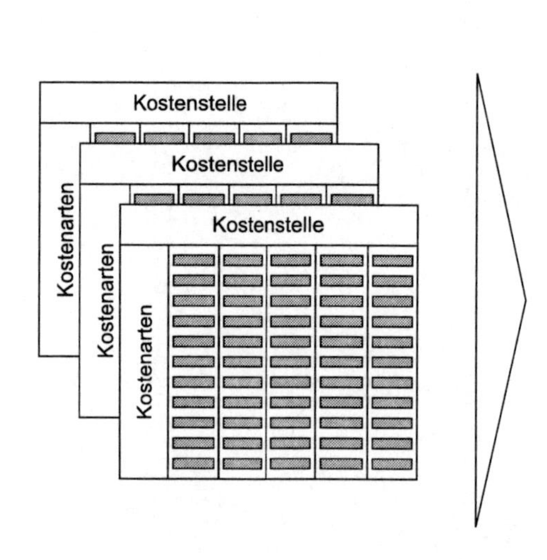


| | |
|---|---|
| **100** | **Lohnarten** |
| 101 | Fertigungslöhne |
| 102 | Gemeinkostenlöhne |
| 103 | Lohnfolgekosten |
| **200** | **Anlagenkosten** |
| 201 | Abschreibungen Gebäude |
| 202 | Abschreibungen Anlagen/Maschinen |
| 203 | Abschreibungen Fuhrpark |
| 204 | Abschreibungen Werkzeuge |
| 205 | Instandhaltung Gebäude |
| 206 | Instandhaltung Anlagen/Maschinen |
| 207 | Instandhaltung Fuhrpark |
| 208 | Instandhaltung Werkzeuge |
| 209 | Hilfs- und Betriebsstoffe |
| 210 | Energie |
| 211 | Mieten, Pachten |
| 212 | Versicherungen, Steuern, Zinsen |
| 213 | Transport (innerbetrieblich) |
| 214 | Labor |
| 215 | sonstige Hilfskostenstelle |
| **300** | **Betriebliche Dispositionskosten** |
| 301 | Betriebsleitung/Meisterbereiche |
| 302 | Arbeitsvorbereitung |
| 303 | Fertigungsplanung/Fertigungssteuerung |
| 304 | NC-Technik |
| 305 | Betriebsmittelkonstruktion |
| 306 | Qualitätssicherung |
| 307 | Gewerbliches Ausbildungswesen |
| **400** | **Materialkosten** |
| 401 | Fertigungsmaterial |
| 402 | Materialgemeinkosten |
| **500** | **Unternehmensdispositionskosten** |
| 501 | Vertrieb |
| 502 | Verwaltung |
| 503 | Forschung/Entwicklung |
| **600** | **Selbstkosten** |

**Abb. 3.8** Kostenverdichtung im Standard-BAB

Mit dem Standard-BAB wird das gesamte Unternehmen in fünf handhabbaren Kostenbereichen abgebildet:

- Fertigungspersonalabhängige Kosten, das sind Personalkosten, die unmittelbar mit der betrieblichen Leistungserstellung anfallen,
- Maschinen- und anlagenabhängige Kosten, das sind Kosten, die durch den Einsatz der Produktionsmittel (wie z. B. Gebäude, Maschinen, Einrichtungen, Werkzeuge sowie innerbetrieblicher Transport) fertigungsbezogen entstehen,
- Kosten der betrieblichen Disposition, das sind Kosten, die zur Steuerung, Verwaltung, Organisation und Kontrolle des Betriebes, d. h. im engeren Sinne der produktionstechnischen Einheit im Unternehmen anfallen,

- Materialkosten zuzüglich Materialgemeinkosten,
- Kosten der Unternehmensdisposition, das sind Kosten, die zur Steuerung, Verwaltung, Organisation und Kontrolle des Unternehmens bzw. einer rechtlich organisatorischen Einheit eines Unternehmens anfallen.

Aus den Kostendaten können verschiedene Kennzahlen gebildet werden (Abb. 3.9).

**Leistungsdaten**
Zu den Leistungsdaten zählen

- im Wesentlichen die Umsätze, Erlöse, Marktanteile, Deckungsbeiträge, die von den einzelnen Produktgruppen erwirtschaftet werden,
- Berücksichtigung des Produktlebenszyklus.

Standard-BAB

| | |
|---|---|
| **100** | **Lohnarten** |
| 101 | Fertigungslöhne |
| 102 | Gemeinkostenlöhne |
| 103 | Lohnfolgekosten |
| **200** | **Anlagenkosten** |
| 201 | Abschreibungen Gebäude |
| 202 | Abschreibungen Anlagen/Maschinen |
| 203 | Abschreibungen Fuhrpark |
| 204 | Abschreibungen Werkzeuge |
| 205 | Instandhaltung Gebäude |
| 206 | Instandhaltung Anlagen/Maschinen |
| 207 | Instandhaltung Fuhrpark |
| 208 | Instandhaltung Werkzeuge |
| 209 | Hilfs- und Betriebsstoffe |
| 210 | Energie |
| 211 | Mieten, Pachten |
| 212 | Versicherungen, Steuern, Zinsen |
| 213 | Transport (innerbetrieblich) |
| 214 | Labor |
| 215 | sonstige Hilfskostenstelle |
| **300** | **Betriebliche Dispositionskosten** |
| 301 | Betriebsleitung/Meisterbereiche |
| 302 | Arbeitsvorbereitung |
| 303 | Fertigungsplanung/Fertigungssteuerung |
| 304 | NC-Technik |
| 305 | Betriebsmittelkonstruktion |
| 306 | Qualitätssicherung |
| 307 | Gewerbliches Ausbildungswesen |
| **400** | **Materialkosten** |
| 401 | Fertigungsmaterial |
| 402 | Materialgemeinkosten |
| **500** | **Unternehmensdispositionskosten** |
| 501 | Vertrieb |
| 502 | Verwaltung |
| 503 | Forschung/Entwicklung |
| **600** | **Selbstkosten** |

Kennzahlen
(Beispiele)

|  |  |
|---|---|
| **Mechanisierungsgrad** | Anlagenkosten / Lohnkosten |
| **Unternehmens-Dispositionsgrad** | Unternehmensdispositionskosten / Selbstkosten |
| **Instandhaltungsgrad** | Instandhaltungskosten / Abschreibungen |

**Abb. 3.9** Kennzahlen aus Kostendaten

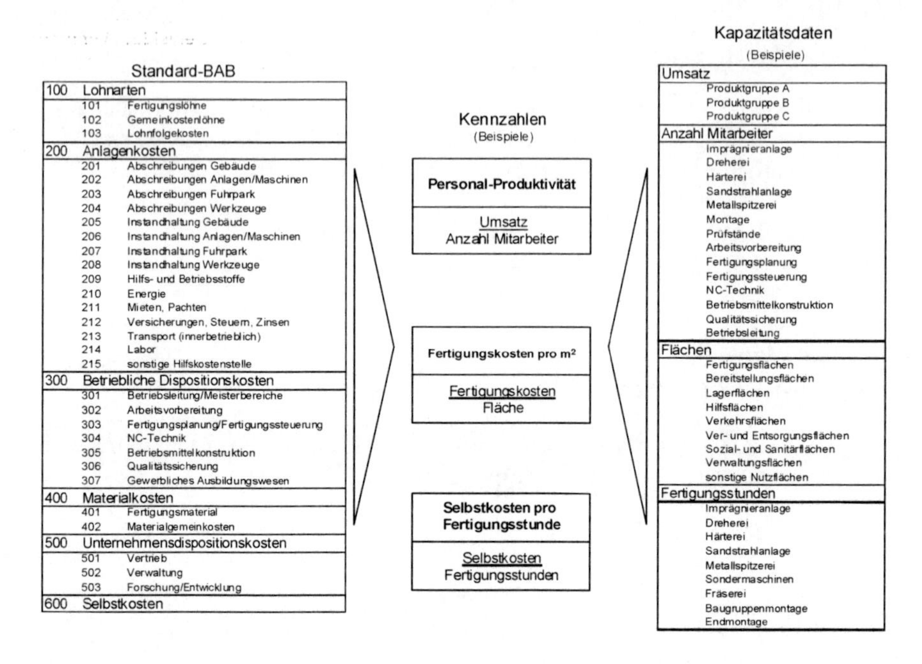


**Abb. 3.10** Kennzahlen aus Kosten-, Leistungs- und Kapazitätsdaten

**Kapazitätsdaten**

Die Kapazitätsdaten umfassen Anzahl Mitarbeiter, Anzahl Maschinen bzw. Anlagen, Nutzflächen, Lagerbestände, verfahrene Stunden, Durchlaufzeiten etc. Als Quellen dienen z. B. Finanz- und Rechnungswesen, Vertrieb, Produktionsplanung.

In Abb. 3.10 sind beispielhaft Kennzahlen aus Kosten-, Leistungs- und Kapazitätsdaten dargestellt. Nachfolgend werden einige Schlüsselkennzahlen näher betrachtet.

### 3.3.2.2 Durchlaufleistungsgrad

Wertschöpfungsbestimmende Faktoren innerhalb eines Fertigungsprozesses sind einerseits die Kosten, die durch die Herstellung entstehen, und andererseits die dafür benötigte Zeit /Spa00/. Den Zusammenhang zwischen Zeit und Kosten verdeutlicht das Zeit-Kosten-Diagramm (Abb. 3.11). Um den Zeit-Kosten-Verlauf für ein Produkt zu ermitteln, werden die jeweiligen Kosten, die den einzelnen Zeiträumen oder -punkten zugeordnet sind, kumuliert über die Zeit aufgetragen. Es handelt sich hierbei hauptsächlich um Material-, Fertigungs- und Kapitalbindungskosten.

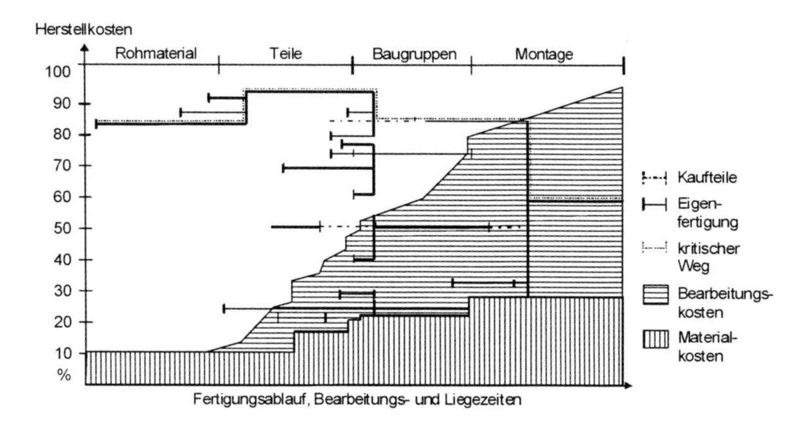


**Abb. 3.11** Die Zeit-Kosten-Kurve im Fertigungsablauf

In Abb. 3.11 stellt die Kurve den Ist-Kosten-Verlauf dar. Die Biegung ergibt sich aus der Abfolge der einzelnen Schritte im Herstellungsprozess. Sind kurze Tätigkeiten mit hohem Kostenaufwand – beispielsweise wegen des Einsatzes teurer Maschinen und Arbeitskräfte – am Anfang des Prozesses angeordnet, so ergibt sich wie in Abb. 3.12 mit Kurve I dargestellt eine sehr hohe Kapitalbindung. Die unterste Kurve III repräsentiert hingegen den Idealfall eines Zeit-Kosten-Verlaufs, dem die bei der gegebenen Technologie kürzestmögliche Durchlaufzeit (ohne Übergangszeiten) zugrunde liegt. Aus dem Vergleich der beiden Kurven lässt sich eine Kennzahl ableiten, die das Verhältnis der minimal möglichen zur tatsächlichen Zeit-Kosten-Relation quantitativ wiedergibt /Schu90/:

$$\text{Durchlaufleistungsgrad} = \frac{\text{minimal mögliche Zeit-Kosten-Relation}}{\text{tatsächliche Zeit-Kosten-Relation}}$$

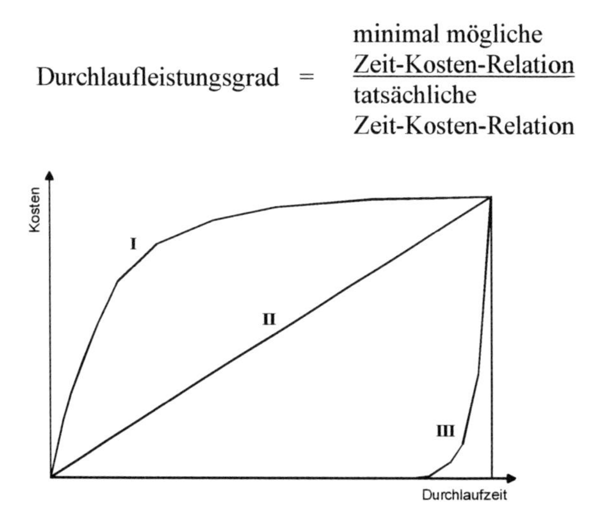


**Abb. 3.12** Mögliche Zeit-Kostenverläufe

Der Durchlaufleistungsgrad kann sich auch auf die Gesamtdurchlaufzeit im Unternehmen beziehen. Bei Einzelfertigung kann der Zeitanteil der Bereiche Konstruktion, Beschaffung und Arbeitsplanung der Hälfte der Gesamtdurchlaufzeit entsprechen (Abb. 3.13). Dementsprechend ist er bei variantenreicher Serienfertigung geringer anzusetzen.

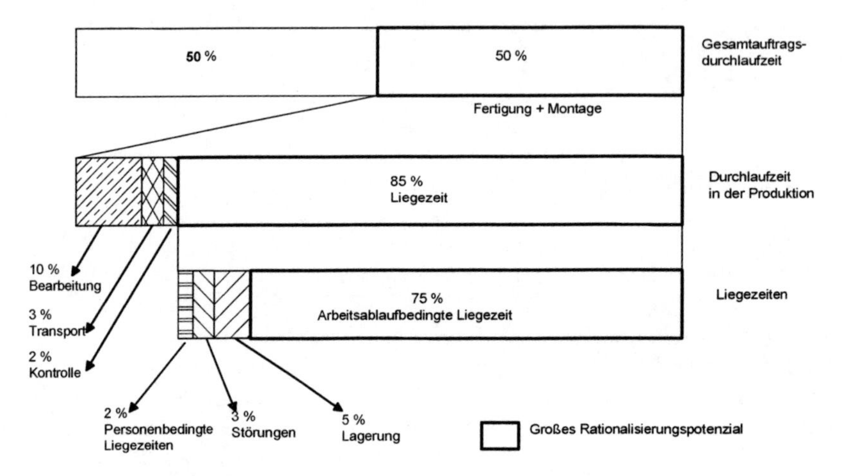


**Abb. 3.13** Zeitanteile der Gesamtdurchlaufzeit

Im Beispiel der Getriebefertigung sind in Abb. 3.14 die Zeit-Kosten-Verläufe ergänzt um einen Korridor realistischer Vergleichswerte. Damit ist der erreichbare Zeitgewinn direkt ermittelbar.

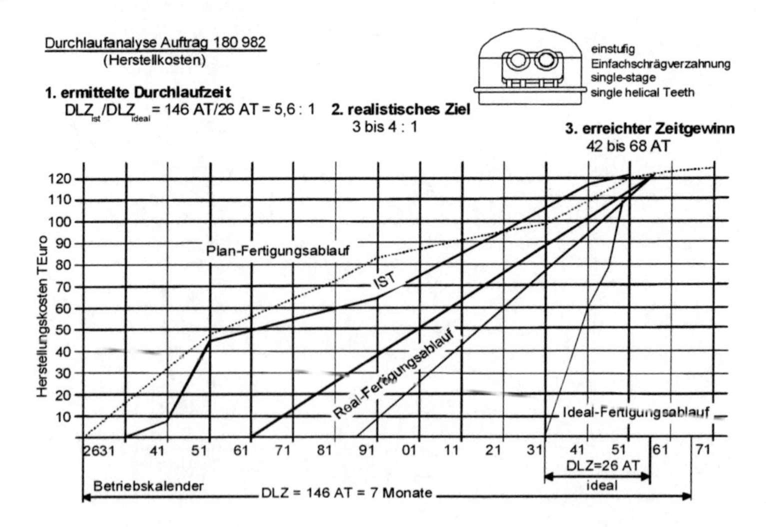


**Abb. 3.14** Durchlaufzeit (DLZ) am Beispiel eines Turbo-Stirnradgetriebes

### 3.3.2.3 Lagerbestandsrate

Die Bestände verursachen Bestandskosten, die abhängig sind von der Höhe und der Verweildauer des Bestandes im Unternehmen. Sie setzen sich zusammen aus Kapitalbindungs- und Lagerhaltungskosten sowie Kosten durch organisatorischen Aufwand. Diese Kosten betragen je nach Unternehmen zwischen 15% und 25% des Bestandswertes.

Einen Überblick über die Bestandssituation verdeutlicht die Lagerbestandsrate als Anteil der Bestände am Umsatz:

$$\text{Lagerbestandsrate in \%} = \frac{\text{Lagerbestandswert x 100}}{\text{Umsatz}}$$

Hier umfasst die Lagerbestandsrate den Wert aller Lagerbestände. Deren Aufteilung auf das Material-, Zwischen- und Fertigwarenlager ermöglicht weitergehende Aussagen.

Das Beispiel in Abb. 3.15 zeigt die Bestandsstruktur einer Elektronikfertigung.

| Monatsdurchschnitt | | | |
|---|---|---|---|
| Bestandsart | TEURO | % Anteil | Umschlags-Häufigkeit * |
| Roh-, Hilfs- und Betriebs-Stoffe<br>Davon abgewertetes Material<br>1.131 = 42 % | 2.714 | 3,3 | 6,1 [1)] |
| Halbfertigerzeugnisse<br>Eigenfertigung<br>Kaufteile | 22.953<br>14.715<br>8.238 | 28,3<br>18,1<br>10,2 | 7,50 [2)] |
| Fertigwaren<br>Eigenfertigung<br>Handelsware | 55.432<br>45.309<br>10.123 | 68,4<br>55,9<br>12,5 | 4,6 [3)] |
| Gesamt | 81.099 [4)] | 100,0 | 3,1 [3)] |

* Basis
[1)] Einstandswert Roh-, Hilfs- und Betriebsstoffe 16.588 TEURO
[2)] Herstellkosten ohne Handelsware 173.180 TEURO
[3)] Umsatzerlöse 254.500 TEURO
[4)] Bestände zu Bruttowerten

**Abb. 3.15** Analyse der Bestandsstruktur

Die Bestandswerte lassen folgende Aussagen zu:

- Der Hauptanteil (55,9%) der Bestände sind Fertigwaren aus der Eigenfertigung.
- Der nächstgewichtige Block liegt mit 18,1% bei den Halbfertigerzeugnissen der Eigenfertigung, die zusammen mit den Zukaufteilen 28,3% der Bestände ausmachen.

– Die Höhe des gesamten gebundenen Kapitals im Umlauf bzw. die Umschlagshäufigkeit von 3,1 ist im Vergleich zu anderen Serienherstellern als verbesserungsfähig anzusehen.

– Die Struktur der Bestände, nämlich hoher Umschlag bei Rohstoffen und niedriger Umschlag bei Fertigwaren, und somit eine Verlangsamung der Beschleunigung im Durchfluss, ist äußerst ungünstig.

#### 3.3.2.4 Logistikrate

Zur Beschreibung der Logistikkosten eignet sich insbesondere die Logistikrate. Diese Kennzahl wird wie folgt definiert:

$$\text{Logistikrate in \%} = \frac{\text{Logistikkosten x 100}}{\text{Fertigungskosten}}$$

Unter der Voraussetzung, dass die tatsächlichen Logistikkosten ermittelt werden können, besitzt diese Kennzahl eine hohe Aussagekraft hinsichtlich der logistischen Gesamtsituation des Unternehmens.

Im Beispiel (Abb. 3.16) betragen die Logistikkosten an den Fertigungskosten 34%.

| Kostenart | TEURO | % | % von Selbstkosten[1] | % von Herstellkosten[2] |
|---|---|---|---|---|
| Materialflusskosten | 9.725 | 42,7 | 3,4 | 5,7 |
| Auftragsabwicklungskosten | 6.581 | 28,9 | 2,3 | 3,8 |
| Kosten des Umlaufvermögens | 6.488 | 28,4 | 2,3 | 3,7 |
| Gesamt | 22.794 | 100,0 | 8,1 | 13,2 |

Materialflusskosten:
- Lagerarbeiter Vertrieb
- Lagerarbeiter Produktion
- Transport Vertrieb
- Transport Produktion
- Handling (in % der Fläche)
- Afa Fuhrpark
- Instandhaltung Fuhrpark

Auftragsabwicklungskosten:
- Einkauf
- Wareneingangsprüfung
- Fertigungssteuerung
- Auftragsabwicklung

Kosten des Umlaufvermögens:
- Zinsen (in % auf UV)

[1] Selbstkosten: 282.502 TEURO (mit Handelswareneinstand)

[2] Herstellkosten: 173.180 TEURO

$$\frac{\text{Logistikkosten : 22.794 TEURO}}{\text{Fertigungskosten: 66.932 TEURO}} = \text{Logistikrate: 0,34}$$

**Abb. 3.16** Logistikkosten und ihre Zusammensetzung (Beispiel)

#### 3.3.2.5 Instandhaltungsgrad

Der Instandhaltungsgrad ist definiert als das Verhältnis der Anlageninstandhaltungskosten zu den Anlagenabschreibungskosten:

$$\text{Instandhaltungsgrad} = \frac{\text{Instandhaltungskosten}}{\text{Abschreibungskosten}}$$

Die Aufgabe der Abschreibung aus Sicht der Fabrikplanung besteht darin, die Mittel im Laufe der Amortisationsdauer zu erwirtschaften, um nach Ablauf dieser Amortisationsdauer neue, äquivalente Maschinen anschaffen zu können. Die Wahl der Amortisationsdauer und der Abschreibungsmethode sind von folgenden Unsicherheitsfaktoren abhängig:

- Der produktbezogenen Verwendungsdauer (die Beantwortung der Frage, ob die neu zu entwickelnden Produkte nach gleicher oder neuer Technologie hergestellt werden sollen),
- den Kosten der Instandhaltung (Wartung und Reparaturen zur Aufrechterhaltung eines ständig betriebsfähigen Zustandes),
- der Vorhersage der Maschinenentwicklung auf dem Markt und
- dem Auslastungsgrad der Maschinen in der Zukunft.

Je größer die Unsicherheitsfaktoren sind, desto schneller muss abgeschrieben (degressive Abschreibungsmethode) und desto kürzer muss die Amortisationsdauer gewählt werden. Nach Festlegung der Abschreibungsmethode ist zur Bestimmung der Amortisationsdauer der zu erwartende Verlauf der Instandhaltungskosten heranzuziehen. Aufgrund der unterschiedlichen Amortisationsdauer für Maschinen (wertschöpfungsspezifisch) und Gebäude (wertschöpfungsneutral) ist der Instandhaltungsgrad entsprechend zu unterscheiden.

Die Amortisationsdauer ist so zu wählen, dass an ihrem Ende (Restwert der Maschine gleich null) die aufgelaufenen Instandhaltungskosten den Anschaffungswert nicht übersteigen, weil es keinen Sinn macht, für eine Maschine mehr Instandhaltungskosten auszugeben als eine neue äquivalente Maschine kosten würde. Der Zusammenhang zwischen Abschreibung und Instandhaltung ist in Abb. 3.17 schematisch dargestellt. Dabei gilt die Voraussetzung, dass keine Unsicherheiten herrschen und die Reparaturkosten linear ansteigen.

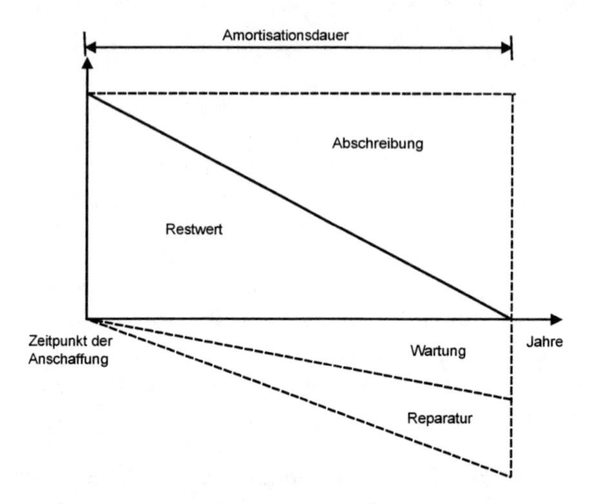


**Abb. 3.17** Verlauf von Abschreibung und Instandhaltung

## 3.3.3 Positions- und Potentialanalyse

### 3.3.3.1 Positionsanalyse

Im zweiten Schritt der Vorgehensweise werden nach der Ermittlung der Datenbasis mit den Ist-Kennzahlen Schwerpunktanalysen durchgeführt und die Ergebnisse in ein Kennzahlenfeld mit externen Vergleichswerten eingebracht. Die Vergleichswerte sind branchenspezifische, produkt- und produktionsähnliche Kennzahlen, erhalten vom Statistischen Bundesamt, aus Branchenstatistiken (z. B. BVL, VDMA), von konzerninternen Werksvergleichen etc. oder entnommen aus einer intern aufgebauten Kennzahlen-Datenbank, die für den jeweiligen Anwendungsfall entsprechend den unternehmensspezifischen Besonderheiten modifiziert werden. Eine Kennzahlen-Datenbank muss unternehmenstypologische Auswertungen und Datenbereitstellungen ermöglichen. Das heißt, für den jeweiligen Anwendungsfall sind Branche, Umsatzhöhe, Belegschaftsstärke, Fertigungstiefe, Fertigungstyp (Anlagenbauer, Serienfertiger etc.), Fertigungsorganisation (Fließprinzip, Werkstattprinzip, Fertigungsinseln etc.) typologiebestimmend und damit bedeutsam für einen aussagefähigen, zwischenbetrieblichen Vergleich zur Bestimmung der eigenen Position im Wettbewerb.

Die Darstellung der vorgefundenen Ist-Werte zusammen mit den erreichbaren Vergleichswerten erfolgt in Kennzahlenprofilen (Abb. 3.18). Grundlage dieser Kennzahlenprofile ist der Vergleichswert, dargestellt als Mittelwert mit einer zulässigen Abweichung. Die Einzeichnung der Ist-Werte erlaubt dann eine sofortige

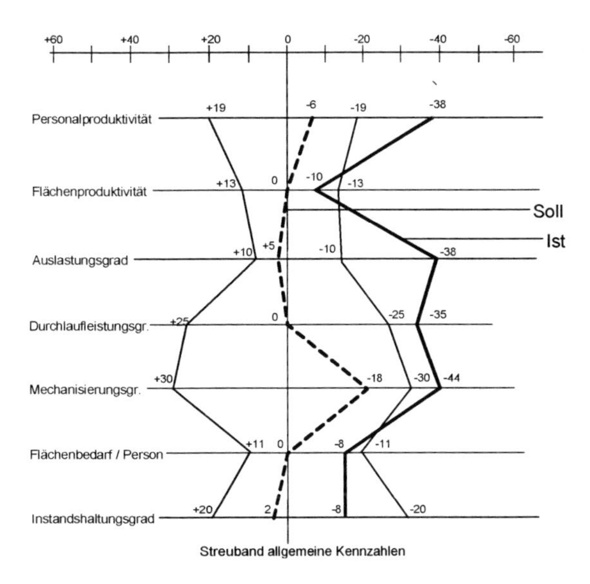


**Abb. 3.18** Soll/Ist-Betrachtung im Kennzahlenprofil (Beispiel)

Positionsbestimmung des Unternehmens bezüglich der gemachten Vorgaben. Ein Kennzahlenprofil gilt nicht nur für eine Kennzahl (zu wenig aussagefähig), sondern enthält jeweils alle diejenigen Kennzahlen, die für eine bestimmte Aussage wesentlich sind. Kennzahlen und deren Aussagen werden dann in ihrem Zusammenwirken transparent. Der Kennzahlenvergleich kann sich je nach Planungsaufgabe auf die Produktion, wie in Abb. 3.19, oder aber auf das Gesamtunternehmen beziehen. Bei Analyse des Gesamtunternehmens werden die Positionen der einzelnen Funktionsbereiche bestimmt:

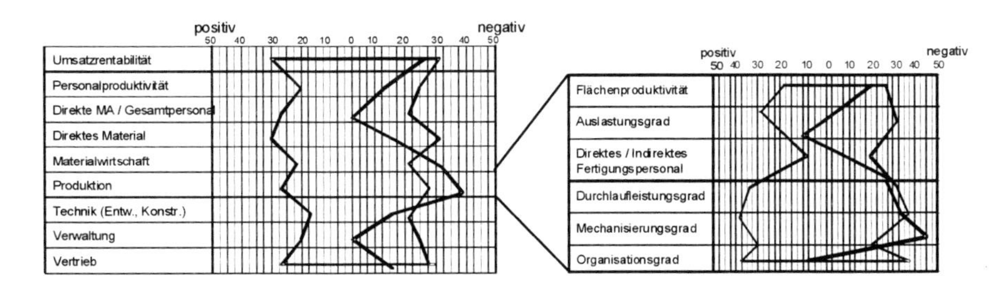


**Abb. 3.19** Kennzahlenvergleich des Gesamtunternehmens und der Produktion

#### 3.3.3.2 Potenzialanalyse

Im dritten Schritt werden durch einen Vergleich der vorgefundenen Ist-Werte mit den Vergleichswerten und den Vorgaben im Rahmen der Unternehmensplanung die im Unternehmen bzw. Betrieb vorhandenen Innovationspotenziale aufgezeigt. Zum einen sind es Rationalisierungspotenziale mit dem Schwerpunkt einer Kostenreduzierung (z. B. Abbau des Overheads), zum anderen sind es Entwicklungs- bzw. Reservepotenziale mit der Zielrichtung einer Umsatzausweitung (z. B. Verbreitung des Produktprogramms). Wichtig für die kennzahlengestützte Potenzialanalyse ist dabei die Kenntnis der Aussage und Wirkzusammenhänge der einzelnen Kennzahlen, der sogenannte betriebswirtschaftlich-sachlogische Interpretationskontext.

Mit der Potenzialanalyse (Differenz Ist/Soll) werden die möglichen Verbesserungspotenziale aufgezeigt. Deren Ausschöpfbarkeit ist im Wesentlichen von der Eignung der abzuleitenden Maßnahmen abhängig. Die Potenziale dürfen nicht als additive Werte gesehen werden, sondern die gegenseitigen Abhängigkeiten der Kennzahlen sind zu berücksichtigen. Darüber hinaus hängt die Ausschöpfbarkeit der einzelnen Potenziale im Rahmen der Realisierung wesentlich von Art und Umfang der eingeleiteten Maßnahmen ab. Bei der Auswahl der geeigneten Maßnahmen spielen Unternehmenspolitik, Organisation und Akzeptanz des Vorhabens eine wichtige Rolle. Die einzelnen Ergebnisse einer Potenzialanalyse werden – unter Berücksichtigung der additiven Werte und einer möglichen Realisierungschance – zusammengefasst zu einer Zielvorgabe, z. B. Einsparung pro Jahr in T€.

**Praxisbeispiel**
In einer Vorstudie zur Reorganisation eines Produktionsbetriebes ergeben sich im Vergleich zwischen Ist-Profil der Kennzahlen mit dem Soll-Mittelwert (als anzustrebenden Wert) Einsparungspotenziale auf den Gebieten

- Kapitalbindungskosten (Zinsen des Umlaufvermögens)
- Logistikkosten
- Dispositionskosten (Gemeinkosten)

In einer überschlägigen Rechnung konnten folgende Einsparungspotenziale ermittelt werden:

- Reduzierung der Kapitalbindungskosten = 700 T€/Jahr
- Reduzierung der Lagerkosten = 1.500 T€/Jahr
- Reduzierung der Dispositionskosten = 7.500 T€/Jahr

Diese Einsparungspotenziale werden nicht addiert, da einzelne Kostenarten in allen drei Werten enthalten sind. Wird diese Tatsache berücksichtigt, so ergibt sich eine Gesamteinsparung von

mindestens ca. 7.500 T€/Jahr.

### 3.3.4 Ableitung und Umsetzung eines Innovationsprogramms

#### 3.3.4.1 Maßnahmenplan

Im vierten Schritt werden zur Erschließung der ausgewiesenen Potenziale einzelne kurz-, mittel- und langfristige Maßnahmen und Projekte definiert sowie in Form eines Innovationsprogramms zusammengefasst. Das Programm enthält:

– Definierte Maßnahmen bzw. Projekte
– Die mit diesen Maßnahmen bzw. Projekten erschließbaren Verbesserungspotenziale und Reservepotenziale
– Personaleinsatz, Zeitaufwand und Termine
– Kosten und Nutzen des Vorhabens
– Prioritäten in der Realisierung

Laufende Einsparungen und sich einstellende Erträge finden ihren Niederschlag in quantifizierten Ergebniszielen. Die Vergabe von Prioritäten für bestimmte Maßnahmen bzw. Projekte setzt einerseits Schwerpunkte fest (Maßnahmen mit kurzfristigen Einsparungen), andererseits wird unternehmensspezifischen Gegebenheiten Rechnung getragen (z. B. zur Verfügung stehende Kapazitäten).

Im genannten Praxisbeispiel der Voruntersuchung schlägt das Planungsteam aufgrund der Potenzialabschätzung die Einrichtung und Durchführung von fünf Teilprojekten vor:

**Teilprojekt 1** (kurzfristig) — **Neuorganisation eines Abwicklungssystems für die Auftragseinplanung** als Schnittstelle zwischen Vertrieb, Beschaffung und Produktion

**Teilprojekt 2** (kurzfristig) — **Verbesserung der Fertigungssteuerung** durch Ausbau und Ergänzung der vorhandenen Systeme im Hinblick auf mehr Transparenz im Betrieb

| | |
|---|---|
| **Teilprojekt 3** (kurzfristig) | **Funktionswertanalyse** für die betrieblichen und unternehmensbezogenen Overheads, die mit der Auftragsabwicklung und Disposition befasst sind |
| **Teilprojekt 4** (mittelfristig) | **Strukturplanung der Werksanlagen** zur Verbesserung der funktionellen Abläufe in Bereitstellung, Lagerung und Transport |
| **Teilprojekt 5** (mittelfristig) | **Verbesserung des Angebotswesens** und der Projektierung im Vertrieb |

### 3.3.4.2 Ableitung eines Innovationsprogramms

Das Innovationsprogramm, insbesondere die damit verbundenen Einmalkosten und Investitionen müssen mit dem mittel- und langfristigen Finanzplan des Unternehmens abgestimmt sein. Der Umfang, der Ablauf und der Terminplan des Innovationsprogramms hängen maßgebend von den disponiblen Finanzmitteln ab.

Die Umsetzung der einzelnen Maßnahmen bzw. Teilprojekte läuft in Projektarbeitsphasen ab:

- Strukturplanung bzw. Entwicklung eines Sollkonzeptes
- Systemplanung bzw. Feinplanung
- Ausführungsplanung und Realisierung

Aus den Projektphasen, die der Realisierung vorgelagert sind, lässt sich ein detailliertes Investitionsprogramm abschätzen. Vorhandene Investitionspläne und -programme, die auf den Ersatz- und Neuerungswünschen der einzelnen Unternehmensbereiche fußen, sind dahingehend zu prüfen, inwieweit sie im Einklang mit der ganzheitlichen Sicht des Innovationsprogramms stehen.

Die Teilprojekte mit ihren Abhängigkeiten und Meilensteinen können in Form eines Balkenplans dargestellt werden (Abb. 3.20). Aus der Abschätzung von Kosten und Nutzen bezüglich der Teilprojekte und deren zeitlicher Anordnung werden Aufwendungen und Einsparungen und damit auch der Return on Invest (ROI) transparent (Abb. 3.21); eine wünschenswerte Basis für die Entscheidungsunterstützung.

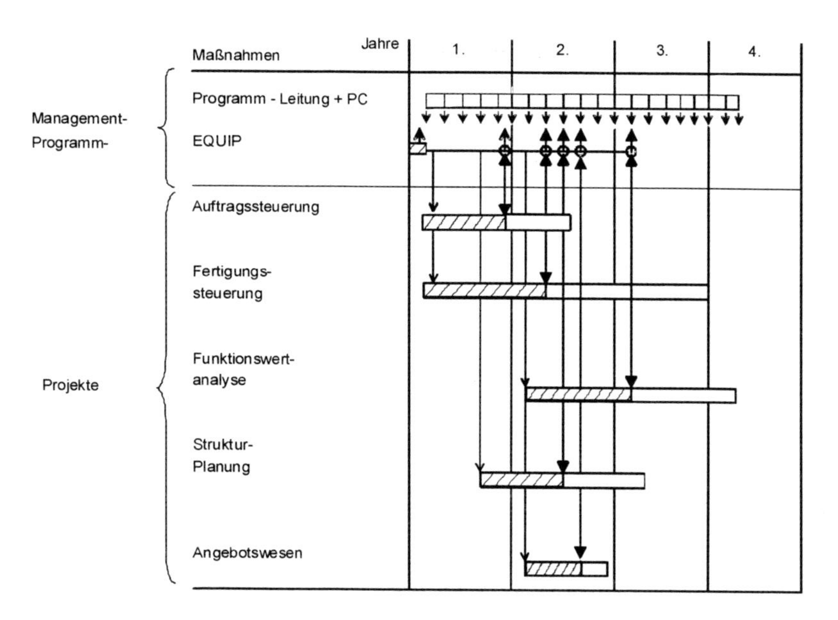


**Abb. 3.20** Programmorganisation und Projekte

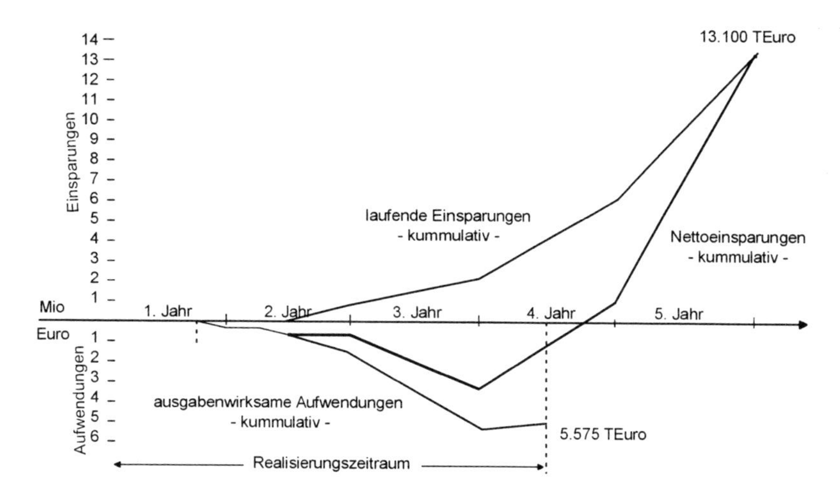


**Abb. 3.21** Kosten-Nutzen-Analyse für ein Innovationsprogramm

3.3.4.3 Organisation der Umsetzung

Während der Umsetzung des Innovationsprogramms gilt es Mitarbeiter des Unternehmens bzw. Betriebes aus Akzeptanzgründen in den Innovationsprozessen integriert zu werden. Es sollte sich hierbei insbesondere um akzeptierte Mitarbeiter handeln, d. h. Mitarbeiter, die die Einführung der zu entwickelnden Maßnahmen mittragen können.

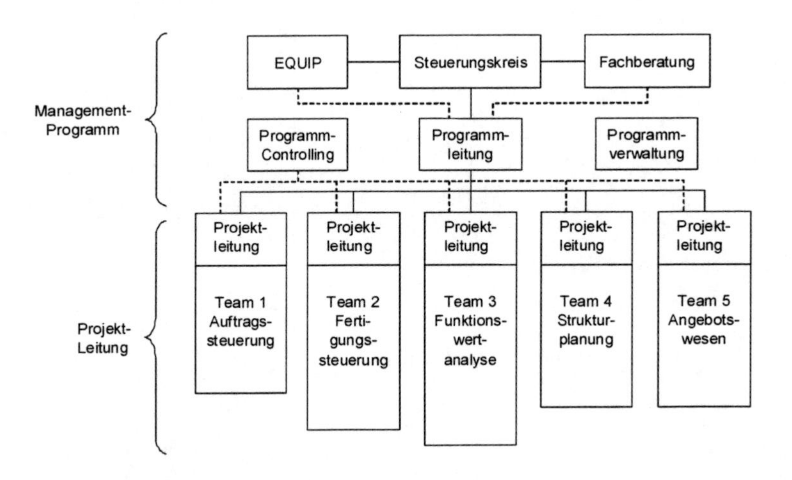


**Abb. 3.22** Aufbauorganisation des Innovationsprozesses

Für größere Projekte empfiehlt sich die Installierung eines eigenständigen Projektteams (Abb. 3.22). Eine der Aufgaben des Projektteams, neben den rein operativen Arbeiten, ist die Überwachung oder Kontrolle des Projektfortschritts. Hierzu sollen in regelmäßigen Abständen (z. B. monatlich, vierteljährlich) Statusberichte erstellt werden, die den Entscheidungsträgern zugestellt werden. Gegebenenfalls empfiehlt sich weiterhin die Installierung eines Entscheidungsteams, welches befugt ist, die für den weiteren Projektablauf erforderlichen Entscheidungen direkt zu treffen.

## 3.3.5 Kennzahlengestütztes Innovationscontrolling

3.3.5.1 Anforderungen

Es liegt auf der Hand, dass eine einmal durchgeführte Unternehmensanalyse, wie sie die Entwicklung eines quantifizierten Innovationsprogramms darstellt, nur dann von Wert und Nutzen sein kann, wenn sie in regelmäßigen Abständen oder unregelmäßig bei Bedarf (permanent), z. B. bei gravierender Änderung der Ausgangssituation, kurzfristig wiederholt werden kann /Paw93-2/. In diesem Sinne kann das Innovationscontrolling auch als „Verfahrenscontrolling", als Controlling umgesetzter Maßnahmen bzw. implementierter Verfahren gesehen werden /Paw07, S. 225–234; Paw08/. Ziel ist dann, den Erfolg der eingeleiteten Maßnahmen zu steuern und zu überwachen. So dient das Innovationscontrolling als Hilfsmittel, das bei der Entscheidungsfindung weiterer Reorganisationsmaßnahmen unterstützt. Wesentliche Aufgaben sind dabei

- die permanente Potentialanalyse, d. h. die Identifikation und Visualisierung der Einflüsse und Zusammenhänge der Prozessparameter und
- die permanente Potenzialerschließung, d. h. Auswahl relevanter Gestaltungsprinzipien und Verfahren sowie deren Beurteilung bezüglich der jeweils erschließbaren Potentiale.

Hierzu dient ein fest implementiertes kennzahlengestütztes Innovationscontrolling für das Management technologischer Erneuerungen /Paw88; Schu89/.

Diese stets neue, zeitlich versetzte kennzahlengestützte Unternehmensanalyse baut periodisch eine verdichtete Informationsbasis auf. Basierend auf dem mittel- und langfristigen Innovationsprogramm wird eine fortlaufende, permanente zielgerichtete Kontrolle der Unternehmensentwicklung mittels quantitativer Vorgaben (Soll-Werte) möglich.

#### 3.3.5.2 Aufbau des Kennzahlensystems

Das Kennzahlensystem muss in seiner Konzeption auf die Aufbau- und Ablauforganisation des Unternehmens zugeschnitten sein. Dies bedeutet im konkreten Fall die Strukturierung eines Unternehmens in

- Verantwortungsebenen und
- Funktionsbereichen (z. B. Entwicklung, Vertrieb, Materialwirtschaft, Produktion, Verwaltung)

Für jede organisatorische Einheit ergeben sich abgeleitet aus den übergeordneten Unternehmenszielen „Rentabilität" und „Unternehmenssicherheit", in Abstimmung mit dem Innovationsprogramm, bestimmte Vorgaben, deren Erfüllung koordiniert und geregelt werden muss. Für diese Aufgabe muss das Kennzahlensystem entsprechend den Hierarchieebenen und Funktionsbereichen Aussagen und Maßnahmen in unterschiedlicher Dichte bereithalten.

Aus dieser Erkenntnis empfiehlt sich folgende Kennzahlenhierarchie (Abb. 3.23):

- Führungskennzahlen zur Beurteilung des Gesamtunternehmens
- Hauptkennzahlen zur Beurteilung der Funktionsbereiche
- Hilfskennzahlen als Indikatoren für Abweichungen auf der operativen Ebene

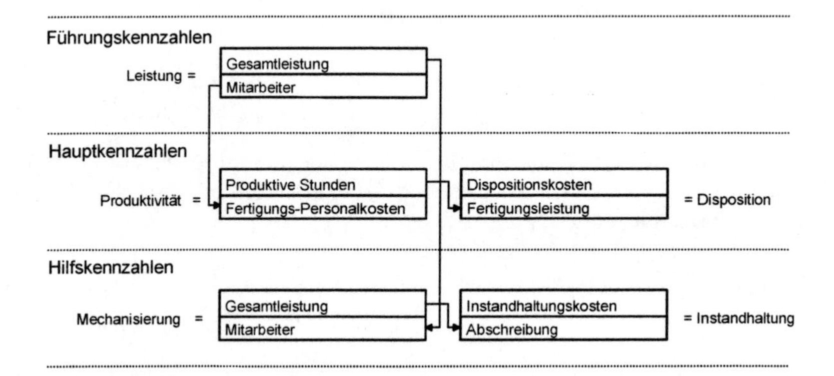


**Abb. 3.23** Aufbau eines Kennzahlensystems

Die Verknüpfung der Kennzahlen erfolgt sachlogisch, nicht zwingend mathematisch, d. h. ausschließlich betriebswirtschaftliche Aussagenzusammenhänge sind systembildend. Dadurch bleibt das Kennzahlensystem zur Überwachung von Innovationsprozessen handhabbar und kann alle Unternehmensbereiche Controllen.

### 3.3.5.3 Adaptives Controllingkonzept

Aus dem Innovationsprogramm und den Unternehmenszielen sowie dem Kennzahlensystem werden Soll-Werte abgeleitet. Mittels eines adaptiven Softwarekonzeptes überwacht das Management die Unternehmensentwicklung anhand weniger Schlüsselkennzahlen im Sinne eines K.I.M. Key indicated Management (Abb. 3.24).

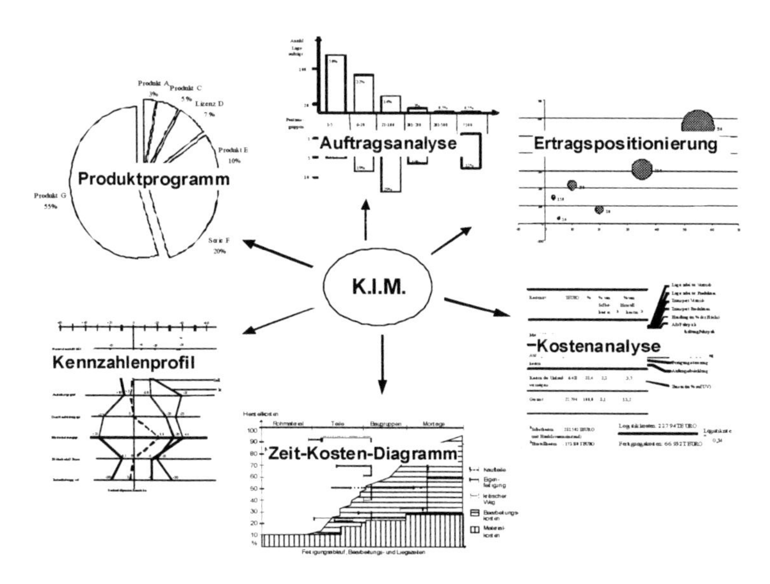


**Abb. 3.24** Key indicated Management

Nach periodischer oder zeitnaher Einspeisung der Ist-Werte kann jederzeit ein ganzheitlicher Unternehmensstatus abgerufen werden, der Auskunft gibt und sofort die Einleitung geeigneter Maßnahmen empfiehlt, wenn die Ziele des Innovationsprogramms gefährdet sind /Dew91/.

## *3.4 Entwicklung einer Standortstrategie*

### 3.4.1 Anlass und Anforderungen

Eine weitere Aufgabe der Strategieplanung sind Standortplanungen. Insbesondere die internationale Zusammenarbeit in Produktionsnetzwerken, der permanente Wandel in den Wertschöpfungsketten oder immer öfter auftretende Unternehmensfusionen fordern das Management zur Entwicklung einer Standortstrategie. Ein Unternehmen verfügt über einen oder mehrere Standorte als geographischer Ort der betrieblichen Leistungserstellung. Der Standort hat vielfältige Einflüsse auf die Wettbewerbsfähigkeit eines Unternehmens. Er bestimmt die räumliche Verknüpfung der Produktion innerhalb der Wertschöpfungskette.

#### 3.4.1.1 Standortplanung in der Fabrikplanung

Standortplanungen können auf nationaler, regionaler und lokaler Ebene unterschieden werden (Abb. 3.25). Vielfältige Komponenten bestimmen die Standortplanung als eine Aufgabe der Strategieplanung. Entsprechend der Zusammenhänge zwischen den Wirksystemen einer Fabrik leiten sich die Komponenten der Standortplanung in folgender Reihenfolge ab:

– Die produktspezifische Komponente umfasst die strategische Planung des Produktprogramms, wie z. B. Märkte, Produkte, Geschäftsfelder, Gewinnpotenziale. Hierzu werden Produktpositionierung im Vergleich zu Konkurrenzprodukten, Lebenszyklusbetrachtung der Produkte, Prognosen über Absatzentwicklung erstellt.

– Die technologische Komponente umfasst die strategische Planung der Kernkompetenzen und Produktionsverfahren, wie z. B. Einzel-, Serien- oder Massenfertigung einschließlich Mechanisierungs- bzw. Automatisierungsgrad.

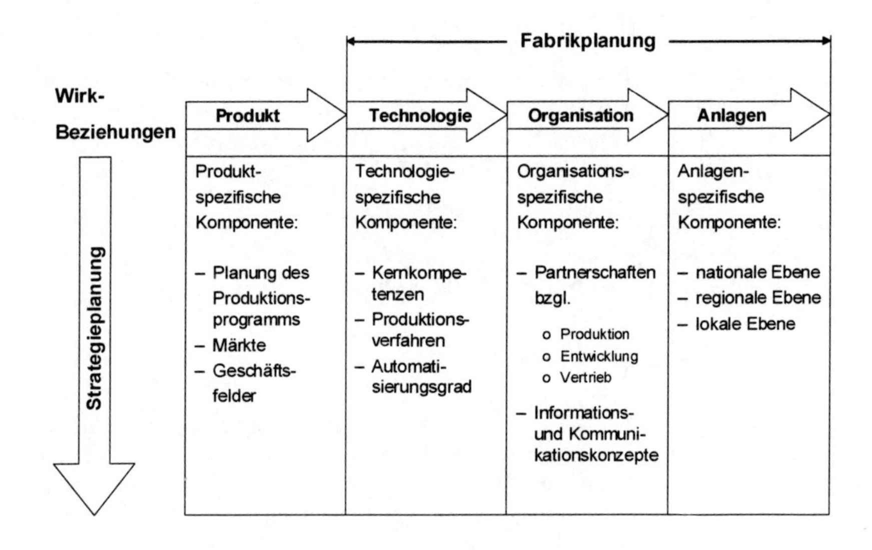


**Abb. 3.25** Standortplanung in der Strategieplanung

- Die organisationsspezifische Komponente umfasst die strategische Planung von Partnerschaften bezüglich Produktion, Entwicklung oder Vertrieb. Hierzu werden auch Internet-basierte Informations- und Kommunikationskonzepte strategisch angedacht.
- Die anlagenspezifische Komponente umfasst die strategische Planung von Standorten auf nationaler, regionaler und lokaler Ebene.

Die Komponenten der Standortplanung sind durch Teilplanungen unter Berücksichtigung ihrer Abhängigkeiten zu erarbeiten. Aus der Reihenfolge bzw. den Einzelstrategien ergeben sich Vorgaben an die Standortplanung.

#### 3.4.1.2 Anlässe zur Initiierung von Standortplanungen

Nach Anlässen können Standortplanungen im Wesentlichen eingeteilt werden in

- Vorhaben zur Marktsicherung bzw. -erhaltung
- Vorhaben zur Markterschließung

In Abb. 3.26 sind die Anlässe in einer Klassifikation zusammengestellt. Daraus kann zwar keine Aussage über die Häufigkeit bzw. Bedeutung entnommen werden. Aber tendenziell gilt, dass für die Standortwahl innerhalb der Binnenmärkte,

- in denen bereits ein Standort existiert, die Erhöhung der Marktnähe sowie Vorhaben zur Markterschließung am wichtigsten sind,
- in denen noch kein Standort existiert, zusätzlich der Schutz des Marktzugangs gegen Handelshemmnisse sowie die Ausschaltung von Wechselkursschwankungen auf das Betriebsergebnis hinzu kommen.

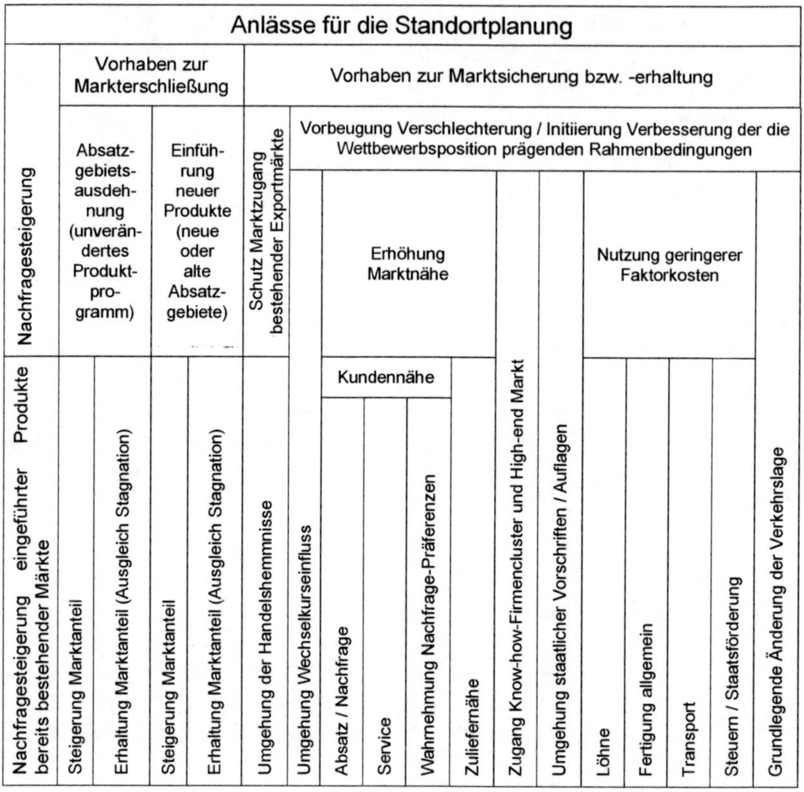

| Anlässe für die Standortplanung | | | | | | | | | | | | | | | | | |
|---|---|---|---|---|---|---|---|---|---|---|---|---|---|---|---|---|---|
| Nachfragesteigerung | Vorhaben zur Markterschließung | | | | Vorhaben zur Marktsicherung bzw. -erhaltung | | | | | | | | | | | | |
| | Absatzgebietsausdehnung (unverändertes Produktprogramm) | | Einführung neuer Produkte (neue oder alte Absatzgebiete) | | Schutz Marktzugang bestehender Exportmärkte | Vorbeugung Verschlechterung / Initiierung Verbesserung der die Wettbewerbsposition prägenden Rahmenbedingungen | | | | | | | | | | | |
| | | | | | | | Erhöhung Marktnähe | | | | | | Nutzung geringerer Faktorkosten | | | | |
| | | | | | | | Kundennähe | | | | | | | | | | |
| Nachfragesteigerung eingeführter Produkte bereits bestehender Märkte | Steigerung Marktanteil | Erhaltung Marktanteil (Ausgleich Stagnation) | Steigerung Marktanteil | Erhaltung Marktanteil (Ausgleich Stagnation) | Umgehung der Handelshemmnisse | Umgehung Wechselkurseinfluss | Absatz / Nachfrage | Service | Wahrnehmung Nachfrage-Präferenzen | Zuliefernähe | Zugang Know-how-Firmencluster und High-end Markt | Umgehung staatlicher Vorschriften / Auflagen | Löhne | Fertigung allgemein | Transport | Steuern / Staatsförderung | Grundlegende Änderung der Verkehrslage |

**Abb. 3.26** Anlässe für die Standortplanung (z. B. /Goe93, Eur95/)

### 3.4.1.3 Anforderungen an die Standortstrategie

Aufgrund veränderter gesamtwirtschaftlicher Rahmenbedingungen müssen Unternehmen ihre Standortstrategie überprüfen und gegebenenfalls anpassen, um ihre Wettbewerbsposition zu wahren /Sie07/. Wesentliche Veränderungen sind:

– Internationalisierung der Wirtschaft, d. h. Liberalisierung der Kapitalmärkte und des Welthandels, besonders durch die Errichtung der Binnenmärkte EU, NAFTA und ASIAN sowie der Integration der ehemaligen Ostblockländer. Die Unternehmen müssen ihre Position auf den neuen Absatzmärkten überprüfen.

- Wandel zu Käufermärkten, d. h. Angebotsüberschuss sorgt für verschärfte Konkurrenz. Die Unternehmen müssen sich höheren Ansprüchen hinsichtlich Qualität, Neuigkeit und Kundenwünsche stellen.

In dieser Situation können dauerhafte Wettbewerbsvorteile erreicht werden durch Kosten- und Differenzierungsvorteile /Por93/.

**Kostenvorteile**
wird ein Unternehmen für Produkte aufbauen können, die eher geringen Entwicklungsaufwand verursachen und deren Herstellung einen geringen Anteil anspruchsvoller Tätigkeiten erfordert. Bei hohem Arbeitskostenanteil an den Stückkosten könnte die Ansiedlung in Niedriglohnländern sinnvoll sein /Schr04/. Der Lohnkostendruck führt in den Industrieländern zur Reduzierung der Fertigungstiefe auf die Produktionsanteile, die hinsichtlich Know-how und Wertschöpfung das Kerngeschäft bilden /Paw93-3/.

**Differenzierungsvorteile**
kann ein Unternehmen eher mit hochwertigen, entwicklungsintensiven Produkten erzielen. Diese Produkte erfordern eine hohe Innovations- und Anpassungsfähigkeit sowohl bezüglich Fertigung und Organisation:

- Die Anforderung an die Fertigung führt z. B. zu flexiblen Fertigungssystemen für kleine Auflagen hoher Vielfalt, zu prozessorientierten Fertigungssegmenten, um logistische Schnittstellen zu vermeiden sowie zu logistikgerechten Produktstrukturen nach dem Baukastenprinzip, um die Produktion materialflussorientiert auszurichten.
- Die Anforderung an die Organisation führt z. B. zur Gruppenarbeit mit großem Arbeitsinhalt, zu kürzeren Durchlaufzeiten und geringeren Fehlerquoten sowie zur höheren Ersatzteil- und Servicegüte.

Die Nutzung von Kosten- und Differenzierungsvorteilen gleichermaßen bestimmt heute die Standortstrategie von Unternehmen. Eine besondere Herausforderung ist wegen des zunehmenden Kostendrucks durch Globalisierung die internationale Umverteilung der Wertschöpfungsprozesse in Produktionsnetzen. In einer Produktionsverlagerung nach Mittel- und Osteuropa oder Asien sehen viele Unternehmen mit lohnintensiven Tätigkeiten die einzige Chance, ihre Marktstellung langfristig zu sichern /Dan04/. Bei Bruttomonatslöhnen um 400 € ist der Wille schnell gegeben. Die Standortwahl erfordert aber eine fundierte Informationsbasis, welche die Fabrikplaner systematisch von den Vorzugsländern bis zu dem für sie geeigneten

Standort führt. Eine Gesamtverlagerung hat aber zur Folge, dass die Wertschöpfung und damit die Arbeitsplätze in Deutschland größtenteils wegfallen werden. Allerdings sind nach der ersten Euphorie der Verlagerung von Fertigungsbereichen in Osteuropäische Länder auch schon Rückverlagerungen wegen schlechter Qualität oder geringer Liefertreue zu beobachten. Insbesondere werden die sehr hohen Qualitätsanforderungen z. B. der Automobilhersteller an Zulieferer oft nicht von Niedriglohnländern erfüllt /Bar07/. Deshalb sollten auch die strategischen Ansätze für den Standort Deutschland berücksichtigt werden /Wes07/:

- Weltlieferant von allem, was Fabriken brauchen z. B.
  - von der Planung bis zum Recycling
  - ganzheitliche systematische Optimierung
  - deutsches Produktionssystem
- Höchste Leistungsfähigkeit bzgl.
  - Effizienz und Wirtschaftlichkeit
  - Führung in den Technologien und Innovationen
  - minimaler Ressourcenverbrauch
  - soziale und technische Standards
- Höchste Anpassungsfähigkeit
  - in turbulenten Märkten
  - an Märkte und Kunden

Eine weitere neue Anforderung an die Unternehmens- und Fabrikplanung ist es daher strategisch zu entscheiden, welche eigenen Kernkompetenzen am deutschen Standort ausgebaut werden sollen. Diese Technologiedifferenzierung kann die Basis zur Ausgliederung lohnkostenintensiver Baugruppen bilden. Der Aufbau von Endproduktionsstätten mit Produktionspartnern vor Ort in Verbindung mit der entsprechenden Vertriebsstrategie kann dann die Wertschöpfung in Deutschland erhalten oder gar steigern /Old04/. Abb. 3.27 zeigt diese Standortstrategien im Zeit-Kosten-Diagramm.

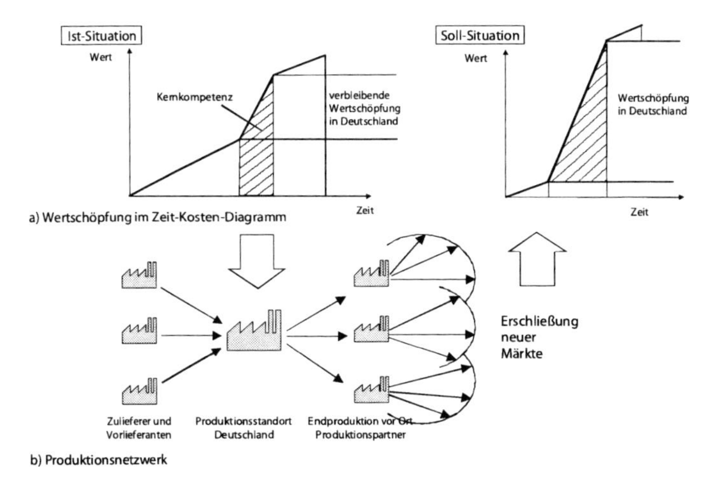


**Abb. 3.27** Technologiedifferenzierung als eine Standortstrategie für Innovation und Wachstum

## 3.4.2 Allgemeine Standortfaktoren

Potenzielle Standortfaktoren lassen sich hinsichtlich vieler Eigenschaften beschreiben. Sie können in einem allgemeinen Standortfaktoren-Katalog in funktionenbezogene und globale Faktoren zusammengefasst werden (Abb. 3.28):

- Funktionsbezogene Standortfaktoren sind
  - Produktionsbezogene Faktoren, diese beziehen sich auf die Beschaffung bzw. den internen Gütereinsatz. Sie beschreiben, wie gut die Produktionsfaktoren am potenziellen Standort genutzt werden können.
  - Infrastrukturbezogene Faktoren, diese beziehen sich auf die Sicherstellung des Material- und Informationsflusses. Sie beschreiben, wie gut der Absatzmarkt und der Beschaffungsmarkt in der Umwelt eines potenziellen Standortes genutzt werden kann.
  - Absatzbezogene Faktoren, diese beziehen sich auf den Absatz der festgelegten Produkte in festgelegten Absatzgebieten. Sie beschreiben, wie gut der Absatz durch entsprechende Maßnahmen des Marketing und Vertriebs gestaltet werden kann.
- Globale Standortfaktoren sind politische, ökonomische und sozio-kulturelle Faktoren

| Produktionsbezogene Faktoren (input) | |
|---|---|
| – **Arbeitsmarkt**<br>o Lohnniveau (Lohn- und Lohnnebenkosten, Produktivität)<br>o Verfügbarkeit (Konkurrenz, Arbeitskraftreserven)<br>o Gewerkschaftssituation<br>o Qualifikation (Ausbildungsstand, Managementkräfte, Aus- bzw. Weiterbildungsangebot)<br><br>– **Zulieferer (Beschaffungsmarkt)**<br>o Preis<br>o Nähe und Verfügbarkeit<br>o Qualität (Liefertreue, ISO 9000)<br><br>– **Grundstücke**<br>o Verfügbarkeit, Ausbaumöglichkeiten<br>o Kosten (Erschließung, Baupreis) | – **Anlagen und Material (Beschaffungsmarkt)**<br>o Versorgung/Entsorgung (Energie, Wasser, Umwelt)<br>o Rohstoffe/Betriebsstoffe<br>o Betriebsmittel (Angebot, Preis)<br><br>– **Kapitalmarkt**<br>o Verfügbarkeit<br>o Kosten<br>o Service Kreditinstitute<br><br>– **Wirtschaftlich-technische Agglomeration (alle Märkte der engeren Umwelt)**<br>o tech. Transfer (tech. Stand vor Ort, Nutzung universitärer und anderer Forschungseinrichtungen)<br>o Agglomeration (qualitative Konkurrenz, Kooperationsmöglichkeiten) |
| **Infrastruktur (Absatz- und Beschaffungsmarkt)** | |
| – **Transport**<br>o Verkehrsnetz bzw. -anschluss (Schiene, Schiff, Straße, Luft)<br>o Qualität (Kompatibilität der Verkehrsmittel, Transportdienstleister)<br>o Transportkosten, Verkehrsgebühren | – **Kommunikation**<br>o Verfügbarkeit (Telefon, Fax, Postdienst, Paketdienste, Internet)<br>o Qualität (Kompatibilität, Geschwindigkeit, Sicherheit, Datenschutz) |
| **Absatzbezogenen Faktoren** | |
| – **Absatz**<br>o Marktnähe (Lage, allg. Nachfrage, Einwohnerdichte, Wachstum)<br>o Bedarf (Verbrauchergewohnheiten) | – **Konkurrenz**<br>o Zahl/Größe Absatzkonkurrenz<br>o Image / Goodwill<br>– **Kontakte**<br>o eigener Vertrieb vor Ort<br>o Messen |
| **Globale Standortfaktoren** | |
| – **Kulturelle Affinität**<br>o Sprachen<br>o Religiöse, ethnische, kulturelle Unterschiede<br>o Goodwill gegenüber Investitionen<br><br>– **Geographie (Klima, Erdbebensicherheit)**<br><br>– **Politische Stabilität**<br>o Regierung<br>o Rechtssicherheit<br>o Soziales Gesellschaftsbild<br><br>– **Volkswirtschaftliche Potenz**<br>o Bruttosozialprodukt<br>o Inflationsrate<br>o Währungsstabilität<br>o Entwicklungsdynamik | – **Wirtschaftspolitische Regelungen**<br>o Wettbewerbssteuernde Regelungen (Niederlassungsfreiheit, Zoll)<br>o Steuerpolitik<br>o Finanzielle Förderungen<br><br>– **Investitionsklima (politisch-gesetzlich, sozial-kulturell)**<br>o örtliche Auflagen für Verfahren, Produkte<br>o Wirtschaftsförderungsstellen<br><br>– **Lebensqualität**<br>o Wohnraum<br>o Freizeitwert (Kultur, Sport, Umweltzustand)<br>o Sozialversorgung (Schule, Medizin, öffentliche Verkehr) |

**Abb. 3.28** Funktionsbezogene und globale Standortfaktoren

### 3.4.3 Schritte der Standortplanung

Die Standortplanung ist abhängig von der konkreten Aufgabenstellung und wird in folgenden Schritten ausgeführt:

- Zielplanung
- Standortgrobplanung (Makrostandorte)
- Standortfeinplanung (Mikrostandorte)
- Entscheidung

#### 3.4.3.1 Zielplanung

In der Zielplanungsphase werden alle wichtigen Vorgaben für die eigentliche Standortplanung bestimmt. Zum einen erfolgt die Festlegung der Zielsetzung, die mit der zu errichtenden Betriebsstätte an dem zu wählenden Standort erreicht werden soll. Zum anderen wird der Suchraum mit potenziellen Makrostandorten festgelegt.

- Festlegung der Zielsetzungen für den zu errichtenden Standort bezüglich
  - einer bzw. mehrerer Produktgruppen, die am neuen Standort produziert werden sollen
  - einem bzw. mehreren Absatzmärkten, die vom neuen Standort bedient werden sollen
  - einer groben Menge der dort zu produzierenden bzw. abzusetzenden Produkte
- Festlegung des Suchraums mit den potenziellen Makrostandorten, z. B. durch
  - Eingrenzung auf einige Staaten, Freihandelszonen oder Regionen, wie z. B. Südostasien
  - Eingrenzung auf die Erreichbarkeit des Absatzgebietes Deutschland, das z. B. innerhalb eines Transporttages von den Staaten des Suchraums erreichbar sein muss.

#### 3.4.3.2 Standortgrobplanung (Makrostandorte)

Mit der Standortgrobplanung beginnt ein gestufter Planungsprozess. Es werden potenzielle Makrostandorte erhoben, bewertet und ein bis zwei Makrostandorte als

Eingangsgrößen für die nächste Entscheidungsstufe ausgewählt. Dies erfolgt in den Schritten:

- Erhebung potenzieller Makrostandorte innerhalb des Suchraums
  - Aufteilung des vorgegebenen Suchraums in diskrete Räume, wie z. B. durch Zusammenfassen der das geforderte Diskriminierungsprinzip erfüllenden Staaten
  - Auswahl potenzieller Makrostandorte durch Festlegung von Mindestanforderungen
- Festlegung der Standortfaktoren und ihrer Gewichtung
  - Auswahl der Standortfaktoren, die alle Aspekte der Zielsetzung enthalten
  - Gewichtung der Standortfaktoren zur Grobauswahl

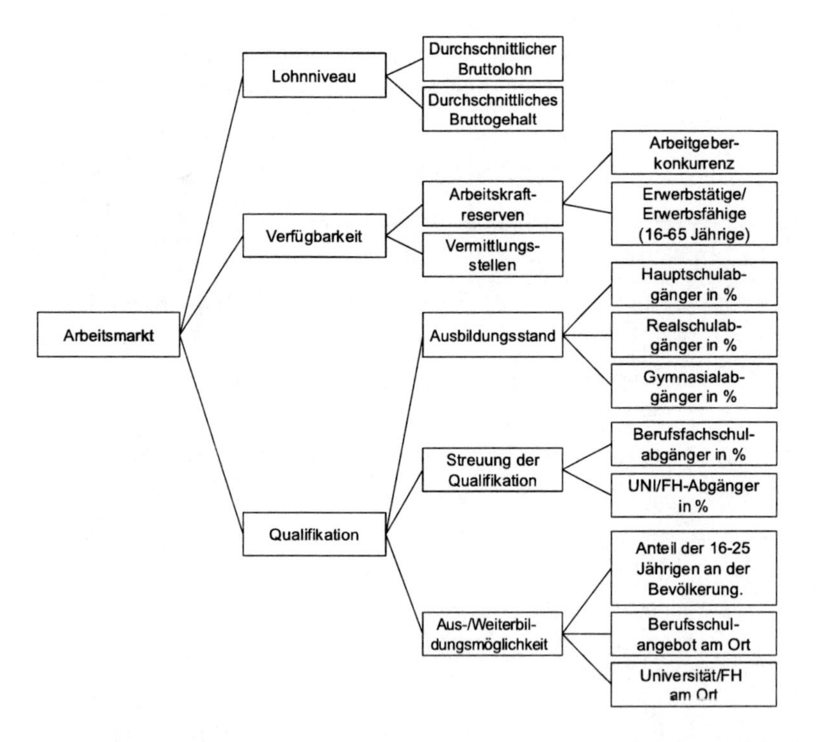


**Abb. 3.29** Kriterien zur Bewertung der Mikrostandorte aus der Standortfaktorengruppe Arbeitsmarkt

- Aufnahme der Standortbedingungen an den potenziellen Makrostandorten und Zuordnung von Nutzwerten für die Nutzwert-Analyse (Abb. 3.29)
- Entscheidung und Ergebnis der Standortgrobplanung

#### 3.4.3.3 Standortfeinplanung (Mikrostandorte)

In der Standortfeinplanung wird innerhalb der festgelegten Makrostandortregionen ein Ort, an dem die neue Betriebsstätte errichtet werden soll, der sogenannte Mikrostandort, gewählt. Dies erfolgt in den Schritten:

- Vorauswahl der Mikrostandorte
  - Erhebung potenzieller Mikrostandorte innerhalb der ausgewählten Makrostandorte
  - Festlegung der Standortfaktoren, die zur Bewertung herangezogen werden sollen und Erhebung der Standortbedingungen
  - Entscheidung und Ergebnis der Vorauswahl
- Endauswahl der Mikrostandorte
  - Festlegung der Standortfaktoren und ihrer Gewichtung
  - Aufnahme der Standortbedingungen an den vorausgewählten Mikrostandorten und Zuordnung von Nutzwerten für die Nutzwert-Analyse
- Entscheidung über die vorausgewählten Mikrostandorte und Ergebnis der Standortfeinplanung
  - Aufstellung der Nutzenmatrix
  - Ermittlung der Rangfolge der vorausgewählten Mikrostandorte mittels Nutzwert-Analyse

#### 3.4.3.4 Entscheidung

Die letztlich verbindliche Entscheidung für den neuen Standort fällt die Unternehmensleitung auf Basis der Ergebnisse der Standortplanung. Vorher werden Mitglieder der Unternehmensleitung diesen Standort besuchen, um im Gespräch vor Ort mit Verwaltungsstellen oder Wirtschaftsförderungsgesellschaften zu sprechen. Lagen die Gesamtnutzen der besten drei Standorte sehr dicht beieinander, werden mehrere Standorte besucht. Die finanzielle Machbarkeit des Vorschlags bzw. der Vorschläge wird mit einer groben Investitionsrechnung abgesichert, so dass die Entscheidung gefällt werden kann.

## *3.5 Entwicklung einer Nachhaltigkeitsstrategie*

### 3.5.1 Fabrikplanung und Fabrikökologie

#### 3.5.1.1 Nachhaltige Unternehmensentwicklung

Die in den Phasen der ganzheitlichen Fabrikplanung behandelten Schwerpunkte haben oft auch unmittelbare Wirkung auf das Umweltschutzniveau. Deshalb wird der betriebliche Umweltschutz in alle Phasen der Fabrikplanung, d. h. der Strategie-, Struktur-, System- und Ausführungsplanung, bereits seit längerer Zeit zunehmend integriert /Frö92; Jer92; Kra96/. In der Phase der Strategieplanung ist daher die Entwicklung einer Nachhaltigkeitsstrategie eine Herausforderung an das Management.

Der betriebliche Umweltschutz kann nicht losgelöst von nationalen, internationalen und globalen Umweltproblemen betrachtet werden. Hauptziele einer nachhaltigen Unternehmensentwicklung sind /Frö04-1, S.6/:

- Ressourcenschonung durch Reduzierung des Verbrauchs an Umweltgütern (Boden, Luft, Wasser etc.) und der Primärrohstoffentnahme (begrenztes Ressourcenangebot) sowie des Energieverbrauchs
- Senkung der Umweltbelastung (Luft-, Wasser-, Bodenverschmutzung, Abfälle, Klimaveränderung etc.)

Um diese Ziele zu erreichen, gibt es eine Vielfalt von Planungsanlässen und Aufgaben im betrieblichen Umweltschutz. Diese sind verbunden mit den Begriffen „Nachhaltige Entwicklung“ bzw. „Nachhaltiges Wirtschaften“ (Sustainable Development). Bei Hervorhebung des Begriffinhaltes „vernünftige Haushaltsführung“ sind weitere Begriffe wie „Ökobilanz“, „Öko-Audit“, „Fabrikökologie“ fester Bestandteil der ganzheitlichen Fabrikplanung geworden.

Heute sind Umweltschutz und Schonung natürlicher Ressourcen eine gemeinsame Aufgabe von Management und Belegschaft. Dabei geht es um das gezielte Erkennen von Verschwendungen und deren konsequente Eliminierung zur Erhöhung der Arbeitsproduktivität /Döh07; Ter07/. Die Umweltschutzerklärungen zahlreicher Unternehmen im Rahmen ihres Öko-Audits zeigen die Fortschritte auf.

#### 3.5.1.2 Anlässe für Umweltschutz bedingte Planung

Anlässe für Fabrikplanungsaufgaben können sowohl wirtschaftlich bedingt (Kosten, Effizienz etc.) als auch umweltbedingt (Umweltziele) sein. Die wirtschaftliche Planung berücksichtigt allerdings den Umweltschutz häufig noch nicht ausreichend. Deshalb sind Methoden zur integrierten Bewertung wirtschaftlicher und Umweltschutz bedingter Ziele in der Fabrikplanung von großer Bedeutung /Sie95; Sch02/.

Anlässe für Umweltschutz bedingte Planung sind

- die gesetzlichen Anforderungen, z. B. neue oder geänderte Gesetze, Normen, Grenzwerte
- die Betriebsmittel (z. B. Verfahren, Stoffe) mit Negativfolgen für
  - Menschen und deren Gesundheit
  - Maschinen, Prozesse und Anlagen, die Schadstoffe erzeugen
  - Emissionenswerte
  - andere Betriebsmittel für Gebäude oder Anlagen
- das Input/Output-Verhalten
  - Material- und Energieverbräuche der Produkte
  - Verbräuche an Ressourcen für die Herstellprozesse
  - Wiederverwendung und -verwertung von Produkten, Abfällen etc.
- der aktuelle Stand der Technik, Trends in Forschung und Entwicklung
  - Weiterentwicklung bestehender Technologien
  - technologische Neuentwicklungen
  - neue Erkenntnisse in den Fachgebieten Umwelt- und Arbeitsschutz oder Management
- die Gefahren für Andere
  - durch die Produkte für den Kunden und die Umwelt
  - durch die betrieblichen Aktivitäten für Anwohner und Nachbarn

Umweltschutz bedingte Planungen dienen der Reduzierung der Umweltbelastungen unter Erhöhung des Umweltschutzniveaus durch den Standort. Die Ergebnisse lassen sich nur schwer in monetären Gewinngrößen ausdrücken. Die Unterstützung von Umweltschutzaufgaben durch geeignetes Planungswissen wurde in innovativen Unternehmen bereits frühzeitig als ein Schwerpunkt erkannt. Jedoch im

Umweltschutz nur zu handeln, wenn es ein Problem zu lösen gilt, verfehlt das Ziel der Ganzheitlichen Fabrikplanung. Der ganzheitliche Lösungsansatz von Umweltschutz bedingten Planungsaufgaben basiert daher auf

- der Führung durch ein Umweltmanagementsystem
- dem Erkennen von Planungspotenzialen und -prioritäten durch definierte Planungsansätze und -schwerpunkte
- der Unterstützung von Planungsaufgaben durch modernes Projektmanagement und
- die Nutzenüberwachung durch Controllinginstrumente

## 3.5.2 Aufbau eines Umweltmanagementsystems

### 3.5.2.1 Aufgabenfelder im betrieblichen Umweltschutz

Unternehmensspezifische Umweltmanagementsysteme unterstützen sowohl bei Top-down-Projekten der ganzheitlichen Fabrikplanung wie auch bei den kontinuierlichen Umweltschutz bedingten Bottom-up-Verbesserungen. Dabei sind die Aufgaben im betrieblichen Umweltschutz nach Art und Umfang sehr vielfältig. Deshalb werden nachfolgend die Aufgabenfelder mit den durch sie verfolgten Zielen und Aufgaben dargestellt (Abb. 3.30).

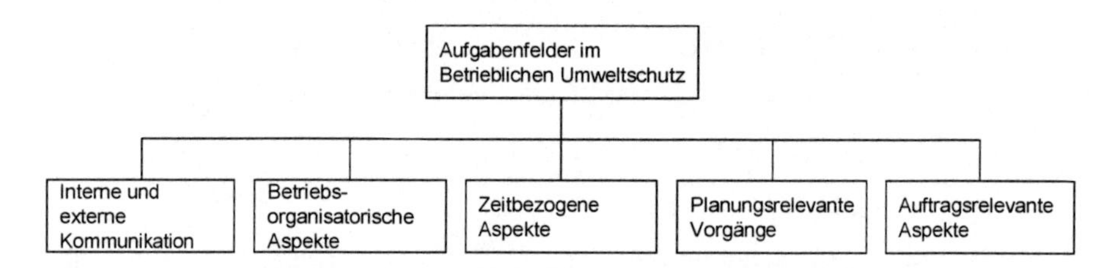


**Abb. 3.30** Aufgabenfelder zur Systematisierung des betrieblichen Umweltschutzes

**Interne und externe Kommunikation**
ist eines der wichtigsten Anliegen des EG-Öko-Audits. Kommunikationspartner sind intern die Mitarbeiter und Führungskräfte, extern die Kunden, Behörden und Wettbewerber. Eine offene Kommunikation ist die Basis für eine hohe Akzeptanz der Planungsalternativen und kontinuierlichen Verbesserungen aller Prozesse im betrieblichen Umweltschutz. Ziele und Aufgaben der Kommunikation sind

- intern z. B. Bereitstellung umfangreicher Informationen zum aktuellen Stand, Einbeziehung aller Mitarbeiter und Führungskräfte in die unternehmensweite Diskussion von Themen des Umweltschutzes

- extern z. B. Erhöhung der Kundenzufriedenheit, Erschließung neuer Märkte, Erhöhung der Akzeptanz des Standortes
- intern und extern gleichermaßen z. B. Information über Neuerungen auf allen Gebieten des Umweltschutzes am Standort (z. B. Gesetze, Technik), Erforschung der Bedürfnisse und Erwartungen der Diskussionspartner

**Betriebsorganisatorische Aspekte**
unterstützen die Aufgaben des betrieblichen Umweltschutzes, wie z. B. Betriebsbeauftragte, Weiterbildungspflichten. Sie können unternehmensspezifisch aus dem EG-Öko-Audit oder Umweltcontrolling abgeleitet werden. Die Übertragung von Verantwortung für den betrieblichen Umweltschutz auf alle Mitarbeiter und Führungskräfte, besonders auf Entscheidungsträger, ist dabei sehr wichtig. Ziele und Aufgaben der Organisation sind z. B.

- Verankerung des betrieblichen Umweltschutzes in die Unternehmensphilosophie, Unternehmenspolitik und Unternehmensleitlinien
- Weitertragen des Umweltschutzgedankens in alle Unternehmensebenen
- Erfassung, Bewertung und ständige Kontrolle (Monitoring) der Umweltauswirkungen durch personelle und finanzielle Mittel sicherstellen

**Zeitbezogene Aspekte**
charakterisieren die Auswirkungen aller Aktivitäten im Unternehmen auf die Umwelt in einer zeitlichen Verschiebung, wie z. B. Entscheidungen oder Handlungen. Die Planung der Produktionstechnologien hat z. B. über den Betriebsmittelverbrauch oder die Recyclingfähigkeit direkten Einfluss auf die Umweltauswirkungen. Die langen Zeiträume, Erkenntnisgewinne, veränderte gesetzliche Vorgaben etc. sind zu berücksichtigen. Ziele und Aufgaben der zeitbezogenen Betrachtung des Umweltschutzes sind z. B.

- Gewährleistung der Gesetzestreue aller Aktivitäten am Fabrikstandort
- lückenlose Dokumentation aller umweltrelevanten Aktivitäten bezüglich Produkte, Betriebsmittel und Personaleinsatz
- frühzeitige Vermeidung von Umweltauswirkungen z. B. durch Implementieren eines entsprechenden Frühwarnsystems

**Planungsrelevante Vorgänge**
befassen sich vorrangig mit dem Erkennen von Planungsanlässen und der systematischen Planungsvorgehensweise. Die in den Planungsphasen und -schritten der Fabrikplanung behandelten Planungsaufgaben haben meist unmittelbare Auswirkung auf das Umweltschutzniveau. Die frühest mögliche Einbindung des Umweltschutzes in die Planung ist daher von größter Bedeutung. Ziele und Aufgaben sind z. B.

- Identifikation von Handlungsbedarfen und Optimierungspotenzialen
- Frühzeitige Sicherung und Bereitstellung von umweltrelevanten Informationen
- Erarbeitung ganzheitlicher Fabrikplanungsaufgaben unter Berücksichtigung des Umweltschutzes (vgl. Abbildung 5.62)
- Verankerung des Umweltmanagements in die Planung

**Nutzungsrelevante Aspekte**
richten sich auf den operativen Bereich eines effizienten, betrieblichen Umweltschutzes. Dabei werden im modernen Management der gesamte Input (z. B. Materialverbrauch, Transportaufkommen) und Output (z. B. Produkte, Abfälle und Emissionen) durch Erstellung von Öko-Bilanzen für Betriebsmittel und Produkte betrachtet. Ziele und Aufgaben sind z. B.

- schnelles und effektives Reagieren auf sich verändernde Rahmenbedingungen, wie z. B. Technik, Gesetze
- Überwachungs-, Kontroll- und Dokumentationspflichten des laufenden Betriebes umsetzen
- vollständige Bilanzierung der Umweltauswirkungen

Zur Erfüllung der vielfältigen Aufgaben dient das unternehmensspezifisch aufgebaute Umweltmanagementsystem. Es ermöglicht eine effiziente Durchführung von Ökobilanzen und Öko-Audits /Schm97/.

#### 3.5.2.2 Instrumente „Ökobilanz" und „Öko-Audit"

Der Begriff „Ökobilanz" verbindet die Analyse und Bewertung umweltrelevanter Zusammenhänge, um die Auswirkungen von Produkten, Verfahren und Prozessen zu verdeutlichen. Sie wird eingesetzt, um umweltbezogene Ursachen, Zusammenhänge und Effekte besser zu erkennen, demnach ökologische Schwachstellen bzw. Optimierungspotenziale aufzudecken und um damit Maßnahmen für ein umweltgerechtes Handeln ableiten zu können. Nach /Leh92/ wird beispielsweise die Ökobilanz in folgende vier Bilanzelemente unterteilt:

- Betriebsbilanz, d. h. analysiert wird der Betrieb als Blackbox mit seinen In- und Outputs
- Prozessbilanz, d. h. analysiert werden die Verfahrensabläufe, Stoff- und Energieströme (In-, Outputs) für den Produktionsprozess

- Produktbilanz, d. h. analysiert werden die Eigenschaften und Wirkungen eines Produktes über seinen gesamten Lebensweg (Product Life Cycle)
- Substanzbilanz, d. h. analysiert werden verschiedene Zustände zu bestimmten Zeitpunkten, wie z. B. bezüglich Flächennutzung, -versiegelung

**Öko-Audit**

Schon seit längerem gibt es Bestrebungen, Handlungsabläufe zum Umweltmanagement durch normierte Vorgaben bzw. Instrumente zu unterstützen. So ist bereits 1993 mit der damals gültigen EMAS I-Verordnung (Environmental Management and Audit-Scheme) für alle gewerblichen Unternehmen der Handlungsrahmen für den Aufbau eines Umweltmanagementsystems auf den Weg gebracht worden, was gegenwärtig unter dem Begriff „Öko-Audit" bekannt wurde. Wenige Jahre danach entstand mit der DIN EN ISO 14001 eine weltweit gültige Norm zum Aufbau eines Umweltmanagementsystems /DIN 14001/, die ähnliche Zielstellungen und Problemlösungen verfolgt wie EMAS. Die 2001 überarbeitete EMAS II-Verordnung richtet sich an alle Organisationen, die an der Verbesserung der Umwelt interessiert sind /Frö07, S.15/.

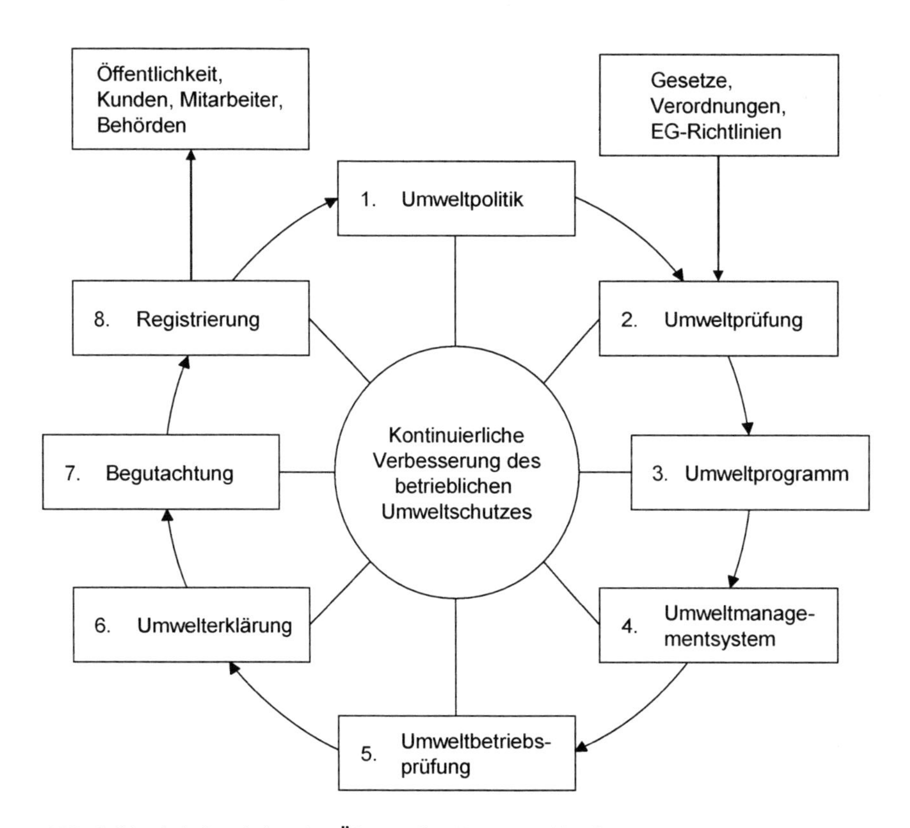


**Abb. 3.31** Arbeitsschritte des Öko-Audits (EMAS-Ablauf)

Der Öko-Audit-Prozess verläuft in folgenden acht Schritten (Abb. 3.31):

- Die Geschäftsleitung verständigt sich zunächst zur Umweltpolitik (1) und formuliert die „umweltbezogenen Gesamtziele“ bzw. „Handlungsgrundsätze“, die in „Leitlinien“ münden.
- Voraussetzung dafür ist die Betrachtung des Ist-Zustandes, die sogenannte Umweltprüfung (2), als Basis für den Auditprozess. Dies erfordert die Bewertung der Produkte, Verfahren und Prozesse im Hinblick auf ihre Umweltrelevanz, so dass Ziele definiert werden können.
- Diese Ziele sind Grundlage für die Ausarbeitung eines Umweltprogramms (3).
- Zu dessen effizienter Durchsetzung wird der Aufbau eines Umweltmanagementsystems (4) notwendig.
- Das Umweltprogramm als auch die Ergebnisse der Umsetzung bzw. die Umweltleistungen sind Gegenstand einer meist internen Umweltbetriebsprüfung (5).
- Mit der anschließend auszuarbeitenden Umwelterklärung (6) wird die Öffentlichkeit über die Umweltleistungen informiert.
- Es folgt die Umweltbegutachtung (7) durch externe, bestellte Gutachter.
- Diese ist die Grundlage für die abschließende Gültigkeitserklärung und Registrierung (8) des Standortes.

### 3.5.3 Integration der Umweltschutzaspekte in die Fabrikplanung

Umweltschutzaspekte in den Fabrikplanungsphasen zu berücksichtigen, möglichst simultan zu anderen Teilplanungen, ist eine bedeutende Entwicklung, um z. B. Terminabweichungen, Umsetzungszeiten und Realisierungskosten zu verringern. Dabei wird sich der Ablauf einer umweltgerechten Fabrikplanung im Wesentlichen nicht von einer herkömmlichen Planung unterscheiden. Die generellen Anlässe eines Planungsprojektes sind gleich, i. d. R. Neu-, Erweiterungs- oder Umplanungen bestehender Fabrikstrukturen. Zur Erreichung der Umwelt bedingten Zielsetzungen müssen jedoch zusätzliche Einflussgrößen berücksichtigt werden /Bir92/. Damit trägt der Fabrikplaner bereits in den frühen Planungsphasen, beginnend mit der Strategieplanung bzw. der Ziel- und Maßnahmenplanung, eine Mitverantwortung bei der Vorbereitung umweltgerechter Lösungen /Paw93-1/:

- Welche Projekte, die der Nachhaltigkeit und Wirtschaftlichkeit gleichermaßen mit hohen Potenzialen dienen, sollen initiiert werden?
- Wie kann das zukünftige Fabriklayout die Ver- und Entsorgungsprozesse gleichermaßen optimieren?
- Welche umweltgerechten Verfahren, Anlagen und Prozesse sollten zum Einsatz kommen?

Für jede Planungsphase sind entsprechend ihres Untersuchungsbereiches die Umweltschutzaspekte zu prüfen. Abb. 3.32 zeigt die Planungsvorgehensweise zur Berücksichtigung des Umweltschutzes in der Strategieplanung. Der erste Schritt ist die Ermittlung der Umweltrelevanz für das vorliegende Projekt bzw. für die gestellte Planungsaufgabe. Hierfür muss immer die Prüfung der gegenwärtigen Gesetzeslage bezüglich der Planungsaufgabe erfolgen. Alle zutreffenden Gesetze, Normen, Richtlinien und Vorschriften sind, möglichst effizient unterstützt aus dem betrieblichen Umweltinformationssystem (BUIS) zu ermitteln und zu recherchieren /Kra96/. Zur besseren Einschätzung der Umweltrelevanz der Planungsaufgabe können Checklisten und Kennzahlen herangezogen werden /Frö07, S.26–37/. Nach Feststellung der Umweltrelevanz müssen die umweltrelevanten Einflussgrößen definiert und mit den Planungsaufgaben der Strategieplanung verknüpft werden.

Zu den umweltschutzbezogenen Planungsaufgaben in der Strategieplanung können gehören:

- Umweltrelevanz prüfen, z. B.
  - Auswerten von verdichteten Umweltinformationen
  - Informieren der Mitarbeiter und Führungskräfte, damit Schaffen von Akzeptanz im Projektteam
- Arbeitsumfang ermitteln, z. B.
  - Auswerten von zeitabhängigen Umweltinformationen
  - Analyse der Ist/Soll-Situation und Umweltauflagen
  - Definition von Umweltzielen und Zielalternativen
- Potenziale und Prioritäten feststellen, z. B. Kennzahlen ermitteln (bezüglich Produktionsprogramm, Abfallwirtschaft, Energiebedarf, Emissionen, Abluft, Wasserwirtschaft etc.), Chancen identifizieren, Prioritäten aus Umweltsicht vorschlagen
- Planungsaufwand ermitteln für die umweltrelevanten Planungsaufgaben in der nachfolgenden Strukturplanung bzw. den Einzelprojekten (Sofortmaßnahmen, Kurfristprojekte)

In den nachfolgenden Planungsphasen sind analog die umweltrelevanten Planungsaufgaben zu integrieren. Um dabei den Aufwand zu reduzieren, ist insbesondere auf die Berücksichtigung von Umweltaspekten entsprechend der jeweiligen Planungstiefe und Planungsaufgabe zu achten. Die Notwendigkeit ergibt sich aus der Top-down-Vorgehensweise und der damit verbundenen Zunahme der Detailliertheit von der Strategieplanung auf Unternehmensebene, der Stand der Strukturplanung auf Werksebene, bis hin zu den Systemplanungen für die Fertigungs- und Montagesysteme sowie Lager- und Transportsysteme (vgl. Abschnitt 2.4.2). Erforderlich hierzu ist, im Projektteam bzw. den Teilprojektteams umweltrelevantes Know-how zu integrieren, damit entsprechende Potenziale und Prioritäten festgestellt, Planungsaufwände ermittelt und bearbeitet werden können.

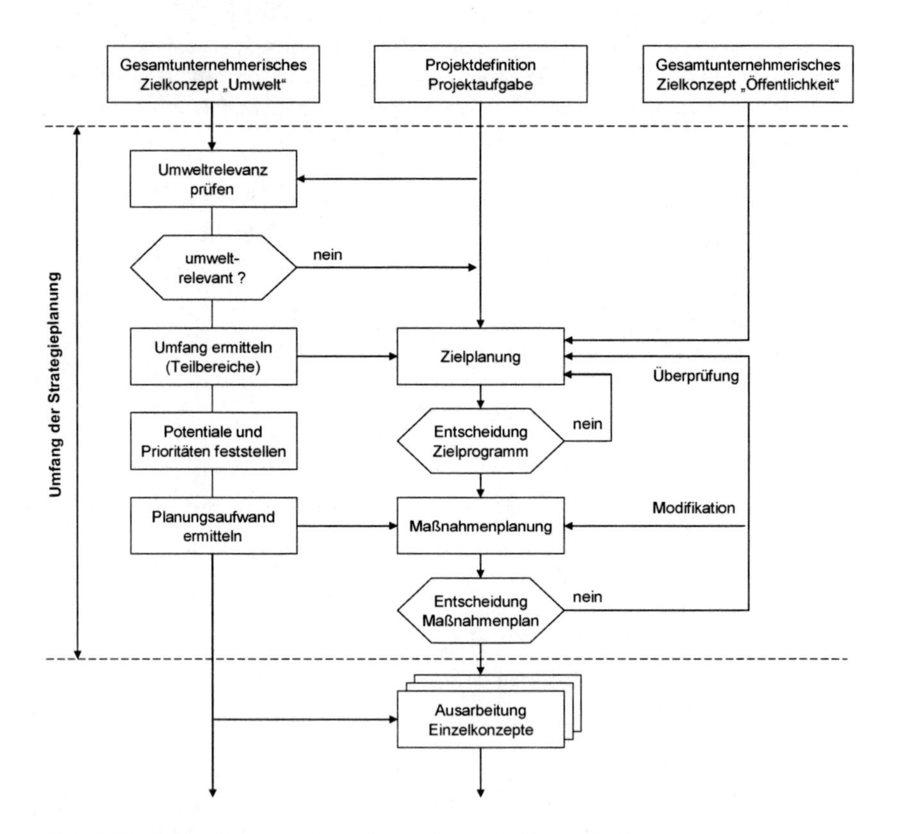


**Abb. 3.32** Integration von Umweltaspekten in die Strategieplanung

## *3.6 Übungsfragen zum Abschnitt 3*

1. Skizzieren Sie die Aufgabe der Strategieplanung.

2. Welche Kostenarten gehören zu den Logistikkosten und wie können diese nach fabrikplanerischen Aktivitäten strukturiert werden?

3. Welche Zielsetzung verfolgt ein Unternehmen bei der Entwicklung eines Innovationsprogramms?

4. Welche wesentlichen Schritte können bei der Entwicklung eines Innovationsprogramms unterschieden werden?

5. Erklären Sie die Kennzahl „Durchlaufleistungsgrad“ und erläutern Sie das Zeit-Kosten-Diagramm.

6. Skizzieren Sie die Lagerbestandsrate entlang des Wertschöpfungsverlaufes.

7. Was sagt eine Logistikrate von 0,34 aus?

8. Welche Aussagen beinhaltet der Maßnahmenplan am Ende der Strategieplanung?

9. Nennen Sie die wesentlichen Komponenten der Standortplanung.

10. Nach welchen Anlässen können Standortplanungen eingeteilt werden?

11. Welche Standortfaktoren sollten bei Standortplanungen berücksichtigt werden?

12. In welchen Schritten wird eine Standortplanung ausgeführt?

13. Nennen Sie die Hauptziele der nachhaltigen Unternehmensentwicklung.

14. Welche Anlässe für Umweltschutz bedingte Planung kennen Sie?

15. Welches sind die wesentlichen Aufgabenfelder im betrieblichen Umweltschutz?

16. Nennen Sie die Arbeitsschritte des Öko-Audits.

17. Welche umweltschutzbezogenen Planungsaufgaben können zur Strategieplanung gehören?

## 3.7 Literatur zum Abschnitt 3


/Bir92/ *Birnkraut, D.*: Gestaltung umweltgerechter Fabriken – Herausforderung für zukunftssichere Produktionsunternehmen.
In: VDI-Bericht Nr. 949 (1992), S.211–237

/BMU95/ *N.N.*: Handbuch Umweltcontrolling.
Hrsg. Bundesumweltministerium, Umweltbundesamt, Verlag Franz Vahlen GmbH, München 1995

/Bra99/ *Bracht, U.; Dörrer, T.*: Wissensbasierte Evaluierung künftiger Produktionsstrategien.
wt Werkstattstechnik 89(1999) 1/2, S. 18–22

/Dan04/ *Dantzer, U.; Röhrig, M.*: Wie bitte geht es nach Osteuropa? – von der Standortwahl bis zur Inbetriebnahme.
wt Werkstattstechnik online 94(2004)4, S. 111–115

/Dew91/ *Dewender, G.*: Innovationsmanagement und strategisches Controlling.
In: Tagungsunterlage „Controlling" der Techno Congress München, Düsseldorf am 08.05.1991

/DIN 14001/ Umweltmanagementsysteme – Anforderungen mit Anleitung zur Anwendung.
Beuth Verlag GmbH, 2005

/Döh07/ *Döhler, H.; Engelmann, J.*: Energieeffiziente Fabrikplanung: Neue Herausforderungen durch Ressourcenverknappung und steigende Energiepreise.
In: Tagungsunterlage zur 7. Deutschen Fachkonferenz Fabrikplanung am 22./23.05.2007 in Esslingen

/Eur95/ *Euringer, P.:* Wettbewerbsfähigkeit durch die richtige Standortauswahl und -bewertung.
Zeitschrift für Logistik (1995)3, S. 17–19

/Frö92/ *Fröhlich, J.; Geraerds, W.M.J.; Pawellek, G.*: Umweltgerechte Projektierung – Ein Bericht über das EG-Verbundprojekt (ERASMUS).
In: Tagungsunterlage zum 1. Hamburger Logistik-Kolloquium am 26.03.1992 an der Technischen Universität Hamburg-Harburg, S.13.1–13.8

/Frö04/ *Fröhlich, J.*: Fabrikökologie/Entsorgungslogistik. Studienbrief 11, Technische Universität Dresden, 2004

/Frö07/ *Fröhlich, J.*: Fabrikökologie/Entsorgungslogistik. Studienbrief 13, Technische Universität Dresden, 2007

/Gau96/ *Gausemeier, J.; Fink, A.; Schlake, O.*: Szenario-Management – Planen und Führen mit Szenarien. Hanser Verlag , München 1996

/Goe93/ *Goette, T.*: Standortpolitik internationaler Unternehmen. Dissertation, Göttingen 1993

/Han06/ *Hansmann, K.-W.*: Industrielles Management. Oldenbourg, 8. Auflage, München/Wien 2006

/Jer92/ *Jerabek, K.; Koch, R.; Pawellek, G*: Logistisch-ökologische Fabrikplanung – Ein Bericht über das EG-Verbundprojekt (TEMPUS). In: Tagungsunterlage zum 1. Hamburger Logistik-Kolloquium am 26.03.1992 an der Technischen Universität Hamburg-Harburg, S.14.1–14.5

/Kor89/ *Kortebein, D.*: Zielplanung und Innovationsmanagement bestimmen den Erfolg einer Neustrukturierung. In: Tagungsunterlage „Fabrikplanung und Organisation" der TAW am 09. und 10.03.1989, Wuppertal

/Kra96/ *Krauskopf, F.*: Neue Lösungsansätze zur Nutzung entsorgungslogistischer Informationen in einer umweltorientierten Unternehmensplanung. In: Tagungsunterlage zum Fachseminar „Umwelt und Logistik" der Forschungsgemeinschaft für Logistik e.V. (FGL) am 18.06.1996 in Hamburg, S.4.1–4.17

/Leh92/ *Lehmann, S.; Clausen, J.*: Umweltorientiertes Management durch Öko-Bilanz und Öko-Controlling. VDI-Zeitschrift 134(1992)7/8, S.120–122

/Old04/ Oldendorf, C.: Global optimieren – am Standort Deutschland produzieren. In: Handbuch zur 5. Deutschen Fachkonferenz „Fabrikplanung" des VDI am 31.03. und 01.04.2004 in Stuttgart

/Paw88/ *Pawellek, G.; Schulte, H.*: Management technologischer Erneuerungen – Anwendung kybernetischer Prinzipien zur ganzheitlichen Planung, Steuerung und Kontrolle produzierender Unternehmen. VDI-Z 130(1988)8, S. 54–56

/Paw90/ *Pawellek, G.*: Innovationsmanagement und Controlling. Zeitschrift für Logistik 11(1990)6, S. 43–49

/Paw93-1/ *Pawellek, G.*: Umweltorientierte Unternehmens- und Fabriklogistik. In: Tagungsunterlage zum 2. Hamburger Logistik-Kolloquium „Umwelt fordert Logistik" am 11.03.1993 an der Technischen Universität Hamburg-Harburg, S.3.1–3.6

/Paw93-2/ *Pawellek, G.*: Anlagenwirtschaft und Technologie-Controlling als wichtige Aufgabe einer permanenten Fabrikplanung. In: Kongresshandbuch Anlagenwirtschaft in Frankfurt 1993, S. 31–41

/Paw93-3/ *Pawellek, G.; Krüger, T.*: Make or Buy als Instrument der Unternehmenslogistik. Logistik Spektrum (1993)10, S. 4–6

/Paw07/ *Pawellek, G.*: Produktionslogistik: Planung – Steuerung – Controlling. Carl Hanser Verlag 2007

/Paw08/ *Pawellek, G.; Schramm, A.*: Produktionslogistik – Verfahrenscontrolling als Steuerungsinstrument. PPS Management 13 (2008)1, S. 51–55

/Por93/ *Porter, M. E.*: Nationale Wettbewerbsvorteile – Erfolgreich konkurrieren auf dem Weltmarkt. Wirtschaftsverlag Überreuter, Wien 1993

/Sch02/ *Schultz, A.*: Methode zur integrierten ökologischen und ökonomischen Bewertung von Produktionssystemen und -technologien. Diss. Universität Magdeburg 2002

/Schm97/ *Schmidt, M.; Häuslein, A.*: Ökobilanzierung mit Computerunterstützung: Produktbilanzen und betriebliche Bilanzen mit dem Programm Umberto. Springer Verlag Berlin/Heidelberg (1997)

/Schr04/ *Schröder, Chr.:* Industrielle Arbeitskosten im internationalen Vergleich.
Iw-trends 31(2004)3, S. 34–40

/Schu89/ *Schulte, H.*: Strategisches Controlling hilft dem Steuermann bei der Arbeit.
I+O 58(1989)11, S. 81–86

/Schu90/ *Schulte, H.*: Controlling für das Innovationsmanagement.
Controlling (1990)2, S. 76–81

/Schu92/ *Schulte, H.:* Zielplanung und Innovationsmanagement bestimmen den Erfolg einer logistikgerechten Neustrukturierung.
In: Tagungsunterlage „Fabrikplanung und -organisation" der TAW am 18. und 02.02.1992, Nürnberg

/Sie95/ *N.N.*: Umweltkosten betriebswirtschaftlich im Griff – mit AUDIT: Das Managementsystem für effizientes ökologisches Wirtschaften. Hrsg. Siemens Nixdorf Informationssysteme AG, Paderborn/München 1995

/Sie07/ *Sielemann, M.:* Ein Produktionswerk in den wachsenden Märkten Europas.
In: Tagungsunterlage zur 7. Deutschen Fachkonferenz Fabrikplanung am 22. und 23.05.2007 in Esslingen

/Spa00/ *Spath, D.; Agostini, A.; Schulte, H.*: Der Durchlaufleistungsgrad Visualisierung des Zusammenhangs zwischen Kosten und Durchlaufzeit.
ZwF Zeitschrift für wirtschaftliche Fertigung 95(2000)4, S. 146–151

/Ter07/ *Terschüren, K.-H.; Riecks, D.*: Die nachhaltige Fabrik – Ein Zukunftsmodell.
In: Tagungsunterlage zur 7. Deutschen Fachkonferenz Fabrikplanung am 22./23.05.2007 in Esslingen

/Wes07/ *Westkämper, E.:* Anpassungsfähige Fabriken für traditionelle und neue Produkte.
In: Tagungsunterlage zur 7. Deutschen Fachkonferenz Fabrikplanung am 22. und 23.05.2007 in Esslingen

# 4 Strukturplanung

## *4.1 Aufgabe der Strukturplanung*

### 4.1.1 Begriff „Strukturplanung“

Aufgabe der Strukturplanung ist, alle Elemente des Fabriksystems funktionsgerecht, kostengünstig und menschengerecht zu verknüpfen /Schu84/. Das Ergebnis dieser verknüpfenden Gestaltung aus den sich gegenseitig beeinflussenden Elementen ist die „Struktur einer Fabrik“. Die Strukturplanung ist die vollständige, d. h. alle Wirksysteme und Funktionsbereiche umfassende planerische Tätigkeit zur langfristigen Gestaltung einer Fabrik. Sie betrifft alle Produktions- und Logistikprozesse, Teilbereiche und Fachgebiete und ist damit eine interdisziplinäre Planungsaufgabe. Die einzelnen Fabrikelemente und ihr gegenseitiger Einfluss werden in der Strukturplanung analysiert und zu einer wirtschaftlichen Gesamtlösung integriert.

Die Planung der Fabrikstruktur und damit die Anordnung der Funktionseinheiten erfolgt unter produktionstechnischen, logistischen und organisatorischen Gegebenheiten (Abb. 4.1).

Funktionseinheiten sind z. B.

- Produktion (Fertigung, Montage)
- Logistik (Materialfluss, Lager, Transport)
- Hilfsbereiche (Fertigungsmittelbau, Instandhaltung, Versorgung etc.)
- Verwaltungs- und Personalbereiche

Die wesentlichen strukturbestimmenden Funktionseinheiten sind Produktion und Logistik. Sie sind abhängig von den zu fertigenden Produkten (Produktstruktur) und den hierzu erforderlichen Verfahren (Technologiestruktur).

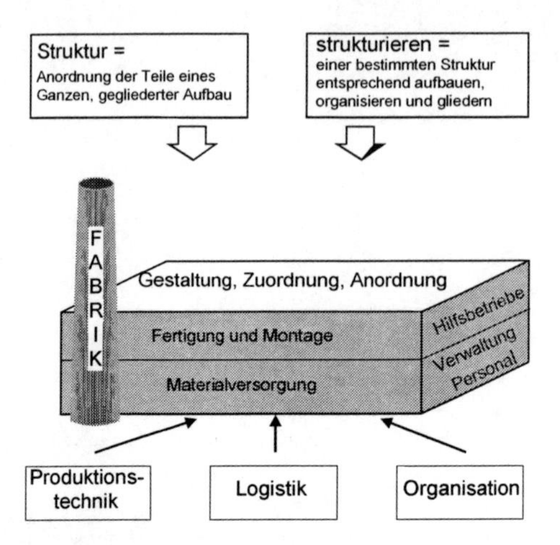


**Abb. 4.1** Definition zur Fabrikstruktur

Die weiteren für den Betrieb und die Versorgung von Produktion und Logistik erforderlichen Funktionen sind dem optimalen Fertigungsablauf unterzuordnen und anzugliedern.

### 4.1.2 Strukturabhängigkeit

Eine Vielzahl von Unternehmen stehen heute vor dem Problem, veränderte Markt- bzw. Produktanforderungen und Produktionsbedingungen mit vorhandenen Fertigungs- und Fabrikstrukturen in Einklang zu bringen. Einige Beispiele von Einflussfaktoren und Abhängigkeiten sind:

- Produkt; z. B. kürzere Produktlebenszyklen, schnellere Reaktion auf Marktanforderungen, Kundenforderung nach Komplettanlagen und -service etc.
- Technologie; z. B. neue Verfahrens- und Maschinentechnologien, Arbeitszeitveränderungen, Reduzierung von Lohnkosten-Steigerungen, Investitionen, Humanisierung mittels Handhabungshilfen, Umweltsicherung
- Organisation; z. B.
  - bisher überwiegend organisatorische und räumliche Trennung von Fertigung und Montage,
  - undifferenzierte Fertigungs-, Planungs- und Steuerungssysteme für alle Teilearten in Fertigung und Montage /Sta93/,

  - o Verrichtungsprinzip in der Vorfertigung bzw. Fertigung mit auftragsneutraler Teilefertigung (Lagerfertigung),
  - o fehlende Integration von Produktion und Logistik,
  - o Veränderung der Beschaffungs- und Bereitstellungsprinzipien (zentrale, dezentrale Pufferung, Koordination Zuliefernetzwerk) /Paw01/,
  - o Änderung der Instandhaltungsanforderungen (Zustandsorientierung, Organisation zentral/dezentral, Ersatzteillogistik),
- Anlagen; z. B. historisch gewachsene Einzweckbauten, Lösung von Teilproblemen

### 4.1.3 Planungsfälle

Die Strukturplanung kann – wie auch die Strategieplanung – durch veränderte Rahmenbedingungen bzw. akute Probleme veranlasst und als Einzelplanung durchgeführt werden. Sie verfolgt prinzipiell aber langfristige Zielsetzungen mit entsprechend langfristigen Wirkungen. Um kurzfristigen Änderungszyklen (z. B. ausgehend vom Markt über die Produkte, neue Technologien bis hin zur Produktion) gerecht zu werden, wird heute angestrebt, die Strukturplanung regelmäßig (periodisch, rollierend) und damit permanent durchzuführen /Wie98; Wes00; Wir00/. An die „permanente Strukturplanung" stellen sich besondere Anforderungen an Planungsmethoden und -hilfsmittel. Produktionsstrukturen und Logistik sind dann flexibel anzupassen. Die Strukturplanung wird bei folgenden Planungsfällen erforderlich (Abb. 4.2):

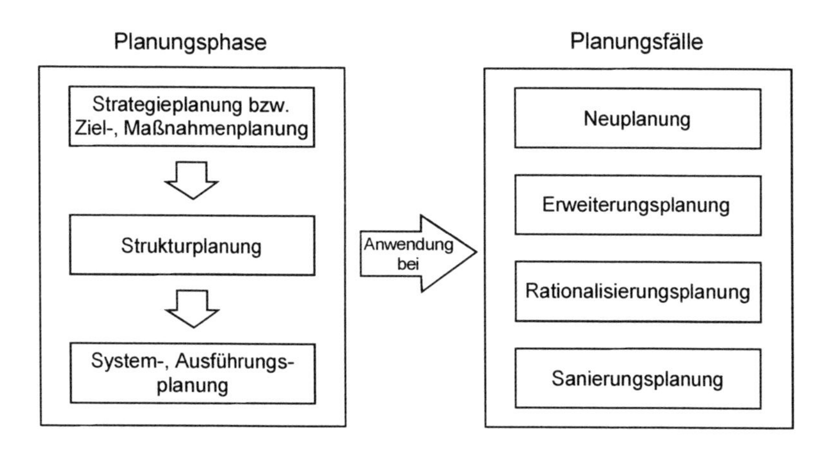


**Abb. 4.2** Aufgaben der Strukturplanung

**Neuplanung**
für einen Neubau auf der „grünen Wiese", bei der Aufnahme einer neuen Produktion oder einer solchen, deren Fertigungsanlagen nicht erweitert werden können. Anpassung an Veränderungen durch Neuplanung ist unproblematisch zu planen und zu realisieren. Diese Projekte sind jedoch sehr selten. Vielmehr müssen meist bei vorhandenen, der Vergangenheit entsprechenden Fabrikstrukturen zukunftsorientierte Lösungen gefunden werden.

**Erweiterungsplanung**
für die Erweiterung der Produktion auf betriebseigenem Gelände, etwa für die Vergrößerung der Fertigungsflächen durch Neubauten oder durch Umbau vorhandener Gebäude und Anlagen.

**Rationalisierungsplanung**
für die Rationalisierung z. B. einer vorhandenen Fertigung, d. h. zur Leistungssteigerung und Kostensenkung durch Neuordnen der Einrichtungen in vorhandenen Gebäuden.

**Sanierungsplanung**
für die Sanierung vorhandener, in ungutem Zustand befindliche Gebäude und Einrichtungen durch Abbruch und Neuerstellung.

## *4.2 Ansätze für innovative Fabrikstrukturen*

### 4.2.1 Anforderungen an die zukünftige Fabrikstruktur

Je nach Planungsfall und Einflussfaktoren können die Anforderungen an die zukünftigen Produktions- und Werksstrukturen formuliert werden. Es sind ablauforientierte Fertigungsbereiche für eine auftragsbezogene Produktion zu schaffen, die eine

- verbrauchsorientierte Teilefertigung (viele Teile und Baugruppen mit wenig Varianten) und
- kundenorientierte Montage (wenige Teile und Baugruppen mit vielen Varianten)

beinhalten. Die sich daraus ergebenden Anforderungen an die Fabrikstruktur betreffen die Logistik, die Flächen- und Raumnutzung, die Werksachsen und die Erschließung (Abb. 4.3).

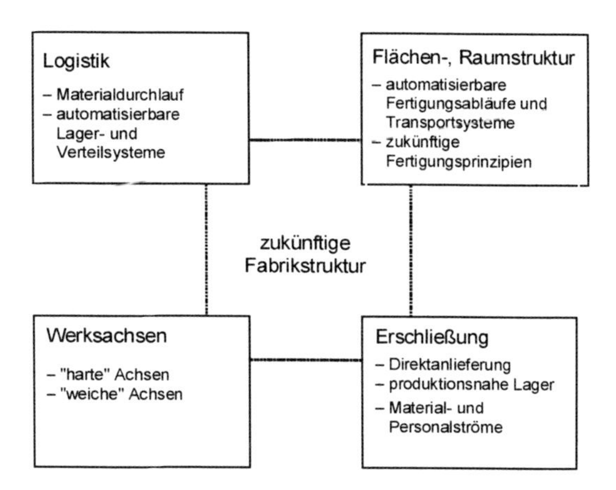


**Abb. 4.3** Anforderungen an die Fabrikstruktur

Zunächst müssen die Logistikfunktionen bereinigt werden. Damit werden die Ziele verfolgt wie z. B.

- die optimale Materialflussgestaltung und -steuerung, mit kurzen Durchlauf- und Lieferzeiten und geringen Beständen,
- der Einsatz automatisierter Lager- und Verteilsysteme.

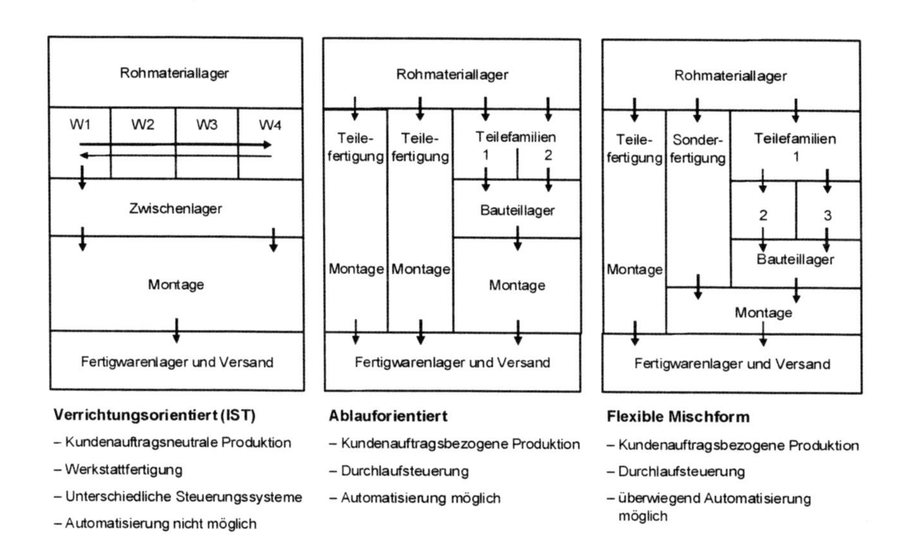


**Abb. 4.4** Alternative Produktionsstrukturen

Die Effizienz der Logistik wird in der Strukturplanung bestimmt. Prinzipiell sind verrichtungsorientierte und ablauforientierte Produktionsstrukturen zu unterscheiden (Abb. 4.4). In der Praxis sind abhängig vom Produktspektrum flexible Mischformen anzutreffen.

Nutzungsneutrale, flexible Flächen- und Raumstrukturen in Produktion und Gesamtwerk sind anzustreben /Loh85; Rec91/. Sie erlauben einen ständigen Wandel von Produktprogrammen und -strukturen. Höhere Automatisierung in Produktion und Logistik bedeutet z. B. auch Änderung des Flächenbedarfs /Ehr84; Kar85/. Veränderbare Fabrikstrukturen ermöglichen

- Anpassung an zukünftige Fertigungs- und Montageprinzipien,
- Berücksichtigung automatisierbarer Transportsysteme zwischen den Produktionsfunktionen,
- Veränderbarkeit der Bereiche, in denen noch Entwicklungen auf dem Sektor der Handhabungshilfen und Automatisierung zu erwarten sind.

Bei den Werksachsen sind „harte“ und „weiche“ Achsen zu unterscheiden (Abb. 4.5):

- Die „harte“ Achse ist dort vorzusehen, wo keine Änderungen zu erwarten sind, z. B. bei größerer Anlagentechnik (Lackiererei, Hochregallager, Galvanik, etc.) und aufwändiger Bautechnik (z. B. Verwaltung, Sozialbereiche).
- Die „weiche“ Achse sollte vorzugsweise für Erweiterungen im Produktionsbereich eingeplant werden, wie z. B. bei Produktionserhöhung, neuen zusätzlichen Produkten, Neuanordnung von Zwischenlagern.

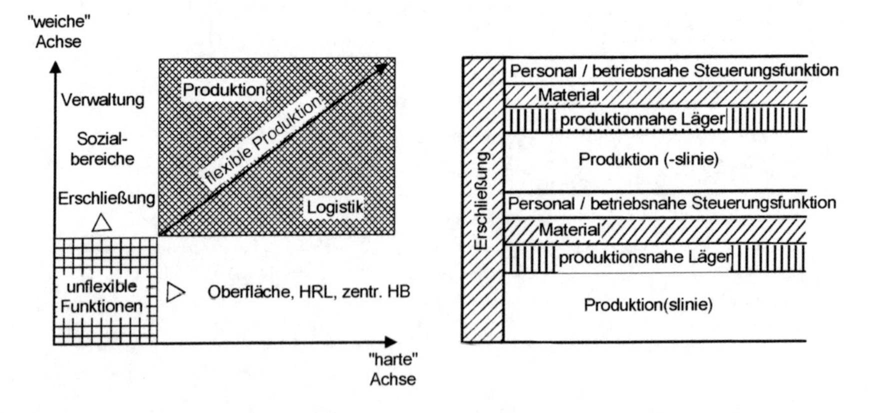


**Abb. 4.5** Schematischer Aufbau der Fabrikstruktur

Die Lage der Werksachsen erlaubt verschiedene Möglichkeiten der Anordnung von Hauptfunktionen, Hilfs- und Nebenbetrieben sowie Erweiterungsflächen (Abb. 4.6). Prinzipiell können Anordnungsschemata mit geradlinigem, L- und U-förmigem Materialfluss unterschieden werden.

Bei der Erschließung sind Freiräume vorzusehen für /Loh86/

- Direktanlieferung bei JIT- bzw. JIS-Bereitstellung, KANBAN-Bereitstellung vom Logistikdienstleister
- produktionsnahe Läger für Kaufteile bzw. Oursourcing von Komponenten zur werksnahen Ansiedlung von Zulieferbetrieben
- Material- und Personalströme

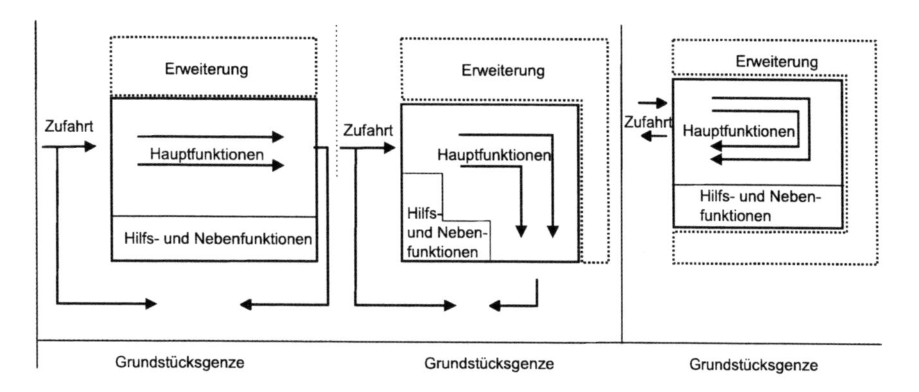


**Abb. 4.6** Anordnungsschema mit gradlinigem, L- und U-förmigem Materialfluss

## 4.2.2 Idealstruktur

Die Idealstruktur stellt eine abstrakte Lösung des Planungsproblems dar und nimmt keinen Bezug auf Größe und Zuschnitt der einzelnen Betriebsteile. Ausgehend vom Produktprogramm, das bearbeitet werden soll, sind erste Entwurfsüberlegungen wie folgt (Abb. 4.7):

- Einfachste und allgemeine Darstellung eines Idealschemas (a); keine Aussage über Einzelbereiche und Fertigungsablauf
- Grobe Differenzierung in Einzelbereiche (b); keine Aussage über Fertigungsablauf und Produkte

- Trennung in verschiedene z. B. produktorientierte Fertigungsabläufe (c); keine Detaillierung von Einzelfunktionen
- Aufteilen in Einzelbereiche (d); Einführen der Neben- und Hilfsfunktionen
- Weitere Detaillierung des funktionalen Ablaufs und der Neben- und Hilfsfunktionen (e).

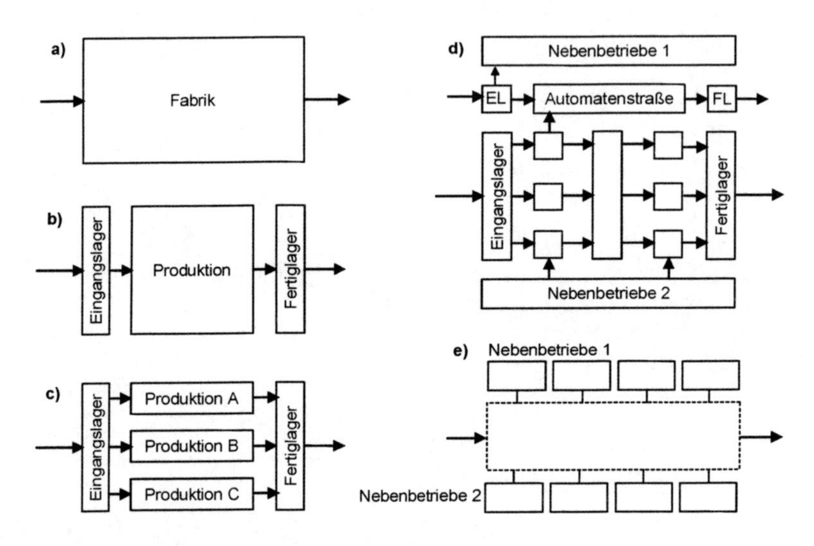


**Abb. 4.7** Entwurfsüberlegungen zum Idealschema

### 4.2.3 Logistikgerechte Fabrikstrukturen

Auf den ersten Blick scheinen Logistikstrategien und Fabrikstrukturen nichts miteinander zu tun zu haben: Hier der Material- und Informationsfluss, dort die „Hülle" der Gebäude. Bei genauerem Hinsehen aber zeigt sich, dass die Verschiebung der Marktprioritäten eine enge Verbindung zwischen Logistikstrategien und Fabrikstrukturen geschaffen hat. Mit gewachsenen Fabrikstrukturen (Abb. 4.8) können die logistischen Ziele der Unternehmen bezüglich Durchlaufzeit, Lieferzeit, Bestände und Kosten nicht erreicht werden.

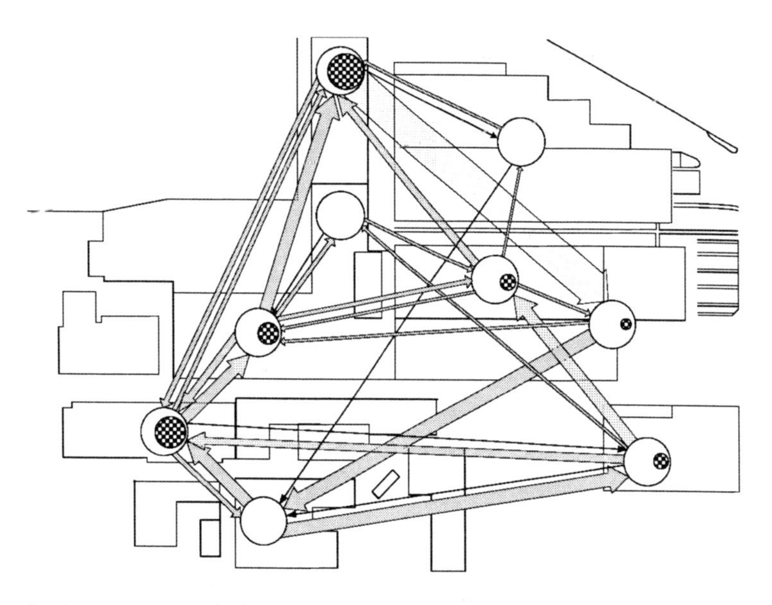

**Abb. 4.8** Auftragsfluss zwischen den Fertigungshallen (in Anzahl Losen)

Zur Erreichung der langfristigen Unternehmensziele werden Strategien für Beschaffung, Produktion und Vertrieb abgeleitet, wie z. B.

- Senkung des Anlagenvermögens mit Hilfe der Strategie „make or buy" (z. B. Reduzierung der Fertigungstiefe, Fremdvergabe der Kaufteilelagerung, Outsourcing des Werktransports),
- Senkung des unnötig gebundenen Vorratsvermögens mit Hilfe der Strategie „just in time" (z. B. Reduzierung der Produktionsunterbrechungen, Synchronisation der Fertigungs-, Montage-, Lager-, und Transportprozesse).

Beide Strategien wirken sich gravierend auf die Fabrikstrukturen aus. Zur Optimierung von Material- und Informationsfluss kann das Prinzip der „strukturierten Vernetzung" mit dem Ziel der Senkung der Komplexität herangezogen werden (Abb. 4.9):

 Gestalte die Struktur so, dass möglichst viele Elemente mit vielen Abhängigkeiten zu Elementgruppen zusammengefasst werden, die selbst wiederum über geringe Abhängigkeiten untereinander verfügen.

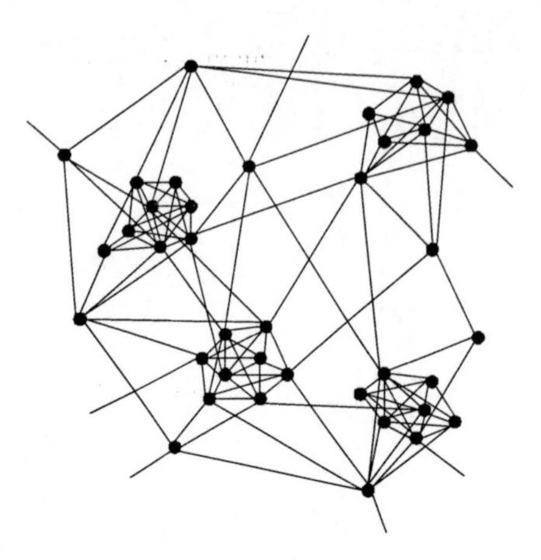

**Abb. 4.9** Prinzip der strukturierten Vernetzung /Ves92/

Die Elemente sind z. B. Arbeitsplätze, die entsprechend der gruppenorientierten Fertigung (Fertigungsinseln, Segmente, Fraktale, etc.) zusammengefasst werden. So entsteht eine leichter koordinierbare Fertigungsgruppe, die intern bereits eine Wertschöpfungskette bearbeitet. Schnittstellen zwischen den Fertigungsabschnitten sind dann minimiert.

Logistikgerechte Fabrikstrukturen ermöglichen die Umsetzung logistischer Strategien (Abb. 4.10). Merkmale sind z. B. eine Unterteilung der Produktion in progno-

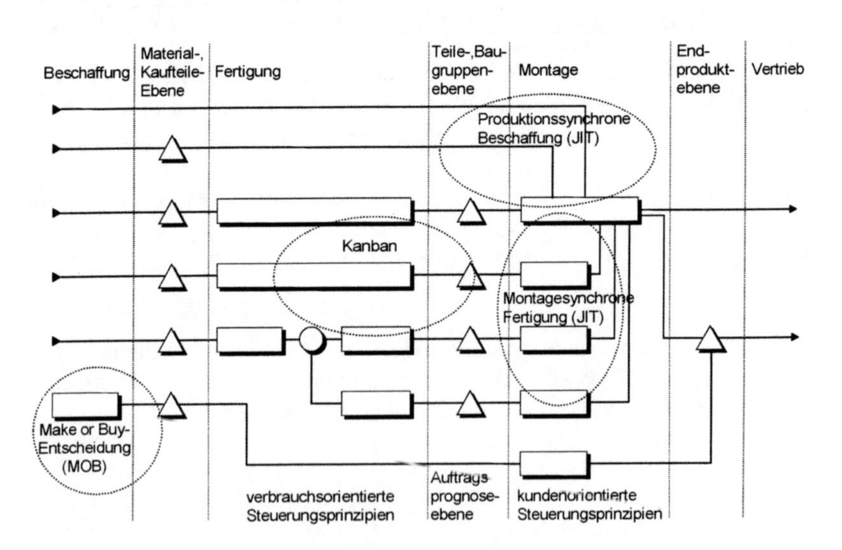


**Abb. 4.10** Schema der bestandsarmen Gestaltung bei JIT-Produktion

se- und auftragsgesteuerte Bereiche, Zwischenlagerung auf Teile- und Baugruppenebene mit geringster Teilevielfalt, Synchronisation zwischen Montage und Fertigung sowie Produktion und Beschaffung.

**Beispiel: Logistikgerechte Produktion**
Die logistikgerechte Produktion ermöglicht eine neue Planungsqualität in Auftragsabwicklung und Produktion, auch im Sinne der Prozessorientierung oder des Lean Production bzw. der schlanken Produktion. Bei geringer Fertigungstiefe und segmentierter Organisation in kleinen überschaubaren Einheiten wird angestrebt, den Materialfluss fast ausschließlich auftrags- und verbrauchsgesteuert zu steuern. Abb. 4.11 zeigt das prinzipielle Layout einer Gerätefabrik für Serienprodukte mit hoher Typenvarianz /Schu97/. Es ist gekennzeichnet durch eine Auftragsebene mit der Fertigung der Auftragsleitteile oder -baugruppe. Die Fertigungsebene wird mit Teilen vom Eingangslager (verbrauchsgesteuert) versorgt, und zwar nach dem KANBAN-Prinzip mit Gehäuse- und Antriebsteilen und über einen Puffer mit Kunststoff- und Elektronikteilen. Eine JIT-Anlieferung von Baugruppen erfolgt direkt in die Montage oder über das Produktionslager für die Leitteilsteuerung. Minimierung der Puffer, der Lagerkosten und Kapitalbindung sind die wesentlichen Ziele dieser logistikgerechten Produktion /Paw85; Neu99/.

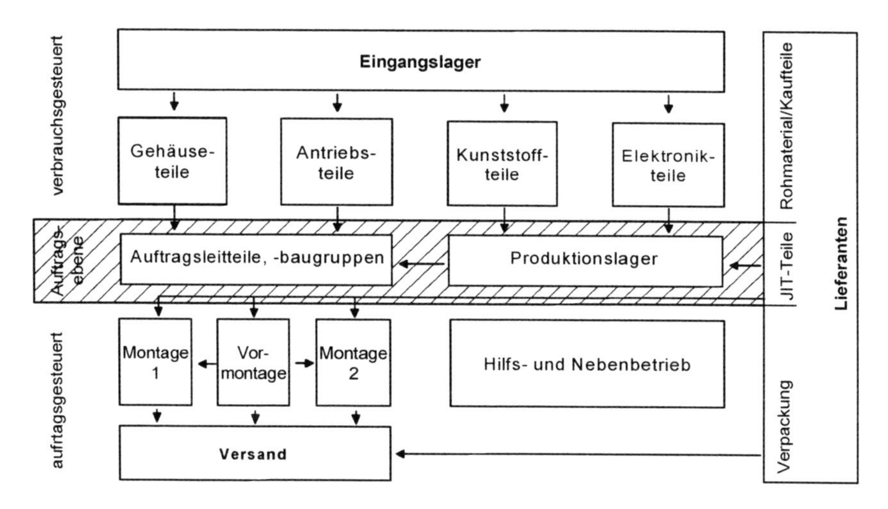


**Abb. 4.11** Prinziplayout am Beispiel einer Gerätefertigung

**Beispiel: Atmende Fabrik**
Ein neues Konzept der Fabrikstruktur wurde am Beispiel der Automobilfabrik im lothringischen Hambach von MCC (ein Joint Venture von DaimlerChrysler und der SMH für den „smart") realisiert (Abb. 4.12).

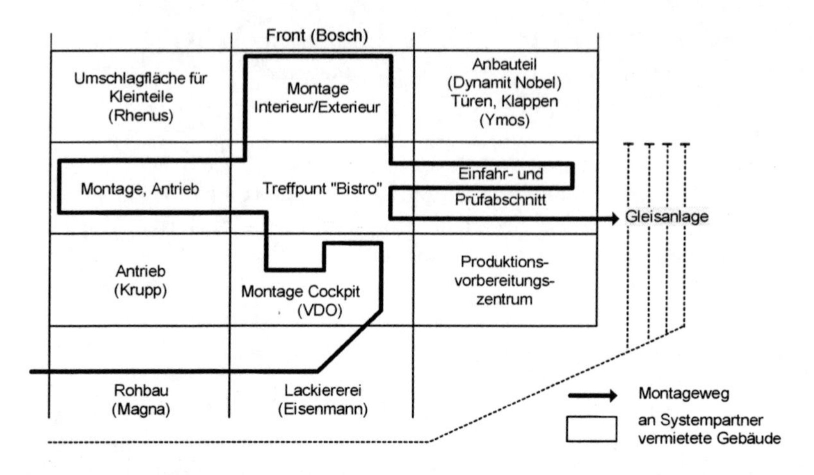


**Abb. 4.12** MCC-Fabrik-Layout

Automobilhersteller und Zulieferer konzentrieren sich auf Kernkompetenzen. Logistikunternehmen betreiben die gesamte Logistikkette vom Teilehersteller zum Modullieferanten und liefern direkt ans Band. Die Montage erfolgt in hohem Maße entsprechend der Marktnachfrage ohne nennenswerte Puffer. Der Fabrikplaner konnte hierbei bereits die Produktentwicklung aus Sicht der Montage und Logistik beeinflussen /Bar98/.

### 4.2.4 Fabrikstrukturen und Gebäude

Die neuen Anforderungen an die Produktionsstruktur fordern auch eine neue Generation von Gebäudestrukturen. Zielsetzungen für die Planung sind daher /Hei87; Kar88/:

- Bauwerke als flexible Betriebsmittel konzipieren
- Baukosten als „Investition in Innovation“ verstehen

Um die Idee „durchgängige Produktionslogistik“ und „flexible Fertigung“ Wirklichkeit werden zu lassen, sind Gebäudestrukturen für einen Funktionsmix mit hohen Leistungsdaten und hoher Flexibilität notwendig. Damit sind „Bauwerke nicht nur Hüllen“, sondern leisten einen aktiven Beitrag zur Lösung funktionaler Probleme /Kar90/. Für die Planung lassen sich drei Grundsätze formulieren:

- Multifunktionalität, d. h. Zusammenführung verschiedenster Funktionen möglich
- Leistungsfähigkeit, d. h. Bau- und Versorgungssysteme werden steigender Automatisierung gerecht

- Flexibilität, d. h. Gebäudestrukturen müssen Produkt- und Prozessänderungen sowie Änderungen in Fertigungs- und Logistiksystemen erlauben

Ausschlaggebend für die Fabrikstruktur sind die Anforderungen an den Materialfluss /Kwi98/:

- Belieferung der Montage, Verknüpfung der Montagefunktionsbereiche (Fördersysteme zwischen Lager und Montage, Vormontage und Fertigmontage, Fertigmontage und Versand)
- Durchführung der Montage selbst (Fördersysteme für Werkstückträger, Vor- und Endprodukte)
- Entsorgung der Montage (Fördersysteme zwischen Montage und Fertigwarenlager oder Versand)
- Entkopplung zwischen Montageabschnitten erreichen (Pufferung und Synchronisation)

Aus den Anforderungen an den Materialfluss stellen sich Anforderungen an das Gebäudesystem:

- Kurze Wege zwischen den Funktionsbereichen durch kompakte Bauweise
- Vielfältige Verknüpfungsmöglichkeiten der Funktionsbereiche durch variable Raumverbindungen
- Flexibilität durch große Spannweiten, d. h. Nutzhöhen und fixpunktlose Flächen gewährleisten

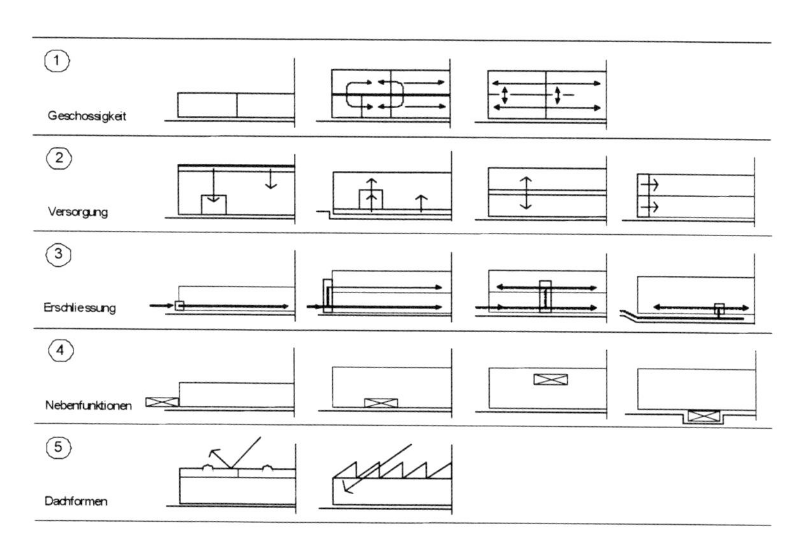


**Abb. 4.13** Strukturmerkmale von Fabrikbauwerken

Aus den Struktur bestimmenden Merkmalen, wie z. B. Geschossigkeit, Versorgung, kann eine Morphologie von prinzipiellen Fabrikbauwerken abgeleitet werden (Abb. 4.13).

Aus dieser Morphologie können Bauwerkstrukturen unterschiedlicher Komplexität gebildet werden. Eine Typologie der Montagefabriken zeigt Abb. 4.14:

- Typ 1 und 2 sind die traditionellen Montagefabriken. In beiden Fällen ist der Materialfluss aus heutiger Sicht ungenügend berücksichtigt, einerseits durch lange horizontale Wegstrecken und andererseits durch engpassartige Vertikaltransporte.
- Typ 3 stellt eine sehr erfolgreiche Bauform der 60er bis 80er Jahre dar, nämlich die Palettenmontage. Sie wurde in der Fahrzeugindustrie (Bus, LKW) realisiert. Sie eignen sich insbesondere für Großserienfertigungen mit einem begrenzten Teilespektrum.
- Die Typen 4 und 5 wurden in spezifischen Fällen mit Erfolg realisiert, bieten jedoch für die sich heute stellenden Anforderungen eine zu geringe Flexibilität.
- Typ 6, die Zwei-Ebenen-Montage mit Lager-Anschluss, ist eine neuere Entwicklungsstufe in der Konzeption von Montagefabriken.

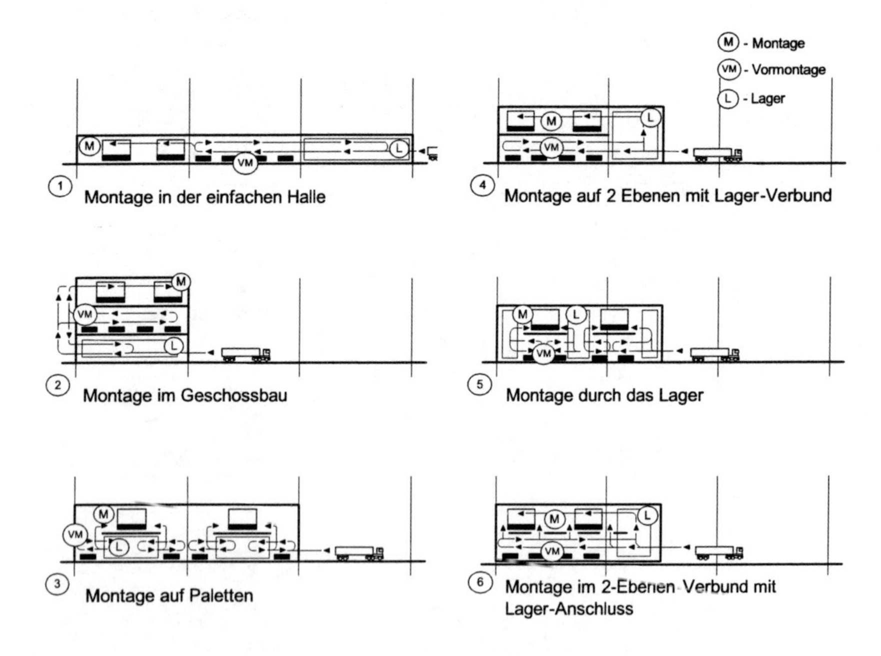


**Abb. 4.14** Typologie der Montagefabrik

Bei der Gebäudekonzeption Typ 6 sind die wichtigsten Systemmerkmale (Abb. 4.15):

- Die Spannweiten in beiden Ebenen sind groß und sollten zwischen 15 und 25 m liegen.
- Die lichte Nutzhöhe beider Ebenen erlaubt jeweils eine zweigeschossige Nutzung und liegt daher zwischen 6 und 8 m.
- Die Deckenkonstruktion zwischen den beiden Hallen lässt variable Öffnungen an frei wählbaren Stellen zu.
- Die Decken- und Dachkonstruktionen sind besonders tragfähig und nehmen die gesamte Versorgungstechnik für die jeweiligen Hallenebenen auf. Ihre Höhen betragen zwischen 3 und 3,5 m.

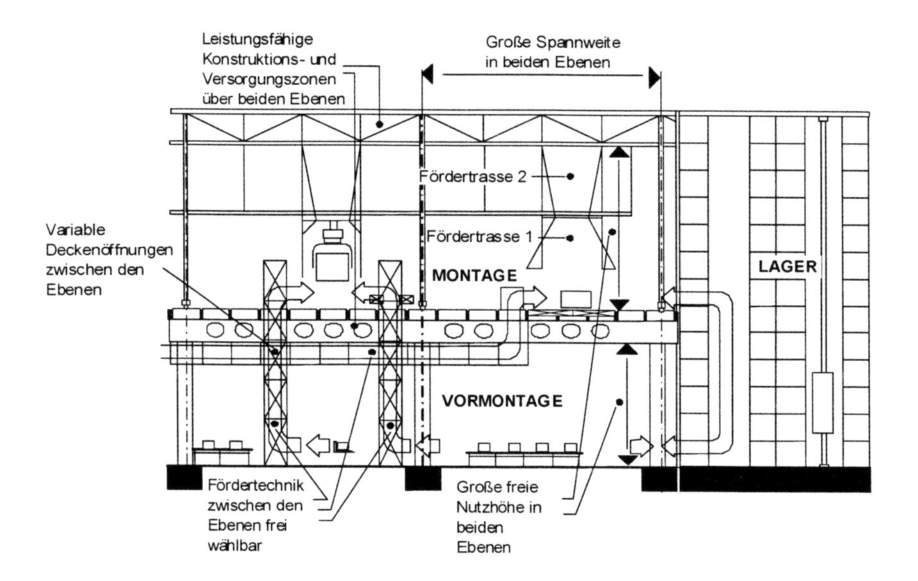


**Abb. 4.15** Systemschnitt 2-schichtige Montage (Typ 6)

Die beiden Ebenen können für Montage- bzw. Vormontage wahlweise oben oder unten genutzt werden. Sie lassen sich auf vielfältige Weise durch Fördersysteme miteinander verknüpfen. Seitlich angeordnete Hochregallager komplettieren die Konzeption zu einem vollständigen Montagebereich, bestehend aus Montagelager, Vormontage und Fertigmontage.

## *4.3 Planungsschritte*

### 4.3.1 Vorgehensweise

Für die Fabrikplanungsphase der Strukturplanung ist ein schrittweises, strukturiertes Vorgehen unumgänglich, um die voraussichtlich beste Lösung zielgerichtet im angemessenen Zeitaufwand erarbeiten zu können. Sie umfasst im Wesentlichen drei Planungsschritte (Abb. 4.16):

- Analyse der Planungselemente
- Idealplanung
    - Bestimmung relevanter Subsysteme
    - Bestimmung der Kapazitäten
- Realplanung

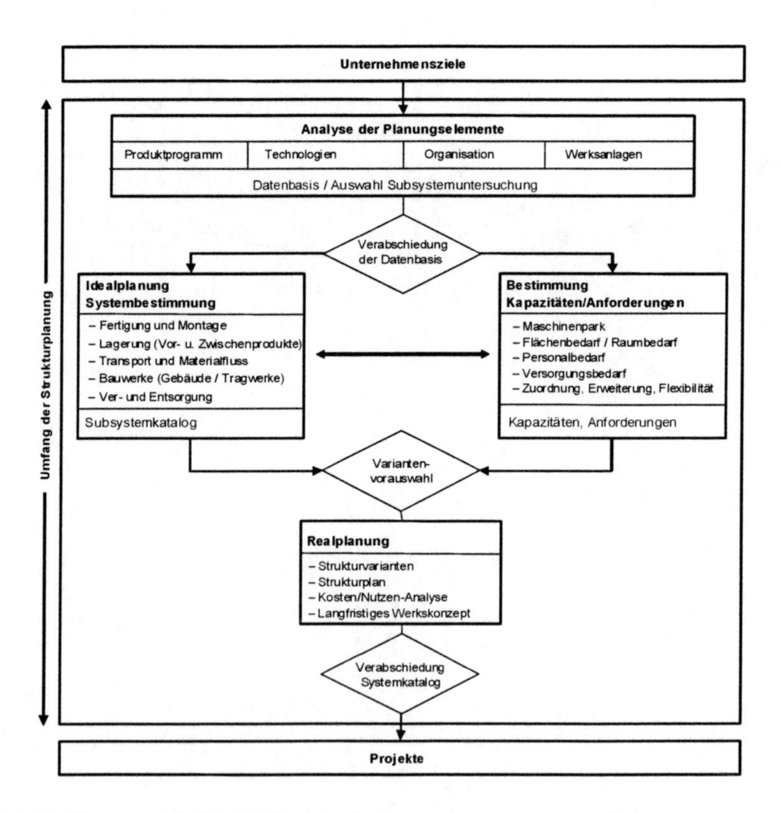


**Abb. 4.16** Planungsschritte der Strukturplanung

Mit jedem Planungsschritt wird das Ergebnis dokumentiert und für die Bearbeitung des nächsten Schrittes freigegeben.

**Projektorganisation**
Für die komplexe Aufgabe der Strukturplanung ist zunächst ein interdisziplinäres Projektteam zu bilden. Die Teammitglieder mit Erfahrung in der Werksstrukturplanung kommen aus der Abteilung Fabrikplanung – falls installiert – oder aus einem Planungsunternehmen. Weiterhin werden Mitarbeiter der verschiedenen Betriebsbereiche benannt, die bestimmte Planungsaufgaben zusätzlich zu ihrem „Tagesgeschäft" abwickeln müssen. Dies bedeutet, dass die in Frage kommenden Mitarbeiter für die Dauer ihres Teilprojektes ganz oder teilweise von Routineaufgaben freizustellen sind. Dieses Team sollte sich als „Kernteam" verstehen mit Mitarbeitern für

- Fertigungs- und Montagetechnik mit Technologie-Know-how
- Materialfluss- und Lagertechnik mit Logistik-Know-how
- Organisation, Betriebswirtschaft und Prozessplanung mit PPS/ERP-Know-how (Produktionsplanung- und -steuerung, Enterprise-Ressource-Planning)
- Bautechnik und Infrastruktur mit Objektplanungs-Know-how

Für die Bearbeitung spezieller Fragen ist die Hinzuziehung von Spezialisten zu empfehlen, z. B. für Robotik, Oberflächentechnik oder Baugrunduntersuchungen.

Zur Koordination der Tätigkeiten im Planungsteam muss ein Projektleiter benannt werden. Dieser sollte ein erfahrener Planungsingenieur sein, der die zu planenden Investitionsvorhaben in erster Linie unter den Gesichtspunkten wirtschaftlicher Produktions- und Logistiklösungen beurteilt. Der Projektleiter sollte der Geschäftsführung direkt unterstellt sein, um Problemen z. B. bei der Datenerfassung vorzubeugen und interne Genehmigungsverfahren zu vereinfachen /Loh86/.

### 4.3.2 Analyse der Planungselemente

#### 4.3.2.1 Erfassung der Ausgangsdaten

Die eigentliche Bearbeitung beginnt mit dem Teilschritt der Erfassung der Ausgangsdaten und deren Analyse. Sie dient der ganzheitlichen Erfassung des Planungsproblems und der Formulierung des Planungsziels. Hierzu zählen die Erfassung des Ist-Zustandes und der vorangegangenen Entwicklung (Basisdaten), Aufnehmen und Darstellen der künftigen Entwicklung von Produktion, Produktionsverfahren und der damit verbundenen Gegebenheiten sowie die Formulierung eines für die weitere Planung verbindlichen Produktionsprogramms (Planungsdaten). Die nachfolgend beispielhaft aufgeführten Basis- und Planungsdaten in Form einer Checkliste sind für erste Analysen erforderlich. Diese Daten werden aus vorhandenen Informationssystemen generiert, gegebenenfalls müssen fehlende Daten manuell erhoben und dargestellt werden:

**Produktdaten (Produktstamm)**

- Gliederung des Produktprogramms nach Produktgruppen (PG)
- Auftragsstruktur in der jeweiligen PG nach Standard- und Sonderprodukten mit Variationen der Abmessungen und Oberflächen
- Lieferzeiten pro Produkt (P)
  z. B. P1: 2007: Lieferzeit 3 Wochen
  2010: Lieferzeit 4 Tage (geplant)
- Herstellmengen und Preise pro Produkt (P)
- Rohstoffliste
  - Rohstoffbezeichnung
  - Jahresmenge
  - zugeordnetes Produkt
  - Herkunftsort, Herstellort

**Produktionsdaten**

- Fertigungsfunktionen, -module, -stufen (z. B. Mischen, Pressen etc.)
- Entwicklung der Vielfalt über die Fertigungsstufen (Dispositionsebenen, d. h. in welcher Stufe entstehen welche Produktvarianten?)
- Anlagendaten mit Technologien, Kapazitäten, Abmessungen (sowohl für Produktionsanlagen als auch für Förderanlagen)

**Materialfluss und Lagerung**

- Materialfluss und innerbetrieblicher Transport
  - Layouts, aus denen Flächen für Lager, Puffer, Produktion, Transport, Nebenfunktionen (z. B. QS) etc. erkennbar sind, und jeweils die Größe der Flächen
  - Materialflussbeziehungen zwischen Flächen (Mengen, Frequenzen)
  - Liste der verwendeten Transportmittel (z. B. Gabelstapler) mit entsprechenden Kapazitäten (Hubhöhe, Last, Geschwindigkeit etc.)

- Lagerung
  - Liste der Lagerorte mit Kapazitäten (Fläche und Volumen)
  - vorhandene Lagersysteme (z. B. Regale) mit Anzahl und Abmessungen

**Organisation**

- organisatorische Zuordnung der Funktionsbereiche (Grobangaben zu Verantwortlichkeiten)
- Personalstand der Funktionsbereiche
- Vertriebs- und Produktionsprogrammplanung (Vorschauhorizonte, Einflussmöglichkeiten auf die Fertigung)
- Fertigungs- und Materialflusssteuerung (zentral, dezentral)
- Lagerdisposition und Materialbereitstellung (Dispositionsprinzipien, Logistikstrategien)

**Anlagen**

- Raumtypen, z. B.
  - Sozialräume
  - Büroräume
  - Nebenräume (Energieversorgung, Wasser, Heizung, EDV-Zentrale)
- Architektur
  - Konstruktionsraster (erweiterbar)
  - Hallenbreiten
  - Art des Hallenbodens (Belastung, Oberfläche)
  - Lichte Hallenhöhe (UK Kranbahnträger)
  - Gestaltung
  - Erschließungsmaßnahmen (Ver- und Entsorgung), Anbindung an Versorgungsnetz, Straßen, Flächenbefestigung (Lagerflächen außerhalb der Halle), Sicherungsmaßnahmen (Zaun, Tor mit Pförtnerüberwachung,...)
  - historisch gewachsene Ausbaustufen
- behördliche Restriktionen (z. B. Auflagen zum Umweltschutz, Generalbebauungsplan)

### 4.3.2.2 Analyse und Kennzahlenbildung

Mit den aufgenommenen Daten können im Allgemeinen folgende Analysen durchgeführt werden /Schu84/:

- Produktionsprogrammanalyse
- Fertigungsablaufanalyse
- Materialfluss- und Transportanalyse
- Organisationsanalyse
- Personalanalyse
- Kostenstrukturanalyse
- Anlagenanalyse

Die Festlegung des Produktionsprogramms ist Basis für die Fabrikplanung. Sie beginnt mit der Erzeugnis-Mengen-Analyse und umfasst die Gesamtheit aller Erzeugnisse, die im Unternehmen hergestellt werden sowie die Stückzahl- und Sortimentsentwicklung. Weiterhin ist die Erzeugnisstruktur festzulegen, die durch den Aufbau der Produkte, die in mehreren Fertigungsstufen entstehen, bestimmt ist. Auch die Fertigungstiefe ist entscheidend, die Eigen- und Fremdfertigung differenziert. So können zum Produkt und selbstverständlich auch zum Prozess verschiedenste Kennzahlen für die Strukturplanung definiert werden /Paw07-1, S.148–163/.

| | Fläche | Mitarbeiter | Fertigungsstunden | Produktprogramm | Betriebsmittel | Investitionshöhe |
|---|---|---|---|---|---|---|
| Fläche (qm) | qm x / qm y | MA* / qm | Std / qm | PP* / qm | Masch* / qm | T€ / qm |
| Mitarbeiter | qm / MA | MA x / MA y | Std / MA | PP* / MA | Masch / MA | T€* / MA |
| Fertigungsstunden (Std) | qm* / Std | MA* / Std | Std x / Std y | PP* / Std | Masch* / Std | T€ / Std |
| Produktprogramm | qm / PP | MA / PP | Std / PP | PP x* / PP y | Masch / PP | T€ / PP |
| Betriebsmittel | qm / Masch | MA / Masch | Std / Masch | PP* / Masch | Masch x / Masch y | T€ / Masch |
| Investitionshöhe | qm / T€ | MA* / T€ | Std / T€ | PP* / T€ | Masch* / T€ | T€ x / T€ y |

* ungebräuchlich

**Abb. 4.17** Kennzahlenmatrix wesentlicher Betriebsgrundgrößen /Bra84/

Die Ergebnisse der verschiedenen Analysen werden als absolute oder relative Kennzahlen dargestellt. Dabei fanden zunächst betriebswirtschaftliche Kennzahlen (DuPont-, ZVEI-Kennzahlensysteme) und dann auch verstärkt produktionsorientierte Kennzahlen ihren Einsatz. Kennzahlen können in vielfältiger Weise erstellt und berechnet werden. Nicht alle möglichen Kennzahlbildungen sind jedoch für die Planungstätigkeit hilfreich. In Abb. 4.17 sind beispielhaft mögliche Kennzahlenbildungen dargestellt.

### 4.3.3 Idealplanung

#### 4.3.3.1 Bestimmung relevanter Subsysteme

Bei bereichsorientierter Gestaltung steht die Aufbauorganisation im Vordergrund, d. h. Funktionsbereiche oder Verrichtungen bilden die Subsysteme. Ist die Prozessorientierung Gegenstand der Betrachtung, bilden die Fabrikmodule bzw. Produktionsabschnitte mit ihrer internen Ausgestaltung die Subsysteme.

Die im konkreten Projekt zu planenden relevanten Subsysteme wurden entweder bereits in der Strategieplanung oder werden im Rahmen der Aufgabenstellung zur Strukturplanung oder mit der Analyse der Planungselemente festgelegt. Mit der Anzahl der Subsysteme steigt der Planungsaufwand. Für die zu untersuchenden Subsysteme gilt es, alternative Lösungen zu ermitteln. Wichtig dabei ist, die Planungstiefe auf Strukturplanungsniveau zu halten und nicht im Detail der Systemplanung einzudringen. Subsystemlösungen werden im Sinne einer Prinzipienplanung möglichst kennzahlengestützt ermittelt. Dies erfolgt losgelöst von den tatsächlichen Gegebenheiten und Beschränkungen z. B. eines Grundstücks, bestehender Gebäude oder Fixpunkte. Die Subsystemuntersuchungen werden für Fertigung und Montage, Lagerung, Transport und Materialfluss ebenso wie für die Funktionsbereiche Wareneingang und Versand durchgeführt. Weiterhin können für die Gewerke der Gebäude, Ver- und Entsorgung sowie für Informationssysteme, wie z. B. Auftragsabwicklung, Fertigungsplanung, Produktionslogistik-Leitsystem alternative Lösungsprinzipien zu betrachten sein.

Wesentliche Teilschritte der Subsystembildung in der Idealplanung bei der in der heutigen Praxis meist angewendeten prozessorientierten Sicht sind /Paw07-2/

- Ableitung der Prozessketten und
- Entwurf der Produktionsstruktur

#### 4.3.3.2 Ableitung der Prozessketten

Aus dem im vorausgegangenen Planungsschritt „Analyse der Planungselemente" festgelegten Produktprogramm sind die Produkte ersichtlich, für die Fabrikmodule bzw. Produktionsabschnitte geplant werden sollen. Dabei sind Merkmale wie Produkt-, Stückzahl-, Technologie- und Kapazitätsstruktur und ihre Abhängigkeiten zu betrachten. Die Prozessketten und deren Vernetzung können dann in folgenden vier Teilschritten abgeleitet werden (Abb. 4.18):

- Festlegung der Produktstruktur für jedes ausgewählte Produkt. Die Produktstruktur stellt die Produktzusammensetzung dar, d. h. das Endprodukt entsteht über mehrere Produktebenen aus den Baugruppen, Komponenten und Einzelteilen /Gru05, S.67/. An dieser Stelle bereits wird die in der vorgeordneten Planungsphase „Strategieplanung" oder in der Ist-Analyse der Strukturplanung getroffene Entscheidung zur Fertigungstiefe berücksichtigt. Mit diesen Informationen wird für jedes Produkt bzw. Element in der Produktstruktur ein Datensatz angelegt. Dieser sogenannte Produktschlüssel enthält die Produktebene und den Laufindex über die Anzahl der Elemente pro Ebene.
- Ergänzung der Produktparameter, d. h. beginnend mit dem Endprodukt wird für jedes Element die Anzahl der direkten Bestandteile angegeben. Zur Spezifizierung des Endproduktes und seiner Teilprodukte werden die Produktparameter in die zuvor angelegten Datensätze eingebracht.
- Einfügen der Prozesse, d. h. für den Übergang von der Produkt- zur Prozessstruktur wird der Datensatz pro Produkt zunächst – jeweils als blackbox – ergänzt um den Fertigungs- bzw. Montageprozess sowie der (bzw. den) unmittelbar vorgeordneten Logistikprozesskette (bzw. -ketten).
- Ergänzen der Prozessparameter, d. h. zur weiteren Spezifikation werden die zur Verfügung stehenden Prozessparameter „Ort" oder „Kostenstelle" eingepflegt, wobei die Werksstrukturebene betrachtet wird. Bei detaillierter Betrachtung auf Maschinenebene sind weiterhin Arbeitsplan- und Maschinendaten erforderlich.

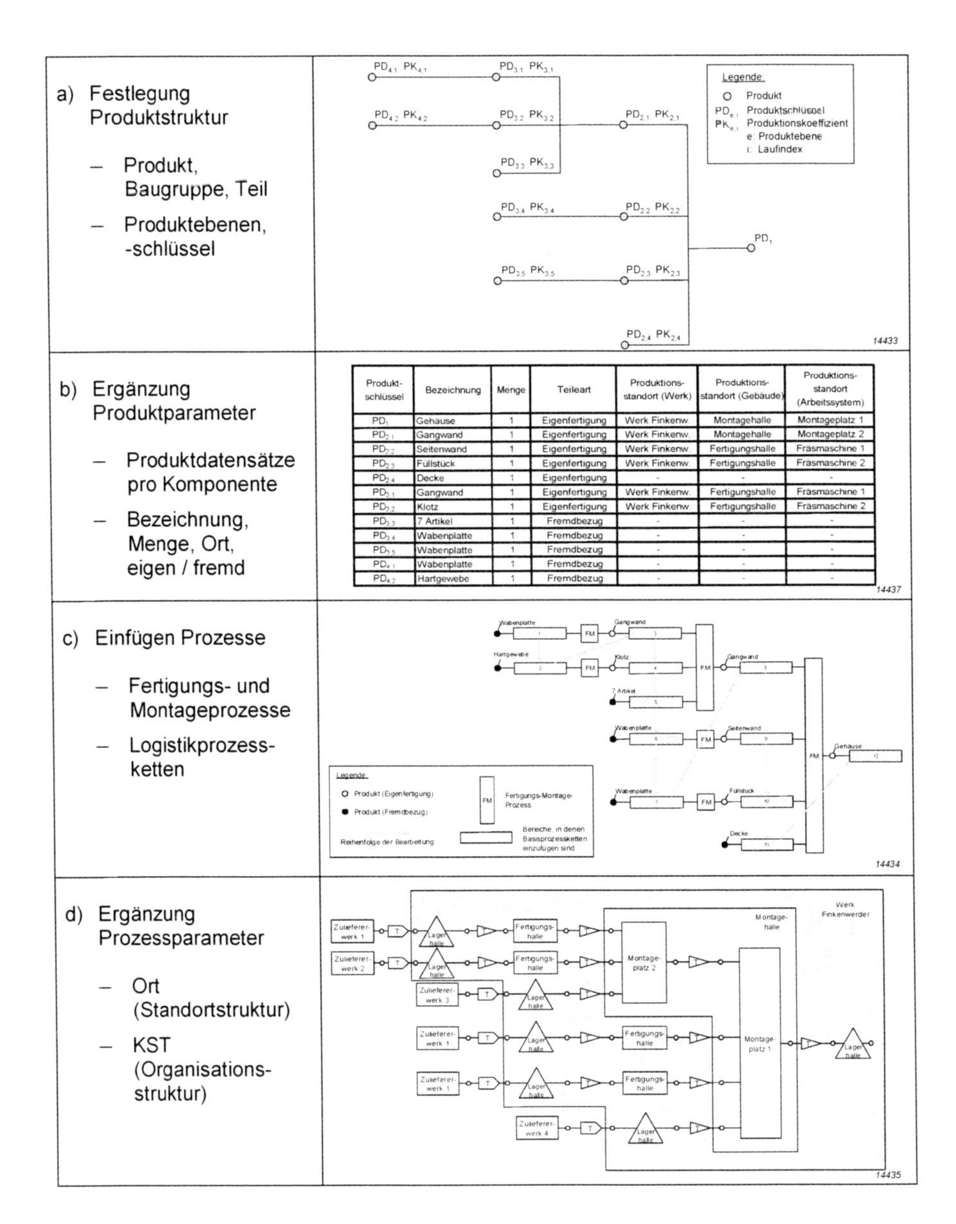


| Produkt-schlüssel | Bezeichnung | Menge | Teileart | Produktions-standort (Werk) | Produktions-standort (Gebäude) | Produktions-standort (Arbeitssystem) |
|---|---|---|---|---|---|---|
| $PD_1$ | Gehäuse | 1 | Eigenfertigung | Werk Finkenw. | Montagehalle | Montageplatz 1 |
| $PD_{2,1}$ | Gangwand | 1 | Eigenfertigung | Werk Finkenw. | Montagehalle | Montageplatz 2 |
| $PD_{2,2}$ | Seitenwand | 1 | Eigenfertigung | Werk Finkenw. | Fertigungshalle | Fräsmaschine 1 |
| $PD_{2,3}$ | Füllstück | 1 | Eigenfertigung | Werk Finkenw. | Fertigungshalle | Fräsmaschine 2 |
| $PD_{2,4}$ | Decke | 1 | Eigenfertigung | - | - | - |
| $PD_{3,1}$ | Gangwand | 1 | Eigenfertigung | Werk Finkenw. | Fertigungshalle | Fräsmaschine 1 |
| $PD_{3,2}$ | Klotz | 1 | Eigenfertigung | Werk Finkenw. | Fertigungshalle | Fräsmaschine 2 |
| $PD_{3,3}$ | 7 Artikel | 1 | Fremdbezug | - | - | - |
| $PD_{3,4}$ | Wabenplatte | 1 | Fremdbezug | - | - | - |
| $PD_{3,5}$ | Wabenplatte | 1 | Fremdbezug | - | - | - |
| $PD_{4,1}$ | Wabenplatte | 1 | Fremdbezug | - | - | - |
| $PD_{4,2}$ | Hartgewebe | 1 | Fremdbezug | - | - | - |

**Abb. 4.18** Schritte der Idealplanung in der Fabrikstrukturplanung (A: Ableitung der Prozessketten)

### 4.3.3.3 Entwurf einer Produktionsstruktur

Für die noch grob abgeleiteten Prozessketten der Produkte des Produktprogramms kann nun eine gemeinsame ideale Produktionsstruktur wie folgt abgeleitet werden (Abb. 4.19):

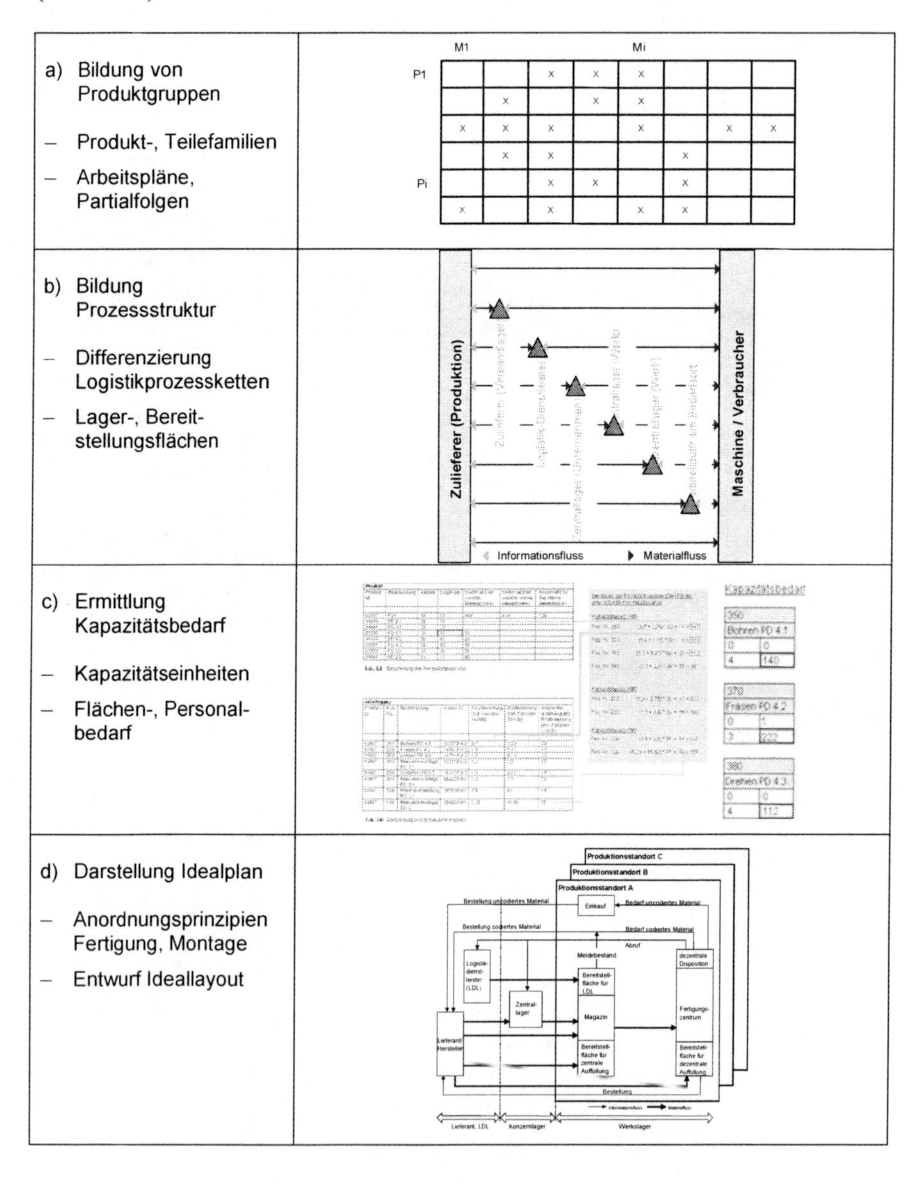


**Abb. 4.19** Schritte der Idealplanung in der Fabrikstrukturplanung (B: Entwurf der Produktionsstruktur)

- Bildung von Produktgruppen, d. h. mittels Cluster- oder Partialfolgenanalyse werden für die Fertigungs- und Montageprozesse geeignete Fabrikmodule bzw. Prozess-, Produktions- oder Materialflussabschnitte definiert.
- Bildung der Prozessstruktur, d. h. für die Logistikprozesse (Beschaffungs-, Lagerungs-, Bereitstellungsprozesse) werden die geeigneten Logistikprinzipien, wie z. B. Bedarfs-, Programm-, KANBAN-orientiert, bestimmt. Hierzu stehen verschiedene Methoden der Teileklassifizierung zur Verfügung, wie z. B. ABC-, XYZ-, TDL-Analyse /Paw 07-1, S.52–57/. Damit sind im Idealplan sowohl Fertigungs- bzw. Montage- als auch Lager- bzw. Pufferflächen mit ihren Abhängigkeiten definiert. :
- Ermittlung des Kapazitätsbedarfs, d. h. für die in Art und Abhängigkeit definierten Flächen wird der Flächenbedarf ermittelt (vgl. Abschnitt 4.4.2).
- Darstellung des Idealplans, d. h. mit den quantifizierten Flächen und ihren Anordnungsprinzipien wird ein Ideallayout erarbeitet. Methoden der Anordnungsoptimierung kommen hierbei bereits zur Anwendung (vgl. Abschnitt 4.4).

#### 4.3.3.4 Bestimmung weiterer Kapazitäten und Anforderungen

Parallel zur Bestimmung der relevanten Subsysteme werden weitere Kapazitäten und Anforderungen ermittelt. Denn die Subsystemlösungen machen Kapazitätsberechnungen erforderlich, da die Systeme z. B. für Fertigung, Lagerung und Transport vom Mengengerüst der Produkte bzw. vom Arbeitsinhalt der Produktion abhängig sind. Für die einzelnen Funktionsbereiche werden die ermittelten Anforderungen wie z. B.

- Flächenbedarf,
- Anzahl Maschinen,
- Personalbedarf,
- Energiebedarf,

zusammengestellt. Weitere Anforderungen der einzelnen Funktionsbereiche, wie z. B. Flexibilität, Erweiterungsmöglichkeit und stufenweise Realisierung, können zusätzlich spezifiziert werden.

Am Ende der Idealplanung existiert ein Katalog von möglichen Lösungen für einzelne Subsysteme mit der zugehörigen Bewertung zur weiteren Verwendung in der nachfolgenden Realplanung.

### 4.3.4 Realplanung

In der Realplanung werden die ausgearbeiteten Einzellösungen für die definierten Produktions- und Logistikabschnitte unter Berücksichtigung der wirklichen Größenordnung und der gegebenen Situation weiter konkretisiert und deren reale Anordnung bzw. Struktur erarbeitet.

#### 4.3.4.1 Erarbeitungen von Anordnungsvarianten

Die Einzellösungen aus dem Subsystemkatalog für die Produktions- und Logistikabschnitte werden zunächst abschnittsintern gestaltet (Abb. 4.20). Für die einzelnen Abschnitte werden prozessorientiert die Fertigungs- und Montagearbeitsplätze mit ihrem Flächenbedarf ausführungsreif angeordnet. Lager- bzw. Pufferflächen und Wege werden dargestellt. Es entstehen pro Abschnitt verschiedene Anordnungsvarianten.

Anschließend werden die Produktions- und Logistikabschnitte unter Berücksichtigung ihrer Abhängigkeiten zu einer oder mehreren Gesamtlösungen integriert (Anordnungs- bzw. Strukturvarianten). Die Erarbeitung von Anordnungsvarianten geht von den Abschnitten oder Kostenstellen unter Berücksichtigung der enthaltenen Fertigungsarbeitsplätze und deren logistische Integration (Verkettung, Bereitstellungsstrategien) aus. Dabei können auch Kostenstellen gleicher Bearbeitungsarten zu Kostenstellengruppen zusammengefasst werden. Die Analyse der Transportbeziehungen innerhalb und zwischen den Abschnitten mittels z. B. einer Materialflussmatrix ermöglicht es, neben der produkt- oder prozessorientierten Ausrichtung der Produktionsstruktur auch eine günstige Anordnung unter materialfluss- und transporttechnischen Gesichtspunkten z. B. mittels der Methode des Dreiecksverfahrens (vgl. Abschnitt 4.4.1) zu erarbeiten.

Neben der Materialflussoptimierung muss auch auf die zukünftige Entwicklung der einzelnen Bereiche geachtet werden /Mül06/. Produktgruppen mit steigenden Stückzahlen werden neben Produktgruppen mit eher sinkenden Stückzahlen (Ausläuferprodukte) platziert, um so die Flächen gegeneinander substituieren zu können. Eine so optimierte Anordnungsvariante stellt die Ideal-Variante dar, die sich in der Regel nicht realisieren lässt. Der Sinn dieses Schrittes liegt in einer nicht zu unterschätzenden Hilfe bei der Erstellung von Real-Varianten sowie in der Schaffung eines Maßstabes für die quantitative Bewertung der Varianten.

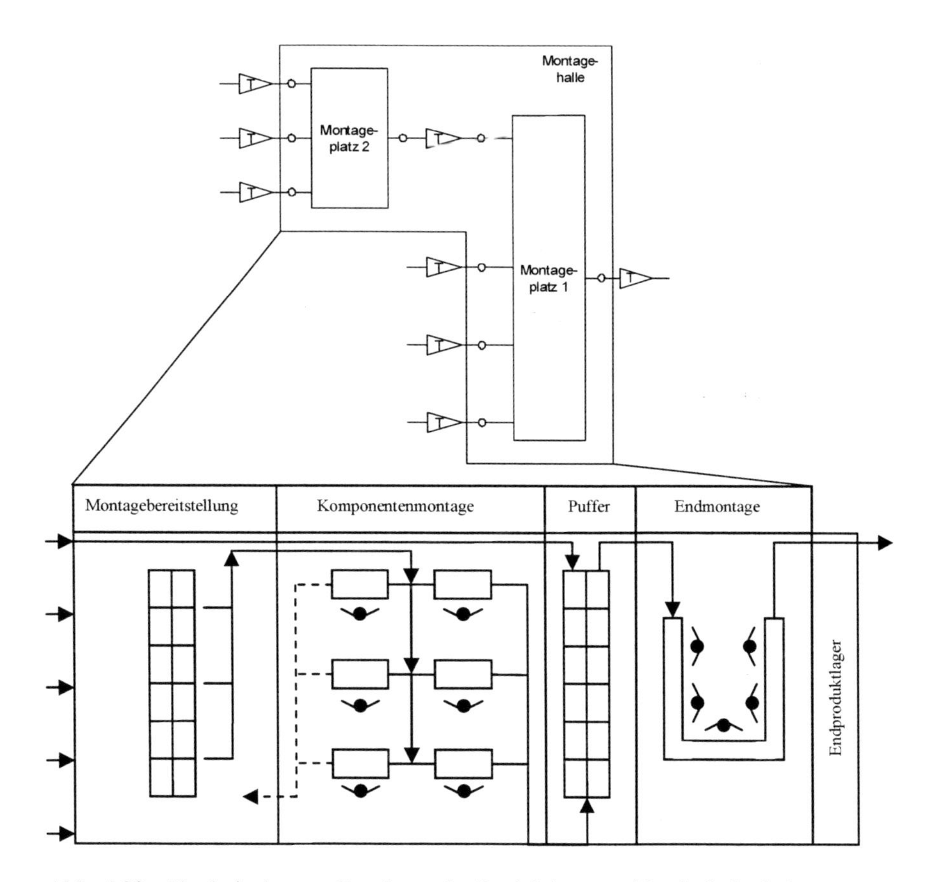


**Abb. 4.20** Abschnittsinterne Gestaltung der Produktions- und Logistikabschnitte

### 4.3.4.2 Ausarbeitung des Strukturplans

Für die ausgewählte ideale Anordnungsvariante wird auf der Grundlage des in der Kapazitätsermittlung errechneten Maschinenbedarfs ein Strukturplan erarbeitet. Restriktionen aus Gebäude- und Anlagentechnik werden dabei ebenso berücksichtigt wie betriebsspezifische Randbedingungen. Die Tiefe der Bearbeitung wird so gewählt, dass eine verlässliche Kostenschätzung und eine Besprechung der möglichen Verbesserungen (Leistungen, Kosten) möglich sind. Der Strukturplan enthält in der Regel den Layoutplan, den Generalbebauungsplan und das Organisationskonzept.

**Layoutplanung**
Bei der Layoutplanung (Vorentwurf) ist das in der Materialflussanalyse ermittelte ideale Anordnungssystem der einzelnen Bereiche zueinander zusammen mit den Ergebnissen der Soll-Flächenermittlung in ein optimiertes reales Bezugsschema umzusetzen. Die einzelnen Funktionsbereiche werden materialflussgerecht miteinander verknüpft und angeordnet. Dabei können den Funktionsbereichen auch bereits schon Systeme im ersten groben Entwurf zugeordnet werden (Abb. 4.21).

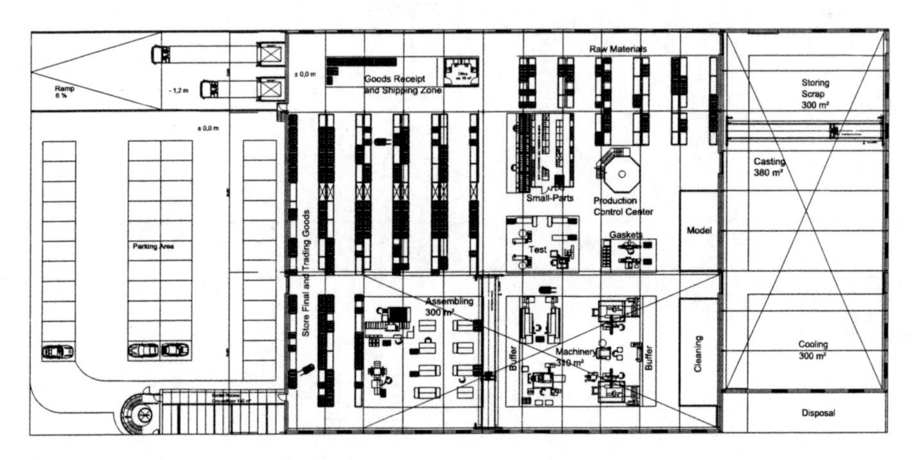


**Abb. 4.21** Groblayout mit Produktion, Logistik und Gebäudeumrisse (Beispiel Armaturenindustrie)

Zu berücksichtigen sind:

- Wege- und Transportflächen
- Puffer- und Zwischenlagerflächen
- Hilfsfunktionen wie Betriebsbüros, Servicebereiche, Werkzeugausgaben
- Gesetzliche Forderungen wie Brandabschnitte und Fluchtweglängen

Die Layoutplanung sollte in sinnvollen Alternativen durchgeführt werden, wobei auch die baulichen Gegebenheiten wie Raumzuschnitte, Tragfähigkeiten der Geschossdecken und Installationssysteme berücksichtigt werden müssen. Das Gebäude wird in seinen Ansichten auf dem Grundstück angeordnet und mit Verkehrsanbindung, Parkplätzen etc. dargestellt (Abb. 4.22).

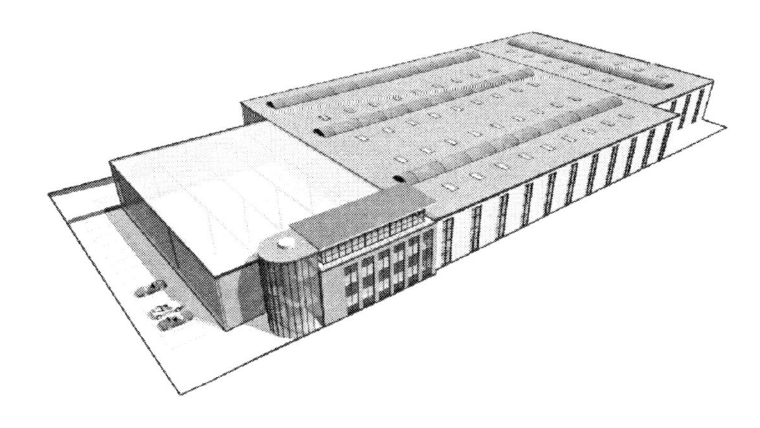

**Abb. 4.22** Gebäudedarstellung als ein Teilergebnis der Werksstrukturplanung (Beispiel Armaturenindustrie)

Weiterhin werden alle erforderlichen Vorverhandlungen mit den Behörden und sonstigen Stellen über die erforderlichen Genehmigungen für das Projekt und seiner Einzelheiten geführt. Die zu erarbeitenden Unterlagen des Vorentwurfs (i. d. R. M 1:200) enthalten:

- Pläne über die Bauwerke (Grundrisse, Schnitte, Ansichten)
- Pläne über die Installationen für alle Medien (Schemapläne)
- Layout für Maschinen und Einrichtungen
- Darstellung des Materialflusses
- Pläne über Verkehrsanlagen und Außenanlagen

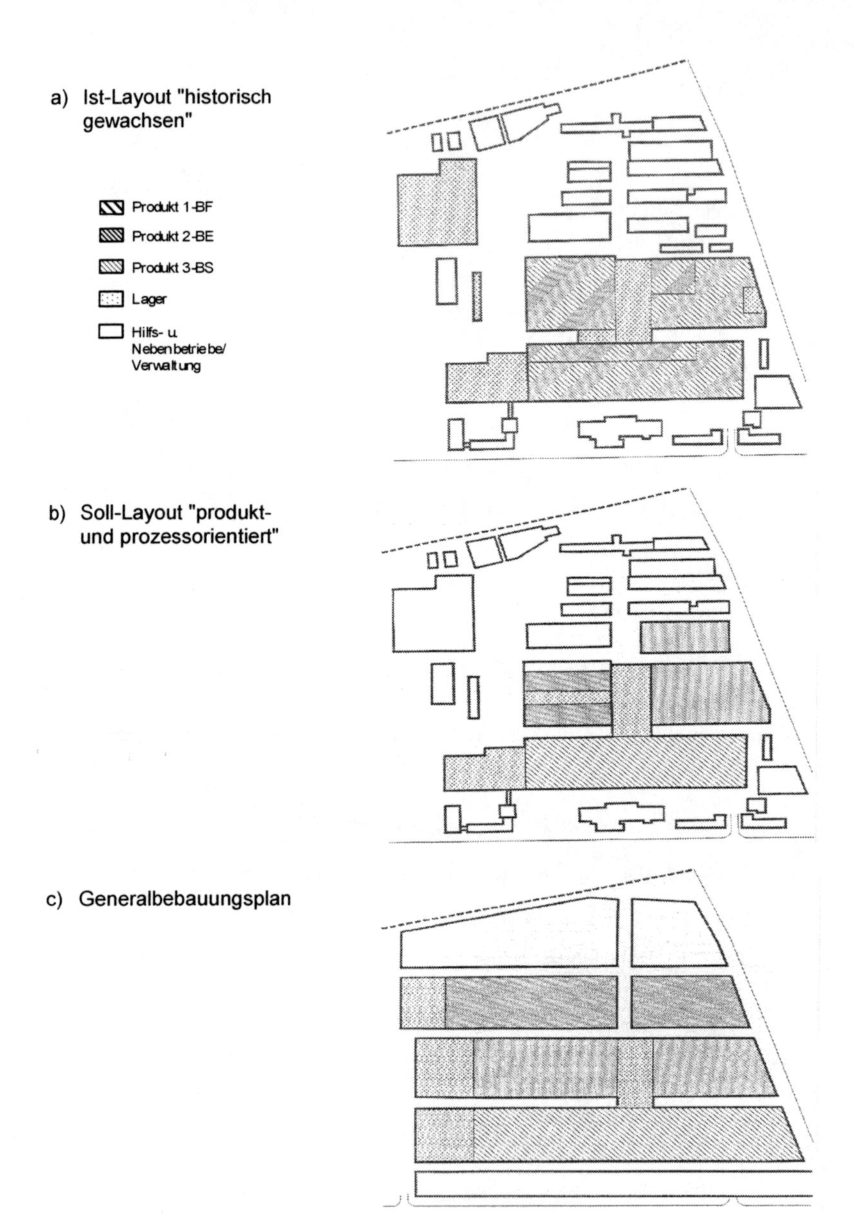


**Abb. 4.23** Ergebnisse einer Werksstrukturplanung

Die Ausarbeitung muss soweit erfolgen, dass eine verlässliche Kostenermittlung (plus/minus 10%) für die geplanten Maßnahmen durchgeführt werden kann. Damit ist im Falle einer künftigen Fabrikstruktur auf der „Grünen Wiese“ das Fabriklayout entwickelt. Gilt es dagegen, ausgehend von einem „historisch gewachsenen“ Ist-Layout (Abb. 4.23a) die Werksstruktur zu optimieren, müssen abhängig von den vorhandenen Flächen-Ressourcen

- eine Neustrukturierung durchgeführt werden, wenn ausreichend Reserveflächen im Werksgelände vorhanden sind; dabei werden eine oder mehrere Fertigungseinheiten auf der Reservefläche neu aufgebaut und sukzessive alte Bausubstanz durch neue nutzungsneutrale Flächen ersetzt (Abb. 4.23b), oder
- eine Umstrukturierung durchgeführt werden, wobei externe Interimslösungen (z. B. Fremdvergabe oder Provisorien) zur Erlangung von Rochierflächen einzurichten sind; dabei werden die vorhandenen Raumstrukturen sukzessiv „bereinigt“.

Die Grundlage aller durchzuführenden Maßnahmen muss eine ausreichend fundierte Layoutplanung sein (vgl. auch Abschnitt 4.4).

**Generalbebauungsplanung**
Parallel zur Layoutplanung ist der Generalbebauungsplan (Masterplan) zu erstellen (Bild 4.23c). Er zeigt die Auswirkungen der Blocklayoutplanung auf die gesamte Werksstruktur und die Geländenutzung. Weiterhin stellt er die langfristige Nutzung der Grundstücke und Werksanlagen im Endausbau dar. Dabei ist es erforderlich, genügend Flexibilität (Anpassungsfähigkeit) in Bezug auf die Unsicherheit der Prognosen und den technischen Fortschritt einzuplanen. Bei jeder Einzelmaßnahme im weiteren Verlauf der Werksentwicklung wird dieser Plan befragt und gegebenenfalls überarbeitet. Seine Grundzüge dürfen nicht angetastet werden.

**Organisationskonzept**
Für die Gestaltung der Aufbauorganisation und insbesondere für eine durchgängige Ablauforganisation sind die Grundregeln festzulegen und die erforderliche Hardware und Software zu beschreiben. Hierzu zählen die Festlegung der Funktionsebenen und Aufgabenträger, der Verantwortungsbereiche, Schnittstellen (horizontal/vertikal, zentral/dezentral) sowie für die Leitsystemebene die Mechanismen zur Selbstorganisation, Selbstlenkung und Selbstkontrolle (vgl. auch Abschnitt 5.5). Auszuarbeiten sind – je nach Planungstiefe des Organisationskonzeptes – die erforderlichen organisatorischen Änderungen z. B. hinsichtlich

- Fertigungsauslösung und Bevorratung
- Produktionsprogrammplanung
- Losgrößenbildung

- Materialdisposition
- Kapazitätssteuerung und Terminierung
- Auftragssteuerung im Betrieb
- Lagerwesen
- Betriebsdatenerfassung

#### 4.3.4.3 Alternativenvergleich

Die Alternativen der Layoutplanung und der Generalbebauungsplanung sind im Hinblick auf ihre Kosten und andere quantifizierbaren Größen sowie anhand einer Nutzwert-Analyse, die die nicht quantifizierbaren Vor- und Nachteile untersucht, zu bewerten. Zur Entscheidungsfindung ist beim Kostenvergleich eine Gegenüberstellung der Investitions- und Betriebskostendifferenzen von Hauptkostenblöcken ausreichend. Als zusätzliche Entscheidungshilfe kann für die nicht mit Kosten zu belegenden Bewertungsmerkmale eine Nutzwert-Analyse durchgeführt werden (vgl. Beispiel in Abschnitt 4.5.3). Ergebnis dieses Alternativenvergleichs ist die Auswahlvariante, die für die weitere Realisierung empfohlen wird.

#### 4.3.4.4 Kostenschätzung

Für die Realisierung der ersten Stufe der vorgeschlagenen Auswahlvariante sind die Investitionskosten zu schätzen. Folgende Kosten sind heranzuziehen:

- Kosten für Neubauten
- Kosten für Umbaumaßnahmen
- Kosten für Maschinen und Einrichtungen
- Kosten der Umzugsmaßnahmen

Die Kostenschätzung entspricht in ihrem Genauigkeitsgrad dem Planungsstand. Grundlage der Kostenschätzung sollte neben den erarbeiteten Planungsunterlagen grobe Beschreibungen des Umsetzungs- bzw. Projektplans sein.

#### 4.3.4.5 Projektplan

Die Strukturplanung schließt ab mit einem Projektplan zur Realisierung der Auswahlvariante. Dieser wird parallel zur Kostenschätzung erstellt und umfasst die Projektphasen der nachfolgenden System- und Ausführungsplanung für die definierten Teilprojekte in einem Zeitplan. Teilprojekte können z. B. folgende Subsysteme betreffen:

- Fertigungs- und Montagesysteme
- Materialflusssysteme
- Lagersysteme und Lagerorganisation
- Produktionslogistik-Leitsysteme
- Gebäudesysteme und Infrastruktur
- Personalentwicklung und Arbeitszeitmodelle

In der ganzheitlichen Planung werden diese Teilprojekte unter Berücksichtigung ihrer Abhängigkeiten parallel über die Planungsphasen bearbeitet. Je nach Planungszustand sind angepasste interdisziplinäre Teilprojektteams zu bilden. Weiterhin sollte für die nächste Planungsphase „Systemplanung" bereits ein Maßnahmenplan mit Skizzierung der Arbeitsschritte und -inhalte erstellt werden.

### 4.3.5 Dokumentation

In einem zusammenfassenden Projekt-Abschlussbericht ist der gesamte Planungsvorgang zu dokumentieren. Insbesondere müssen

- die Aufgabenstellung,
- die Planungsvoraussetzungen,
- die Ergebnisse

enthalten sein sowie eine Erläuterung der Planungsmethode in den einzelnen Planungsschritten. Alle Unterlagen sollten so aufbereitet sein, dass die ermittelten Lösungen auch zu einem späteren Zeitpunkt noch nachvollziehbar sind und Korrekturen aufgrund modifizierter Unternehmensziele jederzeit ohne Infragestellung des Grundkonzeptes möglich sind. Die Dokumentation sollte eine separate Kurzfassung der wesentlichen Ergebnisse als Management-Information enthalten. Diese sollte auch anschließend der Unternehmensleitung in Form einer Präsentation vorgestellt und übergeben werden.

Das Ergebnis der Fabrikstrukturplanung dient als Entscheidungsgrundlage für alle zukünftigen Maßnahmen. Die Hinweise, Vorschläge und der Maßnahmenplan für die erste Planungsstufe müssen in einer anschließenden Systemplanung entsprechend Abschnitt 5 detailliert ausgearbeitet und für die Realisierung aufbereitet werden.

Zuvor sollen zur Strukturplanung noch wesentliche Methoden und einige Praxisbeispiele behandelt werden.

## *4.4 Methoden der Layoutplanung*

Zu den wesentlichen Methoden der Layoutplanung zählen einerseits die Optimierung der Anordnung von Betriebsmitteln und andererseits die Ermittlung des zukünftigen Flächenbedarfs für Fertigungs- und Pufferflächen (Abb. 4.24).

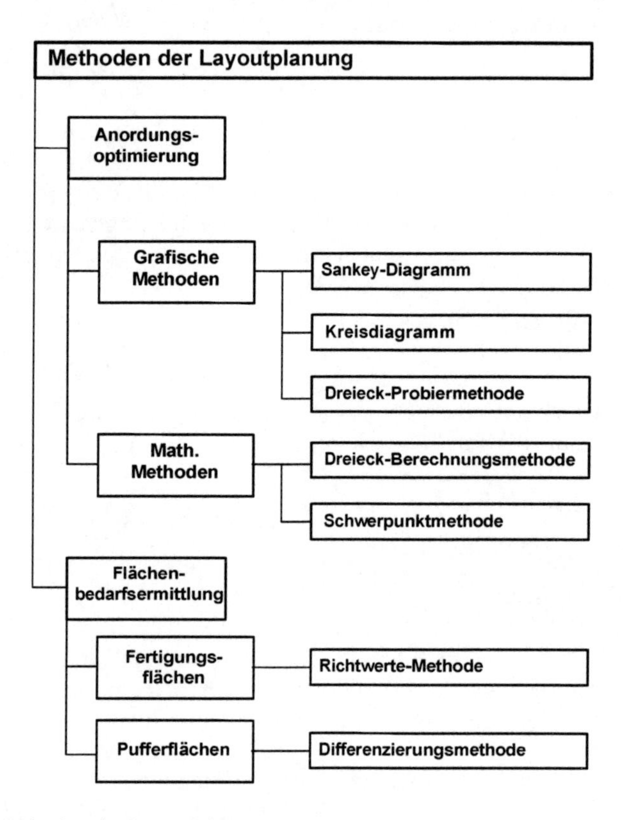


**Abb. 4.24** Methoden der Layoutplanung

### 4.4.1 Anordnungsoptimierung

Eine Aufgabe der Strukturplanung ist, Maschinen, Abteilungen und Betriebsgebäude optimal anzuordnen. Dabei ist das zukünftige Strukturkonzept der Fabrik unter Berücksichtigung räumlicher und organisatorischer Aspekte zu entwickeln (Abb. 4.25).

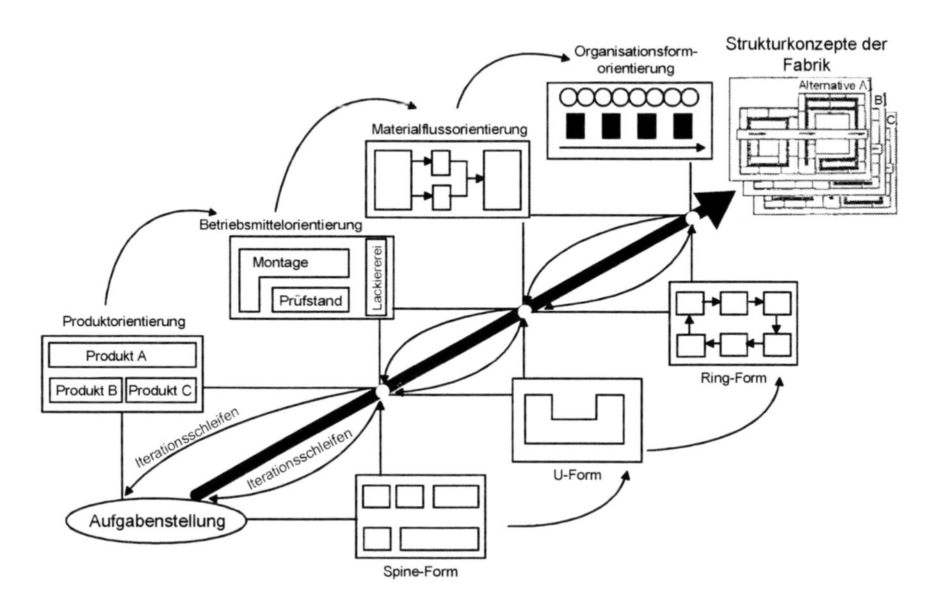


**Abb. 4.25** Entwicklung von Strukturkonzepten /Wie90/

Es wird das Ziel verfolgt, durch ganzheitliche Betrachtung der Kundenauftragsabwicklung die „logistische Kette“ bereits in der frühen Phase der Fabrikplanung zu optimieren. Teilziele sind /VDI 3595/

- eine möglichst geringe Kapitalbindung,
- hohe Lieferbereitschaft,
- geringe Transportkosten sowie
- Flexibilität und Transparenz.

Die Methoden der Anordnungsoptimierung können für die materialflussgerechte Zuordnung von Betriebsmitteln bei der Neu- oder Erweiterungsplanung und bei der Reorganisation eines Werkes angewendet werden /Schm91/.

Es können grafische und mathematische Methoden zur Anordnungsoptimierung unterschieden werden. Die Anordnungsmethoden liefern ein Idealschema als Zwischenschritt zum realen Layout.

### 4.4.1.1 Sankey-Diagramm

Für den ersten Entwurf eines Materialfluss-Schemas wird das Sankey-Diagramm angewendet. Dabei werden die Werte der zweiseitigen Intensitätsmatrix, z. B. die Mengen, die zwischen den Abteilungen fließen, grafisch dargestellt. Die Transportintensitäten werden durch die Breite der Verbindungslinien symbolisiert (Abb. 4.26). Aufgabe des Planers ist es, die Darstellung durch Probieren so zu ordnen, dass Überschneidungen der Transportströme möglichst vermieden werden.

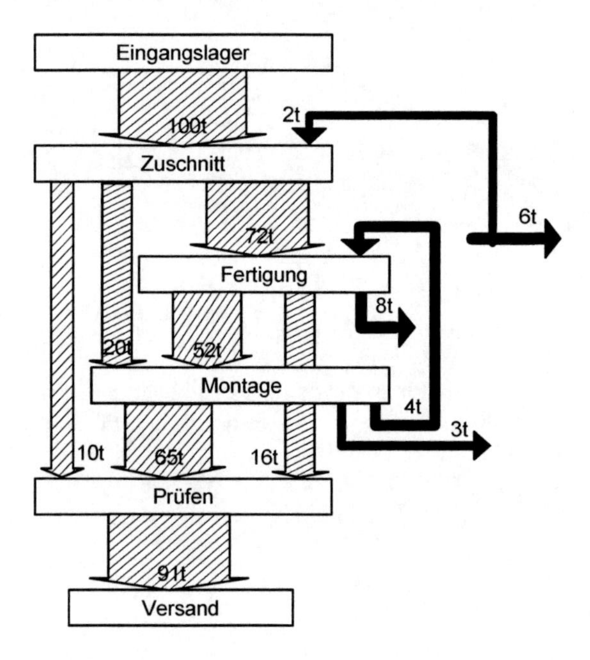


**Abb. 4.26** Sankey-Diagramm des Materialflusses

### 4.4.1.2 Kreisdiagramm

Bei dem Kreisdiagramm werden die Betriebsmittel auf einem Kreis angeordnet. Durch Vertauschen der Plätze wird der Materialfluss verbessert (Abb. 4.27). Aus Anordnung und Richtung der Pfeile lässt sich auf die Fertigungsart (Werkstättenfertigung, Fließfertigung, Fließrichtung) schließen. Je freier der Innenraum des Kreises ist, desto mehr kommt das Linienprinzip zur Anwendung.

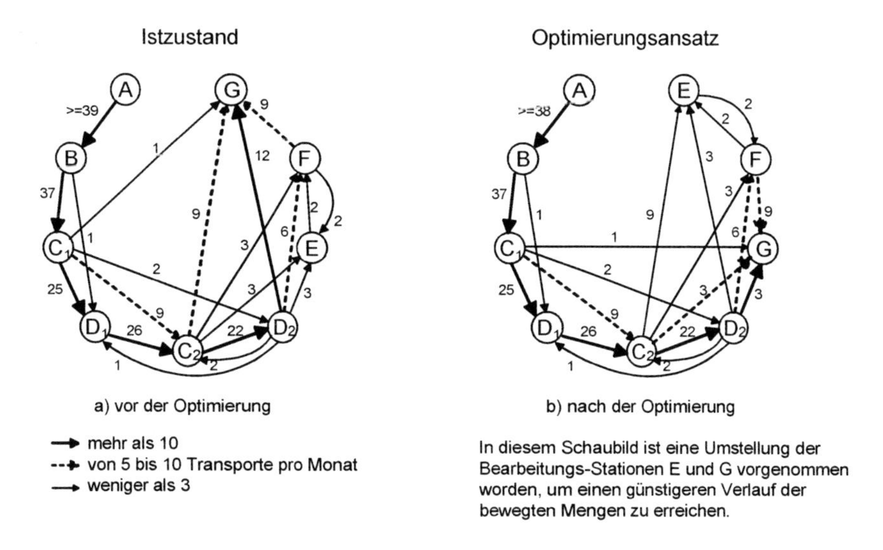


**Abb. 4.27** Beispiele zur Kreismethode /VDI 3595/

Im Praxisbeispiel Abb. 4.28 einer Produktionssegmentierung bestand die Aufgabe, eine komplexe Fertigung und Montage so zu ordnen, dass sich innerhalb der Segmente viele Arbeitsplätze und Materialflüsse, zwischen den Segmenten möglichst geringe Transportintensitäten, ergeben.

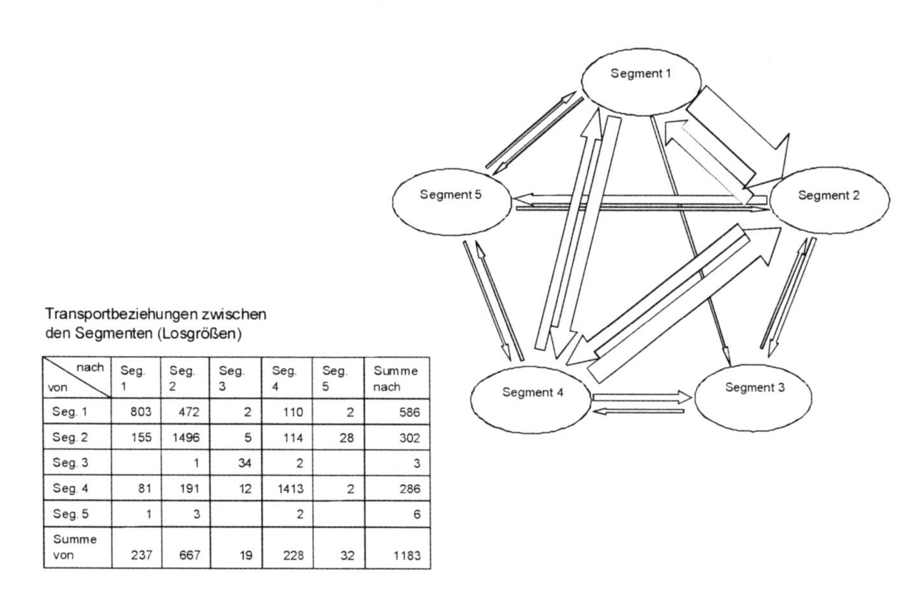


Transportbeziehungen zwischen den Segmenten (Losgrößen)

| nach / von | Seg. 1 | Seg. 2 | Seg. 3 | Seg. 4 | Seg. 5 | Summe nach |
|---|---|---|---|---|---|---|
| Seg. 1 | 803 | 472 | 2 | 110 | 2 | 586 |
| Seg. 2 | 155 | 1496 | 5 | 114 | 28 | 302 |
| Seg. 3 |  | 1 | 34 | 2 |  | 3 |
| Seg. 4 | 81 | 191 | 12 | 1413 | 2 | 286 |
| Seg. 5 | 1 | 3 |  | 2 |  | 6 |
| Summe von | 237 | 667 | 19 | 228 | 32 | 1183 |

**Abb. 4.28** Rechnergestützte Entwicklung eines Ideallayouts mit bewertetem Materialfluss

#### 4.4.1.3 Dreieck-Probiermethode

Eine etwas weiterführende Methode ist die Dreieck-Probiermethode. Dabei geht man davon aus, dass drei Betriebsmittel, die miteinander in Verbindung stehen, dann mit geringstem Transportaufwand angeordnet sind, wenn sie in einem Dreieck zueinander stehen /Schm70/. Ein viertes Betriebsmittel kann nur zu zwei Betriebsmitteln optimal angeordnet werden. Zu dem dritten entsteht ein zusätzlicher Transportaufwand. Im Gegensatz zu dem Sankey-Diagramm werden nicht die Richtungen der Materialströme, sondern nur die Transportintensitäten zwischen den Betriebsmitteln berücksichtigt.

#### 4.4.1.4 Dreieck-Berechnungsmethode

Der Grundgedanken bei dieser mathematischen Methode ist der gleiche wie bei der Probiermethode. Jedoch wird die Reihenfolge, mit der die Betriebsmittel anzuordnen sind, berechnet. Die Rechenschritte sind aus Abb. 4.29 zu ersehen. Die

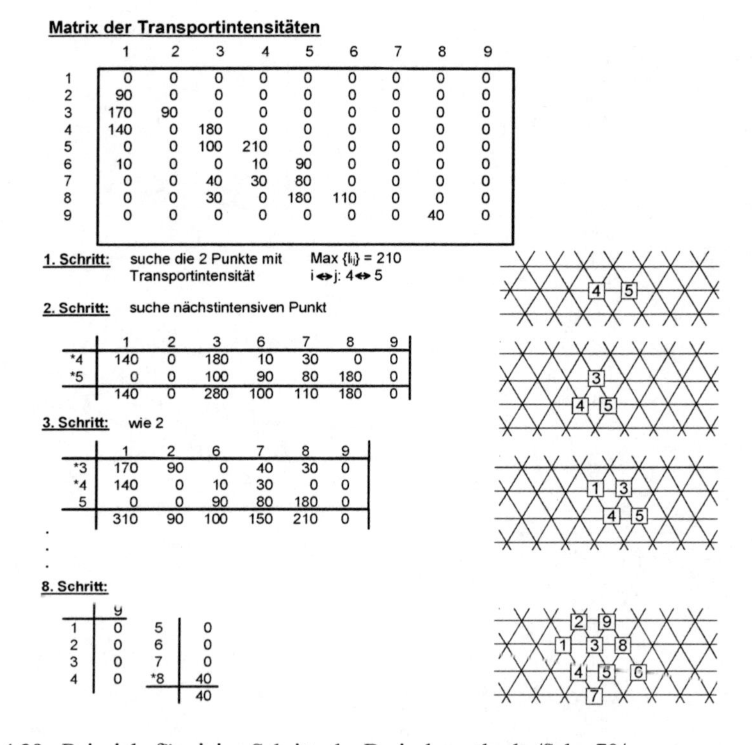

**Matrix der Transportintensitäten**

| | 1 | 2 | 3 | 4 | 5 | 6 | 7 | 8 | 9 |
|---|---|---|---|---|---|---|---|---|---|
| 1 | 0 | 0 | 0 | 0 | 0 | 0 | 0 | 0 | 0 |
| 2 | 90 | 0 | 0 | 0 | 0 | 0 | 0 | 0 | 0 |
| 3 | 170 | 90 | 0 | 0 | 0 | 0 | 0 | 0 | 0 |
| 4 | 140 | 0 | 180 | 0 | 0 | 0 | 0 | 0 | 0 |
| 5 | 0 | 0 | 100 | 210 | 0 | 0 | 0 | 0 | 0 |
| 6 | 10 | 0 | 0 | 10 | 90 | 0 | 0 | 0 | 0 |
| 7 | 0 | 0 | 40 | 30 | 80 | 0 | 0 | 0 | 0 |
| 8 | 0 | 0 | 30 | 0 | 180 | 110 | 0 | 0 | 0 |
| 9 | 0 | 0 | 0 | 0 | 0 | 0 | 0 | 40 | 0 |

**1. Schritt:** suche die 2 Punkte mit Transportintensität Max $\{l_{ij}\} = 210$, $i \leftrightarrow j$: $4 \leftrightarrow 5$

**2. Schritt:** suche nächstintensiven Punkt

| | 1 | 2 | 3 | 6 | 7 | 8 | 9 |
|---|---|---|---|---|---|---|---|
| *4 | 140 | 0 | 180 | 10 | 30 | 0 | 0 |
| *5 | 0 | 0 | 100 | 90 | 80 | 180 | 0 |
| | 140 | 0 | 280 | 100 | 110 | 180 | 0 |

**3. Schritt:** wie 2

| | 1 | 2 | 6 | 7 | 8 | 9 |
|---|---|---|---|---|---|---|
| *3 | 170 | 90 | 0 | 40 | 30 | 0 |
| *4 | 140 | 0 | 10 | 30 | 0 | 0 |
| 5 | 0 | 0 | 90 | 80 | 180 | 0 |
| | 310 | 90 | 100 | 150 | 210 | 0 |

.
.
.

**8. Schritt:**

| | 9 |
|---|---|
| 1 | 0 |
| 2 | 0 |
| 3 | 0 |
| 4 | 0 |
| 5 | 0 |
| 6 | 0 |
| 7 | 0 |
| *8 | 40 |
| | 40 |



**Abb. 4.29** Beispiele für einige Schritte der Dreiecksmethode /Schm70/

Berechnung erfolgt unabhängig von der Strukturgrafik. Da durch die Berechnung die Reihenfolge der Betriebsmittelanordnung festliegt, ist eine schnelle Variantenbildung möglich und auch bei vielen Betriebsmitteln noch überschaubar.

#### 4.4.1.5 Schwerpunkt-Methode

Nach dieser Methode wird der transportoptimale Standort eines Betriebsmittels zu vorhandenen fest angeordneten Betriebsmitteln gesucht. Dazu wird der optimale Standort als Gesamtschwerpunkt aller Einzelschwerpunkte definiert. Nach der Momenten-Gleichung wird die günstigste Zuordnung mathematisch oder grafisch festgelegt.

### 4.4.2 Grobe Flächenbedarfsermittlung

#### 4.4.2.1 Fertigungsfläche

Die grobe Flächenbedarfsrechnung geht aus von einer strukturierten Flächengliederung. Nach Nutzungsarten werden werks- oder branchenbezoge Kenngrößen definiert und Richtwerte herangezogen /Agg90/. Die Vorgehensweise bei der groben Flächenbedarfsermittlung für die Fertigungsflächen in der Strukturplanung zeigt Abb. 4.30:

- Ermittlung des Ist-Zustandes von Flächen und Raum auf Maschinenebene.
- Unzulänglichkeiten der bestehenden Flächenverhältnisse werden bereinigt, funktional zusammengehörende Bereiche gebildet.
- Basierend auf dem bereinigten Ist-Flächenprogramm wird unter Berücksichtigung der Aufgabenstellung ein Soll-Flächenprogramm auf Bereichsebene erarbeitet. In diesem Arbeitsschritt werden die Kapazitätsveränderungen abgeschätzt. Verwendet werden hierzu statistisch ermittelte Richtwerte, Flächen- und Technologiekennzahlen.
- Aus dem ermittelten Netto-Flächenbedarf wird dann unter Berücksichtigung der Transportwege die erforderliche Brutto-Fläche auf Bereichsebene bestimmt.
- Schließlich erfolgt die funktionale Zusammenfassung der Bereiche zu Werkstätten.

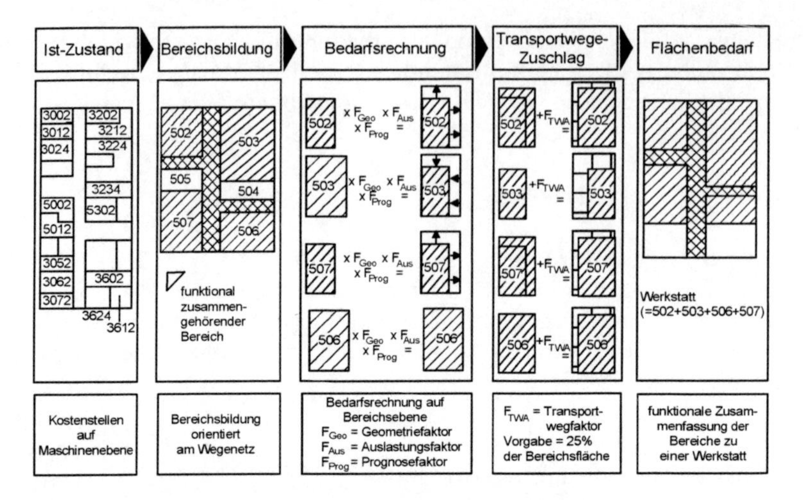


**Abb. 4.30** Ablauf einer groben Flächenbedarfsrechnung /Wie90/

### 4.4.2.2 Pufferflächen

Im Zusammenhang mit der Optimierung des Supply Chain Management (SCM), d. h. des Materialflusses zwischen Zulieferer und Abnehmer, besteht die Aufgabe für den Fabrikplaner, die verschiedenen Pufferflächen für die in der Fertigung benötigten Roh-, Hilfs- und Betriebsstoffe sowie Zwischenprodukte im Layout zu berücksichtigen /Paw01/. Erforderlich ist die Differenzierung der von den Zulieferern bereitzustellenden Komponenten nach verschiedenen Bereitstellungsstrategien (Abb. 4.31) und deren Zuordnung zu zentralen bzw. dezentralen Pufferflächen.

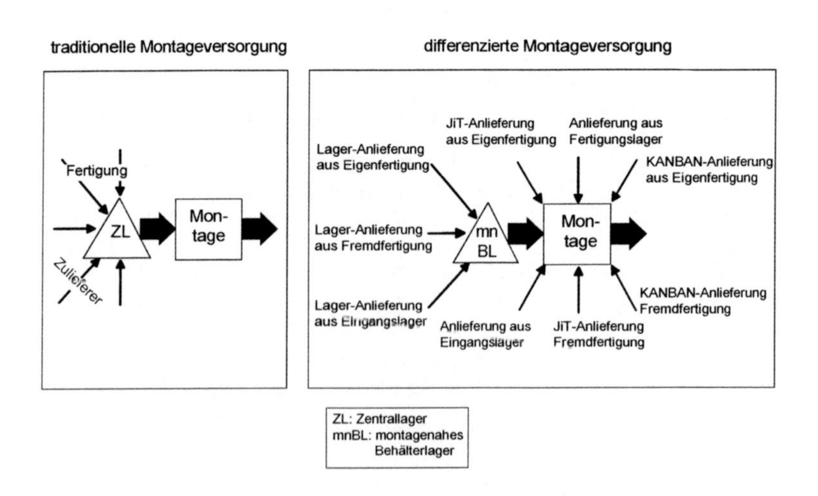


**Abb. 4.31** Differenzierte Bereitstellungsstrategien zur Montageversorgung

Zunächst müssen die grundsätzlichen Möglichkeiten der Lagerebenen ermittelt werden (Abb. 4.32). So können z. B. unterschieden werden:

- externes Beschaffungslager
- Wareneingangslager
- Zentrallager
- dezentrales Handlager
- internes Fertigproduktlager
- externes Fertigproduktlager

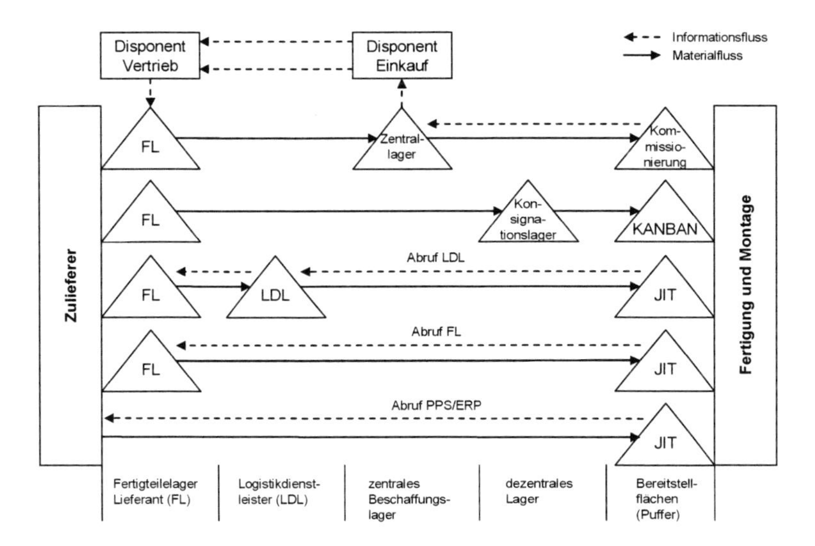


**Abb. 4.32** Bildung von Materialflussvarianten bei der Lagerebenenbetrachtung /Wit01/

Je nach Anordnung der Lager und Puffer für das bereitzustellende Material oder die Zwischen- und Endprodukte ergeben sich unterschiedliche Materialflussvarianten. Diese können im Rahmen der Fabrikstrukturplanung unter Berücksichtigung der Teiledifferenzierung näher betrachtet werden.

Zur Differenzierung des bereitzustellenden Teilespektrums in den relevanten Lager- und Pufferebenen existieren verschiedene Methoden aus dem Bereich der Materialwirtschaft. Diese basieren letztlich auf ABC- und XYZ-Analysen von teilespezifischen Merkmalen /Kur91; Bul94/. Die Methode „Teiledifferenzierte Logistikoptimierung (TDL)" geht von den logistischen Anforderungen der Teile- und Baugruppen aus /Har95/. Berücksichtigt werden Merkmale wie z. B. Jahresmenge, Stückkosten, Verbrauchsstetigkeit, Bauteilgröße, Wiederbeschaffungszeit, Verwendungshäufigkeit, etc., die bei der Differenzierung von Pufferflächen im Rahmen der Layout-Planung bereits durch die TDL-Methode berücksichtigt werden können. So werden im Beispiel Abb. 4.33 für die Produktionsstrukturplanung folgende Pufferflächen unterschieden:

- Dezentrale Disposition, d. h. Pufferfläche für Teile, die vom externen Zentrallager oder Logistikdienstleister kommen.
- Dezentrale Auffüllung fertigungsnah, d. h. Pufferfläche für Behälter mit Kleinteilen, die vom Hersteller direkt aufgefüllt werden.
- Bereitstellfläche für LDL, d. h. Pufferfläche für Teile, die vom Logistikdienstleister im zentralen Beschaffungslager bereit gestellt werden.

Dargestellt sind sowohl Materialfluss- als auch Informationsflussbeziehungen. Diese bedingen sich abhängig von den sinnvollen Bereitstellungsstrategien. Die Abgrenzung der Lager- und Pufferflächen wird im unternehmensspezifischen Projekt festgelegt. Bild 4.33 stellt ein Zwischenergebnis zum Subsystem „Material-, Lager- und Pufferstruktur" der ganzheitlichen Fabrikstrukturplanung dar.

Damit sind die benötigten Arten von Pufferflächen definiert, es folgt dann in der Strukturplanung die Ermittlung des Flächenbedarfs mit Hilfe von Kennzahlen. Aufgabe in der nächsten Planungsphase der Systemplanung ist es dann, die Bereitstellungssysteme, d. h. die Behälter und Ladungsträger sowie die Lager- und Puffersysteme, auszuwählen und zu dimensionieren (vgl. Abschnitt 5.3.5).

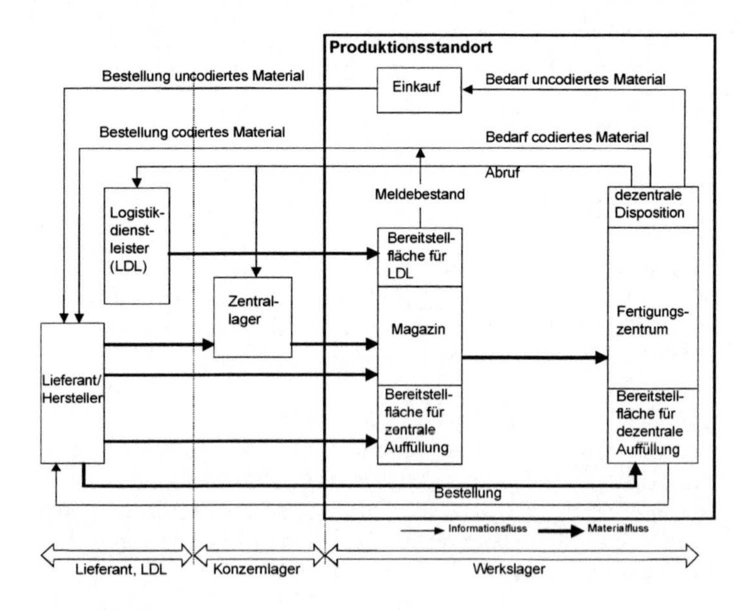


**Abb. 4.33** Ausprägungen verschiedener Materialflussvarianten

### 4.4.3 Ableitung Ideal- und Real-Layout

In der Fabrikstrukturplanung sind folgende Aufgaben bei der Erarbeitung des Ideal- und Real-Layouts, d. h. der Flächenermittlung, -anordnung und -dimensionierung, zu bearbeiten:

- Ermittlung des Kapazitätsbedarfs; dabei ist der zukünftige Kapazitätsbedarf unter Einbeziehung der neuen Produktionssituation abzuleiten.
- Ermittlung und Quantifizierung der Materialflussbeziehungen; hierzu sind die ermittelten Maschinen und Arbeitsplätze auf der Grundlage produktspezifischer Bearbeitungsfolgen zugrunde zu legen.
- Ermittlung der idealen Anordnung; dabei werden die Maschinen- bzw. Kostenstellengruppen unter Berücksichtigung der Materialflussbeziehungen angeordnet.
- Ermittlung des Ideal-Layouts; die ideale Anordnung berücksichtigt weiterhin die Flächenbedarfe
- Ermittlung des Real-Layouts; weitergehende Konkretisierung und Berücksichtigung möglicher objekt- und organisationsorientierter Randbedingungen

**Kapazitätsermittlung**
Auf der Basis des Planungshorizontes, z. B. eine der Umsatzsteigerung entsprechende Stückzahlentwicklung, werden die Kapazitäten ermittelt. Dabei sind zu berücksichtigen

- die in Frage kommenden neuen Fertigungstechnologien
- die Arbeitszeiten und maschinenspezifischen Schichten sowie
- der Bedarf an Maschinen bzw. Entlastung und Eliminierung überalteter Maschinen

**Materialflussbeziehungen und Transportlose**
Die für die Materialflussoptimierung erforderlichen Ausgangsdaten, die Von/Nach-Beziehungen, werden den Werkstattaufträgen entnommen. Mit Unterstützung eines IT-Tools zur Materialflussoptimierung, wie z. B. des MAFLU-Tools (vgl. Abschnitt 7.4.3.2), können die Werkstattaufträge verdichtet, nach Kostenstellenbeziehungen geordnet und analysiert werden.

Eine Materialflussanalyse kann einerseits mittels repräsentativer Produktionsteile erfolgen. Dies kann aber zu unzureichenden Aussagen führen, z. B. bei Einzelfertigung und bei Umsetzung der Einzelstücke auf analoge Gesamtstückzahlen. Andererseits kann eine Materialflussanalyse auch über alle Produktionsteile für einen bestimmten Zeitraum (z. B. 1 Jahr) durchgeführt werden. Quantitative Zuordnung der Materialflussmengen auf die verbleibenden und neuen Maschinen sowie Ableitung der Anzahl Transportlose erfolgt im Näherungsverfahren prozentual analog zur Kapazitätsentwicklung. Dabei sind zu unterscheiden:

– Serien- bzw. Massenfertigung; hier können die einzelnen Transportbeziehungen betrachtet werden.
– Einzelfertigung; hier ist der Materialfluss in Abhängigkeit von den unterschiedlichen Konstruktionen Schwankungen unterworfen. Deshalb ist die Betrachtung einzelner Transportbeziehungen nicht sinnvoll. Vielmehr kann hier eine Verdichtung der einzelnen Quellen und Senken zu Gruppen durchgeführt werden. Kriterien hierfür können sein:
    - o Zusammenfassung von Kostenstellen gleicher Bearbeitungsarten zu Kostenstellengruppen
    - o Zusammenfassung auch unterschiedlicher Kostenstellen, wenn sie ausnahmslos für jeden Werksauftrag eine Einheit bilden

**Ideale Anordnung**
Mit Hilfe der Methoden zur Anordnungsoptimierung (vgl. Abschnitt 4.4.1) wird für die ermittelten Maschinen- bzw. Kostenstellengruppen eine Idealzuordnung berechnet (Bild 4.34). Ziel in diesem Schritt ist, die günstigste Anordnung unter Berücksichtigung der Materialflussbeziehungen und Transportlose zu ermitteln. Bereits hier können schon einzelne Randbedingungen berücksichtigt werden, wie

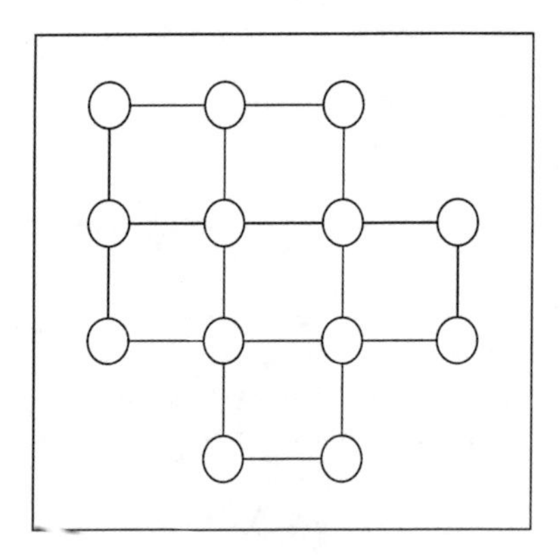

**Abb. 4.34** Idealzuordnung und Reallayoutvariante

Sympathiebeziehungen bzw. situative Restriktionen, wie z. B. die Randlage von Organisationseinheiten /Loh86/. Sympathiebeziehungen beschreiben die notwendige oder wünschenswerte Nachbarschaft von Organisationseinheiten, ableitbar aus

- der Produktionsstrukturplanung, z. B. Bildung von Kostenstellen, Meisterbereichen, technologischen Zellen
- dem Baukörper, z. B. besondere Fundamente, erforderliche extreme Hallenhöhe
- der Betriebstechnik, z. B. gemeinsame Überkranung, gleiche Emissionen
- dem Personal, z. B. mehr Maschinenbedienung
- Trennung von Organisationseinheiten, wie z. B. bei

- Gegenseitiger Gefährung, z. B. Brennstofflager neben Schweißerei
- unverträglichen Emissionen, z. B. Schmiedepressen neben Messraum
- gegenseitiger Behinderung

Auf der Grundlage des errechneten Kapazitätsbedarfs und der idealen Anordnung wird die Layoutplanung als graphische Darstellung der räumlichen Anordnungsformen durchgeführt.

**Ideal-Layout**
Das Ideal-Layout setzt die Idealzuordnung unter Berücksichtigung der Flächenbedarfe in Form einer „Grüne Wiese"-Variante um. Sie zeigt gegenüber dem Ist-Layout das maximale Verbesserungspotenzial auf. Die Flächenbedarfe ergeben sich aus der groben Flächenbedarfsermittlung (vgl. Abb. 4.30), ergänzt um

- die Fertigungsflächen einschließlich Maschinen, Bedien- und Wartungsflächen
- die Zwischenlagerflächen unter Berücksichtigung der differenzierten Lager- und Bereitstellungsstrategien (vgl. Abschnitt 4.2.2) sowie der Werkstückflächen vor, während und nach der Bearbeitung
- die Transport- bzw. Verkehrsfläche unter Berücksichtigung der gegenläufigen oder kreuzenden Transportführungen und der Ladestellen bzw. Umschlagspunkte
- die Zusatzflächen, wie z. B. Meisterbüros

**Real-Layout**
Das Real-Layout berücksichtigt zusätzlich möglichst alle Randbedingungen, die sich ergeben durch

- die geplanten oder vorhandenen Gebäude (Ein-, Ausgänge, Stützenabstände)
- die Grundstücks- und Planungsflächenform (Sperrflächen)
- die Verkehrserschließung
- die Anforderungen der Betriebseinheiten z. B. bezüglich
  - erforderlicher Bodentragfähigkeit
  - erforderlicher Raumhöhe
  - Sicherheitsvorschriften, gesetztliche Vorschriften
  - Erforderliche Lichtverhältnisse
  - Erzeugung von Erschütterungen, Schwingungen, Stößen
  - Erzeugung von Lärm, Gasen, Dämpfen, Geruch, Staub oder Strahlungen

Je nach Aufgabenstellung können Layout-Darstellungen hinsichtlich der Abstraktionsebene (Fabrik, Bereiche, Werkstätten), aber auch hinsichtlich ihrer inhaltlichen Detaillierung (Grob-, Block-, Fein-Layout) unterschieden werden /Gru05, S.141/.

### 4.4.4 Flächenkennzahlen

#### 4.4.4.1 Flächengliederung

Basis für Flächenkennzahlen sind neben der im ersten Schritt der Strukturplanung ermittelten Datenbasis vor allem eine funktionale Flächengliederung entsprechend der Nutzungsart. Dabei ist die Nutzungsart die Art der Verwendung einer Fläche zur Erfüllung einer betrieblichen Teilfunktion.

Am Beispiel eines Unternehmens der Automobilindustrie zeigt Abb. 4.35 eine Flächengliederung. Um in den verschieden Werken gleichartige Inhalte sicher zu stellen, werden in einer weiteren Gliederungsebene für die einzelnen Hauptnutzungsarten mögliche Beispiele aufgelistet, wie z. B. für die

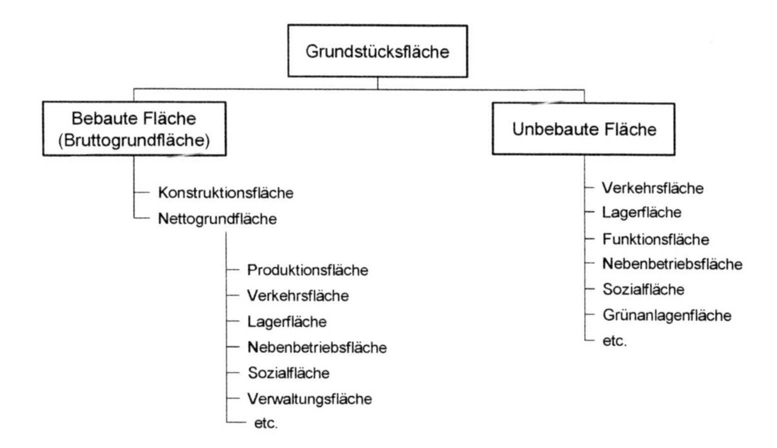


**Abb. 4.35** Funktionale Flächengliederung bis zu den Hauptnutzungsarten am Beispiel eines Automobilherstellers

- Produktionsfläche:
  - Arbeitsfläche
  - Bereitstellzone
  - Fördertechnik
  - Produktionspuffer
  - Betriebsbüro
  - Kontrolle
  - variable Verkehrsfläche
  - variable Sozialfläche
  - sonstige Fläche

- Lagerfläche
  - Wareneingang
  - Warenausgang
  - Lagerzone
  - Kommissionierfläche
  - Umschlagzone

- o Fördertechnik
- o Kontrolle
- o Betriebsbüro
- o Sonstige Fläche

#### 4.4.4.2 Kennzahlenbeispiele

Neben diesen reinen Flächenkennzahlen unter Verwendung der Flächengliederung können weitere Kennzahlen mit Bezug auf Fläche dem Planer, bei einheitlicher Verwendung, werksübergreifend nützliche Informationen liefern. Kennzahlen mit mehreren Bezugsgrößen (wie z. B. Kennzahl = bestehende Fläche / Kapazität x Fertigungszeit) werden auch als verschachtelte Technologiekennzahlen bezeichnet. Hierbei ist die Kennzahlendefinition eine Grundvoraussetzung für eine gute Nachvollziehbarkeit ihrer Entstehung und ihrer Bestimmung der Aussagefähigkeit. Diese Art von Kennzahlen findet ihren Einsatz bei Fragestellungen, wie sich der Flächenbedarf mit Änderung der Produktionstechnologie bei gleichbleibender Wertschöpfung ändert, z. B. Technologiekennzahlen als Vergleichsmittel für den Flächenbedarf

- bei der Lackierung mit herkömmlichen Lösungslacken bzw. basierend auf Wasserlacken /Mar88/ oder
- bei verschiedenen Montagekonzepten.

Flächenkennzahlen werden insbesondere in der EDV-gestützten Flächenplanung eingesetzt. Dabei wird ausgehend von einer i. d. R. branchen- oder unternehmensspezifischen Flächengliederung die gesamte Werksfläche nutzungsartenspezifisch dokumentiert, verwaltet und analysiert /Bra88/. Der Vergleich von Kennzahlen kann zu Ansätzen für die Fabrikplanung führen. Abb. 4.36 zeigt eine Gegenüberstellung von Kennzahlen. /Pod77/ enthält Kennzahlen für unterschiedliche Bereiche der Metallverarbeitenden Fertigung, die als Bezugsgröße Flächen und andere Betriebsparameter aufzeigen. Beispielhaft wurden diese Kennzahlen mit denen einer Montagehalle eines Automobilherstellers gegenübergestellt. Die unterschiedlichen Deckungsgrade verdeutlichen eine nicht absolute Allgemeingültigkeit unternehmensinterner Kennzahlen. Gründe liegen in der Berücksichtigung ganz spezieller unternehmensinterner Betriebsdaten und Gegebenheiten.

| Kennzahlen | Metallverarbeitende Fertigung allgemein | Automobilhersteller Montagehalle |
|---|---|---|
| Bruttogrundfläche / Anzahl Mitarbeiter | 39 qm /AK | 48 qm/AK |
| Produktionsfläche / Anzahl Mitarbeiter | 20 qm/MA | 17 qm/MA |
| Konstruktionsfläche / Bruttogrundfläche | 5 - 8% | 3% |
| Produktionsfläche / Bruttogrundfläche | 50 – 55% | 49% |
| Lagerfläche / Bruttogrundfläche | 12% | 15% |
| Sozialfläche / Nettogrundfläche | 1% | 6% |
| Funktionsfläche / Nettogrundfläche | 5% | 2% |
| Nutzfläche / Nettogrundfläche | 75% | 90% |
| Nebenbetriebsfläche / Nettogrundfläche | 19% | 11% |

**Abb. 4.36** Beispielhafte Gegenüberstellung von Kennzahlen

## *4.5 Praxisbeispiele zur Fabrikstrukturplanung*

### 4.5.1 Beispiel: Strukturplanung Fahrtreppenfertigung

**Aufgabenstellung**
Ein Hersteller von Fahrtreppen ist gekennzeichnet durch die Kleinserienproduktion. Das Endprodukt ist in der Regel ein auf die speziellen Kundenwünsche angepasstes Produkt. Das Teilprojekt „Fertigungssegmentierung“ war Grundlage für die weiteren Teilprojekte im Gesamtkonzept Fertigung, wie z. B. Make-or-Buy, innerbetriebliche Transportabwicklung, Steuerungsprinzipien, Gruppenarbeit und Arbeitszeitmodelle.

Als Planungsdatenbasis für die Materialflussoptimierung dient ein Kennzahlensystem (Abb. 4.37), das die Materialvorräte und Maschinen, Informationen zum Materialfluss und die Aufbau- und Ablauforganisation berücksichtigt. Das Kennzahlensystem erlaubt die Bewertung von Segmentierungsvarianten im Vergleich zur Ist-Situation durch Anwendung des MAFLU-Tools zur Materialflussoptimierung (vgl. Abschnitt 7.4.3.2).

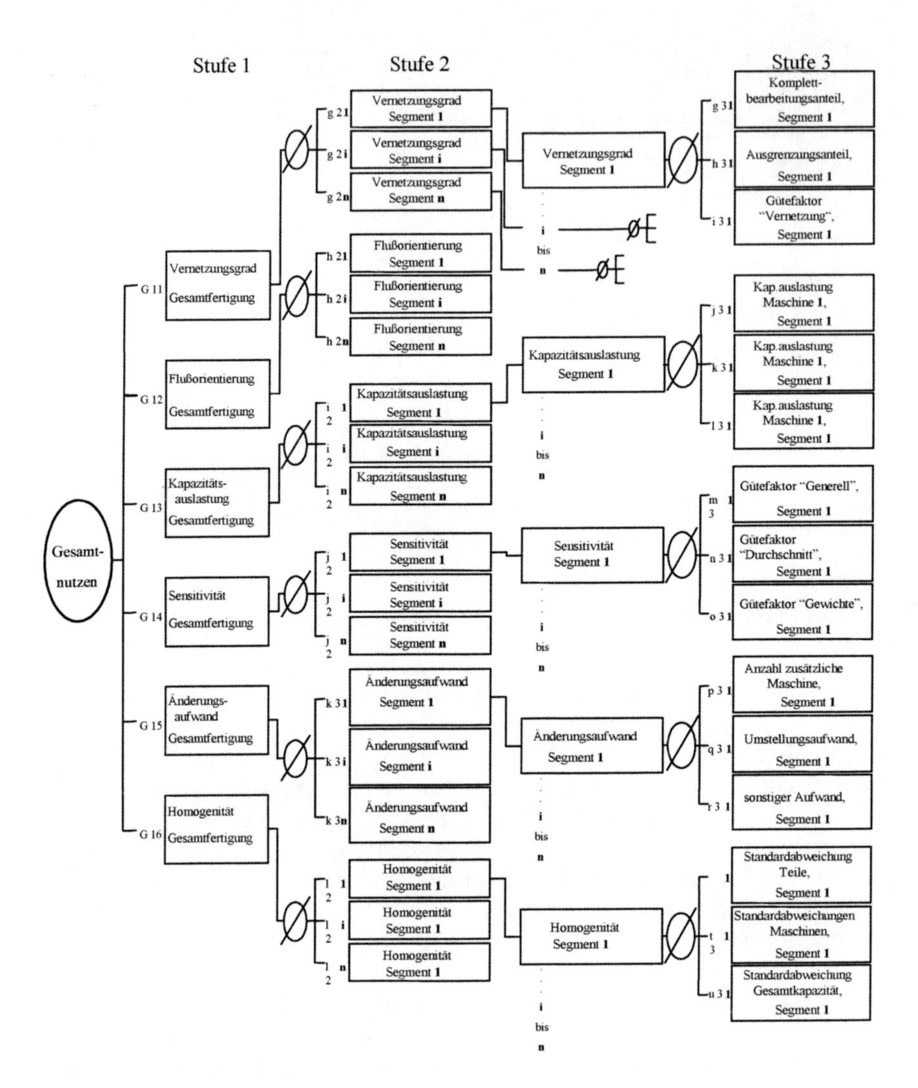


**Abb. 4.37** Kennzahlensystem zur Bewertung von Segmentierungsvarianten /Paw07-1, S.170–172/

## Ergebnis

Zur Optimierung des Teilkonzeptes wurden zunächst unterschiedliche Lösungsvarianten gebildet. Hierbei unterscheiden sich die Varianten durch unterschiedliche Teilefamilien und eine darauf aufbauende Segmentierung der Vorfertigung. Ein Ergebnis der Materialflussoptimierung war die Bestimmung von Materialflussvarianten durch Teilefamilienbildung, Kapazitätsstrukturierung sowie abschließender Bewertung, Auswahl einer Lösung und Darstellung im Soll-Konzept. Auf der

Basis der Transportbeziehungen wurden die Verbesserungspotenziale bezüglich Transportkosten, Übergangszeiten und Bestandspotenziale abgeschätzt. Die Gesamtbetrachtung der Verbesserungspotenziale zeigt Abb. 4.38. Daraus geht hervor, dass in allen Potenzialbereichen die Variante 1 „Teilefamilienbildung unter Berücksichtigung der Vormontage" die größten Verbesserungsmöglichkeiten birgt.

| Kennzahlen | Variante | | | |
|---|---|---|---|---|
| | Ist | 1 | 2.1 | 2.2 |
| Gesamtkennzahl | 10,35 | 15,43 | 13,90 | 13,87 |
| Anzahl ungewichteter Segmentwechsel | 7.626 | 2.977 | 4.188 | 3.546 |
| Anzahl gewichteter Segmentwechsel | 11.340 | 4.880 | 6.299 | 5.791 |
| ungewichtete Transportkosten-reduzierung p.a. | 1.000.000 € | -110.135 € | -84.872 € | -100.757 € |
| gewichtete Transportkosten-reduzierung p.a. | 1.000.000 € | -101.872 € | -88.174 € | -96.402 € |
| Übergangszeit-reduzierung | 0,00 % | -11,01 % | -8,49 % | -10,08 % |
| Bestands-reduzierung | 0 € | -1.057.297 € | -814.767 € | -967.269 € |
| Reduzierung der Kapitalbindung p.a. | 0 € | -39.649 € | -30.554 € | -36.273 € |

**Abb. 4.38** Gesamtbetrachtung der Verbesserungspotenziale

Voraussetzung für eine vollständige Umsetzung der Verbesserungspotenziale ist, dass die Maschinen entsprechend der Segmentzuordnung auch örtlich gruppiert werden können. Abb. 4.39 zeigt die Zuordnung der Maschinen zu den Vorfertigungssegmenten im ermittelten Soll-Zustand.

Allein durch die Teilefamilienbildung kann eine vollständige Komplettbearbeitung in den Vorfertigungssegmenten nicht erreicht werden. Es sind externe Transporte

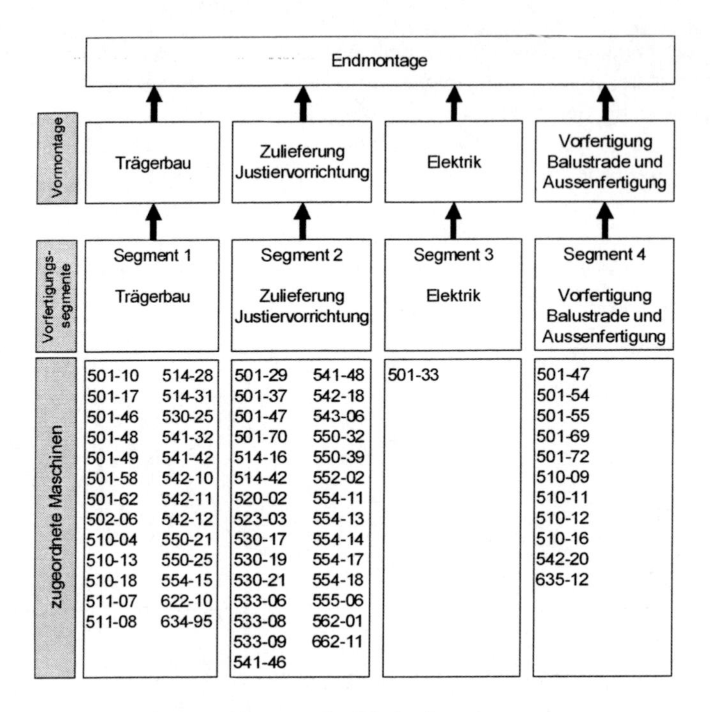


**Abb. 4.39** Zuordnung der Maschinen zu den Vorfertigungssegmenten

(Segmentwechsel) zur Herstellung der Produkte erforderlich. Diese Situation kann durch ein Sankey-Diagramm dargestellt werden (Abb. 4.40). Im Vergleich zwischen Ist-Situation und Variante 1 ergibt sich aber eine deutliche Reduzierung der externen Transporte von 11.340 auf 4.880 um ca. 57%.

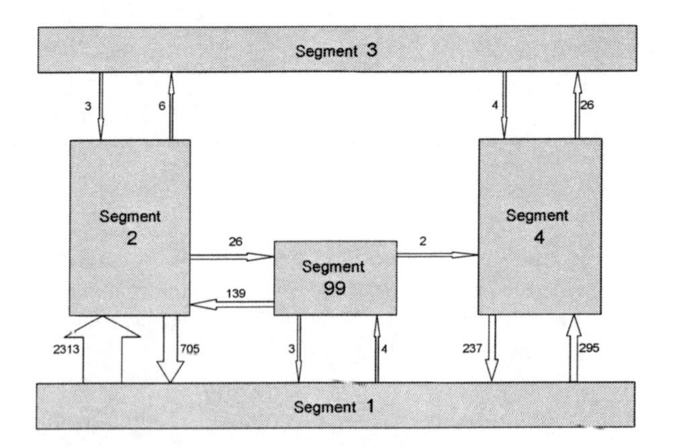


**Abb. 4.40** Sankey-Diagramm zur Transportsituation der Variante 1

## 4.5.2 Beispiel: Strukturplanung Hausgerätefertigung

### Aufgabenstellung

Ein Hausgerätehersteller produziert zwei Produkte, Waschautomaten (Produkt A) und Trockenschleudern (Produkt B). Es ist beabsichtigt, eine neue hoch mechanisierte Fertigungsanlage für die Waschautomaten der neuen Produktgeneration in den bestehenden Gebäuden zu installieren.

Der Ist-Zustand ist durch eine gewachsene, verrichtungsorientierte Fabrikstruktur charakterisiert (Abb. 4.41). Teilefertigung und mechanische Bearbeitung sind für beide Produkte eingerichtet, um die Kapazitäten in der Vorfertigung optimal auszulasten. Die Baugruppen- und Fertigmontage sind jeweils in getrennten Hallen untergebracht.

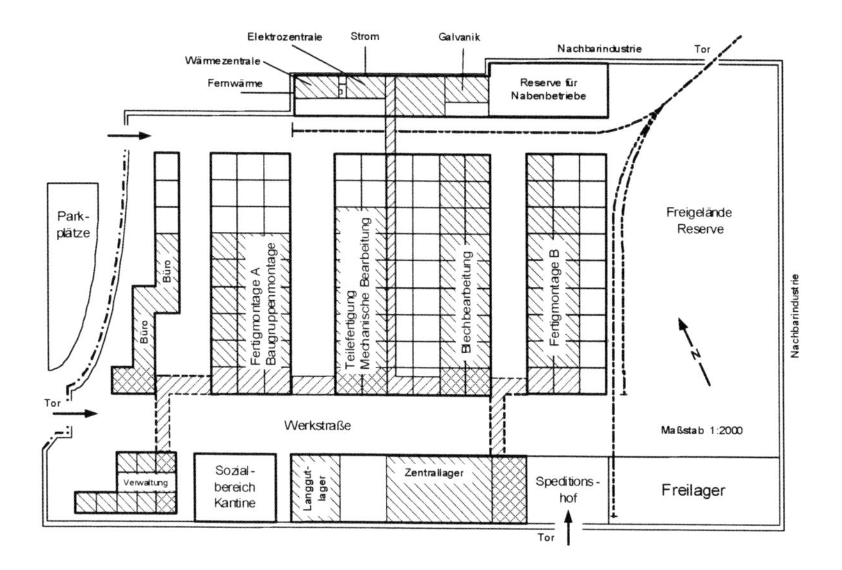


**Abb. 4.41** Gewachsene, verrichtungsorientierte Fabrikstruktur

### Ergebnis

Das Ergebnis der Strukturplanung führte im Soll-Zustand zu einer Lösung, bei der beide Produkte völlig getrennt voneinander im Sinne einer Komplettfertigung hergestellt werden (Abb. 4.42). Die gemeinsame Vorfertigung wurde aufgelöst, so dass für jedes Produkt der gesamte Wertschöpfungsprozess von der Vorfertigung bis Fertigmontage in einer Organisationseinheit verläuft. Auch die zugehörigen Beschaffungslager, Zwischenpuffer und Fertigproduktelager sind in die neu entstandenen Einheiten integriert.

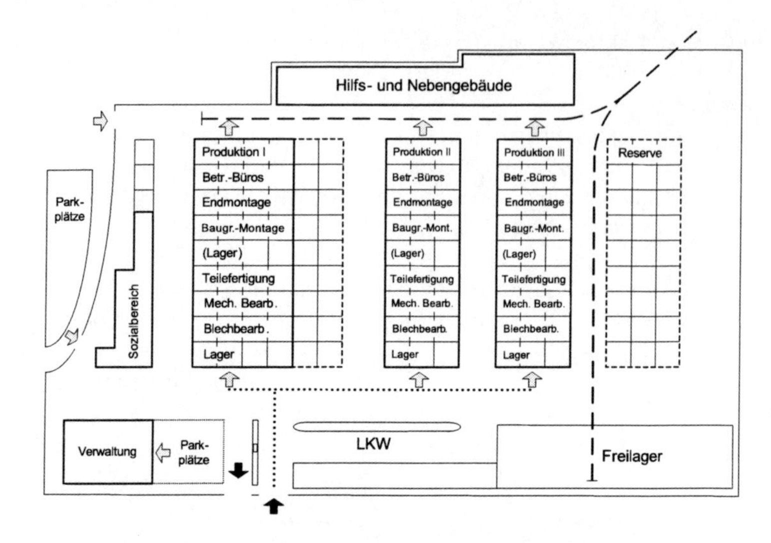


**Abb. 4.42** Neue Fabrikstruktur durch Bildung selbstständiger Produktlinien

Mit der neuen Fabrikstruktur wurden erreicht:

- Vermeidung von Schnittstellen im Materialfluss
- Vereinfachte Durchsteuerung der Aufträge
- Kurze Durchlaufzeiten und geringe Bestände

### 4.5.3 Beispiel: Strukturplanung Fertigung medizintechnischer Geräte

**Aufgabenstellung**

Ein Hersteller von medizintechnischen Geräten produziert Qualitätsgeräte in einem Verbund von drei Produktionsstätten. Aufgrund veränderter Produktionsbedingungen ist die mehrstufige Fertigung durch eine Vielzahl von Lager- und Bereitstellflächen eingeengt. Hauptprobleme sind die

- Verteilung der Wertschöpfung über die drei Standorte
- Anordnung der Fertigungsabschnitte
- Lagerung und Bereitstellung des Materials

Aufgabenstellung ist, die langfristige Werksentwicklung strukturell bezüglich Produktion und Logistik zu optimieren, gegebenenfalls einen zusätzlichen Standort „Grüne Wiese“ vorzusehen. Dabei sind folgende Einzelfragen zu beantworten:

- Produktionsanordnung, d. h. Struktur der Produktion (nestförmig, L-förmig etc.)
- Lager- und Pufferstruktur, d. h. Lagerung von Rohwaren und Hilfsstoffen (zentral, dezentral, gemischt)
- Material- und Informationsflussstruktur, d. h. Materialversorgung der Produktion mit Rohwaren, Zwischenprodukten und Verpackungsmaterialien (Materialfluss, Transporteinheiten, Transportsysteme etc.)
- Bereitstellungsorganisation und Logistikstrategien, d. h. Organisation der Materialplanung und Bereitstellung (Informationsfluss bedarfsorientiert, KANBAN etc.)
- Innerbetrieblicher Transport, d. h. Materialfluss zwischen den Fertigungsabschnitten sowie Anbindung der Produktion an die Fertigwarenlagerung

**Ergebnis**

Ausgehend von den erarbeiteten Planungsausgangswerten wurden u.a. folgende Subsysteme (Teilprojekte) mit ihren Ausprägungen ausgearbeitet sowie qualitativ und quantitativ bewertet (Abb. 4.43 und 4.44)

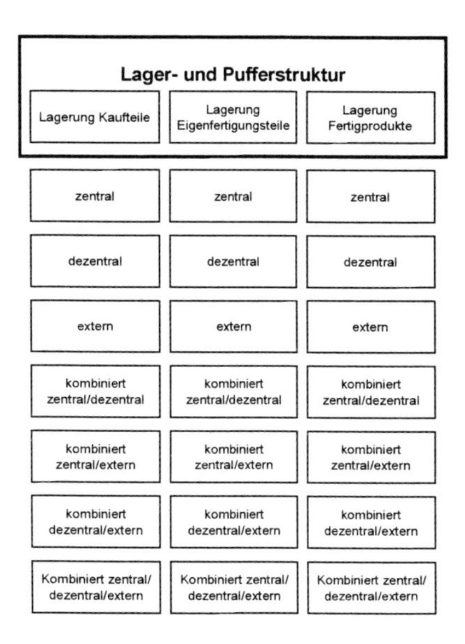


**Abb. 4.43** Subsystem „Lager- und Pufferstruktur" mit relevanten Ausprägungen

- Lager- und Pufferstruktur
- Anordnung von Produktionseinheiten
- Anzahl Standorte

| Anordnung von Produktionseinheiten | | | | | | |
|---|---|---|---|---|---|---|
| Anordnung Lackiererei | Anordnung einfacher Montagen | Anordnung Flaschenfüllung | Anordnung Montage B | Anordnung Dreherei | Anordnung Service | Anzahl Standorte |
| extern | extern | extern | Segment | extern | extern | 1 Standort |
| intern | intern | intern | intern | Intern HGW | Standort A und B | 2 Standorte |
| anderer Standort | anderer Standort | anderer Standort | X %-Tochter | anderer Standort | Standort A | 3 Standorte |
| X %-Tochter | X %-Tochter | X %-Tochter | | X %-Tochter | X %-Tochter | 4 Standorte |
| | | | | Segment | mobil | |

**Abb. 4.44** Subsysteme „Anordnung von Produktionseinheiten“ und „Anzahl Standorte“ mit relevanten Ausprägungen

Dabei wurden sechs in Frage kommende Strukturvarianten mit ihren Vor- und Nachteilen betrachtet. Deren Bewertung erfolgte mittels Nutzwert-Analyse.

**Anwendung der Nutzwert-Analyse**

Bei der Nutzwert-Analyse wurde das Zielsystem in Abb. 4.45 zugrunde gelegt. Die zeilenweise aufgeführten Ziele werden hinsichtlich ihrer Abhängigkeiten von allen anderen Zielen bewertet. Die Zeilensumme ergibt die „Aktivsumme“. Diese verdeutlicht, wie stark dieses Ziel andere Ziele beeinflusst. Je höher der Wert, desto stärker die Beeinflussung anderer Ziele. Die spaltenweise dargestellte „Passivsumme“ dagegen sagt aus, wie stark das jeweilige Ziel von anderen beeinflusst wird. Die Rangliste in der letzten Spalte bedeutet, je höher die Aktivsumme – also die Beeinflussung anderer Ziele, desto wichtiger ist das Ziel. Demnach hat in diesem Projektbeispiel ein geringer Umlaufbestand mit 33 Punkten die größte Bedeutung, gefolgt vom Investitionsaufwand mit 32 Punkten.

| Zielsystem | hoher Flächennutzungsgrad | hoher Raumnutzungsgrad | geringe Durchlaufzeiten | geringe Transportintensität | geringer Koordinationsaufwand | geringer Umlaufbestand | hohe Flexibilität beim Produktionsprogramm | hohe Flexibilität bei Produktionsmengen | hohe Erweierungsfähigkeit | geringer Investitionsaufwand | geringes Anlagevermögen | geringe Betriebskosten | stufenweise Realisierbarkeit | hohe Mitarbeitermotivation | **Aktivsumme** | **Rangfolge** |
|---|---|---|---|---|---|---|---|---|---|---|---|---|---|---|---|---|
| hoher Flächennutzunggsgrad | 0 | 2 | 0 | 1 | 0 | 0 | 0 | 0 | 1 | 2 | 2 | 2 | 3 | 0 | **13** | **12** |
| hoher Raumnutzungsgrad | 1 | 0 | 0 | 1 | 0 | 0 | 0 | 0 | 1 | 2 | 2 | 2 | 3 | 0 | **12** | **13** |
| geringe Durchlaufzeiten | 0 | 0 | 0 | 3 | 3 | 3 | 3 | 3 | 0 | 2 | 0 | 2 | 3 | 1 | **23** | **4** |
| geringe Transportintensität | 0 | 0 | 3 | 0 | 2 | 2 | 3 | 3 | 0 | 2 | 0 | 2 | 2 | 1 | **20** | **9** |
| geringer Koordinationsaufwand | 0 | 0 | 2 | 2 | 0 | 3 | 3 | 3 | 1 | 3 | 0 | 2 | 2 | 3 | **24** | **3** |
| geringer Umlaufbestand | 3 | 3 | 3 | 1 | 2 | 0 | 3 | 3 | 2 | 3 | 3 | 3 | 3 | 1 | **33** | **1** |
| hohe Flexibilität beim Produktionsprogramm | 0 | 0 | 3 | 3 | 2 | 2 | 0 | 0 | 1 | 3 | 3 | 2 | 1 | 3 | **23** | **4** |
| hohe Flexibilität bei Produktionsmengen | 0 | 0 | 3 | 3 | 3 | 2 | 0 | 0 | 2 | 1 | 3 | 1 | 1 | 3 | **22** | **6** |
| hohe Erweiterungsfähigkeit bei Flächen | 2 | 2 | 0 | 0 | 0 | 1 | 3 | 3 | 0 | 1 | 3 | 1 | 3 | 0 | **19** | **11** |
| geringer Investitionsaufwand | 3 | 3 | 2 | 2 | 1 | 3 | 3 | 3 | 1 | 0 | 3 | 3 | 3 | 2 | **32** | **2** |
| geringes Anlagevermögen | 2 | 2 | 0 | 0 | 0 | 3 | 1 | 1 | 3 | 3 | 0 | 2 | 3 | 1 | **21** | **7** |
| geringe Betriebskosten | 0 | 0 | 0 | 2 | 0 | 3 | 0 | 0 | 0 | 2 | 2 | 0 | 0 | 0 | **9** | **14** |
| stufenweise Reaklisierbarkeit | 3 | 3 | 1 | 1 | 0 | 0 | 1 | 1 | 0 | 3 | 3 | 3 | 0 | 2 | **21** | **7** |
| hohe Mitarbeitermotivation | 1 | 1 | 3 | 2 | 2 | 2 | 2 | 2 | 2 | 0 | 1 | 2 | 0 | 0 | **20** | **9** |
| **Passivsummen** | **15** | **16** | **20** | **21** | **15** | **24** | **22** | **22** | **14** | **27** | **25** | **27** | **27** | **17** | | |

0 keine Beeinflussung / Abhängigkeit
1 geringe Beeinflussung / Abhängigkeit
2 mittlere Beeinflussung / Abhängigkeit
3 hohe Beeinflussung / Abhängigkeit

**Abb. 4.45** Abhängigkeit der Ziele innerhalb des Zielsystems

Im nächsten Schritt der Nutzwert-Analyse wurden die einzelnen Ziele von jedem Projektmitglied hinsichtlich der Erfüllung in den Varianten 1 bis 6 bewertet. Die ermittelte Aktivsumme ist dabei der Gewichtungsfaktor. Abb. 4.46 zeigt beispielhaft die Bewertung durch ein Teammitglied.

Bearbeiter: xy

| | Aktivsumme | V1 Bewertung | V1 Teilnutzen | V2 Bewertung | V2 Teilnutzen | V3 Bewertung | V3 Teilnutzen | V4 Bewertung | V4 Teilnutzen | V5 Bewertung | V5 Teilnutzen | V6 Bewertung | V6 Teilnutzen |
|---|---|---|---|---|---|---|---|---|---|---|---|---|---|
| hoher Flächennutzungsgrad | 13 | 3 | 39 | 2 | 26 | 3 | 39 | 2 | 26 | 3 | 39 | 3 | 39 |
| hoher Raumnutzungsgrad | 12 | 3 | 36 | 2 | 24 | 3 | 36 | 2 | 24 | 3 | 36 | 3 | 36 |
| geringe Durchlaufzeiten | 23 | 2 | 46 | 3 | 69 | 3 | 69 | 3 | 69 | 2 | 46 | 3 | 69 |
| geringe Transportintensität | 20 | 2 | 40 | 3 | 60 | 3 | 60 | 1 | 20 | 1 | 20 | 2 | 40 |
| geringer Koordinationsaufwand | 24 | 2 | 48 | 3 | 72 | 3 | 72 | 1 | 24 | 1 | 24 | 1 | 24 |
| geringer Umlaufbestand | 33 | 3 | 99 | 2 | 66 | 2 | 66 | 1 | 33 | 3 | 99 | 3 | 99 |
| hohe Flexibilität beim Produktionsprogramm | 23 | 2 | 46 | 3 | 69 | 3 | 69 | 2 | 46 | 3 | 69 | 3 | 69 |
| hohe Flexibilität bei Produktionsmengen | 22 | 2 | 44 | 3 | 66 | 3 | 66 | 2 | 44 | 2 | 44 | 2 | 44 |
| hohe Erweiterungsfähigkeit bei Flächen | 19 | 1 | 38 | 1 | 19 | 3 | 57 | 1 | 19 | 3 | 57 | 2 | 38 |
| geringer Investitionsaufwand | 32 | 2 | 64 | 2 | 64 | 1 | 32 | 3 | 96 | 3 | 96 | 3 | 96 |
| geringes Anlagevermögen | 21 | 2 | 21 | 2 | 42 | 1 | 21 | 2 | 42 | 3 | 63 | 3 | 63 |
| geringe Betriebskosten | 9 | 2 | 18 | 2 | 18 | 2 | 18 | 2 | 18 | 3 | 27 | 2 | 18 |
| stufenweise Realisierbarkeit | 21 | 3 | 63 | 3 | 63 | 3 | 63 | 3 | 63 | 3 | 63 | 3 | 63 |
| hohe Mitarbeitermotivation | 20 | 1 | 20 | 2 | 40 | 2 | 40 | 2 | 40 | 2 | 40 | 2 | 40 |
| | | 624 | | 698 | | 708 | | 564 | | 723 | | 738 | |

**Bewertung der Varianten:**

Festlegung, wie gut wird das jeweilige Ziel erfüllt:

0 nicht erfüllt
1 wenig
2 teilweise erfüllt (ab 30% bis 80%)
3 erfüllt (ab 80%)

**Abb. 4.46** Varianten bezogene Bewertung der Ziele

Da jedes Teammitglied seine individuelle Bewertung vorgenommen hat, sind jeweils unterschiedliche Varianten als „Gewinner" aus der Nutzwert-Analyse hervorgegangen. Deshalb müssen die Ergebnisse zusammengefasst werden. Das Ergebnis zeigt Abb. 4.47. Die Variante 6 geht mit 37 Punkten als Sieger hervor, gefolgt von Variante 5 mit 32 Punkten.

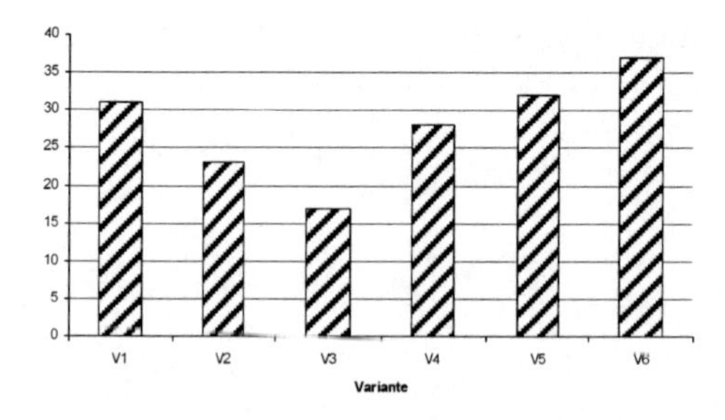


**Abb. 4.47** Rangfolge der Varianten aus der Nutzwert-Analyse

Auf der Basis der Nutzwert-Analyse konnte die Aussage abgesichert werden, dass Konzeptvarianten mit Einbindung externer Dienstleister und Outsourcing von Nichtkernkompetenzen favorisiert werden sollten. Daher wurde anschließend eine Variante 7 erarbeitet, die vom gesamten Entscheidungs- und Projektteam getragen wird.

**Layout für die ausgewählte Strukturvariante**

Für die Variante 7 wurden verschiedene Kapazitätsverteilungen über die Standorte, Layouts und Flächenberechnungen erstellt, sowohl für die vorhandenen Standorte als auch die „Grüne Wiese".

Das Layout der „Grüne Wiese"-Lösung zeigt Abb. 4.48. Es wurde eine Optimierung des Materialflusses durch die klassische U-förmige Anordnung der Flächen erreicht. Zur Entflechtung der Komplexität sind fünf voneinander unabhängige Montagelinien vorgesehen.

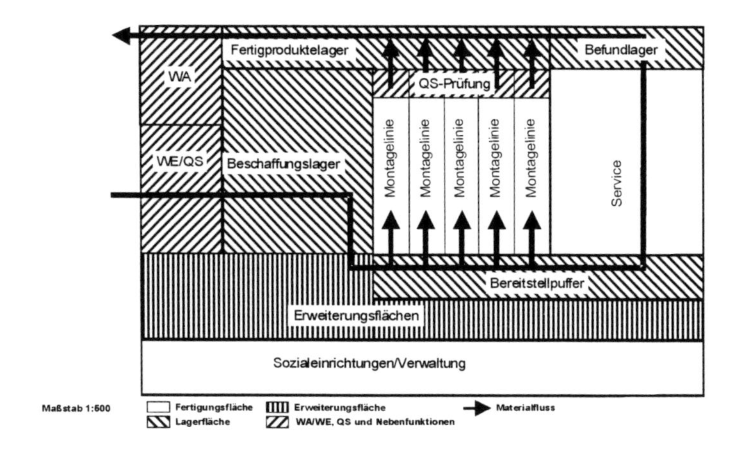


**Abb. 4.48** Soll-Layout für die „Grüne Wiese"-Lösung

An einem der vorhandenen Standorte wurde durch Verlagerung von Lager- und Serviceflächen kurzfristig Fläche frei, auf der eine zentrale Lagerung mit Erweiterung des Versandes eingerichtet wurde. Abb. 4.49 zeigt die mögliche Nutzung der freiwerdenden Flächen im Detail-Layout. Aufgrund des kurzfristig notwendigen Lagerplatzbedarfes werden die freiwerdenden Flächen mit Fachbodenregalen ausgestattet.

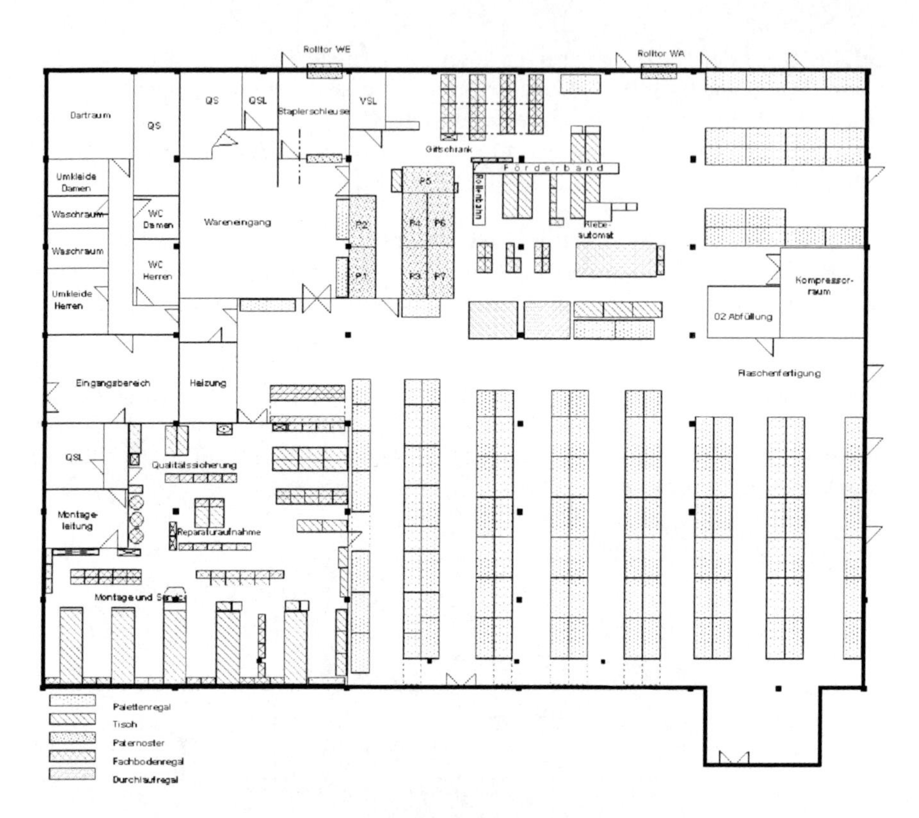


**Abb. 4.49** Detail-Layout für einen vorhandenen Standort

## 4.5.4 Beispiel: Strukturplanung Serienpumpenproduktion

### Aufgabenstellung

Ein Serienpumpenhersteller produziert an drei Werksstandorten. Aufgrund der Neugliederung der Geschäftsfelder des Unternehmens ist eine Zusammenlegen der Produktion an einem Standort geplant. Dabei sollen auch Rationalisierungsmöglichkeiten insbesondere in den Bereichen Lagerwirtschaft, Materialfluss und Montage erschlossen werden.

Die gestellte Planungsaufgabe ist typisch für eine Strukturplanung im Rahmen der ganzheitlichen Fabrikplanung. Folgende Hauptziele sollen erreicht werden:

– Langfristiges Konzept zur räumlichen und organisatorischen Neugliederung der Produktion

- Kosten-Nutzen-Analyse für die vorgeschlagene Planungsalternative zur Entscheidungsunterstützung
- Realisierung kurzfristiger Einzelmaßnahmen bereits aus den Erkenntnissen der Analyse des Ist-Zustandes heraus

Zu Beginn der Projektarbeit wurden u.a. folgende Hauptprobleme vom Projektteam und den direkt und indirekt betroffenen Mitarbeitern und Führungskräften genannt:

- Hohe Bestände in Fertigteilen und Fertigware
- Fehlteile trotz hoher Bestände
- Hohe Gesamtdurchlaufzeit von 78 Tagen und hohe Lieferzeit von 17 Tagen
- Organisatorische Durchlaufzeit auch für Standardaufträge sehr hoch
- Fertigung zu großer Lose in Gießerei und Mechanik
- Durchlauf zwischen Montage und Versand aufwändig und sehr stockend
- Der „Handel“ mit konfektionierter Ware steigt über 50% ohne entsprechende Einrichtungen für Lager und Versand

Als Teilziele für die Neustrukturierung wurden vom Unternehmen u.a. definiert:

- Lieferzeit verkürzen unter 8 Tage, bei Beibehaltung der Lieferbereitschaft
- Steuerungszeit und Organisationskosten verringern
- Gießerei und mechanische Fertigung sollen kleinere Lose fahren, maximal Monatslose
- Zwischenlager
    - Volumen verkleinern
    - ET-Lager integrieren
    - Differenzierung nach Teilegruppen
    - Handlingaufwand verringern
- Fertigwarenlagervolumen verringern
    - flexiblere Fertigung und Montage
    - Lagerebene vorverlegen bei geringerer Wertschöpfung

Ein Hauptproblem betrifft die Durchlaufzeit (DLZ). In der Produktionslogistik ist die DLZ der Indikator der Leistungserstellung überhaupt. Folgende Möglichkeiten der DLZ-Verkürzung können unterschieden werden:

| | | | |
|---|---|---|---|
| – | Ausgehend vom Ist-Zustand | Werkstattprinzip | wenige Monate mehrere Wochen |
| – | Schritt 1: | Nest- oder Linienprinzip | wenige Wochen mehrere Tage |
| – | Schritt 2: | Flexible Automatisierung und materialflusstechnische Verkettung | wenige Tage mehrere Schichten |
| – | Schritt 3: | Informationstechnische Integration von Produktion und Logistik | Stunden |

**Ergebnis**
Um die Probleme beseitigen und Teilziele erreichen zu können, wurde im Ergebnis ein Logistikkonzept mit den Prinzipien der logistikgerechten Produktionsstruktur konsequent entwickelt:

- Logistikgerechte Produktstrukturierung, d. h. Modularisierung und Gestaltung des Konfigurationspunktes mit kurzer kundenauftragsorientierter Baugruppen- und Endmontage
- Montagesynchrone Fertigung und produktionssynchrone Beschaffung und Bereitstellung
- Vermeidung der Fertigfabrikatelagerung, d. h. direkte Bereitstellung im Versandbereich in Abhängigkeit des Zulaufs der Versandspediteure

Abb. 4.50 zeigt den Vergleich der Beschaffungs- und Durchlaufzeiten zwischen dem Ist-Zustand und dem betrachteten altenativen Lösungskonzepten:

- Ist-Zustand; mit 17 Tagen Lieferzeit, prognoseorientierter Fertigung, kundenaufträgsabhängiger Montage
- Lösung 1; mit 8 Tagen Lieferzeit, Veränderungen in der Organisation von Produkt- und Auftragsklärung sowie Fertigungssteuerung
- Lösung 2(1); mit 12 Tagen Lieferzeit, bei kompletter kundenauftragsbezogener Fertigung und Montage, teilweise synchron

– Lösung 2(2); mit 1 Tag Lieferzeit, bei prognoseorientierter Fertigung bis zum Konfigurationspunkt, danach kundenauftragsspezifische Fertigung synchron zur Montage, zusätzlich logistikgerechte Produktentwicklung nach dem Diabolo-Prinzip /Paw07-1, S.46–57/

Mit der Umsetzung der Lösung 2(2) ergab sich ein besonders erfreuliches Ergebnis. Aufgrund des ganzheitlichen Fabrikplanungsansatzes mit Einbeziehung der logistikgerechten Produkt- und Prozessstrukturierung konnte die Lieferzeit von 17 Tagen nicht nur auf die gewünschten 8 Tage reduziert werden, sondern auf 1 Tag!

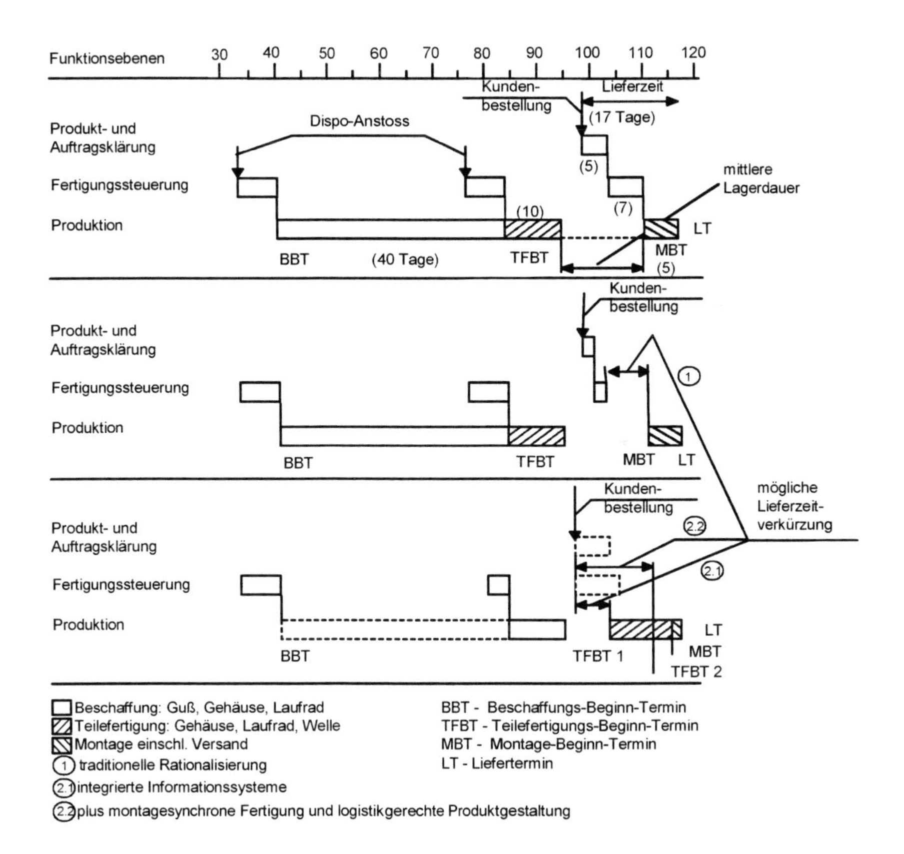


**Abb. 4.50** Vergleich der lieferzeitrelevanten Beschaffungs- und Durchlaufzeiten

**Weiterführende Teilprojekte**

Das Ergebnis der Strukturplanung führte zu folgenden Teilprojekten für die Neustrukturierung, die in der nächsten Planungsphase der Systemplanung bzw. Feinplanung bearbeitet werden:

- TP1: Zentrallager und Versand (unter Berücksichtigung differenzierter Logistikketten)
- TP2: Serienpumpenbau (mechanische Bearbeitung, Vormontage, Montagen, Aufmontage, Sonderbereiche, Oberflächenbehandlung)
- TP3: Lager- und Transporttechnik (innerhalb des Serienpumpenbaus mit Anlieferung, Bereitstellung,innerbetrieblicher Transport, Übergabe)
- TP4: Organisationssysteme (Fertigungsplanung, Fertigungssteuerung, Schnittstellen)
- TP5: Gebäude und technische Gebäudeausrüstung (Umbaumaßnahmen, Ver- und Entsorgung, Verkehrsabwicklung)

Für die zielgerichtete Bearbeitung der Teilprojekte war eine Projektorganisation mit interdisziplinären Teilprojektteams einzurichten.

## *4.6 Übungsfragen zum Abschnitt 4*

1. Erläutern Sie die Aufgabe der Strukturplanung, und nennen Sie Planungsfälle, die eine Strukturplanung erfordern.

2. Nennen Sie einige Anforderungen an die zukünftige Fabrikstruktur.

3. Welche Merkmale charakterisieren logistikgerechte Fabrikstrukturen?

4. Welche Planungsschritte umfasst die Strukturplanung? Und erläutern Sie diese kurz aus Sicht der Planungsvorgehensweise.

5. Ordnen Sie den Schritt der Layoutplanung in die Planungsphase der Strukturplanung ein.

6. Welche Methoden zur Anordnungsoptimierung kennen Sie?

7. Im Werkslayout müssen neben den Fertigungsflächen verschiedene Lager- und Pufferflächen in Abhängigkeit der Bereitstellungsstrategien unterschiede werden. Welche Bereitstellungsstrategien kennen Sie?

## 4.7 Literatur zum Abschnitt 4


/Agg90/ *Aggteleky, B.*: Fabrikplanung, Band 1.
Carl Hanser Verlag, München 1990

/Bar98/ *Barth, H.; Gross, W.*: Fabrik mit Modellcharakter – Neue Zielhierarchie bei der Fabrikplanung.
ZwF Zeitschrift für wirtschaftliche Fertigung 93(1998)1–2, S. 15–17

/Bra84/ *Bracht, U.*: Rechnergestützte Fabrikanalyse und -planung auf der Basis einer flächenbezogenen Werksstruktur-Datenbank.
Berichte aus dem Institut für Fabrikanlagen (Reihe 2, Nr. 76), Universität Hannover 1984

/Bra88/ *Bracht, U.*; *Ricken, U.*: Rechnerunterstützte Fabrikflächenplanung.
ZwF Zeitschrift für wirtschaftliche Fertigung 83(1988)8, S. 389–393

/Bul94/ *Bullinger, H.J.; Lung, M.*: Planung der Materialbereitstellung in der Montage.
Teubner Verlag, Stuttgart 1994

/Ehr84/ *Ehrecke, G.*: Prozeßautomatisierung und ihre Auswirkungen auf die Planung von Industriebauten.
ZwF Zeitschrift für wirtschaftliche Fertigung 79(1984)12, S. 569–574

/Gru05/ *Grundig, C.-G.:* Fabrikplanung – Planungssystematik, Methoden, Anwendungen.
Carl Hanser Verlag, 2. Auflage, München/Wien 2005

/Har95/ *Hartmann, T.*: Beitrag zur Senkung der Komplexität in der Materialflusssteuerung.
Schriftenreihe der Forschungsgemeinschaft für Logistik e.V. 01, Hamburg 1995

/Hei87/ *Heidbreder, U.W.*: Strukturplanung als abgesicherte Basis zur Gestaltung der Fabrik.
In: Tagungsunterlage „Fabrikplanung und -organisation" der TAW am 19. und 20.02.1987, Wuppertal

/Kar85/ *Karsten, G.:* Industriebaulogistik und Automation – Eine Herausforderung an die Industriearchitektur.
Industriebau 31(1985)6, S. 446–447

/Kar88/ *Karsten, G.:* Fabrikanlagen für die „Fabrik der Zukunft".
In: Tagungsunterlage „Fabrikplanung und -organisation" der TAW am 28.10.1988, Wuppertal

/Kar90/ *Karsten, G.*: Fabriken für das 21. Jahrhundert.
Industrie-Anzeiger (1990)103, S. 48–50

/Kur91/ *Kurz, J.*: Kubusanalyse zur Bestimmung der Dispositionsinstrumente.
Io Management Zeitschrift 60(1991)11, S. 94–97

/Kwi98/ *Kwijas, R.*: Fabrikstrukturen – Einfluss der Logistikstrategien.
Jahrbuch der Logistik 1998, S. 196–198

/Loh85/ *Lohmann, H.:* Werksstrukturplanung – Keine Zukunft ohne Planung.
fördermittel journal (1985)6, S. 26–29

/Loh86/ *Lohmann, H; Sauthoff, H.-J.:* Neuordnung einer Fertigung für Werkzeugmaschinen.
ZwF Zeitschrift für wirtschaftliche Fertigung 81(1986)7, S. 358–363

/Mar88/ *Marquardt, U.*: Methode zur CAD-gestützten Flächenkennzahlermittlung.
Universität Bremen

/Mül06/ *Müller-Seegers, M.; Fisser, F.; Nyhuis, P.:* Produktivität durch maßgeschneiderte Fabriken.
Wt Werkstattstechnik online 96(2006)5, S. 297–301

/Neu99/ *Neundorf, W.; Scheffczyk, H.; Vollmer, L.*: Entwicklung einer wandlungsfähigen Fabrikstruktur.
Wt Werkstattstechnik 89(1999)1/2, S. 9–12

/Paw85/ *Pawellek, G.*: Logistikorientierte Neuordnung produzierender Unternehmen.
ZwF Zeitschrift für wirtschaftliche Fertigung 80(1985)8, S. 353–358

/Paw97/ *Pawellek, G.; Schirrmann, A.*: Produktionslogistik-Leitsysteme im Schiffbau.
Schiff & Hafen 49(1997)11, S.92–96, S. 353–358

/Paw99/ *Pawellek, G.; Schirrmann, A.:* Dezentrale Leitsysteme – Die Reorganisation der Produktionslogistik ist notwendig.
zfo Zeitschrift Führung + Organisation 68(1999)5, S. 255–259

/Paw01/ *Pawellek, G.; Martens, I.*: Supply Chain Management – Integrierte Beschaffungs- und Bereitstellungslogistik in Produktionsnetzen.
In: Jahrbuch der Logistik 2001, S. 157–160

/Paw07-1/ *Pawellek, G.*: Produktionslogistik – Grundlagen, Methoden, Tools.
Carl Hanser-Verlag, Leipzig/München 2007

/Paw07-2/ *Pawellek, G.; Martens, I.:* Fabrikplanung.
In: Tagungshandbuch zum FORUM-Seminar „Ganzheitliche Fabrikplanung“ am 16.04.2007 in Frankfurt/Main, S. 26–36

/Pod77/ *Podolsky, J.P.*: Flächenkennzahlen für die Fabrikplanung – Planungskatalog für metallverarbeitende Fertigungen.
Beuth Verlag, Berlin/Köln 1977

/REFA/ Methodenlehre der Planung und Steuerung, Teil 2: Planung.
Carl Hanser Verlag (1974), München

/Rec91/ *Rechmann, H.:* Strukturplanung als abgesicherte Basis zur Gestaltung der Fabrik.
In: Tagungsunterlage „Fabrikplanung und -organisation“ der TAW am 07. und 08.03.1991, Zürich

/Reic04/ *Reichardt, J.; Gottswinter, C.:* Synergetische Fabrikplanung – Montagewerk mit den Planungstechniken aus dem Automobilbau realisiert.
IndustrieBAU (2004)3, S. 52–54

/Schm70/ *Schmigalla, H.*: Methoden zur optimalen Maschinenzuordnung.
Verlag Technik, Berlin 1970

/Schm91/ *Schmigalla, H.; Stanek, W.*: Optimierung flexibler logistikgerechter Fertigungsstrukturen.
Fördertechnik (1991)6, S. 23–27

/Schu84/ *Schulte, H.*: Die Strukturplanung von Fabriken. In: Handbuch der Techniken des Industrial Engineerings. Landsberg 1984, S. 1201–1254

/Schu97/ *Schulte, H.*: Marktanforderungen verändern Fabrikstrukturen. ZwF Zeitschrift für wirtschaftliche Fertigung 92(1997)1/2, S. 12–14

/Sta93/ *Stanek, W.; Koropp, J.*: Einheit von Fabrikplanung und Fertigungssteuerung. ZwF Zeitschrift für wirtschaftliche Fertigung 88(1993)2, S. 57–59

/VDI3595/ Methoden zur materialflussgerechten Zuordnung von Betriebsbereichen und -mitteln.

/Ves92/ *Vester, F.*: Leitmotiv vernetztes Denken. München 1992

/Wes00/ *Westkämper, E.*: Kontinuierliche und partizipative Fabrikplanung. Wt Werkstattstechnik 90(2003)3, S. 92–95

/Wie90/ *Wiendahl, H.P.:* Vorlesung Fabrikplanung. Universität Hannover 1990

/Wie98/ *Wiendahl, H. P.; Scheffzyk, H.*: Wandlungsfähige Fabrikstrukturen. Wt Werkstattstechnik 88(1998)4, S. 171–175

/Wir00/ *Wirth, S.; Enderlein, H.; Hildebrand, T.*: Visionen zur wandlungsfähigen Fabrik. ZwF Zeitschrift für wirtschaftliche Fertigung 95(2000)10, S. 456–461

/Wit01/ *Witt, K.*: Supply Chain Management bei kundenorientierter Montage. In: Handbuch zum 10. Hamburger Logistik-Kolloquium am 08.03.2001 an der TU Hamburg-Harburg

/ZVEI/ Kennzahlen – Ein Instrument zur Unternehmensteuerung. Frankfurt a. Main 1970

# 5 Systemplanung

## *5.1 Aufgabe der Systemplanung*

### 5.1.1 Begriff „Systemplanung“

Aufgabe der Systemplanung ist, die in der vorgeordneten Strukturplanung definierten Projekte für die einzelnen Funktionssysteme unter Einbeziehung der vor- und nachgeschalteten Systeme wirtschaftlich zu gestalten. In der Strukturplanung wurde bereits das Werkslayout entwickelt, d. h. für die Funktionssysteme wurden prinzipielle Lösungen betrachtet, Flächenbedarfe ermittelt, deren Anordnung unter Berücksichtigung der Methoden der Materialflussplanung optimiert und die bereichsübergreifenden Schnittstellen definiert.

**Materialfluss**

Nach /VDI 3300/ wird unter Materialfluss „die Verkettung aller Vorgänge beim Gewinnen, Be- und Verarbeiten sowie bei der Verteilung von stofflichen Gütern innerhalb festgelegter Bereiche“ verstanden. Im Einzelnen gehören dazu z. B. die Funktionen Fertigen und Montieren, Lagern und Transportieren, aber analog auch Handhaben, Prüfen, Verpacken, etc.

Die Materialflussplanung bezog sich in der Werkstrukturplanung hauptsächlich auf die grobe Planung der Materialflussstruktur, d. h. der Verkettung der Funktionsbereiche (Abb. 5.1). Ein bestimmter Funktionsbereich einer Fabrik wird in

Materialflussrichtung betrachtet als Materialflussabschnitt bezeichnet /Paw07, S.58–73/. Auf dieser Ebene übernimmt der Materialfluss die Verkettung der einzelnen Funktionssysteme

- Fertigungs- und Montagesysteme,
- Lager- und Transportsysteme.

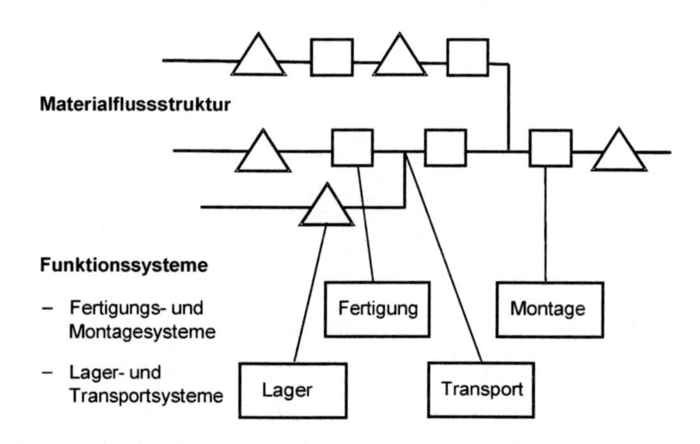


**Abb. 5.1** Materialflussstruktur und -systeme

Für die Systemplanung sind nun die wesentlichen Voraussetzungen gegeben und die Anforderungen für die wirtschaftliche Gesamtlösung festgelegt. Für die einzelnen Funktionssysteme werden Systemalternativen erarbeitet und bewertet sowie die voraussichtlich wirtschaftlichste Alternative ausgewählt. Wirtschaftlichkeit ist der Maßstab, an dem die Lösungen gemessen werden, nicht die technisch interessanteste Lösung.

### 5.1.2 Abhängigkeiten und Anforderungen

Ausgangspunkt der Planung sind Marktdaten über Art und Menge der herzustellenden Produkte. Daraus ergeben sich die Abhängigkeiten zu den verschiedenen Systemen der Fabrik (Abb. 5.2).

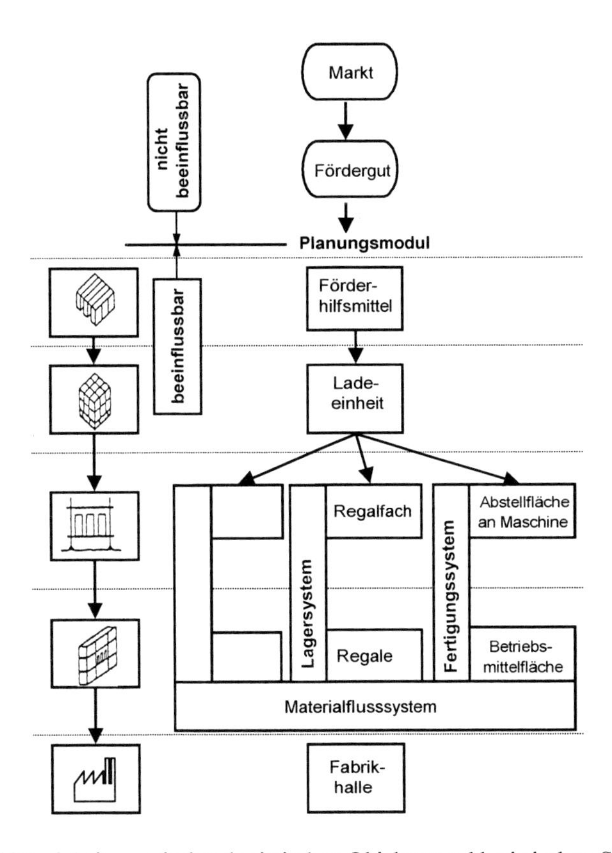


**Abb. 5.2** Abhängigkeiten zwischen logistischen Objekten und logistischen Systemen

Aus den Produkten mit ihren Komponenten und Teilen resultieren die Fördergüter, auf deren Basis die Förderhilfsmittel bzw. die Fertigungs-, Montage-, Lager- und Transporteinheiten definiert werden. Ausgehend von den Marktanforderungen kann so ein optimal abgestimmtes Materialflusssystem geschaffen werden. Die Stellung des Förderhilfsmittels im Materialfluss erfordert, dass in der Fabrikplanung vielfältige Abhängigkeiten berücksichtigt werden.

Abhängigkeiten existieren selbstverständlich nicht nur zwischen technischen Systemen, sondern auch zu den Organisationssystemen (Abb. 5.3).

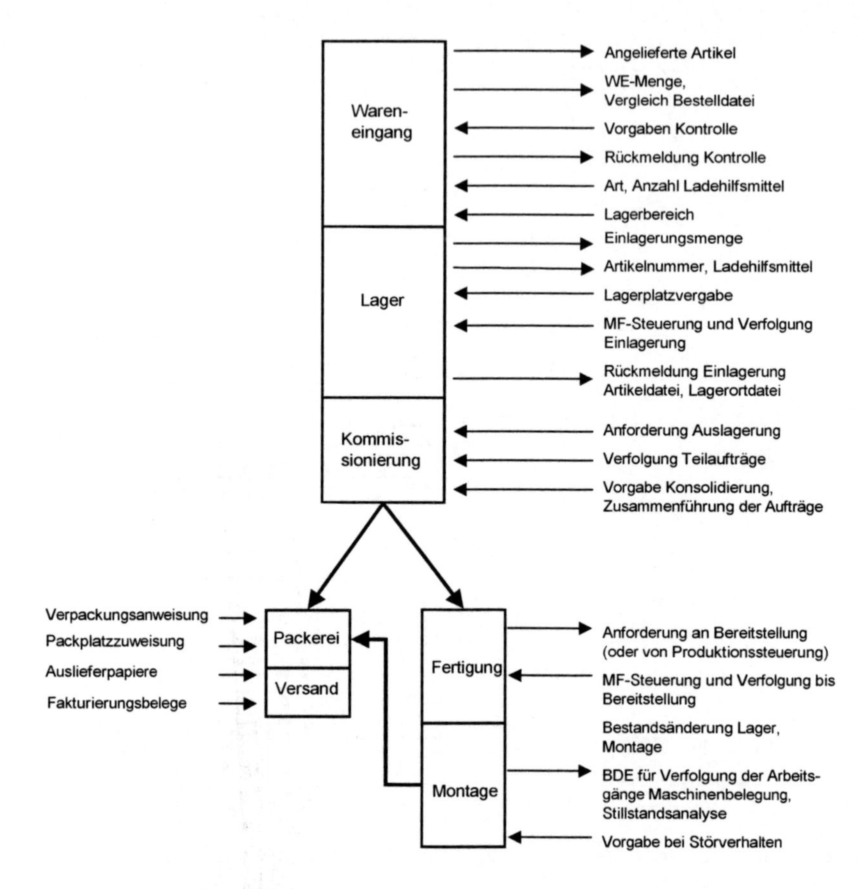


**Abb. 5.3** Abhängigkeiten zwischen Materialfluss und Organisation im Lager

Ausgehend vom Materialfluss bzw. der zu disponierenden und steuernden Transporteinheiten wird der Informationsfluss (Informationspunkte, -bedarfe, Identträger, BDE, Regelkreise etc.) abgeleitet.

Somit können die Anforderungen z. B. an die zu planenden Materialflusssysteme unterschieden werden in:

- Technische Anforderungen, z. B.
  - minimale Transportwege, -zeiten
  - angepasste Mechanisierung und Automatisierung

  - materialfluss- und informationsflusstechnische Integration
  - störungsfreier Betriebsablauf
- Organisatorische Anforderungen, z. B.
  - optimale Nutzung der vorhandenen Kapazitäten
  - Transparenz über die Lager- und Pufferbestände
  - bessere Lieferbereitschaft
  - schnelle Auftragsdatenerfassung, -bearbeitung und -auslieferung
- Wirtschaftliche Anforderungen
  - niedrige Investitions- und Betriebskosten
  - geringe Kapitalbindung in Anlagen (MOB) und Bestände (JIT)
  - Minimierung der Personalkosten
- Soziotechnische Anforderungen
  - Senkung der physischen Beanspruchung des Personals
  - Erhöhung der Leistungsmotivation
  - Verbesserung des Unfallschutzes

### 5.1.3 Herstellerneutrale Systemplanung

Die Entwicklung der funktionell geeignetsten und wirtschaftlich günstigsten Systemlösung kann nur unabhängig von Hersteller- und Lieferinteressen durchgeführt werden. Kenntnisse der spezifischen Systemeigenschaften sowie Hersteller- und Lieferantenübersicht sind selbstverständlich wichtige Voraussetzungen zur Bestimmung der Systemlösungen. Diese müssen vor allem den spezifischen Anforderungen der Aufgabenstellung mit höchstem Erfüllungsgrad gerecht werden.

Wirkliche Herstellerneutralität und größtmögliche Markttransparenz können jedoch nur von interdisziplinär ausgebildeten Planungsspezialisten gefordert werden /Paw92/. Diese sind im Tagesgeschäft entweder in Fabrikplanungsabteilungen der Produktionsunternehmen oder in externen Planungsunternehmen mit der Fabrik- bzw. Systemplanung vertraut /Hep98-1/.

## *5.2 Methodik der Systemplanung*

### 5.2.1 Betrachtungsebenen

Die zu planenden Systeme sind Bausteine einer integrierten wirtschaftlichen Gesamtlösung. Die Notwendigkeit, in der vorgeordneten Planungsphase Strukturplanung die Produktion im Verbund zu betrachten, muss nun auf das System übertragen werden. Auch die einzelnen Systeme sind jeweils ganzheitlich zu betrachten, d. h. die Teilsysteme

- Fertigungs- und Montagesysteme (Abschnitt 5.3),
- Materialfluss-, Lager- und Transportsysteme (Abschnitt 5.4),
- Organisations-, Planungs- und Steuerungssysteme (Abschnitt 5.5),
- Gebäudesysteme und Infrastruktur (Abschnitt 5.6).

müssen in der Systemplanung mit ihren Abhängigkeiten dargestellt und untersucht werden (Abb. 5.4). Die verschiedenen Systemplanungsprojekte sind zeitlich gestaffelt und führen anschließend zu den Ausführungsplanungen, in denen die einzelnen Gewerke detailliert, ausgeschrieben, realisiert und in Betrieb genommen werden.

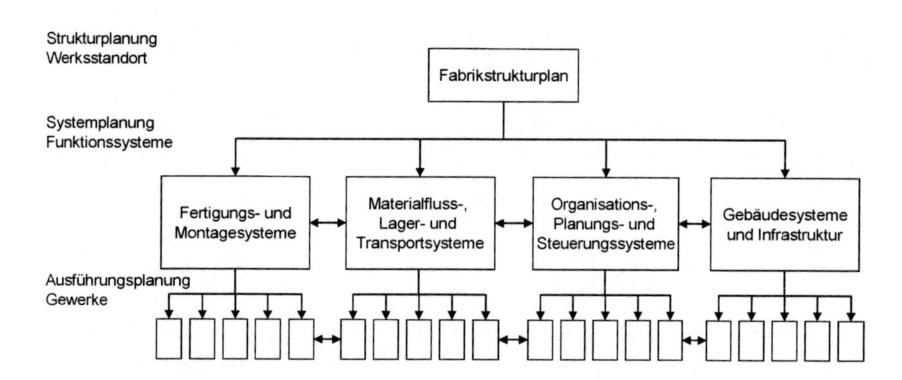


**Abb. 5.4** Einordnung der Systemplanung mit ihren Teilprojekten

Die Planungsschritte der Struktur- und Systemplanung sind praktisch identisch, die Planungsinhalte haben selbstverständlich einen unterschiedlichen Detaillierungsgrad (vgl. Bild 2.24):

- Strukturplanung, mit
  - Untersuchungsbereich „Werk“
  - Subsystem „Funktionssystem“ (z. B. Fertigung, Lager)
- Systemplanung, mit
  - Untersuchungsbereich „Funktionssystem“
  - Sub- bzw. Teilsystem „Gewerk“ (z. B. Bearbeitungszentrum, Lagereinrichtung)

### 5.2.2 Planungsschritte allgemein

Die Planungsschritte der Systemplanung sind Abb. 5.5):

- Analyse der Planungselemente
- Sub- bzw. Teilsystembestimmung für jeden Funktionsbereich mit der Bestimmung der Kapazitäten
- Bestimmung der Kapazitäten und Anforderungen Realplanung

Diese Planungsschritte sind für jedes in der Strukturplanung definierte Teilprojekt durchzuführen. Im Praxisbeispiel der Neustrukturierung einer Pumpenfertigung ergaben sich z. B. fünf Teilprojekte (vgl. Abschnitt 4.5.2). Diese Teilprojekte betreffen die Funktionsbereiche Zentrallager und Versand, Fertigung und Montage im Serienpumpenbau, Lager und innerbetrieblicher Transport, Organisationssysteme mit Fertigungsplanung und -steuerung sowie Gebäude und Technische Gebäudeausrüstung. Die Teilprojekte mit ihren Planungsschritten sind aufeinander abzustimmen. Zwischenergebnisse eines Teilprojektes können Aktivitäten in anderen Teilprojekten erforderlich machen.

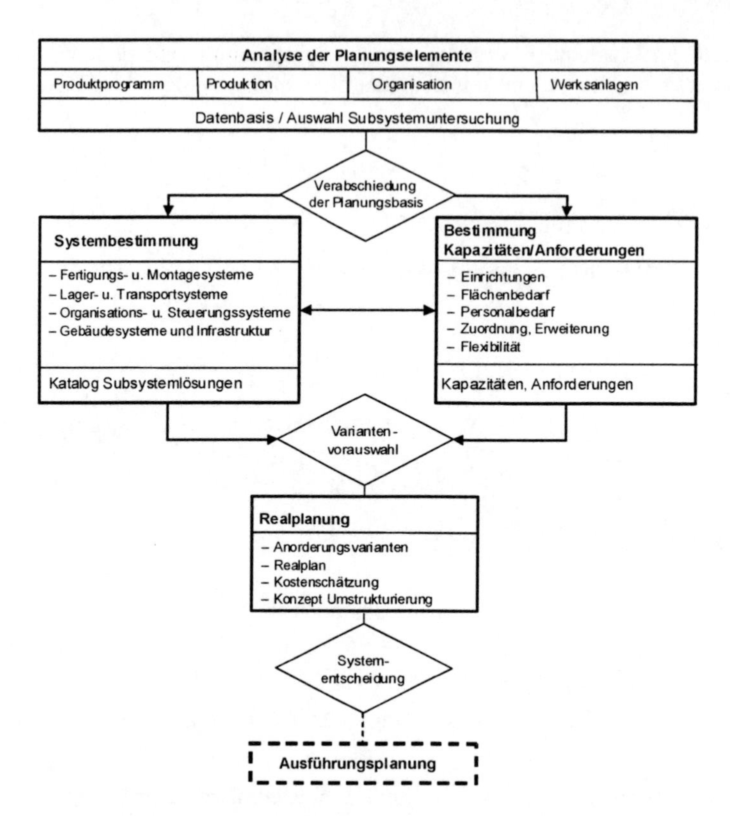


**Abb. 5.5** Planungsschritte der Systemplanung

Neben der Planung der Teilsysteme für die Fabrik im engeren Sinn, nämlich für die Produktionseinrichtungen und bauliche Anlagen, können weitere Teilaufgaben für eine funktionsfähige Fabrik im Rahmen der Ganzheitlichen Fabrikplanung zur Planungsaufgabe gehören. So wurden z. B. für die Planung eines Produktionswerkes für Ausgangsprodukte der Kosmetikbranche folgende fünf Teilprojekte definiert (Abb. 5.6):

– (A) Produktionseinrichtungen und bauliche Anlagen, d. h. Planung, Ausschreibung und Überwachung der Ausführung und Unterstützung der Inbetriebnahme des Fabriksystems einschließlich Bauwerke, Ver- und Entsorgungseinrichtungen, Außenanlagen, Verkehrsanbindung

– (B) Unternehmenslogistik, d. h. Ausarbeitung eines Logistik-Managementsystems für die Beschaffungs-, Produktions-, Distributions- und Entsorgungslogistik

- (C) Produktentwicklung, Qualitätssicherung und Marketing, d. h. Ausarbeitung und Einführung eines integrierten Produktentwicklungs-, Qualitätssicherungs- und Marketingsystems
- (D) Aufbauorganisation, d. h. Ausarbeitung eines Konzeptes für die Organisationseinheiten, Kommunikationswege, Personalbedarf, Stellenbeschreibungen, Qualifizierungsmaßnahmen
- (E) Projektmanagement, d. h. Koordination, Steuerung und Kontrolle der Gesamtmaßnahmen durch ein IT-gestütztes Pojektmanagement

Abbildung 5.5 macht deutlich, welche Planungsstufen zu Beginn der Systemplanung inhaltlich beschrieben werden konnten. Die gestrichelten Teilprojekte sind abhängig von den Zwischenergebnissen und können daher erst nach deren Vorliegen definiert werden.

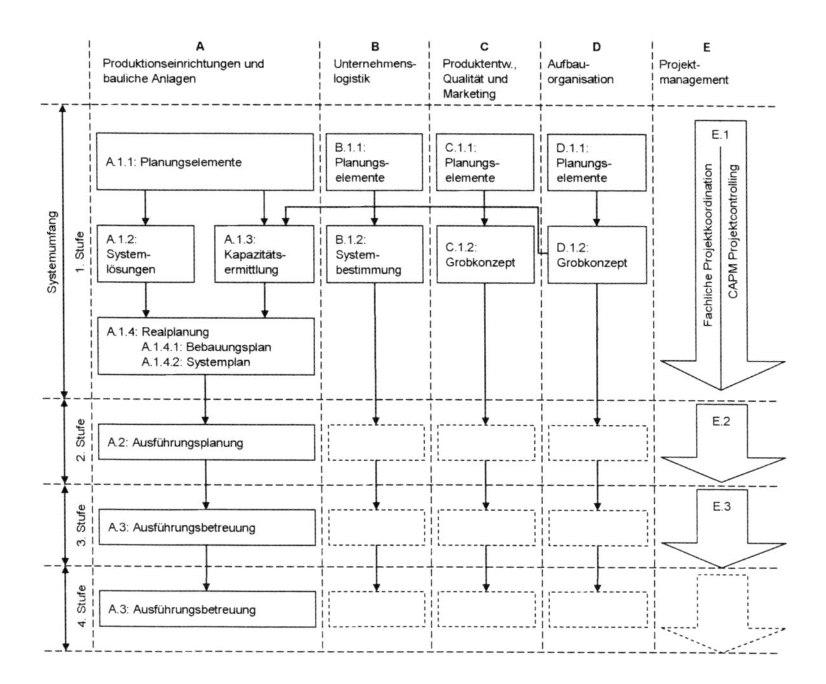


**Abb. 5.6** Gesamtstruktur eines Projektbeispiels

An die Phase der Systemplanung schließt sich die Ausführungsplanung (siehe Abschnitt 6) an mit den Schritten:

- Detailplanung
- Ausschreibungsverfahren
- Ausführungsüberwachung und Inbetriebnahme

### 5.2.3 Planungstiefe und Systembeispiele

In der Systemplanung sind die Teilsysteme die zu bestimmenden Gewerke. Demzufolge ist der Detailliertheitsgrad der Planung so zu wählen, dass die alternativen Lösungsmöglichkeiten für Teilsysteme verglichen und damit die Gewerke definiert werden können. Nachfolgend werden beispielhaft einige Systemlösungen gezeigt. Sie sind Ergebnis des Planungsschrittes der Realplanung und verdeutlichen die Planungstiefe der Systemplanung.

#### 5.2.3.1 Beispiel: Maschinen- und Anlagenbau

Das Unternehmen produziert modernste Metallbearbeitungsmaschinen und -anlagen. Eine abgeschlossene Strukturplanung hat die räumlichen Entwicklungsmöglichkeiten bei optimalem innerbetrieblichen Materialfluss festgelegt. In der anschließenden Systemplanung werden Systemuntersuchungen für die verschiedenen Funktionsbereiche Wareneingang, mechanische Fertigung, Montage, Versand, Gebäude und Informationssysteme durchgeführt.

Am Ende der Systemplanung steht ein Katalog von möglichen Lösungen für Einzelsysteme (Subsysteme), z. B.

- flexibles Fertigungssystem mit Bearbeitungszentren und Leitdraht geführten Transportsystemen (Abb. 5.7)
- Verkettung von Durchlaufregal und Montagearbeitsplätzen (Abb. 5.8)

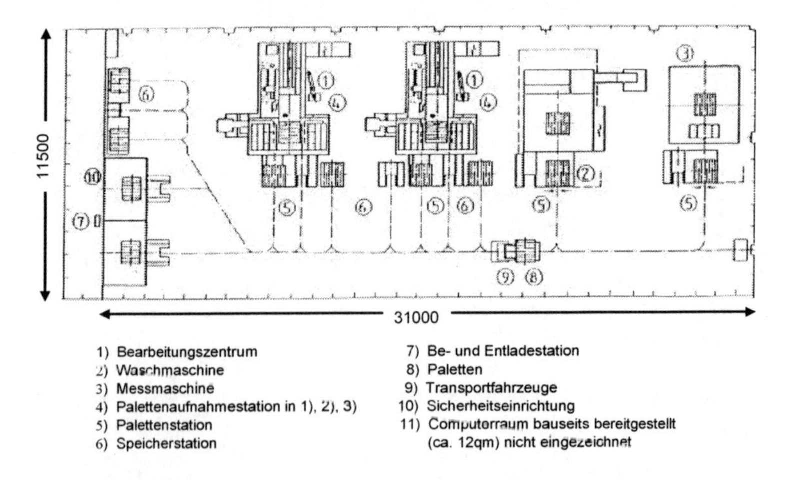


1) Bearbeitungszentrum
2) Waschmaschine
3) Messmaschine
4) Palettenaufnahmestation in 1), 2), 3)
5) Palettenstation
6) Speicherstation
7) Be- und Entladestation
8) Paletten
9) Transportfahrzeuge
10) Sicherheitseinrichtung
11) Computerraum bauseits bereitgestellt (ca. 12qm) nicht eingezeichnet

**Abb. 5.7** Integriertes Materialflusssystem in einem flexiblen Fertigungssystem

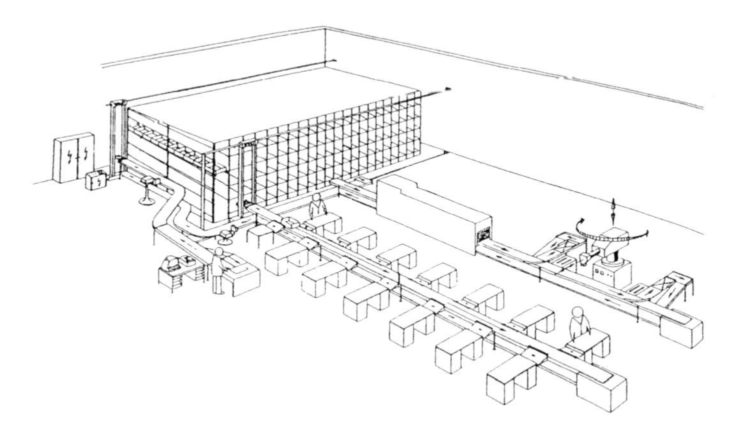

**Abb. 5.8** Verkettung von Durchlaufregal und Montagearbeitsplätzen

### 5.2.3.2 Beispiel: Flugzeugbau

Ein Ergebnis der Strukturplanung ist die Bildung von Montageabschnitten und die Flächendimensionierung (Abb. 5.9). Von den Arbeitsinhalten der Abschnitte ist nicht nur die kontinuierliche Kapazitätsauslastung abhängig, sondern auch die Zuordnung der Komponenten und Bereitstellflächen (Abb. 5.10). Daraus ergeben sich die Anforderungen für die Systemplanung, die Systembestimmung und Dimensionierung /Wol04/.

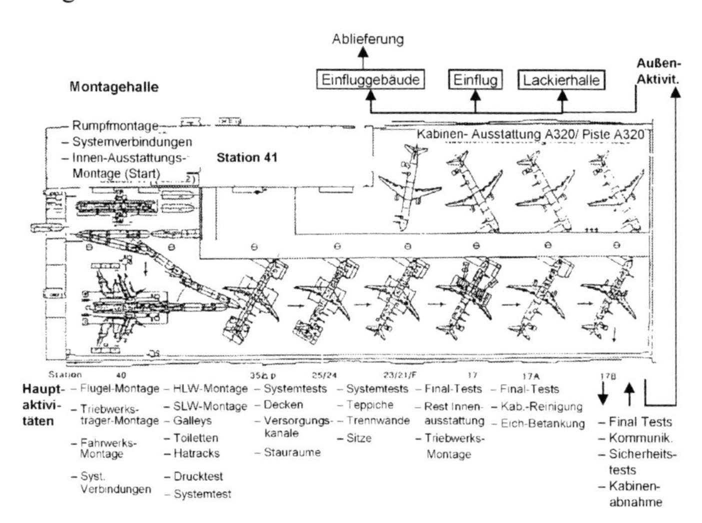


**Abb. 5.9** Montagehalle eines Flugzeugherstellers (Beispiel: Airbus Deutschland GmbH)

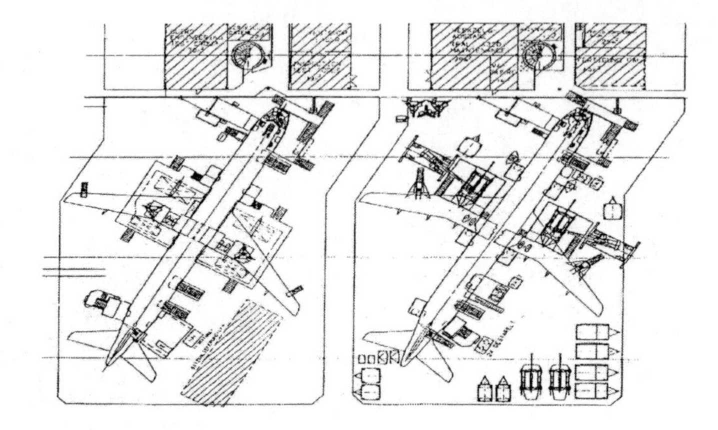

**Abb. 5.10** Sitze- und Triebwerksmontage (Beispiel: Airbus Deutschland GmbH)

### 5.2.3.3 Beispiel: Automobilbau

In einem Automobilwerk werden drei verschiedene PKW-Baureihen produziert. Sie unterscheiden sich aus produktionstechnischer Sicht in der Stückzahl, Fertigungszeit, Fertigungstiefe, Mitarbeiterzahl und dem Ziel, neuartige Arbeitsorganisationen in der Produktion zu integrieren /Bac90/.

Spezielle Montagetätigkeiten können in verschiedenen Montagekonzepten realisiert werden. So z. B. die Türenmontage direkt an der Karosserie am Montageband oder in einer Türenvormontage (Abb. 5.11).

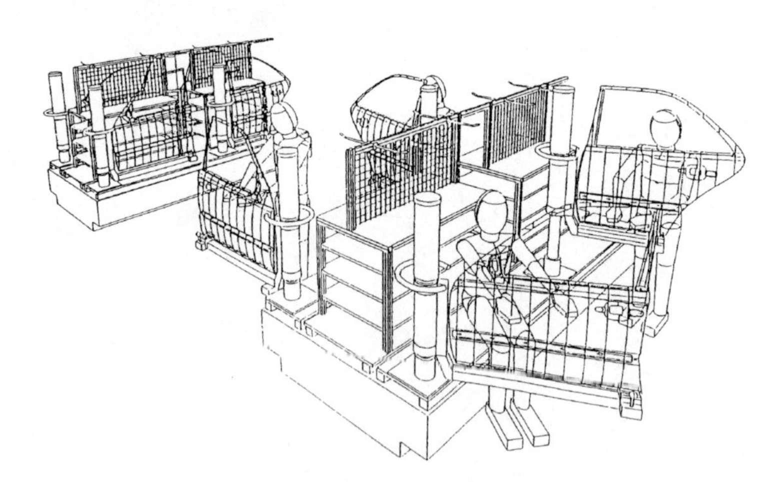

**Abb. 5.11** Türenvormontage (Beispiel: Daimler AG)

Teilaufgabe der Systemplanung ist, sinnvolle alternative Konzepte zu erstellen und zu vergleichen. Als Beispiel sei hier die Kabelsatzmontage genannt. Sie kann in einer herkömmlichen Linienmontage, in einer Boxenmontage verkettet mit einem fahrerlosen Transportsystem (FTS) oder in einem sternförmigen Boxensystem erfolgen. Alle drei Montagekonzepte unterscheiden sich in der planerischen Auslegung. Die Linienmontage ist für eine Großserienfertigung, die mit dem FTS verbundene Linienmontage für eine höhere Vielfalt und das Boxensternsystem für eine Kleinserienfertigung ausgelegt. Gemeinsam ist bei den Konzepten der Grundgedanke der Flexibilität, und zwar der

- Typenflexibilität,
- Variantenflexibilität,
- Nachfolgeflexibilität.

**Konventionelle Linienmontage**
Die Kabelsatzmontage als Teil der Linienmontage bedeutet für die Mitarbeiter, an langsam rollenden Fahrzeugen zu montieren und an einem bestimmten Bandabschnitt ihre Tätigkeiten beendet zu haben (Abb. 5.12). Die Folge ist eine starke Arbeitsteilung in kleine, wenig umfangreiche Teilaufgaben. Eine Erschwernis ist die stark gestiegene Zahl der Ausstattungsvarianten. Sie führt zu höheren Montagezeitspannen und Bandverdichtungen.

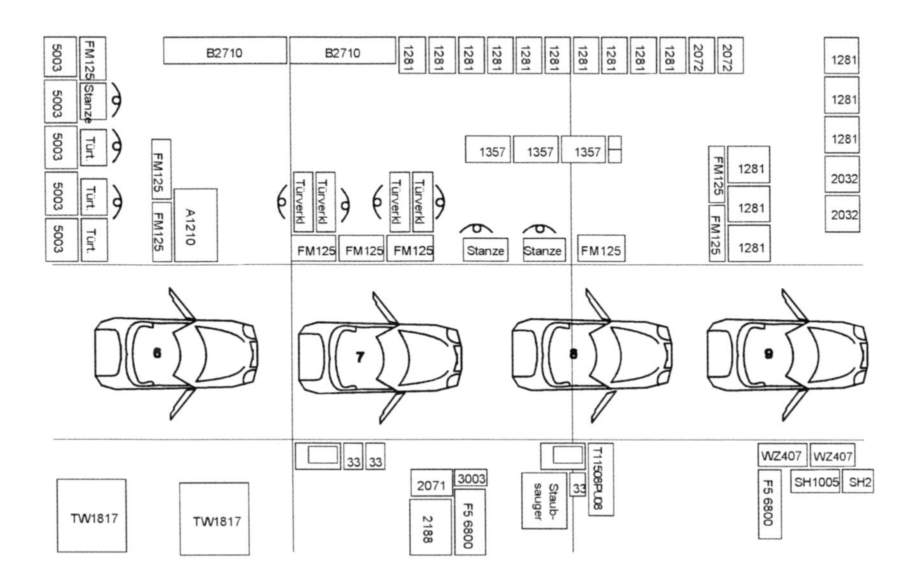


**Abb. 5.12** Materialzonenbelegung (Beispiel: Daimler AG)

**Boxenmontage**
Hierbei erfolgt die Kabelsatzmontage an parallelen, vom übrigen Produktionsfluss entkoppelten Boxenarbeitsplätzen (Abb. 5.13). Von den der Kabelsatzmontage vorgelagerten Inneneinbaubändern (Linienmontage) gelangen die Karossen in ein Produktionspuffer. Aus dieser entkoppelten Quelle werden die Karosserien mit dem dazugehörigen Material im 90-Sekunden-Takt mittels FTS zu einer freien Montagebox transportiert. Die Entkopplung und Verkettung über das FTS ermöglicht es, größere Unterschiede in den Arbeitsinhalten der Kabelsatzmontage aufzufangen (sie variieren zwischen 60 und 160 Minuten). Nach einem Zwischenpuffer können dann die Karosserien wieder in die Linienmontage eingeschleust werden.

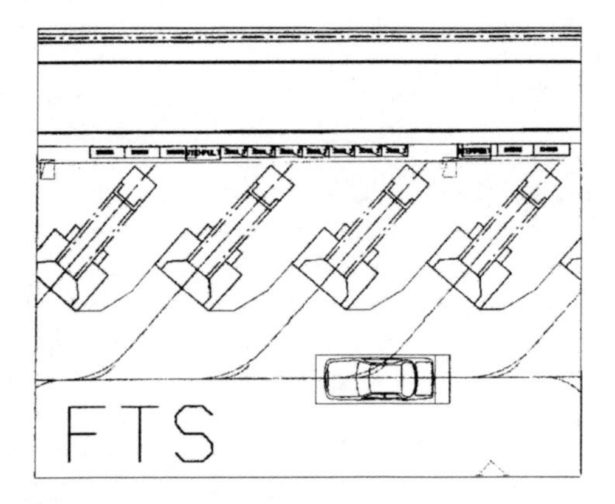


**Abb. 5.13** Boxenarbeitsplatz für die Kabelsatzmontage als Ausschnitt des CAD-Hallenlayouts einer Montagehalle (Beispiel: Daimler AG)

**Boxensternmontage**
Bei sehr stark schwankenden Arbeitsinhalten (Model-Mix) und noch komplexeren nicht teilbaren Montageumfängen kann die Boxensternmontage eine Systemlösung darstellen (Abb. 5.14).

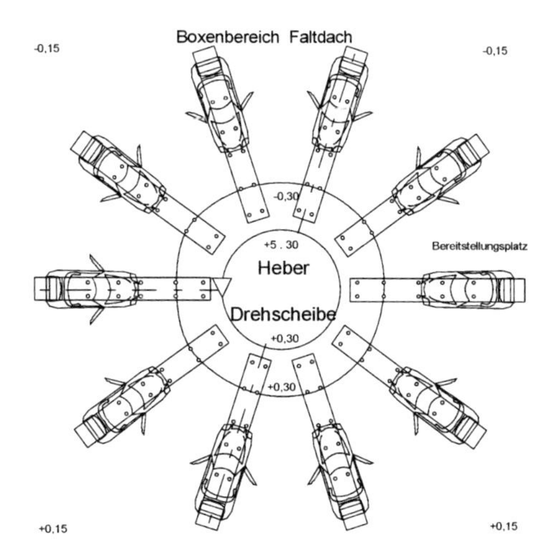


**Abb. 5.14** Montagelayout Boxenstern (Beispiel: Daimler AG)

# *5.3 Fertigungs- und Montagesystemplanung*

## 5.3.1 Anlässe und Anforderungen

Bei den Produktionsfunktionen wird die Montage als größtes Rationalisierungspotenzial angesehen. Im Vergleich zur Fertigung ist der Automatisierungsgrad in der Montage gering. Das Hauptbestreben der Unternehmen ist folglich oftmals eine reine Kostenreduzierung. Für viele Firmen ist dies gleichbedeutend mit einer Verminderung der Personalkosten. Wesentlich wichtiger ist jedoch die Entwicklung neuer Produkte und Dienstleistungen sowie die damit einhergehende Systemplanung für Fertigungs- und Montagesysteme.

Innovationen und Produktivität sind mit Investitionen verbunden. Eine starke Investitionszurückhaltung spart daher nur kurzfristig Kosten, mittelfristig schwächt sie hingegen /Tön03/. Deshalb sind zukunftsorientierte Maßnahmen wie die Verstärkung der Vertriebsaktivitäten zwingend verbunden auch mit einer zielgerichteten und wirtschaftlich sinnvollen Planung in flexible Fertigungs- und Montagesysteme. Die Einführung notwendiger flexibler Einrichtungen ist unerlässlich, da diese Agilität und Wandlungsfähigkeit ermöglichen.

### 5.3.2 Anpassung der Produktionssysteme

Von großer Bedeutung in der Systemplanung ist, der Forderung nach flexibler Produktionsleistung durch Anpassung der Systeme nachzukommen. Dies kann durch Erweiterung bzw. Rückbau von Komponenten und Arbeitsplätzen geschehen. Ein Beispiel für die betriebliche Umsetzung ist die sequentielle Erweiterung der Produktionseinrichtungen und damit Ausbau der Kapazität. Weiterhin soll am Ende eines Produktlebenszyklus auch eine Anpassung an die sinkenden Stückzahlen möglich sein, um in der späten Phase der Produktion unnötige Kosten zu vermeiden.

Zur Anpassung der Produktionsleistungen stehen drei unterschiedliche Prinzipien zur Verfügung /Bul95/:

- Synchronisation, d. h. die vorhandene Kapazität entspricht stets der nachgefragten Menge eines Erzeugnisses. Nachteil ist, für kurzfristige Nachfragespitzen müssen ausreichend Reserven vorhanden sein.
- Ausgleichsprinzip, d. h. unterschiedliche Nachfragesituationen werden bei gleichbleibender Produktionsmenge über Lagerauf- oder Lagerabbau abgedeckt. Nachteil ist die Gefährdung der wirtschaftlichen Ausrichtung des Betriebs.
- Zeitstufenprinzip, d. h. stufenweise Anpassung der Kapazität an die Nachfragekurve. Vorteil sind niedrigere Gesamtkosten für Lagerhaltung und ungenutzte Kapazitäten (Abb. 5.15).

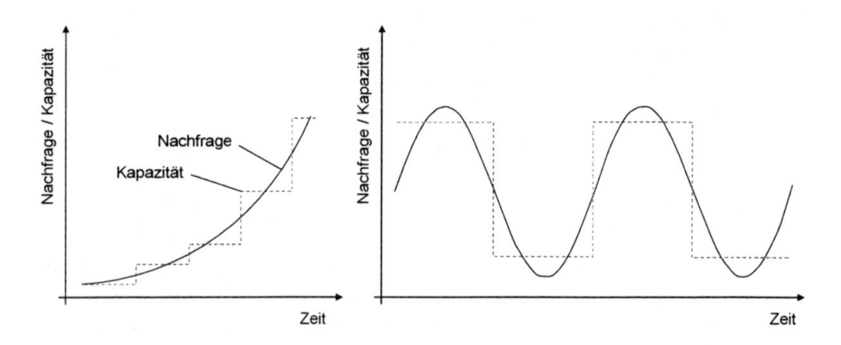


**Abb. 5.15** Schrittweise Anpassung der Kapazität an die Nachfrage /Sla04, S.100/

Am Beispiel der Planung Stückzahl-orientierter Montagesysteme bietet das Zeitstufenprinzip eine stufenweise Anpassung der Produktionsleistung. Modulare Baukastensysteme für die flexible Montage werden hierzu von zahlreichen Herstellern angeboten. Entscheidender Vorteil ist, dass die jeweils benötigte Kapazität schon mit einem prozentualen Anteil der Gesamtinvestitionen bereitgestellt werden kann. Die zeitlich entzerrte finanzielle Belastung mindert die Kapitalbindung.

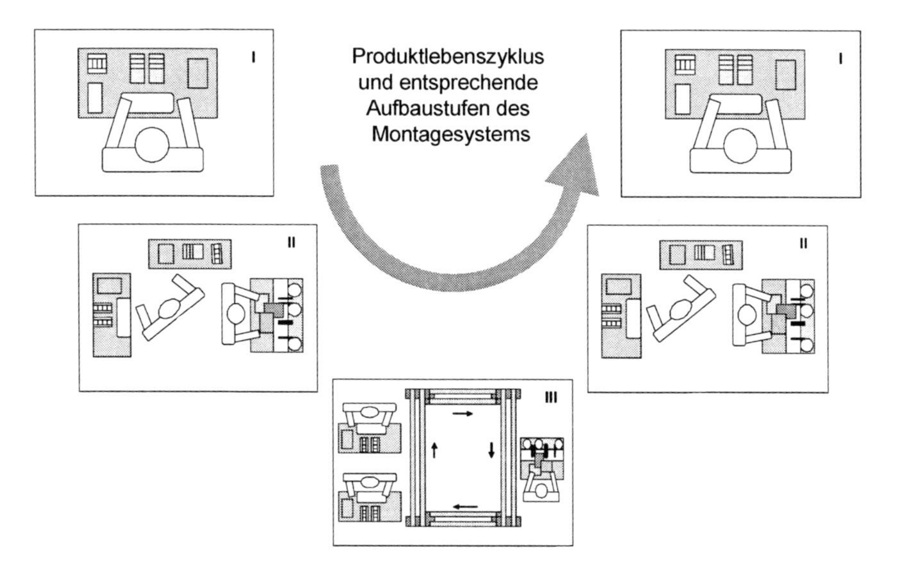


**Abb. 5.16** Stufenweise Anpassung des Montagesystems an die Kapazitäts- und Investitionsbedarfe /Sla04, S.101/

Der Ausbau einzelner Stufen kann schnell notwendig sein, so dass Komponenten neu angeschafft werden müssen. Günstig ist, wenn die bereits vorhandenen Komponenten nicht nur für den stufenweisen Aufbau innerhalb eines Montagesystems, sondern auch für neue Montageanlagen und Produktinnovationen weiter verwendbar sind (Abb. 5.16).

### 5.3.3 Beispiel: Systemplanung Getriebefertigung

Ein Fahrzeuggetriebehersteller plant eine Umstrukturierung des Werksstandortes. In der bereits durchgeführten Werksstrukturplanung wurde ein Teilprojekt „Vorfertigung" definiert, das die Fertigungsinselplanung zur Aufgabe hat.

Es soll untersucht werden, für welche Teile sich Fertigungsinseln wirtschaftlich einsetzen lassen.

#### 5.3.3.1 Das Konzept Fertigungsinseln

Die Forderung nach höherer Flexibilität führt dazu, die vorhandenen Fertigungssysteme (hier die arbeitsteilige Werkstattfertigung) zu überprüfen /Mön85/. Idee ist, bessere Ablaufstrukturen durch Zusammenfassen fertigungsähnlicher Teile sowie Zuordnung zu den Betriebsmitteln zu erreichen. Die Fertigungsähnlich keit wird dabei am besten über die Bearbeitungsverfahren oder Betriebsmittel bestimmt.

Anwendungsfälle für Fertigungsinseln sind im Maschinenbau gegeben bei

- großer Teile- und Variantenvielfalt und
- Klein- und Mittelserienfertigung.

Hauptziel ist die Erhöhung der Flexibilität bei gleichzeitiger Wirtschaftlichkeit durch

- flussorientierten Durchlauf der Aufträge
- Minimierung Durchlaufzeit
- Maximierung Kapazitätsauslastung
- Minimierung Steuerungsaufwand
- Minimierung Aufwand für
  - Transport
  - Lagerung

Zu den Planungsaufgaben gehört die Festlegung der

- Teilefamilien nach ähnlichen Merkmalen,
- Fertigungsmittel nach Bearbeitungsaufgaben und
- Organisationsstruktur (räumlich, zeitlich).

Zu den Ergebnissen der Fertigungsinselplanung zählen die Technologie der Arbeitssysteme, das Layout der Fertigungsgruppe, die logistische Integration mittels Transport- und Lagersysteme sowie das Steuerungskonzept für die Fertigungsinseln.

### 5.3.3.2 Methoden der Teilefamilienbildung

Als Teileflussanalysen werden die Methoden bezeichnet, die auf einer Analyse der Fertigungsabläufe beruhen. Hierzu zählen /Hei91/:

- Partialfolgenanalyse, sie betrachtet nicht nur alle auftretenden kompletten Fertigungsabläufe, sondern zusätzlich alle Teilabläufe bzw. die Partialfolgen.
- Komplettbearbeitungsanalyse, sie analysiert Maschinen- und Verfahrenskombinationen, mit denen Teilefamilien möglichst komplett bearbeitet werden können.
- Clusteranalyse, sie kann durch eine mathematische Methode eine umfangreiche Menge von Elementen durch das Zusammenstellen möglichst homogener Gruppen optimal strukturieren.

### 5.3.3.3 Planungsablauf

Im vorliegenden Praxisbeispiel war zunächst die Frage zu beantworten, ob die Teilefamilienfertigung überhaupt sinnvoll ist. Wenn ja, sollen zwei Teilefamilien ausgewählt und eine Kosten/Nutzen-Analyse durchgeführt werden. Bei wirtschaftlichen Ergebnissen sollte die Untersuchung auf alle Teilefamilien ausgedehnt werden und die Fertigungsinseln mit vorhandenen und alternativ mit neuen Technologien untersucht werden. Dabei umfasst der Planungsablauf im Wesentlichen die Schritte:

- Planungsgrundlagen, d. h. Erfassen und Auswerten der Planungsausgangswerte
- Analyse der ausgewählten Teilefamilien, unterschieden nach verzahnten und unverzahnten Teilen (Abb. 5.17)
- Soll-Konzept für Fertigungsinseln mit Berücksichtigung von
  - Neuinvestitionen für Fertigungstechnologien
  - Ablauforganisation und Fertigungssteuerung
  - Kosten/Nutzen-Analyse

Die Integration der Fertigungsinsel in den Gesamtablauf zeigt Abb. 5.18. Unterbrochene Abläufe, also Transportbeziehungen aus der Insel heraus und wieder hinein, sollten vermieden werden. Das reale Layout der Fertigungsinsel B ist in Abb. 5.19 dargestellt, und zwar die Variante mit einer neuen Technologie, einem flexiblen Bearbeitungszentrum.

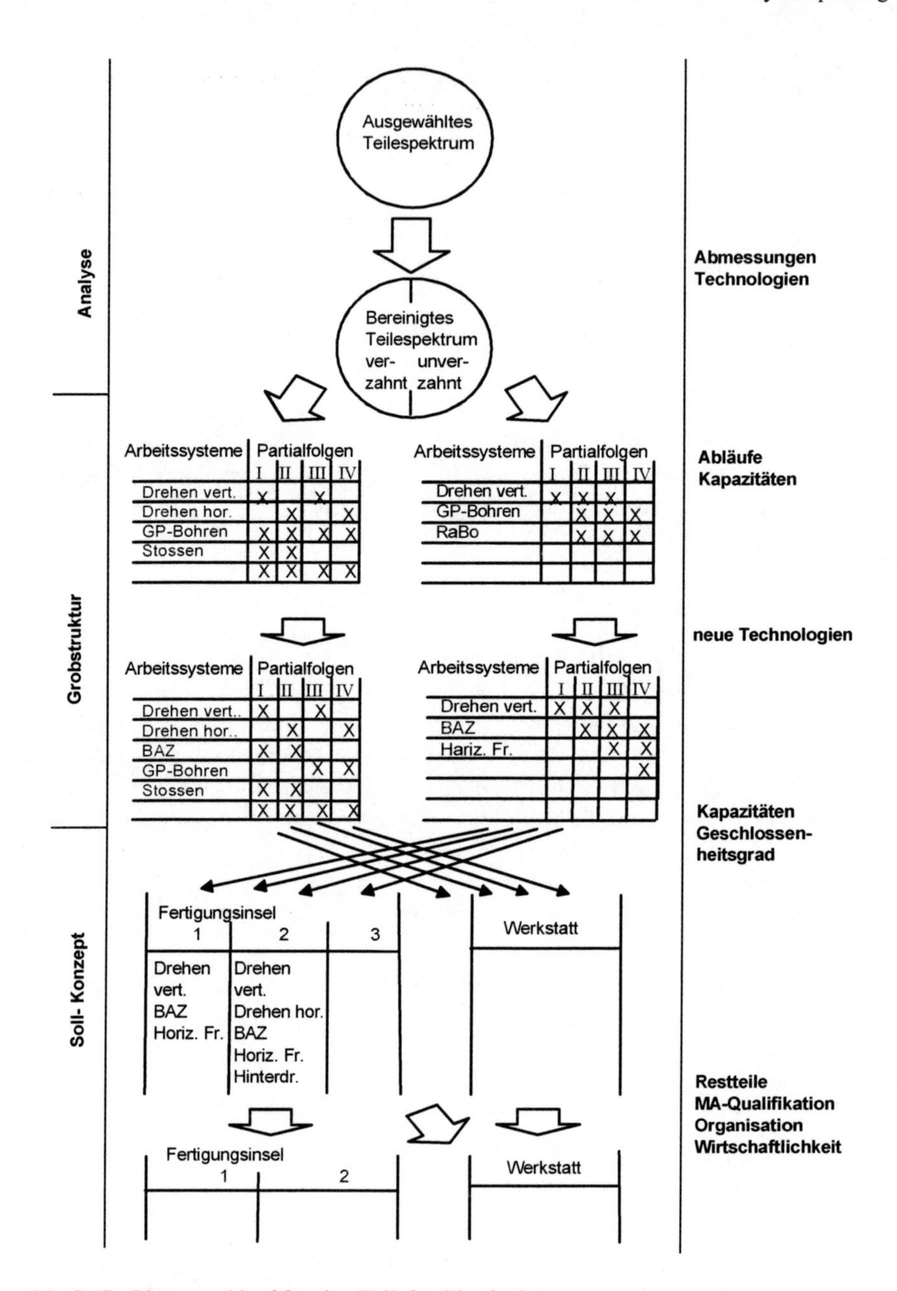


**Abb. 5.17** Planungsablauf für eine Teilefamilienfertigung

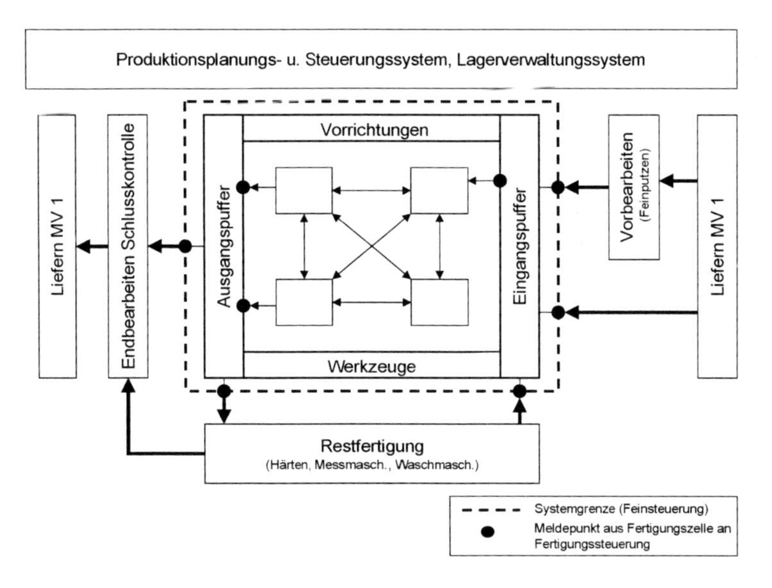


**Abb. 5.18** Stellung der Fertigungsinsel im Gesamtablauf

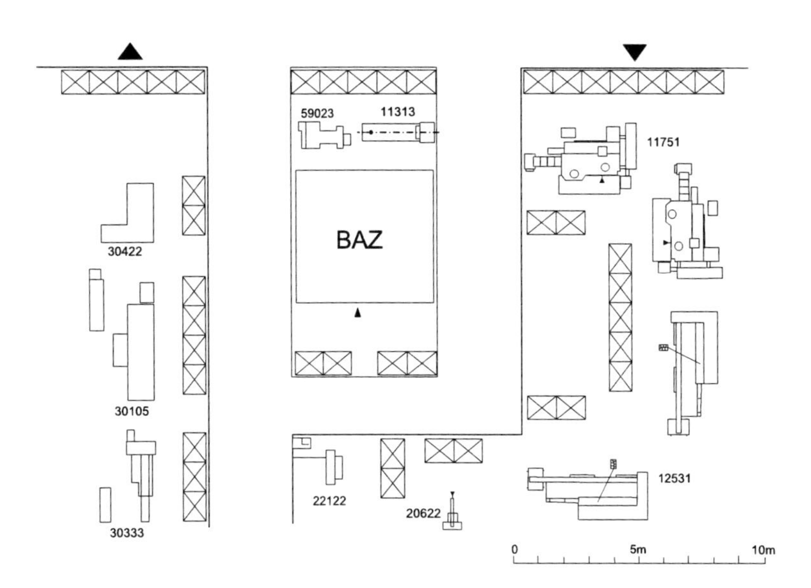


**Abb. 5.19** Fertigungsinselplanung: Reale Fertigungszelle B

Bei der Wirtschaftlichkeitsbetrachtung muss berücksichtigt werden, dass die verschiedenen Gestaltungsmaßnahmen beim Aufbau von Fertigungsinseln meist Rückwirkungen auf andere Bereiche haben. Einsparungen und Mehraufwendungen in Fertigung und Logistik sowie im Personalbereich sind gegenüberzustellen (Abb. 5.20).

Um hier zu einem Gesamtoptimum zu gelangen, müssen alle Teilmaßnahmen in ein geschlossenes Bewertungskonzept gemeinsam beurteilt werden.

| Einsparung | Mehraufwand |
|---|---|
| Fertigungskosten<br>– Zurückholen von Auswärtsfertigung<br>– Arbeitsvorbereitung<br>– Fertigungssteuerung<br>– Qualitätskontrolle<br>Kapitalbindungskosten<br>Transportkosten<br>Personalkosten<br>– Mehrmaschinenbedienung<br>– Schlossern als Nebentätigkeiten<br>– Reduzierung Planabweichungen und Gemeinkostenpersonal | Personalqualifikation<br>– Dispositive Tätigkeiten<br>– Anpassung der Wertfaktoren (Lohngruppe)<br>Sonderbetriebsmittel<br>– Vorrichtungen<br>– Prüfmittel<br>– Transportvorrichtungen<br>– Arbeitspläne<br>– NC-Programme<br>Investitionen<br>– Umstellungen<br>– Feinsteuerung<br>– Planungskosten |

**Abb. 5.20** Kriterien für die Wirtschaftlichkeitsrechnung bei Teilefamilienfertigung (Beispiel: Getriebebau)

### 5.3.4 Beispiel: Systemplanung Elektromotorenmontage

Ein Elektromotorenhersteller befindet sich in der Phase der Systemplanung für die Funktionsbereiche Lager, Montagen, Prüfstände, Lackierung, Versand (Inland, Export) und Organisationssysteme. In der Montagesystemplanung für Elektromotoren ist der wirtschaftlichste Mechanisierungsgrad der Montagearbeitsplätze zu bestimmen.

Ein flexibles Montagesystem (FMS) soll die Mixmontage mit bis zu Losgröße 1 ermöglichen. Für die Vormontage verschiedener Wellen (Ritzelwellen, Schnecken) sind die gleichartigen Arbeiten aus den Arbeitsablaufplänen ersichtlich, ein geringer Umrüstaufwand kann mittels Adapterwechsel ermöglicht werden. Folgende Lösungsmöglichkeiten werden untersucht:

Alternative 1: Handarbeitsplatz, gestaltet mit Kistenhubgeräten, hydraulischer Presse und Magnethammer, Teilekästen im Griffbereich des Werkers (Abb. 5.21).

Alternative 2: Mechanisierte Handarbeitsplätze, flexibel verkettet mit FMS-Transfersystemen zum späteren stufenweisen Ausbau mit Handhabungsgeräten (Abb. 5.22).

Alternative 3: Automatisierte Montageplätze mit FMS- und Handhabungsgeräten (Abb. 5.23).

Auf der Basis der Wirtschaftlichkeitsbetrachtung wird die Alternative 1, nämlich zwei Handarbeitsplätze, empfohlen. Ausschlaggebend war die lange Kapitalrückflusszeit und die störungsanfällige Technik bei Alternative 3 (Abb. 5.24).

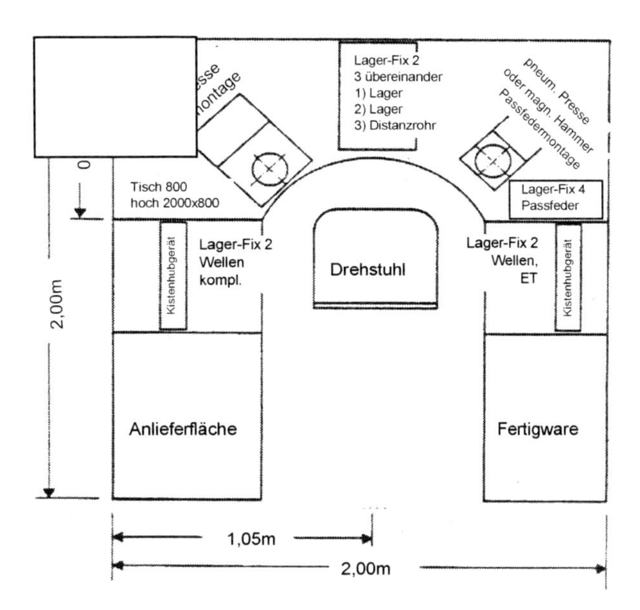


**Abb. 5.21** Handarbeitsplatz

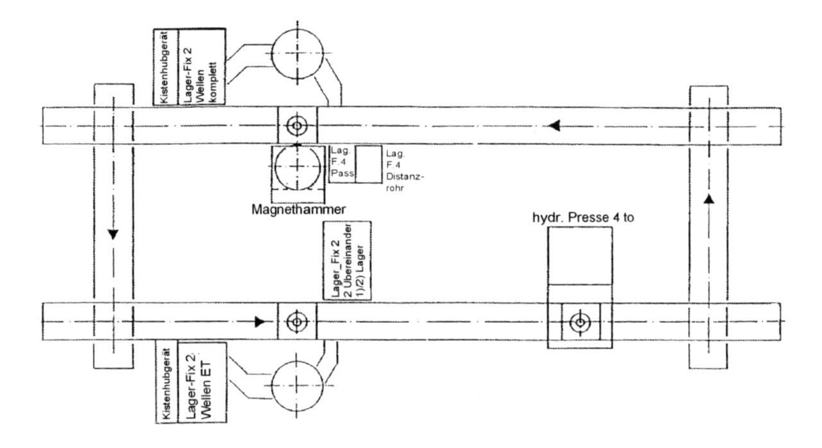


**Abb. 5.22** Mechanisierter Arbeitsplatz

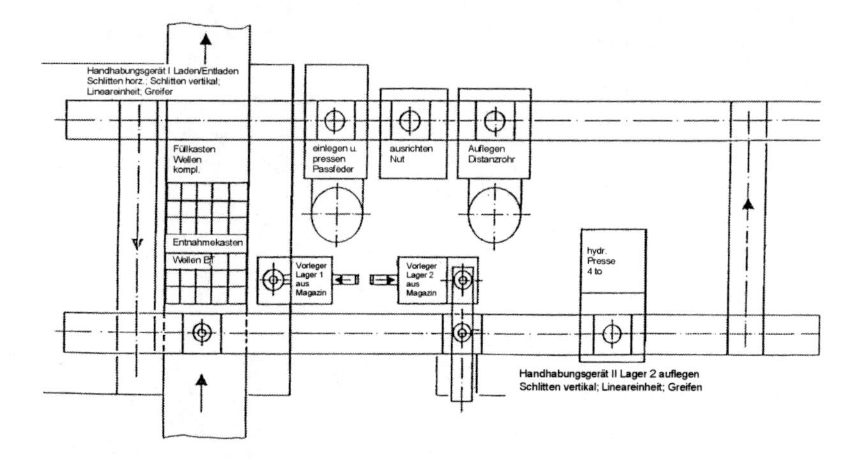


**Abb. 5.23** Automatisierter Arbeitsplatz

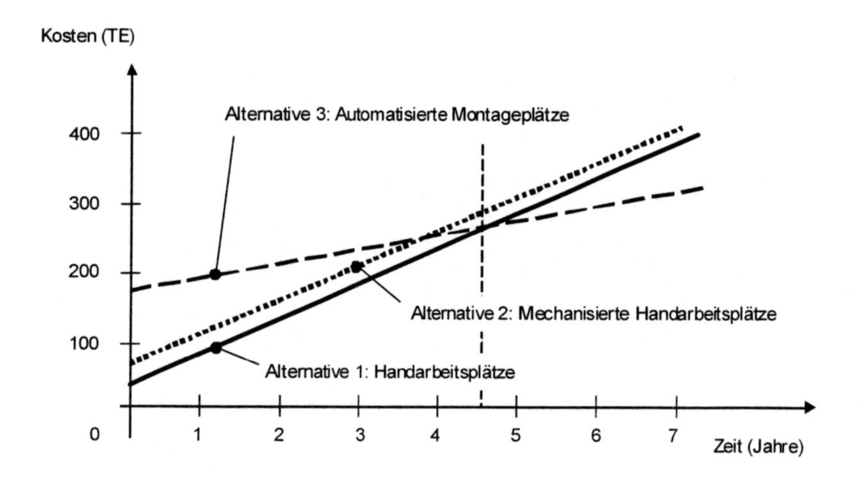


**Abb. 5.24** Kostenkurven (Beispiel)

## 5.3.5 Beispiel: Systemplanung Montagebereitstellung

Ein Produktionswerk für Haushaltsbrenner produziert Brenner in verschiedenen Typenreihen, teilweise in entsprechenden Losgrößen und teilweise auftragsbezogen. Bedingt durch neue Anforderungen bezüglich Flexibilität in der Produktion, d. h. grundlegende Reduktion der Durchlaufzeit, Reduzierung des Umlaufbestandes, materialflussgerechte Zuordnung der Funktionsbereiche und Integration der gesamten Auftragsabwicklung ist die Einführung neuer Systeme u.a. in der Montagebereitstellung zu untersuchen.

Die Systemplanung wird durchgeführt in den Schritten:

- Planungselemente bezüglich Montagen, Lager, Transport, Organisation, Gebäude und Anlagen sowie Kostenstruktur
- Systembestimmung, z. B.
  - Montageprinzip (Gruppen-, Einzelplatzmontagen), Zusammenfassung von Montagefunktionen
  - Materialflusssysteme für verschiedene Funktionsbereiche
- Kapazitätsermittlung u.a. für Einrichtungssysteme, Flächenbedarf, Personalbedarf
- Realplanung mit Anordnungsvarianten und Kosten/Nutzen-Analyse

Ein interessantes Teilergebnis der Systemplanung betrifft die Montagebereitstellung (Bild 5.25). Die Montage erfolgt im Mix in kleinen Losen oder Losgröße 1. Dies stellt eine hohe Herausforderung an die Teilebereitstellung dar. Die Systemplanung umfasst hier die

- Differenzierung der bereitzustellenden Teile nach logistischen Merkmalen
- Zuordnung der Teilegruppen zu entsprechenden Lagerprinzipien
- Verkettung der verschiedenen Lagerarten mit der Montage mittels entsprechender Materialflusstechnik (Tableaubestückung)
- Informationstechnische Integration von Lager-, Materialfluss- und Montagesystemen

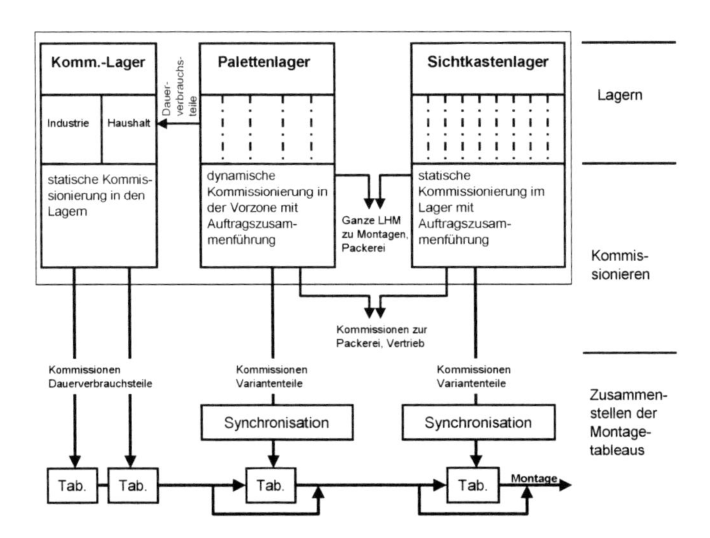


**Abb. 5.25** Zentrales Produktionslager mit Vorzonen (Ablauf Montagetableaus)

Die Ausarbeitung der Lösungsvorschläge für die Montage beinhaltet z. B.

- Bestimmung des Montageprinzips (Gruppen-, Einzelplatzmontagen für die verschiedenen Typenreihen)
- Zusammenfassung von Montagefunktionen zu vormontierten Baugruppen
- Bestimmung der Anzahl Teile je Montageschritt, der Montagereihenfolge und Dimensionierung der Arbeitsplätze
- Ausarbeitung der Bereitstellungssysteme
- Bestimmung der Anforderungen an das Lager- und Transportsystem bzgl. Bereitstellungseinheiten und -frequenz

Neben der Bereitstellung der Montagetableaus werden für die verbrauchsgesteuerte Bereitstellung Durchlaufregale und kleine, manuell handhabbare Ladungsträger benutzt. Das Auffüllen dieser Ladungsträger bzw. Kleinteilebehälter soll die Pull-Montage unterstützen. Vor Implementieren der Auffüllverfahren muss eine Materialflussanalyse des Montage- und Versorgungsprozesses durchgeführt werden. Bei der Planung der Pull-Regelkreise sind die notwendigen Bestände, der Bedarfsimpuls, die Transportmittel und Einrichtungen zu bestimmen. Zwei verschiedene Auffüllverfahren wurden untersucht (Abb. 5.26):

- Variante 1 mit Bestellimpuls über Auslagerbeleg am leeren Behälter (Behälter-Kanban); hierbei werden die Haltepunkte eines Versorgers entweder durch die Ladeliste oder durch die leeren Behälter in der Rückführebene des Durchlaufregals für Kleinteilebehälter angegeben. Dort scannt der Fahrer den Auslagerbeleg an den entnommenen leeren Behälter und löst somit den Bestellimpuls aus. Nach dem Vergleichen des Auslagerbelegs mit der Materialkopfkarte am Bereitstellregal legt der Fahrer des Versorgungsgerätes den Behälter an den dafür vorgestellten Platz.
- Variante 2 mit Bestellimpuls über Kanban-Karte; hierbei wird vom Fahrer die Kanban-Karte an der seitlichen Rückführschiene des Bereitstellregal gescannt und in die Rücktraverse gestellt. Nach Vergleich der Kanban-Karte am Bereitstellregal mit dem Auslagerbeleg und Überprüfung des Inhalts des geforderten Behälters, legt der Fahrer den Kleinteilebehälter in den dafür vorgesehenen Platz. Die Kanban-Karte an der Rückführschiene wird vor Einlagerung an den Vollgutbehälter gesteckt.

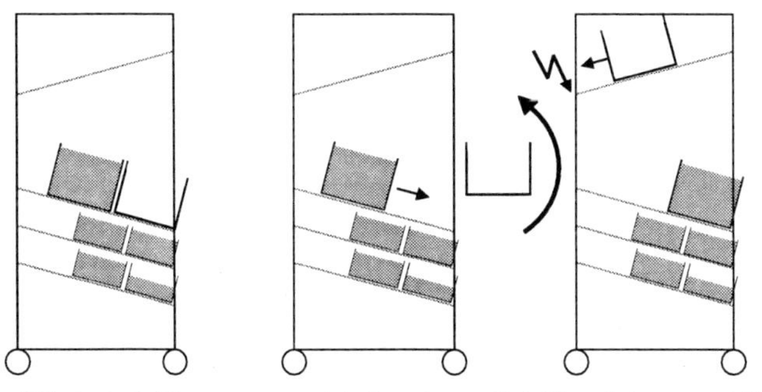

a) Variante 1: Warenausgangslabel am leeren Behälter wird gescannt (Behälter-KANBAN)

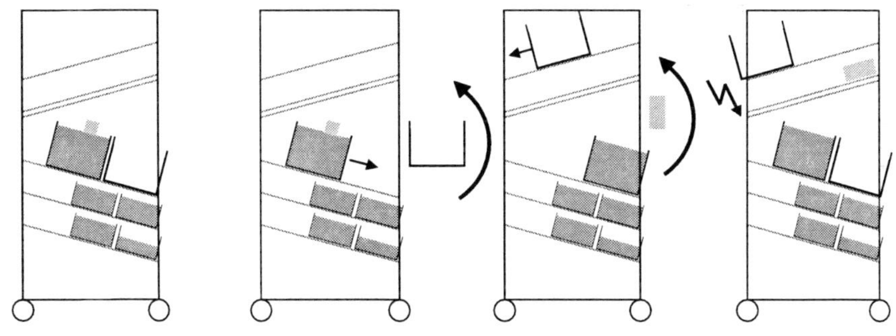

b) Variante 2: KANBAN-Karte wird gescannt (klassischer KANBAN)

Legende: Die Montage löst Bestellsignalisierung aus
Die Logistik löst den Bestellimpuls aus

**Abb. 5.26** Varianten der Montagebereitstellung

Diese Bereitstellungs- bzw. Auffüllverfahren haben Einfluss auf wichtige logistische Kennzahlen. So werden Überproduktion, Ausschuss und Bestände auf ein Mindermaß verringert, dies bei hoher Versorgungssicherheit.

## *5.4 Lager- und Transportsystemplanung*

### 5.4.1 Anlässe und Anforderungen

#### 5.4.1.1 Planungsanlässe

Anlässe für eine Lager- und Transportsystemplanung können z. B. sein:

- Erweiterung und/oder Änderung des Artikelspektrums
- Veränderung der Produktionsstruktur und damit auch der Lager-, Puffer- und Transportstrukturen (zentral, dezentral)
- Outsourcing der Vorfertigung oder von Lager- und Transportbereichen
- Veränderung des Produktionsstandortes (Werksplanung)
- Veränderung der Distributionsstruktur (Zentral-, Regional-, Auslieferungslager)

Derartige Veränderungen wirken sich unmittelbar auf die Materialflusskosten aus:

- überhöhte Umlauf- und Lagerbestände
- geringe Flächen- und Raumnutzung
- schlechte Organisation

#### 5.4.1.2 Stellung des Lagers im Materialfluss

Lager haben immer eine Ausgleichs- und Pufferfunktion. Sie haben aber sowohl von ihrer Stellung in der logistischen Kette als auch von ihren Bestands-, Zugangs- und Abgangsverhalten völlig verschiedene Anforderungen zu erfüllen.

**Beschaffungslager**
sind Kaufteilelager zur Versorgung der Produktion (Abb. 5.27a).

**Produktionslager**
versorgen die Produktion mit Material und haben eine zentrale Funktion im Materialfluss. Sie übernehmen die Funktion des Bevorratens von Kaufteilen, als auch das Puffern zwischen den einzelnen Fertigungsstufen (Abb. 5.27b).

**Fertigwarenlager**
werden aus der Produktion versorgt und stellen auftragsorientiert die Fertigwaren im Versand bereit (Abb. 5.27c).

**Warenverteilzentren**
sind gekennzeichnet durch einen Wareneingang, über den ein oder mehrere Lagerbereiche beschickt werden. Dem Lager nachgeschaltet sind Zusammenführungsbereich, Packerei und Versand (Abb. 5.27d).

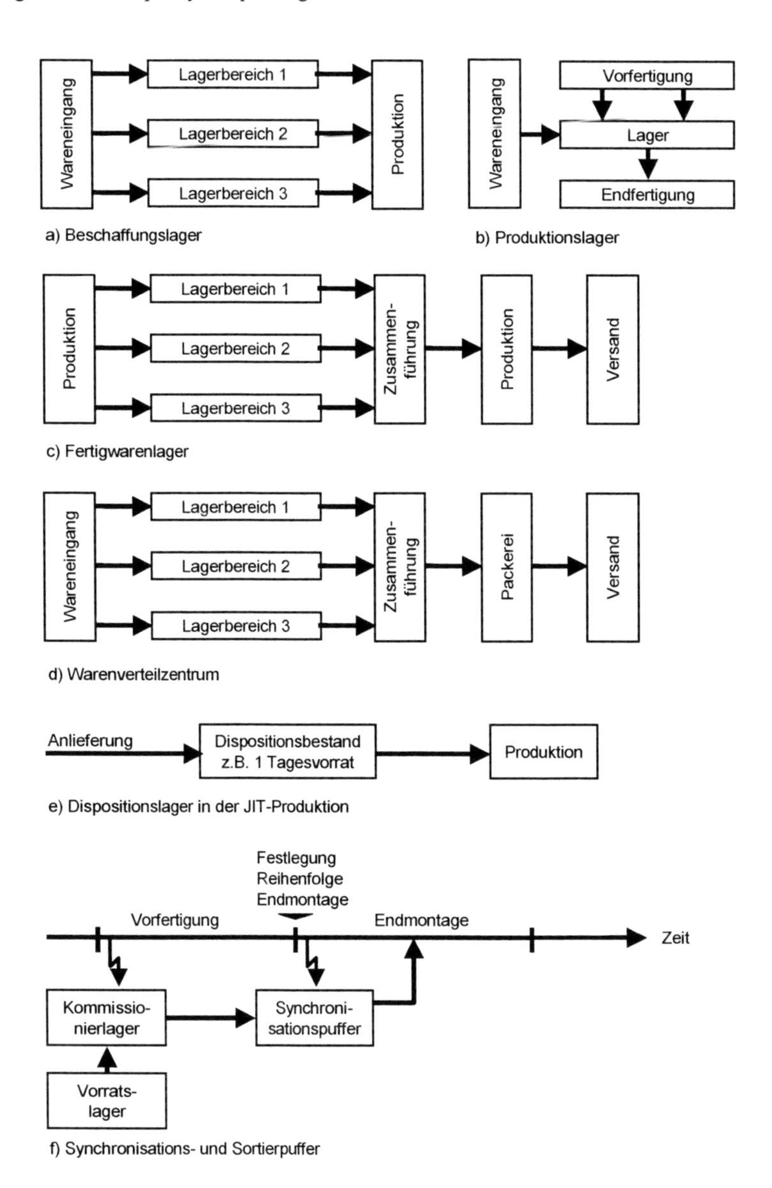


**Abb. 5.27** Stellung des Lagers im Materialfluss

**Dispositionspuffer**
in der JIT-Produktion sind erforderlich (Abb. 5.27e)

- als Sicherheitspuffer für einen kurzen Zeitraum bei Störung in der JIT-Kette,
- als Puffer bei nicht vollständiger Anwendung des JIT-Prinzips.

**Synchronisations- und Sortierpuffer**
dienen der Synchronisation unterschiedlicher Fertigungsstufen innerhalb des Werkes oder zwischen Zulieferern und Montagewerk. Solche Puffer sind oft kein Lager im eigentlichen Sinne, sondern werden häufig über Pufferstrecken in der Fördertechnik realisiert. Beispiele hierfür sind (Abb. 5.27f)

- das Karossenlager in der Automobilindustrie, wo montagegerechte Sequenzen gebildet werden,
- die sequenzgerechte Teileversorgung der Endmontage,
- der Sortenpuffer für den Motoren- oder Getriebezusammenbau in der Automobilindustrie.

Die Stellung des Lagers in der logistischen Kette beeinflusst die Bestands-, Zugangs- und Abgangsstrukturen. Diese stellen charakteristische Anforderungen an die Lagersystemlösung:

- Abb. 5.28 zeigt zwei unterschiedliche Bestands- und Bewegungsstrukturen im Lager, ein
  - monostrukturiertes Lager mit durchschnittlich vielen Paletten pro Artikel,
  - polystrukturiertes Lager mit durchschnittlich wenigen Paletten pro Artikel,

  trotz nahezu gleichen Lagerbestands beider Lager ergeben sich hieraus völlig andere Lagertechniken /Schw88/.

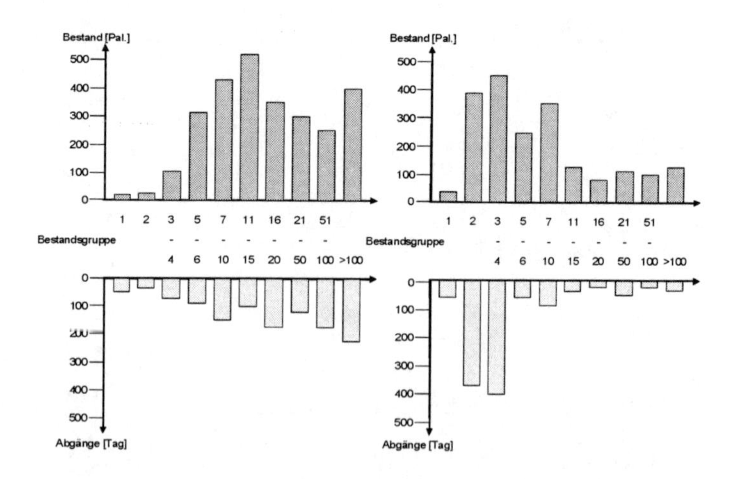


**Abb. 5.28** Bestands- und Bewegungsstruktur im Lager

– Abb. 5.29 zeigt beispielhaft Auftrags- und Abgangsstrukturen /Mei88/.

Jedes Lager hat seine spezifischen Strukturen. In der Lagersystemplanung ist es wichtig, diese Strukturen zu erkennen, ein entsprechend angepasstes System zu finden und bei der Systemfindung auch eventuelle Strukturveränderungen zu berücksichtigen.

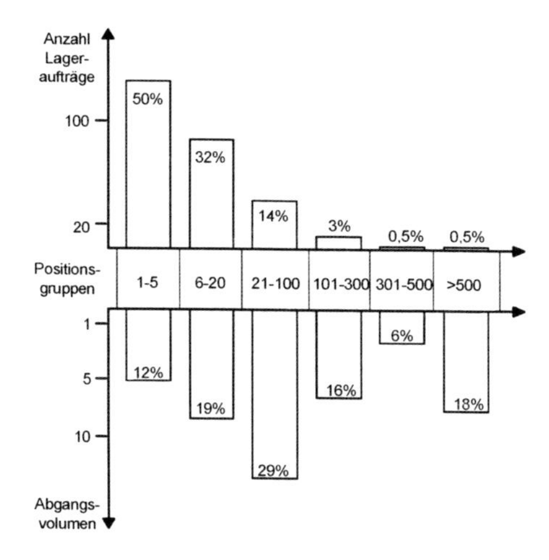


**Abb. 5.29** Auftrags- und Abgangsstrukturen

### 5.4.1.3 Funktionsbereiche innerhalb des Lagers

Abhängig von der Stellung des Lagers in der logistischen Kette sind innerhalb des Lagers unterschiedliche Funktionsbereiche zu unterscheiden (Abb. 5.30):

- Wareneingang, als Schnittstelle zum inner- oder außerbetrieblichen Transport
- Einheitenlager, als eigentliches Lager, in dem das Gut zur Zeitüberbrückung verbleibt
- Kommissionierlager, als Bereich, in dem Sortierfunktionen ausgeführt werden
- Packerei, sofern das Gut versandfertig gemacht werden muss
- Warenausgang, wiederum als Schnittstelle zum inner- oder außerbetrieblichen Transport.

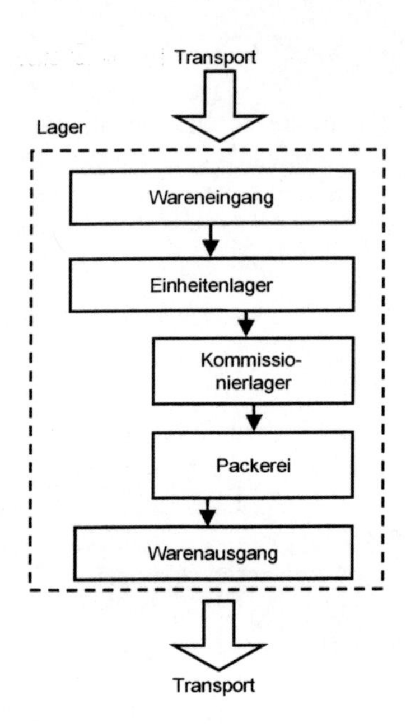


**Abb. 5.30** Funktionsbereiche im Lager

Alle Funktionsbereiche sind in der Lagersystemplanung technisch-organisatorisch zu gestalten. Die eigentliche Bestimmung des Lagersystems betrifft das Einheiten- und Kommissionierlager.

## 5.4.2 Schritte der Lagersystemplanung

Zur Erfüllung der Anforderungen ist eine methodische Vorgehensweise der Planung und Realisierung von Lagersystemen unerlässlich. Abb. 5.31 zeigt die Planungsschritte:

- Planungsgrundlagen,
- Systembestimmung und
- Realplanung

einer zielgerichteten Systemplanung mit ihren wesentlichen Planungsinhalten und -hilfsmitteln /Kwi85/.

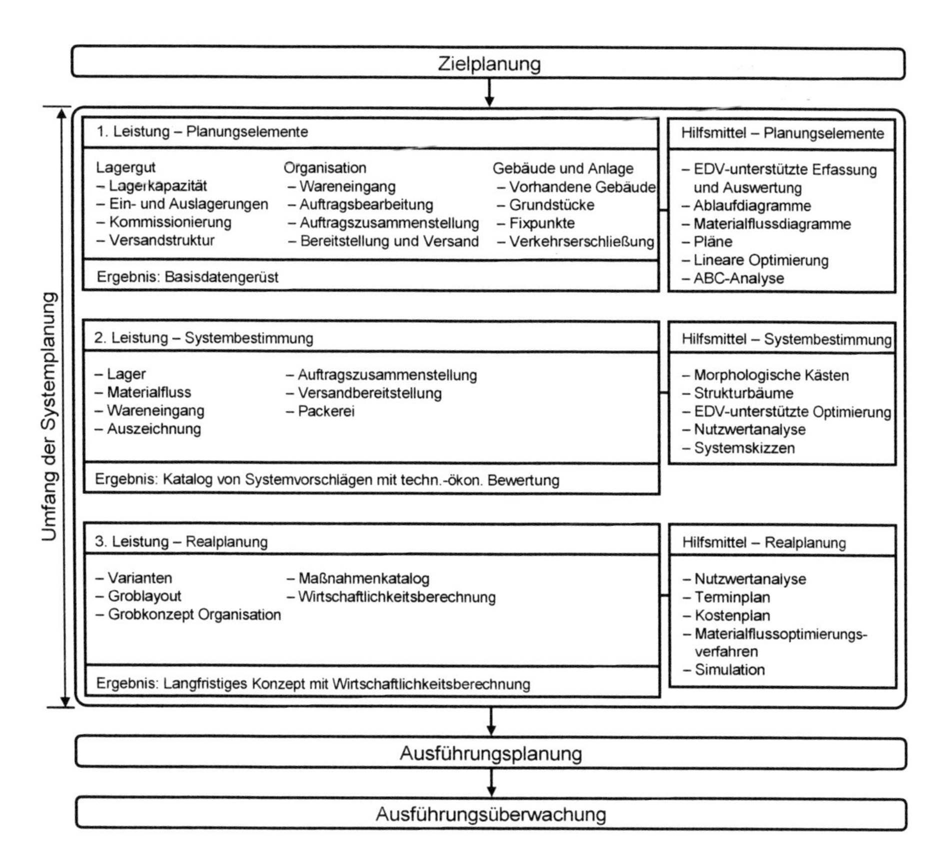


**Abb. 5.31** Schritte und Hilfsmittel der Lagersystemplanung

#### 5.4.2.1 Planungsgrundlagen

Zu den Planungsgrundlagen gehören die technischen, organisatorischen und wirtschaftlichen Einflussgrößen sowie die Restriktionen bezüglich der Lagerplanung. Neben der Betrachtung des Ist-Zustandes werden aus der mittel- und langfristigen Unternehmensplanung die zukünftigen Anforderungen an das Lager formuliert. Diese beziehen sich auf das Lagergut, die Lagertechnik sowie die Kosten der Lagerhaltung.

In der Lagergutanalyse werden aus Artikel-, Bestands- und Bewegungsdaten (Abb. 5.32). statische und dynamische Lagerkennzahlen ermittelt.

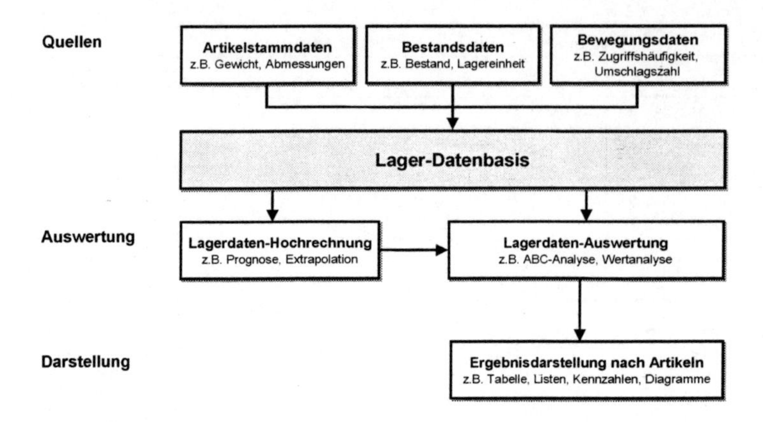


**Abb. 5.32** Ermittlung und Auswertung von Lagerdaten

Zur Charakterisierung der Lagerartikel und Darstellung der Analyseergebnisse werden i. d. R. ABC-Analysen und Portfolio-Matrix herangezogen.

Unter Restriktionen der Planung werden die einschränkenden Bedingungen hinsichtlich Integration des Lagers in den Materialfluss (zentrale, dezentrale Lagerhaltung), der Gebäude und Anlagen verstanden.

### 5.4.2.2 Bestimmung des Lagersystems

Die Planung des wirtschaftlichsten Gesamtsystems umfasst die

- Bestimmung der Subsysteme (Auswahl),
- Bestimmung der Kapazitäten (Dimensionierung).

**Bestimmung der Ladeeinheiten**
Zu den Subsystemen der Lagersysteme, dies gilt gleichermaßen auch für Transportsysteme, gehört zunächst die Ladeeinheit. Sie stellt das verbindende Element in der logistischen Kette dar. Die Ladeeinheit setzt sich zusammen aus dem

- Fördergut bzw. Lager- und Transportgut,
- Förderhilfsmittel bzw. Lager- und Transporthilfsmittel.

Im Wesentlichen sind bei den Fördergütern Stückgut, Schüttgut, Flüssigkeiten und Gas zu unterscheiden.

Besonders wichtig für die Planung ist die Auswahl eines geeigneten Ladehilfsmittels. Grundsätzlich sollte hier versucht werden, eine einheitliche Ladeeinheit für alle Funktionsbereiche zu finden. Die konsequente Berücksichtigung des Mottos

Ladeeinheit = Anliefereinheit = Lagereinheit = Transporteinheit = Versandeinheit

kann mehr Kosten einsparen als jede noch so ausgeklügelte materialflusstechnische Lösung. Das Vermeiden von „Handling" gehört mit zu den obersten Geboten der Materialflussplanung /Pie84/.

Ladeeinheiten müssen aufgrund ihrer Bedeutung daher sorgfältig ausgewählt werden (Abb. 5.33). Sie stellen jeweils ein Subsystem bei der Bestimmung der Lager- und Transportsysteme dar.

**Entscheidungshilfen bei der Auswahl geeigneter LHM**

● Gut geeignet ◍ Bedingt geeignet ○ Nicht geeignet

| LHM - Art | Behälter | | Paletten | | | Kassetten | |
|---|---|---|---|---|---|---|---|
| LHM - Typ / Teilespektrum | Lagersicht-kasten | Vollwandboxen | Flachpalette | Flachpaletten mit Aufsetzrahmen | Gitterboxen | Kassetten | Fachwerk-kassetten |
| DIN- und Normteile Unverpackt, kleine und mittlere Bestände | ● | ◍ | ○ | ○ | ◍ | ○ | ○ |
| DIN- und Normteile Verpackt, grosse Bestände | ◍ | ● | ◍ | ◍ | ● | ○ | ○ |
| Produktionsteile Heterogene Artikel, Kleine und mittlere Bestände | ◍ | ● | ○ | ◍ | ● | ○ | ○ |
| Produktionsteile Heterogene Artikel, Grosse Abmessungen | ○ | ◍ | ◍ | ● | ● | ○ | ○ |
| Massengüter Kartonware mit homogenen Abmessungen | ○ | ○ | ● | ● | ◍ | ○ | ○ |
| Massengüter Kartonware mit unterschiedlicher Abmessung | ○ | ◍ | ○ | ● | ● | ○ | ○ |
| Langmaterial Stangenmaterial mit Eigenstabilität | ◍ | ◍ | ○ | ◍ | ● | ○ | ○ |
| Massengüter Heterogene Form und Abmessungen | ○ | ○ | ○ | ◍ | ○ | ● | ◍ |
| Langmaterial Stangenmaterial mit geringer Egenstabilität | ○ | ○ | ○ | ○ | ○ | ○ | ● |

**Abb. 5.33** Auswahl von Ladehilfsmitteln

## Bestimmung der weiteren Lagerssubsysteme

Zu den weiteren Subsystemen des Lagersystems gehören neben der Lagereinheit, die Lagereinrichtung, Lagerbedienung, Kommissionierung, Materialflusssteuerung, Informationsverarbeitung und das Gebäude. Diese können in einem morphologischen Kasten für Lagersysteme dargestellt werden (Abb. 5.34).

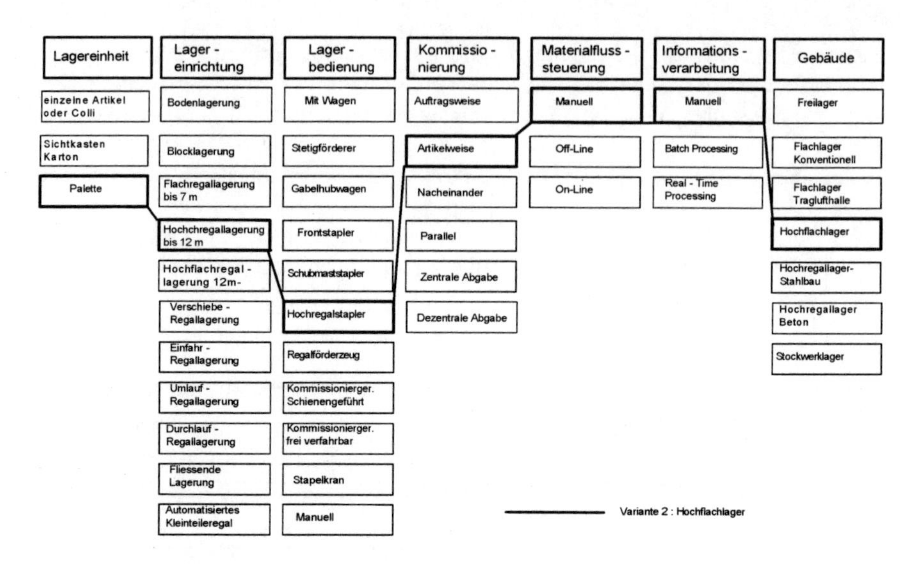


**Abb. 5.34** Morphologie der Lagersysteme

Zur Bestimmung der Subsysteme werden aus den technisch möglichen Subsystemlösungen die für die speziellen Anforderungen sinnvollen Subsystemvarianten ermittelt. Entscheidungshilfen bieten Zuordnungstabellen und Entscheidungsbäume, wie z. B.

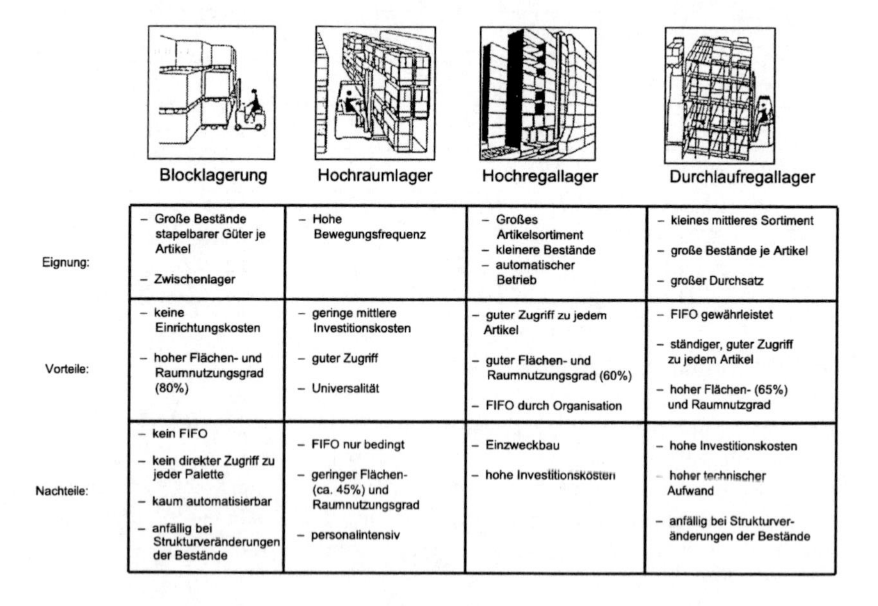

| | Blocklagerung | Hochraumlager | Hochregallager | Durchlaufregallager |
|---|---|---|---|---|
| Eignung: | – Große Bestände stapelbarer Güter je Artikel<br>– Zwischenlager | – Hohe Bewegungsfrequenz | – Großes Artikelsortiment<br>– kleinere Bestände<br>– automatischer Betrieb | – kleines mittleres Sortiment<br>– große Bestände je Artikel<br>– großer Durchsatz |
| Vorteile: | – keine Einrichtungskosten<br>– hoher Flächen- und Raumnutzungsgrad (80%) | – geringe mittlere Investitionskosten<br>– guter Zugriff<br>– Universalität | – guter Zugriff zu jedem Artikel<br>– guter Flächen- und Raumnutzungsgrad (60%)<br>– FIFO durch Organisation | – FIFO gewährleistet<br>– ständiger, guter Zugriff zu jedem Artikel<br>– hoher Flächen- (65%) und Raumnutzgrad |
| Nachteile: | – kein FIFO<br>– kein direkter Zugriff zu jeder Palette<br>– kaum automatisierbar<br>– anfällig bei Strukturveränderungen der Bestände | – FIFO nur bedingt<br>– geringer Flächen- (ca. 45%) und Raumnutzungsgrad<br>– personalintensiv | – Einzweckbau<br>– hohe Investitionskosten | – hohe Investitionskosten<br>– hoher technischer Aufwand<br>– anfällig bei Strukturveränderungen der Bestände |

**Abb. 5.35** Alternative Systemlösungen für das Lager

– alternative Systemlösungen für das Lager (Abb. 5.35)

– alternative Systemlösungen für die Kommissionierung (Abb. 5.36).

Die Kombination der Subsystemvarianten führt zu mehreren grundsätzlichen Gesamtvarianten, dargestellt in (Abb. 5.34) durch die Verbindungslinie der Subsysteme. Oft wird es nicht möglich sein, sich für eine Systemlösung zu entscheiden. Sondern es werden in Abhängigkeit der Lagerkennzahlen für verschiedene Lagergutgruppen die jeweils besten Systemlösungen ausgewählt und zu einem Gesamtsystem kombiniert.

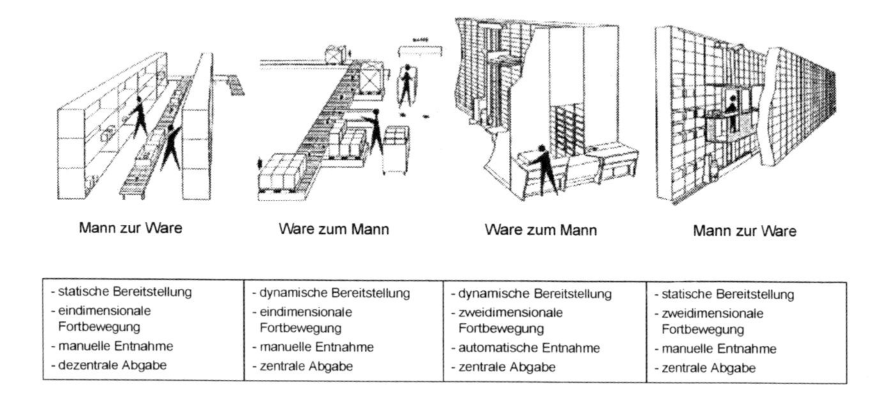

| Mann zur Ware | Ware zum Mann | Ware zum Mann | Mann zur Ware |
|---|---|---|---|
| - statische Bereitstellung<br>- eindimensionale Fortbewegung<br>- manuelle Entnahme<br>- dezentrale Abgabe | - dynamische Bereitstellung<br>- eindimensionale Fortbewegung<br>- manuelle Entnahme<br>- zentrale Abgabe | - dynamische Bereitstellung<br>- zweidimensionale Fortbewegung<br>- automatische Entnahme<br>- zentrale Abgabe | - statische Bereitstellung<br>- zweidimensionale Fortbewegung<br>- manuelle Entnahme<br>- zentrale Abgabe |

**Abb. 5.36** Alternative Kommissioniersysteme für das Lager

**Bestimmung der Kapazitäten**

Zur Bestimmung der Kapazitäten der Lagersysteme werden quantitative Größen wie Flächen- und Raumbedarf herangezogen. Jede der grundsätzlichen Gesamtvarianten besitzt für die Aufnahme der zu lagernden und zu transportierenden Mengen unterschiedlichen Flächen- und Raumbedarf. Die Lagerdimensionierung basiert auf entsprechenden Kennzahlen. So setzt sich z. B. die Kennzahl Bruttolagerfläche zusammen aus /VDI 2488/

– Nettolagergutfläche,

– Verlustfläche des Lagergutes (konstruktions-, lagerbedingt) und

– Verkehrsfläche.

Der Raumnutzungsgrad besitzt traditionell für die Lagerplanung eine große Bedeutung. Er ist vor allem vom verwendeten Lagertyp abhängig. Mittels der Kennzahlen werden die grundsätzlichen Gesamtvarianten reduziert. Die voraussichtlich wirtschaftlichsten Lösungen werden mittels Simulation geprüft (vgl. Abschnitt 7.3.1).

#### 5.4.2.3 Realplanung

In diesem letzten Schritt der Lagersystemplanung werden die vorgeschlagenen Subsystemvarianten sowie die weiteren Einzelsysteme der Funktionsbereiche des Lagers (z. B. Wareneingang, Verpackung, innerbetrieblicher Transport) zu einem integrierten Gesamtsystem zusammengeführt. Je nach Aufgabenstellung müssen berücksichtigt werden:

- Anordnungsvarianten auf einem Grundstück,
- Zuordnungsvarianten zur vorhandenen Bebauung und
- Nutzung vorhandener Räumlichkeiten mit entsprechenden Restriktionen.

In der Realplanung wird zunächst das Gesamtergebnis der Systembestimmung dargestellt mit Arbeitsabläufen, Einrichtungssystemen und Informationsverarbeitung. Kosten- und Terminplanung sowie eine Wirtschaftlichkeitsbetrachtung sind die Basis für die Entscheidung zur Weiterführung der Planung und Realisierung des Projektes /Hep98-2/.

Bei der Systemplanung wird deutlich, dass punktuelle Verbesserungen allein nicht ausreichen. Nur die Berücksichtigung des Gesamtzusammenhangs zwischen Fertigungs-, Montage-, Lager- und Transportsysteme sowie die optimale Auswahl und Abstimmung aller Teilsysteme garantiert die wirtschaftlichste Lösung und damit den Planungserfolg.

### 5.4.3 Beispiel: Outsourcing der Fertigwarenlagerung

#### 5.4.3.1 Aufgabenstellung

Ein Unternehmen der Medizintechnik benötigt Fläche zur Erweiterung der Produktion. Da nur das vorhandene Grundstück zur Verfügung steht, wird an Outsourcing des Fertigwarenlagers gedacht. Auf der Endproduktebene führt die zunehmende Ausrichtung des Unternehmens am Markt zu einer immer größeren Vielfalt. Damit verbunden ist zwangsläufig ein Anwachsen der Fertigwarenbestände. Die Restrukturierung des Fertigwarenlagers ist erforderlich. Ein Lösungsansatz ist die Auslagerung von Lager- und Kommissionierleistungen mit dem Ziel, einerseits nachhaltige Reduzierung als auch Umwandlung von Fixkosten in variable Kosten und andererseits Freifläche für Produktionserweiterung zu schaffen /Hep98-3/.

Die Entscheidung über ein Outsourcing erfordert die systematische Planung eines Fertigwarenlager-Konzeptes /Paw98-1/. Hierbei können folgende grundsätzliche Lösungsvarianten unterschieden werden (Abb. 5.37):

- Lösung 1: Nutzung des vorhandenen Lagers und teilweises Outsourcing derjenigen Fertigprodukte, die sich besonders für die Auslagerung an einen Logistikdienstleister (LDL) eignen, d. h. für die verbleibenden Produktgruppen soll das vorhandene und dann verkleinerte Lager genutzt werden
- Lösung 2: Neubau eines optimierten Lagersystems und damit Reduzierung des Flächensbedarfs
- Lösung 3: Komplettes Outsourcing zum Logistikdienstleister

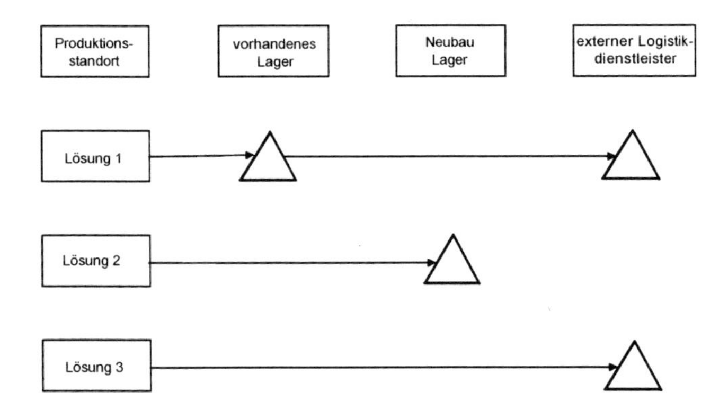


**Abb. 5.37** Charakterisierung der Lösungsansätze für die Lagerung

### 5.4.3.2 Planungsvorgehensweise

Die Durchführung der Konzeptplanung, im vorliegenden Fall der Restrukturierung der Fertigproduktelagerung, entspricht einer Lagersystemplanung bzw. einer Lagersystemstudie. Es sollten unabhängig voneinander interne und externe Konzepte betrachtet werden (Abb. 5.38). Die internen Lagerkonzepte dienen der Realisierung von Verbesserungsmöglichkeiten innerhalb des eigenen Lagerbereichs, so dass die Basis eines nachfolgenden Lösungsvergleichs die optimierte Ist-Situation darstellt. Die Lagersystemstudie umfasst die Schritte

- Planungsausgangswerte,
- Systembestimmung und
- Realplanung (Soll-Konzept).

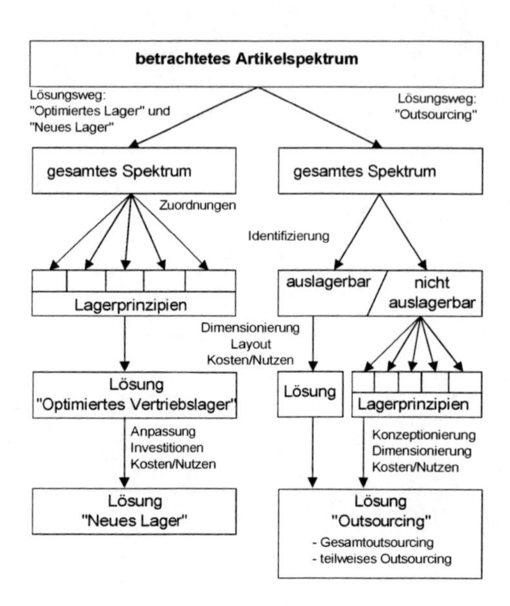


**Abb. 5.38** Vorgehensweise zur Konzeptionierung der Lösungsvarianten

Im Planungsschritt Planungsausgangswerte werden z. B. folgende Ausgangsdaten erfasst:

- Daten zu den Artikelgruppen (statisch, dynamisch)
- Daten zum Lager und zum Materialfluss, wie z. B. Kapazitäten, Anzahl Ein- und Auslagerungen
- Daten zur Organisation, wie z. B. Wareneingang, Kommissionierung
- Daten zu vorhandenen Anlagen, wie z. B. Grundstück, Bebauung, Verkehrsanbindung

Mit den Daten zu den Artikelgruppen erfolgen Artikel-, Lager- und Bewegungsanalyse. Insbesondere sind die Artikelgruppen, die für ein Outsourcing geeignet sind, zu bestimmen.

Dies erfolgt anhand individuell festzulegender Eignungsprofile (Abb. 5.39). In der Systembestimmung werden zunächst in einer ersten Stufe ausgehend vom Artikelspektrum die relevanten Lagereinheiten bestimmt. Die Lagereinheiten werden dann in einer zweiten Stufe relevanten Lagerprinzipien zugeordnet (Abb. 5.40).

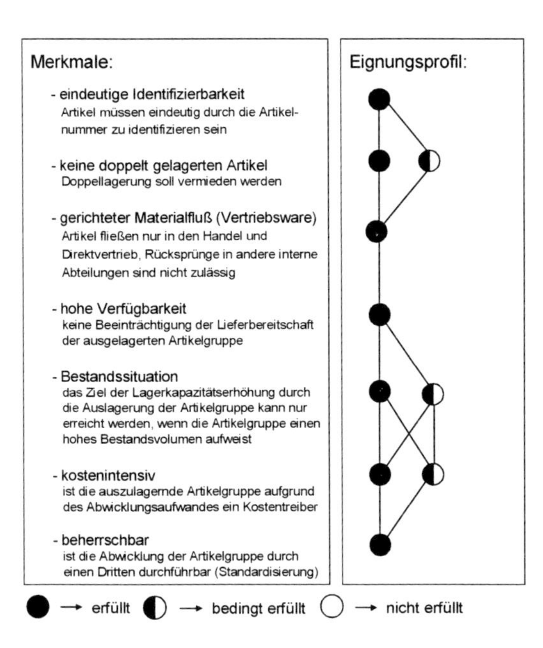


**Abb. 5.39** Klassifizierungsmerkmale auszulagernder Artikelgruppen (Beispiel)

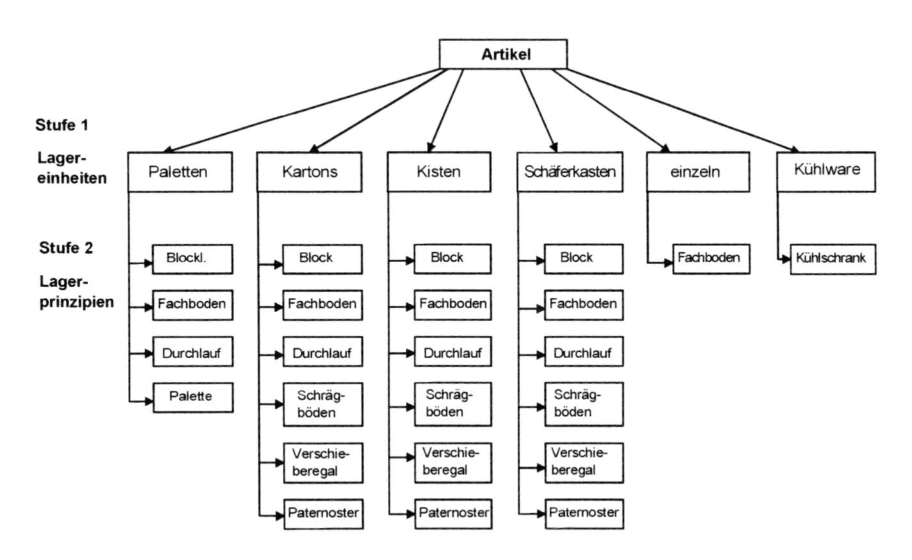


**Abb. 5.40** Zuordnung des Artikelspektrums zu relevanten Lagereinheiten und -prinzipien

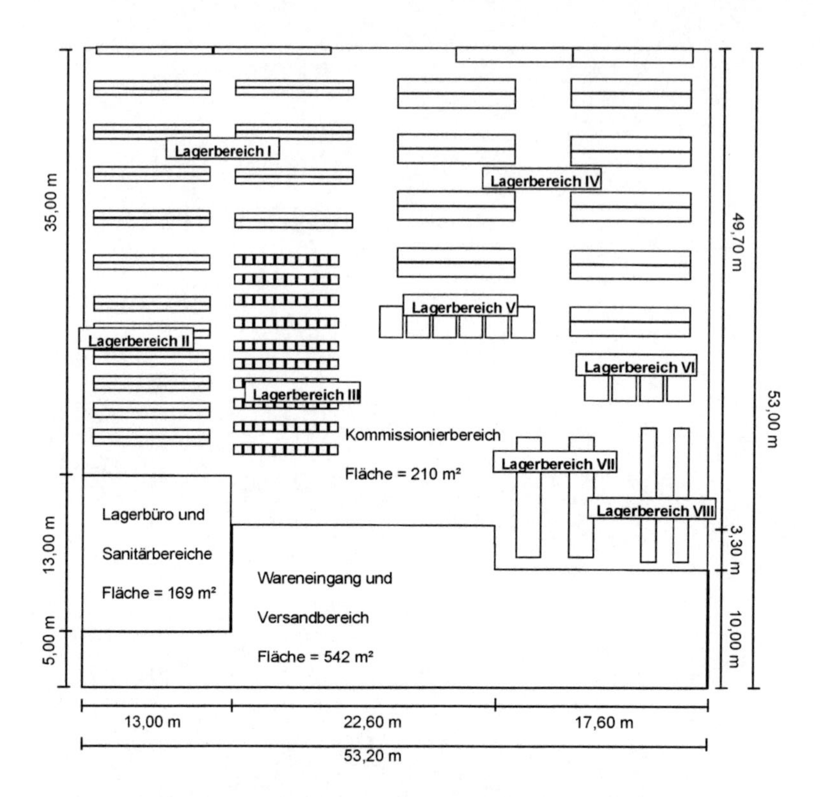


**Abb. 5.41** Lager-Groblayout der Lösungsvariante Lagerneubau (Lösung 2.2)

In der Soll-Konzeptentwicklung, werden für die verschiedenen Lösungsvarianten die ausgewählten Lagerprinzipien zu Systemvarianten zusammengefasst. Die Zusammenfassung der Lagereinrichtungen zu einem Gesamtsystem im Groblayout bildet die Grundlage für eine Variantenbetrachtung unterschiedlicher Lagersollkonzepte. Das Soll-Konzept ist Basis für die Ausschreibung an den LDL und dient zur Angebotsüberprüfung.

Abb. 5.41 verdeutlicht die Planungstiefe im vorliegenden Projektbeispiel der Lagersystemplanung und zeigt das Groblayout der Lösungsvariante Lagerneubau. Es stellt eine nach logistischen und wirtschaftlichen Aspekten optimale Lösungsvariante dar. Durch Variation der Lagerprinzipien ergaben sich für Lösungsvariante 2 drei Lagersystemvarianten. Zum Planungsergebnis gehören u.a.

- Darstellung der Subsysteme
- Groblayout der Einrichtungen
- Materialfluss vom Wareneingang (WE) bis zum Versand

- Informationsfluss der Auftragsabwicklung
- externe Verkehrserschließung
- Definition der Anforderungen an die Organisation

### 5.4.3.3 Wirtschaftlichkeitsabschätzung

Der quantitative Vergleich der Lagervarianten zeigt Abb. 5.42. Die ausgearbeiteten und detaillierten Lösungskonzepte sind der optimierten Ist-Situation gegenüberzustellen.

| Systemvarianten / Größen des Variantenvergleichs | Lösung 1 | Lösung 2 | | |
|---|---|---|---|---|
| | Ist-Lager mit Auslagerung zum Dienstleister | 2.1 Neues Lager mit Bodenblock-, Durchlauf- und Palettenregalen | 2.2 Neues Lager mit Durchlauf- und Palettenregalen | 2.3 Neues Lager als Hochregallager mit Kommissionierbereich |
| 1 Lagerhalle | | | | |
| Fläche [m²] | 1000 | 3300 | 2300 | 2100 |
| Gesamte Baukosten | 659000 | 2142100 | 1704100 | 1757500 |
| 2 Lagersysteme | 263500 | 370520 | 402120 | 128000 |
| 3 Fördermittel | 25000 | 25000 | 25000 | 360000 |
| 4 Lagerverwaltung | 100000 | 100000 | 100000 | 100000 |
| 5 Gesamtes Investitionsvolumen | 1047500 | 2637620 | 2231220 | 1985500 |
| 6 Abschreibungen (linear) | | | | |
| AfA Gebäude (25J) | 26360 | 85684 | 68164 | 70300 |
| AfA Lagereinrichtungen (10J) | 26350 | 37052 | 40212 | 12800 |
| AfA Fördermittel (5J) | 5000 | 5000 | 5000 | 72000 |
| 7 Jahreskosten | | | | |
| AfA, ges. | 57710 | 127736 | 113376 | 155100 |
| Zinsen (10%) | 52375 | 131881 | 111561 | 99275 |
| Instandhaltung (1%) | 6590 | 21421 | 17041 | 17575 |
| Energie, Versicherung | 128000 | 422400 | 294400 | 268800 |
| Personal | 300000 | 300000 | 300000 | 300000 |
| Zwischensumme | 544675 | 1003438 | 836378 | 840750 |
| 8 Auslagerung | | | | |
| Paletten | 1500 | | | |
| Summe Auslagerung | 244000 | | | |
| 9 Jahreskosten gesamt [€] | 788675 | 1003438 | 836378 | 840750 |
| 10 Investitionshöhe/PP [€] | 419 | 1055 | 892 | 794 |
| 11 Betriebskosten/PP [€] | 264 | 232 | 217 | 229 |

Daten: 2500 Palettenplätze
750 Artikel zur Kommisionierung

**Abb. 5.42** Kostenvergleich der Systemvarianten

Mit der Kostenanalyse unter Berücksichtigung zukünftiger Tendenzen für die einzelnen Lösungskonzepte, wie Produktentwicklung, Bestandstendenzen etc., wird der Zeitrahmen bestimmt, mit dessen Hilfe die kostengünstigste Lösung ausgewählt werden kann. Abb. 5.43 zeigt am Projektbeispiel die Kostenentwicklung für die alternativen Fertigwarenlagerkonzepte.

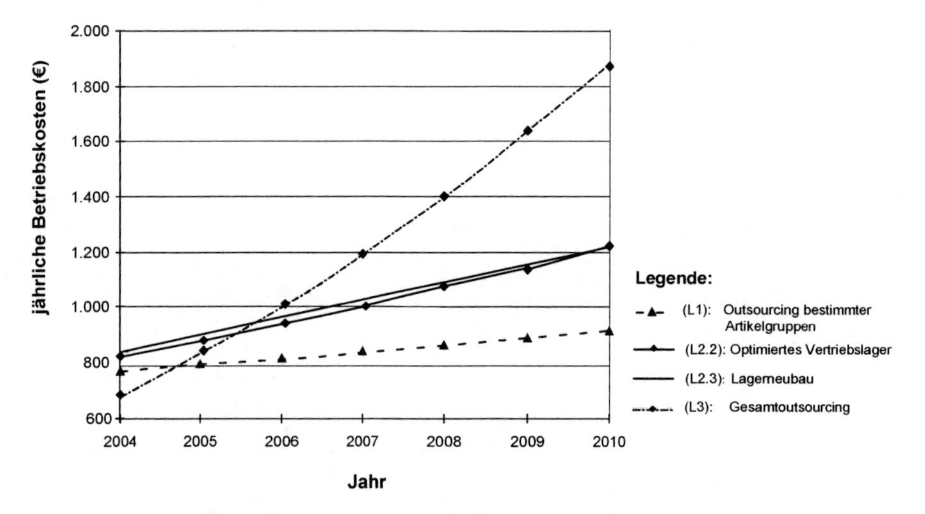


**Abb. 5.43** Betriebskostenermittlung alternativer Lagervarianten

Das Beispiel macht deutlich, dass in diesem Fall die internen Lagerkonzepte günstiger als ein Gesamtoutsourcing sind. Gründe hierfür sind:

- Durch Optimierungsmaßnahmen im Auftragsdurchlauf können die Lagerleistungen, trotz steigenden Auftragsvolumens, durch das vorhandene Personal erbracht werden.

- Die Kosten für das Outsourcing, insbesondere für administrative Tätigkeiten der Auftragsbearbeitung, steigt durch den strukturellen Wandel im Vertrieb des Herstellers zu mehr Kleinaufträgen im Zeitablauf überproportional an.

Im vorliegenden Projektbeispiel wurden entsprechend dem Planungsergebnis durch entsprechende Reorganisationsmaßnahmen und geringeren Investitionen in Lagersysteme und Lagerverwaltung und -steuerung die Lösung 1 (Outsourcing bestimmter Artikelgruppen) realisiert.

### 5.4.4 Schritte der Transportsystemplanung

Die Planungsschritte der Transportsystemplanung sind – analog zur Lagersystemplanung – zunächst die Erfassung der Planungsgrundlagen, anschließend die Systembestimmung und schließlich die Realplanung (Abb. 5.44).

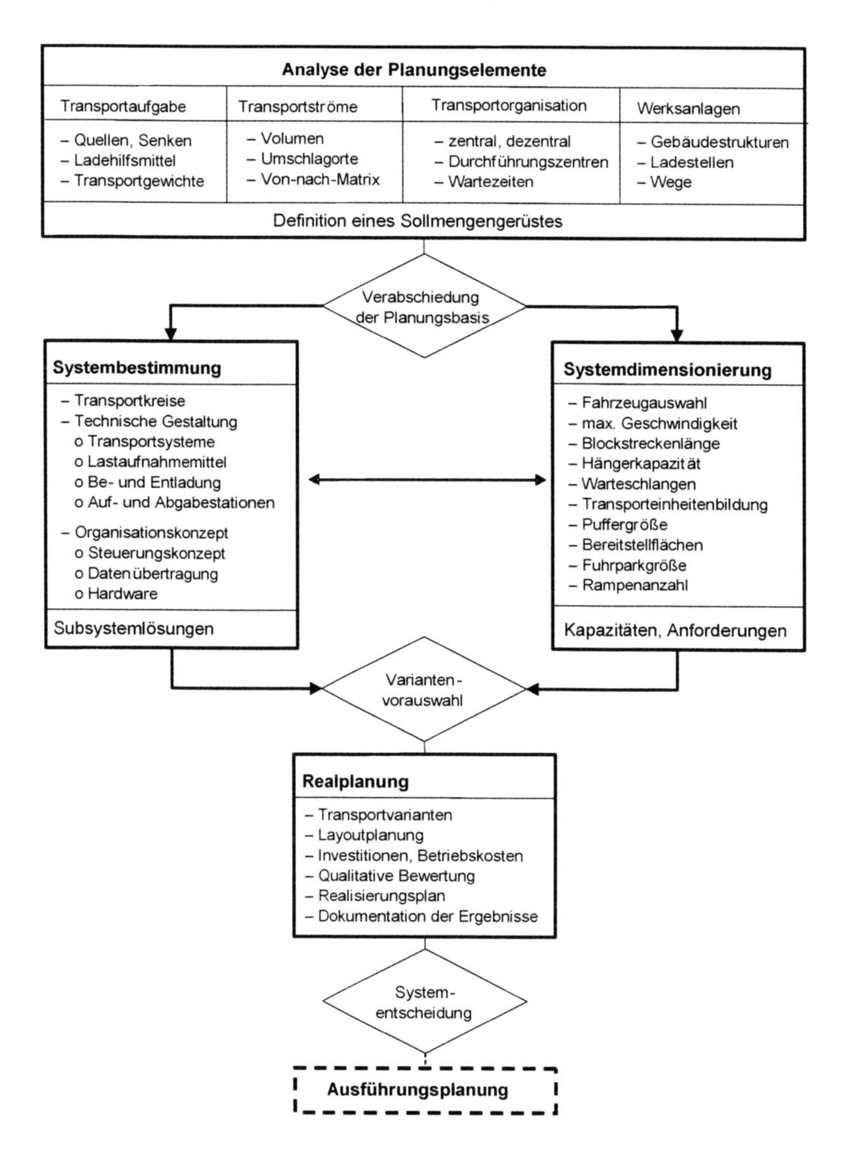


**Abb. 5.44** Planungsschritte der Transportsystemplanung

#### 5.4.4.1 Planungsgrundlagen

Zur Planungsgrundlagenermittlung, d. h. Erfassung und Verdichtung aller Basisdaten, muss zunächst die Transportaufgabe definiert werden. Hierzu gehören die Lage der Quellen und Senken, Art und Umfang der Ladeeinheiten bei Definition der minimalen und maximalen Gewichte und Volumina, die Bestimmung der Materialflussströme, Festlegung des Auf- und Abgabeverhaltens unter Berücksichtigung von Saisonal- und Leistungsschwankungen. Auch müssen die Rahmenbedingungen erfasst werden, wie z. B.

- bestehende oder geplante Gebäudestrukturen sowie
- bestehende Organisations- und Steuerungskonzepte.

Unter Berücksichtigung der zukünftigen Unternehmensentwicklung werden diese Daten auf ein Sollmengengerüst hochgerechnet. Die von einem Transportsystem zu erbringende Leistung wird in einer Von-Nach-Matrix dokumentiert. Diese Leistungsanforderungen bleiben bis zur Inbetriebnahme die Basis für die zu installierende Transportkapazität und die spätere Leistungsabnahme /Sei97/.

#### 5.4.4.2 Bestimmung des Transportsystems

**Alternative Transportsysteme**
Innerhalb eines Materialflussabschnittes können verschiedene Transportsysteme zum Einsatz kommen. Es kommt darauf an, situativ maßgeschneiderte Lösungen zu entwickeln. Die Anbindung eines Hochregallagers an die nachgeschalteten Bereitstellpuffer in der Montage, ist z. B. mit verschiedenen Transportsystemen zu realisieren. Alternativ bieten sich u.a. an (Abb. 5.45):

- Schlepper und Wagen manuell gesteuert
- Stetigförderer flurgebunden oder flurfrei
- Gabelstapler und Gabelhubwagen
- fahrerlose Transportsysteme (FTS)
- Unterflur-Schleppkettenförderer

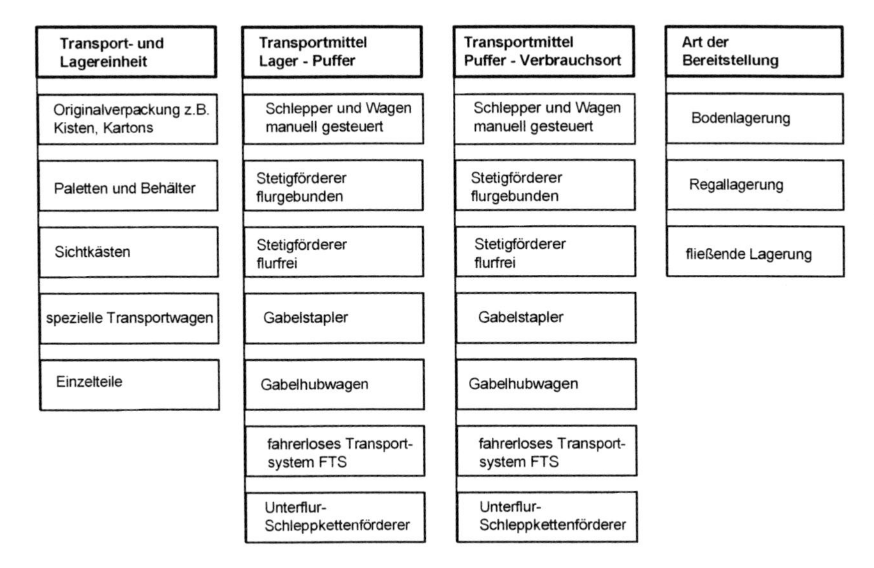


**Abb. 5.45** Morphologie der Transportsysteme zwischen Lager und Verbrauchsort

Es ist schwierig, allgemein zu sagen, welche dieser Möglichkeiten die geeignetste ist /Pie84/. Grundsätzlich lässt sich eine Klassifizierung der innerbetrieblichen Transport- bzw. Fördersysteme über die Kombination ihrer technischen Merkmale und die Steuerungsverfahren beschreiben (Abb. 5.46):

– stetige und intermittierende Fördersysteme
– flurgebundene und flurfreie Fördersysteme

Diese Transportsysteme können mit unterschiedlichen Steuerungsarten betrieben werden, durch

– direkte Steuerungen (manuell, mechanisch, magnetisch und optisch)
– indirekte Steuerungen (induktiv, elektronisch, Infrarot, Funk, virtuell)

| Fördersystem / Steuerungsart | | | | direkt | | | | indirekt | | | |
|---|---|---|---|---|---|---|---|---|---|---|---|
| | | | | manuell | mechanisch | magnetisch | optisch | induktiv | elektronisch | Infrarot/Funk | virtuelle Steuerung |
| intermittierende Förderer | flurfrei | 1 | Hängebahn, nicht angetrieben | ● | | | | | | | |
| | | 2 | Elektrohängebahn | | ○ | ○ | ○ | | ● | ○ | |
| | | 3 | Hängekrananlagen | | ○ | ○ | ○ | | ● | | |
| | flurgebunden | 1 | Gabelstapler, Schlepper | ○ | | | | | | ● | |
| | | 2 | Elektropalettenbodenbahn | | ○ | ○ | ○ | | ● | ○ | |
| | | 3 | fahrerlose Transportsysteme | ○ | | | ○ | ● | | ● | ● |
| stetige Förderer | flurfrei | 1 | Hängekreisförderer | | ● | ○ | ○ | | | | |
| | | 2 | Power and Free Förderer | | ● | ○ | ○ | | ○ | | |
| | flurgebunden | 1 | Rollenbahnen | ● | | | | | | | |
| | | 2 | Rollenförderer, Kettenförderer | | ○ | ○ | ○ | | ● | | |
| | | 3 | Bandförderer | | ○ | ○ | ○ | | ● | | |
| | | 4 | Unterflurschleppkettenförderer | | ● | ○ | ○ | | | ○ | |

● Technisch sinnvolle Kombination ○ Technisch mögliche Kombination

**Abb. 5.46** Klassifizierung der Transportsysteme

Die Vielfalt der am Markt befindlichen Transportsysteme erschwert die Auswahl, lässt aber für jede Problemstellung eine relativ gut angepasste Lösung zu (Abb. 5.47).

Die wohl gebräuchlichsten Geräte sind intermittierende, flurverfahrbare Fördermittel, deren erster Vertreter der Gabelstapler ist. Sie finden ihren Hauptanwendungsbereich, wenn große Flexibilität der Streckenführung und der Haltepunkte gefordert ist. Ebenso sollte die Weglänge gering sein, um die Geräte in einem wirtschaftlichen Arbeitsbereich bis 50m fahren zu lassen.

Die zweite Gruppe der intermittierenden Förderer, die flurfreien Förderer, sind die Elektrohängebahnsysteme (EHB). Sie finden hauptsächlich als verbindendes Fördermittel in flexiblen Fertigungssystemen oder als Verbindungselement zwischen mehreren Gebäudeteilen Anwendung. Diese Systeme können meist nur bei Neuplanungen eingesetzt werden, da ein nachträglicher Einbau in vorhandene Hallen mit sehr großen Schwierigkeiten verbunden ist.

| Transportsystem / Auswahlkriterium | Gabelstapler | Elektrohängebahn | Stetigförderer | Regalförderzeug |
|---|---|---|---|---|
| Flexibilität in der Streckenführung | ● | ◍ | ◍ | ○ |
| Flurfreier Transport | ○ | ● | ◍ | ◍ |
| Hohe Transportleistungen | ◍ | ◍ | ● | ● |
| Große Länge der Transportwege | ● | ◍ | ○ | ○ |
| Hohe Anzahl Ziele | ◍ | ◍ | ◍ | ● |
| geringer Platzbedarf | ◍ | ● | ◍ | ◍ |
| Nachträglicher Einbau in vorh. Gebäude | ● | ◍ | ◍ | ◍ |
| Nutzungsänderung bei Strukturverschiebung | ● | ◍ | ○ | ◍ |
| Möglichkeit von Staueffekten | ○ | ◍ | ◍ | ● |

● gut anwendbar ◍ Anwendung möglich ○ nicht anwendbar

**Abb. 5.47** Entscheidungshilfen bei der Auswahl eines Transportsystems

Ebenso sind Regalfahrzeug (RF) für die Auslager- und Verteilstrecken in Hochregallagern die gebräuchlichste Lösung. Als innerbetriebliches Transportmittel sind sie nur beschränkt einzusetzen, weil sie durch ihre Flurgebundenheit die Funktionsbereiche künstlich zerschneiden.

Grundsätzlich gilt, dass der Wendebereich sowie die konkreten Aufgaben und Rahmenbedingungen bei der Auswahl entscheidend sind.

## Entscheidungshilfen

Die Entscheidungshilfen bei der Auswahl eines Transportsystems lassen sich graphisch darstellen (Abb. 5.47). Es existieren für die Einsatzgebiete der Systeme jeweils Vor- und Nachteile (Abb. 5.48). Aus Kostenkurven ist erkennbar, welche Investitionen pro Streckeneinheit mit einem Stetigförderer, FTS-System oder einer Hängebahn verbunden sind (Abb. 5.49).

| Beispiel | Gleislose Transportsysteme | Gleisgebundene Transportsysteme |
|---|---|---|
| Eignung | Flexible Streckenführung notwendig | Hohe Positioniergenauigkeit erforderlich |
| Vorteile | Universell einsetzbar<br>Geringe Investitionskosten | Hoher Automatisierungsgrad<br>Hohe Transportgeschwindigkeiten |
| Nachteile | Personalintensiv<br>Kein automatisierter Betrieb möglich | Starre Streckenführung<br>Hohe Investitionskosten |

**Abb. 5.48** Gegenüberstellung von gleislosen und gleisgebundenen Transportsystemen

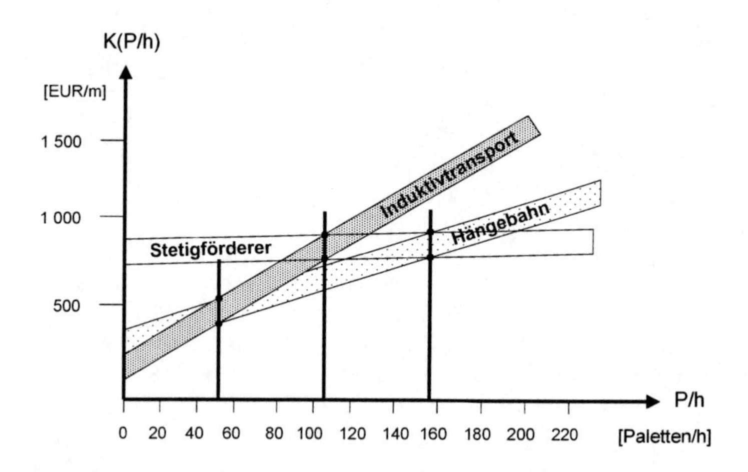


**Abb. 5.49** Kostenkurven unterschiedlicher Transportsysteme

**Systembestimmung**
Aufbauend auf den ermittelten Soll-Daten wird die Systemplanung durchgeführt. Dazu werden zuerst die Transportkreise definiert, die sich über ein Fördersystem abwickeln lassen. Bei komplexen Aufgaben können zwei oder drei Transport-

systeme parallel in einem Werks- oder Logistikbereich zum Einsatz kommen. Für die ausgewählten Transportkreise werden dann über eine Variantenvorbestimmung die in Frage kommenden Systeme ausgewählt. Aus der Vielzahl denkbarer Transportsysteme wird aufgrund von Leistungsanforderungen, Streckenführung sowie qualitativen Anforderungen eine Vorauswahl getroffen.

#### 5.4.4.3 Realplanung

Die verbleibenden Lösungen werden in einem Reallayout dimensioniert und weiter detailliert. Dabei werden Art und Umfang der Auf- und Abgabestation, Anzahl Pufferplätze, Fahrkurs und Streckenführung sowie die Zahl der nötigen Transportgeräte bestimmt.

Parallel zur technischen Planung werden die Steuerungsphilosophie erarbeitet und die Schnittstellen zum überlagernden Host-System abgestimmt. Die für jeden Transportkreis zu untersuchenden Varianten werden technisch und wirtschaftlich bewertet sowie miteinander verglichen. So werden die Investitionen für Personal, Wartung, Instandhaltung und Energie für jede Variante ermittelt. Die Betriebskosten werden aus Kennwerten für Wartung, Instandhaltung und Energie aus den Investitionen abgeleitet und um die Personalkosten ergänzt.

Parallel zur Wirtschaftlichkeitsbetrachtung wird eine qualitative Bewertung durchgeführt, die Kriterien wie Erweiterbarkeit, Modularität oder Flexibilität in die Entscheidung einbezieht. Aufgrund der wirtschaftlichen Bewertung und der qualitativen Beurteilung wird das geeignete Transportsystem ausgewählt. Zur Absicherung der Investitionen kann eine Simulation des Transportsystems sinnvoll sein (vgl. Abschnitt 7.3.1).

### 5.4.5 Beispiel: Automatisierung von Transporten in der Montage

#### 5.4.5.1 Aufgabenstellung

In einem Unternehmen des Elektromotorenbaus wird das Montagewerk grundlegend umgestaltet. Ein Teilprojekt ist die bestandsarme Versorgung der Montagearbeitsplätze. In einem vorgeordneten Planungsschritt „Soll-Konzeptentwicklung für die Lagerung und Bereitstellung“ wurden bereits die differenzierten Bereitstellungsstrategien (verbrauchs-, bestandsorientierte) optimiert. Im Teilprojekt „Transportsystemplanung“ sind nun die Transportsysteme entsprechend auszulegen. Es stehen drei alternative Transportsysteme zur Verfügung (Abb. 5.50):

- Variante 1: Gabelstapler
- Variante 2: Fahrerloses Transportsystem (FTS)
- Variante 3: Elektro-Hängebahn

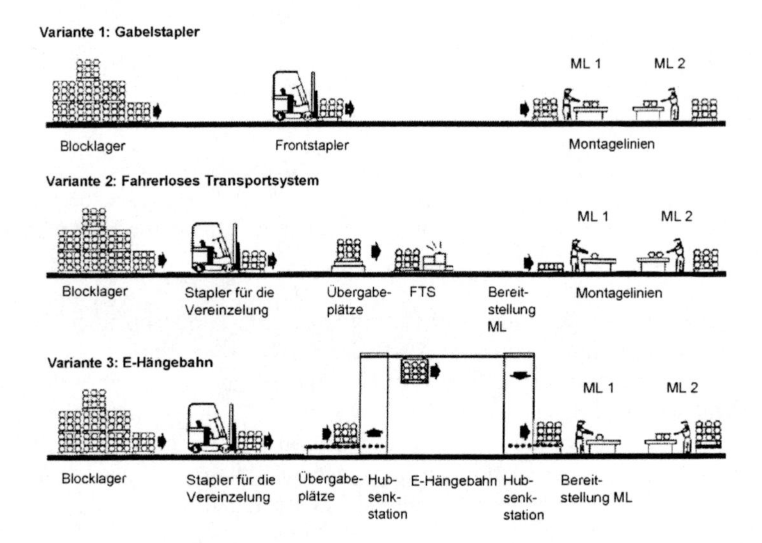


**Abb. 5.50** Alternative Lösungen für ein Transportproblem

Randbedingungen und Anforderungen an das Transportsystem:

| | |
|---|---|
| – Transportgut: | E-Motoren auf Europaletten |
| – Quelle: | Blocklager neben Wareneingang |
| – Senke: | Montagestation an zwei Montagelinien |
| – Motorenbedarf: | 2.000 Stk/Tag |
| – Ladekapazität: | 16 Motoren/LE |
| – Transport-Intensität: | 125 LE/Tag |
| – Schichtzahl: | 2 |
| – Arbeitszeit: | 400 min/Schicht |
| – Fahrstrecke zur | |
| o Montagelinie 1: | 274 m |
| o Montagelinie 2: | 322 m |

### 5.4.5.2 Bildung der Transportsystemvarianten

Im Rahmen der Systemplanung werden die in Abb. 5.51 dargestellten drei Varianten untersucht. In diesem Beispiel können von vornherein Stetigförderer ausgeschlossen werden, da nur knapp 8 LE/h zu transportieren sind /Kni86/. Für die Bewertung der drei Varianten werden quantitative und qualitative Kriterien herangezogen.

### 5.4.5.3 Quantitative Bewertung

Eine Bewertung der Transportsystemvarianten erfolgt anhand der quantitativen Kriterien

- Investitionen und
- Betriebskosten.

Bei der Betrachtung der Investitionssummen (Bild 5.51a) der drei Varianten scheidet V3 aus wegen zu hohem Installationsaufwand.

| Nr | Subsystem | Investitionen in T€ V1 | V2 | V3 |
|---|---|---|---|---|
| 1 | Stapler | 70 | 35 | 35 |
| 2 | Übergabeplätze an das Transportsystem | - | 45 | 80 |
| 3 | Transportsystem ohne Steuerung | - | 145 | 395 |
| 4 | Übergabestationen an den ML's | - | 30 | 160 |
| 5 | Steuerung | 60 | 180 | 175 |
| 6 | Tragkonstruktion | - | - | 750 |
| 7 | Schutzvorrichtungen | - | - | 70 |
| | gesamt | 130 | 435 | 1665 |
| | Rangfolge | 1 | 2 | 3 |

a) Investitionsrechnung

| Kostenart | V1 % | V1 T€/a | V2 % | V2 T€/a |
|---|---|---|---|---|
| - Afa | 25 | 32,5 | 15 | 65,3 |
| - Zinsen auf I | 4 | 5,2 | 4 | 17,4 |
| - Instandhaltung | 8 | 10,4 | 7 | 30,5 |
| - Energie | 8 | 10,4 | 5 | 21,8 |
| - Personalkosten | | 100,0 | | 50,0 |
| - Staplerkosten anteilig | | - | | 29,3 |
| gesamt | | 148,5 | | 214,3 |
| Rangfolge | | 1 | | 2 |

b) Betriebskosten (Fall I) für V1 und V2

**Abb. 5.51** Investitionen und Betriebskosten (Fall I) der Lösungsvarianten

<u>Fall I:</u> Betriebskosten I bei statischer Betrachtung für V1 und V2. In diesem Fall ist das FTS unwirtschaftlich wegen:

- hoher Grundinstallationen für ein Fahrzeug
- Vereinzelung im Blocklager durch Stapler
- Transportaufgabe betrifft nur einen Teil der Transporte

Fall II: Anforderungen werden so verändert, dass zwei FTS-Fahrzeuge notwendig werden. In diesem Fall ergeben sich für die Investitionen und Betriebskosten

- Investitionen Fall II
  - Variante 1: 200 T€
  - Variante 2: 580 T€
- Betriebskosten Fall II bei statischer Betrachtung für V1 und V2 fast gleich (vgl. Abb. 5.52a)

| Kostenart | V1 | | V2 | |
|---|---|---|---|---|
| | % | T€/a | % | T€/a |
| - Afa | 25 | 50,0 | 15 | 87,0 |
| - Zinsen auf I | 4 | 8,0 | 4 | 23,2 |
| - Instandhaltung | 8 | 16,0 | 7 | 40,6 |
| - Energie | 8 | 16,0 | 5 | 29,0 |
| - Personalkosten | | 200,0 | | 100,0 |
| - Staplerkosten anteilig | | - | | 35,0 |
| gesamt | | 290,0 | | 314,8 |
| Rangfolge | | 1 | | 2 |

a) statische Betrachtung (Fall II)

| Kostenart | V1 | V2 |
|---|---|---|
| | T€/a | T€/a |
| - Betriebskosten ohne Personalkosten | 90,0 | 214,8 |
| - Personalkosten | 255,3 | 127,7 |
| gesamt | 345,3 | 342,5 |
| Rangfolge | 2 | 1 |

b) dynamische Betrachtung (Fall III)

**Abb. 5.52** Betriebskosten ohne und mit dynamischen Rechenverfahren

Fall III: Dynamische Betrachtung der Betriebskosten durch Berücksichtigung der zu erwartenden Steigerungen der Personalkosten (5% p.a.). In diesem Fall ergibt sich:

- Rangfolge ändert sich bei Betriebskosten
- FTS wird vorteilhafter als Gabelstapler

Bei etwa gleich großen Betriebskosten ist eine zusätzliche Bewertung der qualitativen Kriterien mittels Nutzwert-Analyse für die weitere Entscheidungsvorbereitung erforderlich.

### 5.4.5.4 Qualitative Bewertung mittels Nutzwert-Analyse

Die Nutzwert-Analyse erfolgt in den Schritten:

- Auswahl der Kriterien (siehe Abb. 5.53a)
- Gewichtung der Kriterien. Beim paarweisen Vergleich der Kriterien wurden folgende Bewertungsschlüssel verwendet:

  0 = geringere Bedeutung

  1 = gleiche Bedeutung

  2 = höhere Bedeutung

| | Bewerungskriterien | 1 | 2 | 3 | 4 | 5 | 6 | 7 | 8 | 9 | 10 | Summe |
|---|---|---|---|---|---|---|---|---|---|---|---|---|
| 1 | Flexibilität der Linienführung | | 1 | 1 | 1 | 1 | 1 | 0 | 1 | 1 | 1 | 8 |
| 2 | Flexibilität der Haltepunkte | 1 | | 1 | 1 | 1 | 1 | 1 | 1 | 1 | 1 | 9 |
| 3 | Flexibilität bei der Erweiterung | 1 | 1 | | 1 | 1 | 1 | 1 | 2 | 1 | 1 | 10 |
| 4 | Automatisierungsmöglichkeit | 1 | 1 | 1 | | 1 | 1 | 1 | 2 | 1 | 1 | 10 |
| 5 | Pufferung im System | 1 | 1 | 1 | 1 | | 0 | 1 | 2 | 1 | 1 | 9 |
| 6 | Anbindung an Leitrechner | 1 | 1 | 1 | 1 | 2 | | 1 | 2 | 1 | 1 | 11 |
| 7 | Mannarme Betriebszeiten | 2 | 1 | 1 | 1 | 1 | 1 | | 2 | 1 | 1 | 11 |
| 8 | Bedarf an Verkehrsfläche | 1 | 1 | 0 | 0 | 0 | 0 | 0 | | 0 | 0 | 2 |
| 9 | Zuverlässigkeit | 1 | 1 | 1 | 1 | 1 | 1 | 1 | 2 | | 1 | 10 |
| 10 | Unfallgefahr | 1 | 1 | 1 | 1 | 1 | 1 | 1 | 2 | 1 | | 10 |

a) Auswahl und Gewichtung der Kriterien

| | Bewertungskriterien | Gewichtungsfaktor | Variante 1 | | Variante 2 | |
|---|---|---|---|---|---|---|
| | | | Note | Punkte | Note | Punkte |
| 1 | Flexibilität der Linienführung | 8 | 3 | 24 | 3 | 24 |
| 2 | Flexibilität der Haltepunkte | 9 | 3 | 27 | 3 | 27 |
| 3 | Flexibilität bei der Erweiterung | 10 | 3 | 30 | 3 | 30 |
| 4 | Automatisierungsmöglichkeit | 10 | 0 | 0 | 3 | 30 |
| 5 | Pufferung im System | 9 | 0 | 0 | 1 | 9 |
| 6 | Anbindung an einem Leitrechner | 11 | 2 | 22 | 3 | 33 |
| 7 | Mannarme Betriebszeiten | 11 | 0 | 0 | 3 | 33 |
| 8 | Bedarf an Verkehrsfläche | 2 | 2 | 4 | 1 | 2 |
| 9 | Zuverlässigkeit | 10 | 3 | 30 | 3 | 30 |
| 10 | Unfallgefahr | 10 | 2 | 20 | 3 | 30 |
| Gesamtpunkte | | 270 | | 157 | | 248 |
| Erfüllungsgrad | | | | 0,58 | | 0,92 |
| Rangfolge | | | | 2 | | 1 |

b) Bewertung der Lösungsvarianten

**Abb. 5.53** Auswahl und paarweise Gewichtung der Kriterien für eine Nutzwert-Analyse

– Bewertung der Lösungsvarianten. Auswahl der Kriterien, deren Gewichtung und Benotung. Folgende Werte (Noten) wurden verwendet (Abb. 5.53b):

0 = schlecht gelöst

1 = ausreichend gelöst

2 = befriedigend gelöst

3 = gut gelöst

Für die Varianten ergeben sich folgende Nutzwerte:

Variante 1: 147

Variante 2: 248

Wegen des um über 1/3 höheren Nutzwertes ist bei annähernd gleichen Kosten die Variante 2 zu bevorzugen. Jedoch macht die Bewertung der Lösungsvarianten V1 und V2 deutlich, wie die Veränderung der Randbedingungen sowie die statischen bzw. dynamischen Rechenansätze entscheidend die Wahl des Transportsystems beeinflussen können.

## *5.5 Organisationssystemplanung*

### 5.5.1 Anlässe und Anforderungen

Das Produktionsunternehmen muss täglich auf die Anforderungen des Marktes reagieren. Die permanenten Marktveränderungen vom Gesamtproduktionssystem fordern ein harmonisches Zusammenspiel von Produktion und Logistik. Neben den Fertigungs- und Montagesystemen und den Materialfluss-, Lager- und Transportsystemen sind daher insbesondere die Organisationssysteme für die Produktionslogistik entscheidend zur Erfüllung der Anforderungen, wie z. B. Verkürzung der Produktlebenszyklen, Vergrößerung der Variantenbreite oder Veränderung des Preis/Leistungsverhältnisses.

Auf diese veränderten Anforderungen gilt es mit konkreten Maßnahmen zu reagieren, um das Produktionspotenzial voll ausschöpfen und die Auftragslage sichern zu können. Teilziele sind z. B. Verkürzung der Lieferzeiten, Senkung der Herstellkosten, Verringerung der Lagerbestände oder Auslastung der Kapazitäten. Zur Erreichung dieser Ziele sind neben den Einrichtungssystemen auch die Organisationssysteme für die Aufbau- und Ablauforganisation neu zu gestalten.

### 5.5.2 Schritte der Organisationssystemplanung

Die Entwicklung des Organisationssystems verläuft in mehreren Planungsschritten:

- Planungsgrundlagen
- Rahmenkonzept
- Sollkonzept

**Planungsgrundlagen**
Zunächst erfolgt die Bewertung des Ist- und zukünftigen Soll-Zustandes bezüglich

- der grundlegenden Fertigungsdaten; wie z. B. Stücklisten, Arbeitspläne, Stammdatenverwaltung
- der Produktionsplanung; ausgehend von der Auftragseinplanung des Vertriebs, über die Auftragsverwaltung, Bedarfsermittlung und Kapazitätsplanung bis hin zur Durchlaufterminierung
- Produktionssteuerung; mit den Funktionen der Auftragsveranlassung und Auftragsüberwachung bzw. Terminverfolgung
- Materialwirtschaft und Einkauf; mit dem Bestellsystem, der Disposition, Lagerverwaltung und -steuerung
- Aufbauorganisation; Gliederung der Funktionsbereiche, Zuständigkeiten und Verantwortung
- bestehende DV-Systeme; mit Soft- und Hardware

**Rahmenkonzept**
Im Rahmenkonzept werden zunächst die Ziele wie z. B. Senkung der Bestände, Verkürzung der Durchlaufzeiten, Minimierung der Verwaltungsarbeiten oder Reduzierung der Kosten für die innerbetriebliche Logistik definiert. Darauf aufbauend beschreibt das Rahmenkonzept

- die Stärken und Schwächen im organisatorischen System und dem EDV-Bereich
- das Benutzerverhalten
- die Restriktionen durch vorhandene Hard- und Software
- die Lösungsmöglichkeiten und damit verbundenen Verbesserungen gegenüber dem Ist-Zustand

- die Rationalisierungspotenziale,
- Grobkostenschätzung der zu erwartenden Investitionen

**Sollkonzept**
Das Sollkonzept enthält neben der Festlegung der Module und Funktionen eine Beschreibung der Struktur zwischen den Funktionsbereichen. Demnach wird auf der Basis der im Rahmenkonzept vorgeschlagenen Lösungsmöglichkeiten ein organisatorisches Gesamtkonzept für die Bereiche Fertigung, Montage, Materialfluss und Lagerung mit folgendem Inhalt erarbeitet:

- Festlegung des organisatorischen Gesamtsystems; d. h. Ziel und Aufgaben, Informationsbedarfe und -hierarchie, Quellen und Wege, Lösungsverfahren
- Abstimmung und Definition der Anforderungen aus dem Gesamtsystem an die Module; wie z. B. Datensicherung, Antwortzeitverhalten, Datenorganisation, Hardware, Software, Benutzerverhalten
- Konzipieren der Datenbasis; hierzu zählen Datenkatalog und Informationsstrukturen
- Bestimmung der Systemlandschaft; d. h. Anwendungssoftware und grobe Datenflüsse
- Definition der Anforderungen an die Hardware; z. B. vorhandene Hardware und Restriktionen, geplante Hardware
- Kostenschätzung für die Investitionen; z. B. in Soft-, Hardware, organisatorische Umstellungen und Systemeinführung
- Erstellen eines Realisierungsplanes mit den Schritten
    - Feinplanung
    - Ausschreibungsverfahren
    - Softwaretechnische Realisierungen
    - Systemeinführung

Ergebnis ist ein Sollkonzept für die Neustrukturierung der Auftragsabwicklung im Rahmen der ganzheitlichen Fabrikplanung. Alle dafür notwendigen Maßnahmen und ihr Kosten- und Zeitbedarf werden dargestellt. Es ist gleichzeitig die Vorgabe für die Feinplanung, Ausschreibung und Realisierung in der nachfolgenden Planungsstufe der Ausführungsplanung.

Die Planung der Produktionssteuerung als ein wesentliches Teilprojekt in der Organisationssystemplanung soll nachfolgend beispielhaft behandelt werden.

### 5.5.3 Planung der Produktionssteuerung

Ein wesentliches Problem der Produktionssteuerung ist die unzureichende Berücksichtigung der situativ gegebenen bzw. zu gestaltenden Produktionsorganisation, d. h. der Fertigungs- bzw. Materialflussabschnitte aus der Strukturplanung sowie der entsprechenden Informationsflüsse. Deshalb ist die Planung von Leitstandskonzepten eine wichtige Aufgabe in der Fabrik- bzw. Produktionsstrukturplanung /Paw07, S.90–142/.

#### 5.5.3.1 Steuerungskonzepte für die Produktion

Die Position moderner Leitstände, heute oft auch als Manufacturing Execution Systems (MES) bezeichnet, hat sich in den letzten Jahren nicht wesentlich geändert. Die Leitstände sind unterhalb der PPS/ERP-Systeme angeordnet. Dabei werden die Leitstände in den einzelnen Teilbereichen der Produktion, wie der Bereitstellung, Fertigung, dem Transport etc., installiert. Besondere Probleme ergeben sich aus der Tatsache, dass die meisten Leitstände bis heute als zentrale Werkstattsteuerung ausgelegt sind und somit eine feinere Planung der PPS/ERP-Ergebnisse durchführen (Abb. 5.54, Modell 1). Daraus resultiert eine Top-down-Organisation, die dazu führt, dass mit der Übernahme der PPS/ERP-Daten auch alle Fehler und Ungenauigkeiten in die Werkstatt übernommen werden, die zuvor im PPS/ERP-System entstanden sind. Zusätzliche Schwierigkeiten entstehen durch die Komplexität der vernetzten Materialflüsse /Paw99/.

Eine Möglichkeit zur Reduktion der Komplexität bieten dezentrale Leitstandskonzepte. Dabei erfolgt eine Zerlegung der prozessnahen Fertigungsabläufe in Bereiche mit eigener Feinplanung und -steuerung (Abb. 5.54, Modell 2). Leider ist eine horizontale Kommunikation und eine globale Optimierung des Fertigungsflusses nicht möglich, weshalb die fehlende Koordination zwischen den einzelnen Leitständen neue Probleme bereitet /Gav06/.

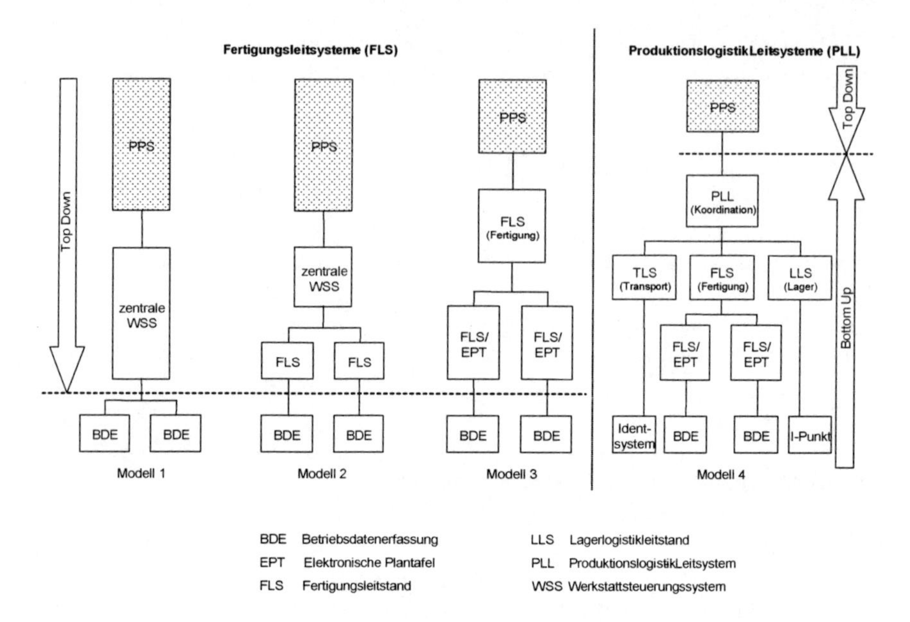


**Abb. 5.54** Steuerungskonzepte für die Produktion /Paw99/

Diese Problematik soll durch Leitstandsysteme beseitigt werden (Abb. 5.54, Modell 3). Hier wird eine Koordinationsinstanz eingebunden, deren Aufgabe die Kopplung zum PPS/ERP-System und die Verteilung der Daten an die einzelnen Leitstände ist. Die Koordination der Abläufe zwischen den Leitständen in Bezug auf einen globalen, optimalen Fertigungsablauf ist dabei allerdings äußerst problematisch. Auch werden Querschnittsfunktionen wie Transport, Lager und Bereitstellung nicht über die Abschnitte hinweg in die koordinierende Instanz integriert.

Zu den genannten Leitstandsmodellen 1 bis 3 sei angemerkt, dass diese fast ausschließlich als EDV-technische Lösungen realisiert werden. Nicht immer sind die Produktionsunternehmen damit zufrieden /Wie03/. Hauptursache ist, dass die Organisation nicht als Gestaltungskomponente berücksichtigt wird. Die Folge sind Insellösungen, die der Vernetzung der Materialflussprozesse nur unzureichend Rechnung tragen. Funktionale Barrieren in der Ablauforganisation, Managementbarrieren in der Aufbauorganisation und Abteilungsdenken bleiben erhalten und behindern die Produktionslogistik /Paw99/.

Eine Antwort auf die Defizite der herkömmlichen Leitstandkonzepte sind adaptive Produktionslogistik-Leitsysteme (PLL) entsprechend (Abb. 5.54, Modell 4). Das PLL basiert auf einer kybernetischen Produktionsorganisation und -steuerung, d. h. durch eine organisatorische Gesamtlösung für die Organisation des Unternehmens wird die Materialfluss- und Organisationsstruktur optimiert.

### 5.5.3.2 Anforderungen an eine logistikgerechte Produktionssteuerung

Anforderungen an die Produktionssteuerung ergeben sich auch aus der Einordnung der Produktionslogistik im Unternehmen. Der Grundgedanke des PLL-Konzeptes ist die Darstellung der Unternehmensorganisation als ein System logistischer Ketten. Unter Berücksichtigung des kybernetischen Prinzips des Entflechtens komplexer Abläufe wird das Unternehmen horizontal entlang des Materialflusses und vertikal entlang der Entscheidungs- und Ausführungsebenen gegliedert (Abb. 5.55):

- Bei der horizontalen Vernetzung werden die Teilbereiche entlang des Materialflusses strukturiert.
- Bei der vertikalen Vernetzung wird das Unternehmen über die Entscheidungs- und Ausführungsebenen definiert:
  - Die *Materialflussebene* bildet als unterste Ebene den physischen Produktionsprozess ab.
  - Die *Logistikebene* ist über den Informationsfluss mit dem Materialfluss gekoppelt. In der Logistikebene werden alle Informationen, die entlang des Materialflusses anfallen, zusammengeführt und zur Planung und Steuerung des Produktionsprozesses genutzt.
  - Die *Managementebene* ist in diesem Unternehmensmodell die oberste Ebene. In ihr werden die verdichteten, durch die Logistikebene gefilterten Informationen zur strategischen Planung und Steuerung des Unternehmens genutzt.

Das Produktionslogistik-Leitsystem stellt das technische Konzept zur Realisierung einer logistikgerechten Produktionssteuerung dar. Aus den Defiziten der heutigen Steuerungsinstrumente können die Anforderungen an ein System zur logistikgerechten Produktionssteuerung hergeleitet werden:

- Verwendung mehrerer Steuerungsphilosophien gleichberechtigt nebeneinander
- Dezentrales Steuerungskonzept und Verteilung der Funktionen und Aufgaben
- Gleichrangige Softwareunterstützung auf allen Planungsebenen
- Bildung von Regelkreisen
- Simultanes Planen aller Ressourcen
- Bereitstellung von Hilfsmitteln zur Unterstützung des Benutzers bei der Entscheidungsfindung

– Schaffung eines durchgehenden Datenmodells für die Planung und Steuerung, das die Materialflussprozesse mit ihren Abhängigkeiten abbildet (vgl. Abschnitt 7.4.2).

Um die für ein Unternehmen geltenden Ziele der Produktionslogistik, hohe Termintreue, kurze Durchlaufzeiten und niedrige Bestände, zu erreichen, ist es notwendig, auch die zwischen den Kapazitäten liegenden Vorgänge in den Planungsprozess einzubeziehen und somit den gesamten Materialfluss durch die Fertigung zu organisieren und zu optimieren. Damit ist das PLL im Gegensatz zu herkömmlichen Leitständen oder Leitsystemen nicht von einer reinen kapazitiven Sichtweise der Fertigungssteuerung geprägt, sondern von der Materialflussorientierung.

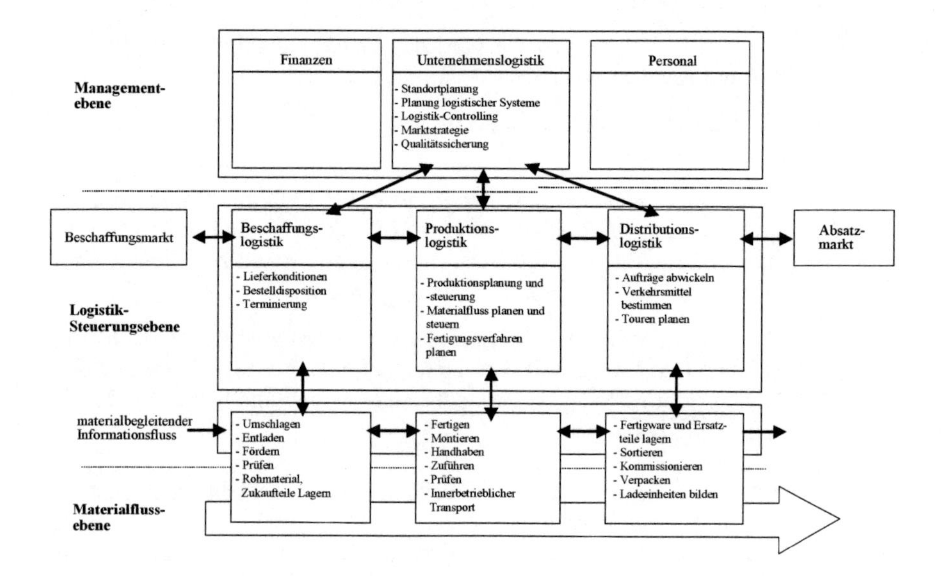


**Abb. 5.55** Logistikbereiche im Unternehmen

Das PLL wird unterhalb der langfristigen Produktionsplanung und -steuerung eingesetzt und übernimmt die Feinplanung der Aufträge sowie Steuerung und Regelung der Produktion (Abb. 5.56). Dazu wird ausgehend von der Produktstruktur die Materialflussstruktur in Materialflussabschnitte gegliedert. Innerhalb der Materialflussabschnitte ergeben sich lokale Steuerungs- und Regelungsaufgaben.

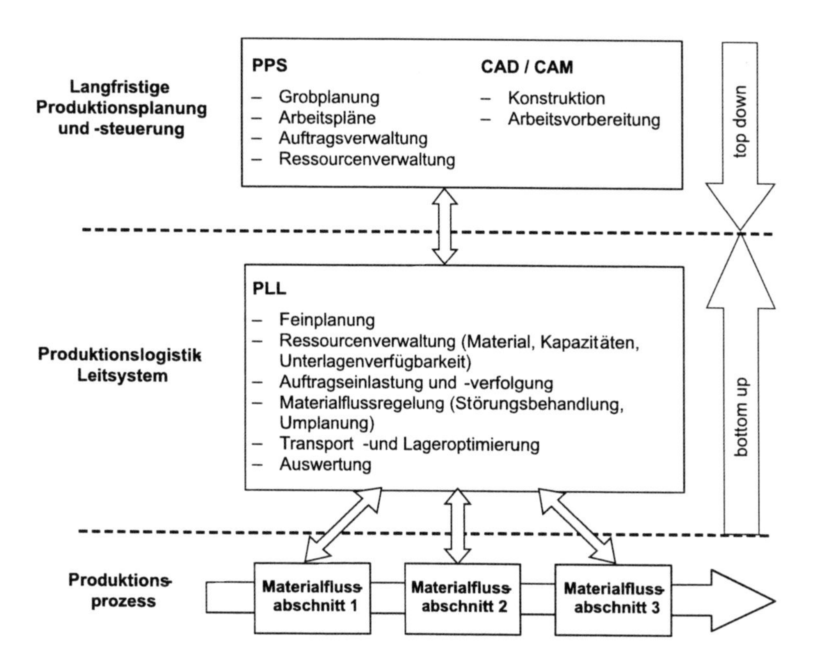


**Abb. 5.56** Einordnung des PLL in das Unternehmen

### 5.5.3.3 Einführung eines Produktionslogistik-Leitsystems (PLL)

**Einführungsstrategie und Projektschritte**
Die Einführung eines PLL-Systems ist immer situativ in Abhängigkeit der konkreten Aufgabenstellung im Unternehmen durchzuführen. Zu empfehlen ist, zunächst die Produktionsorganisation nach logistischen Zielgrößen zu optimierten und das Pflichtenheft für ein individuelles System auf Basis dieses zukunftsorientierten Produktionslogistikkonzeptes zu erstellen. Mit dem erstellten Pflichtenheft können dann entweder die auf dem Markt verfügbaren Systeme in ihrem Leistungsumfang verglichen, für die eigene Anwendung beurteilt und die Voraussetzungen für die entsprechende Realisierung geschaffen werden oder das Pflichtenheft dient als Grundlage für die unternehmensspezifische Neuentwicklung eines PLL-Systems unter Verwendung geeigneter Softwarewerkzeuge.

Die Entwicklung des Pflichtenheftes sollte also entgegen herkömmlicher Vorgehensweisen nicht auf dem Ist-Zustand des Unternehmens oder auf bestimmten Betriebstypen aufbauen, sondern aus einem optimierten Soll-Konzept für die eigene Produktionslogistik abgeleitet werden. Anlässe einer solchen Planung können z. B. sein eine

- Werksstrukturplanung,
- Produktionsstrukturplanung oder
- PPS/ERP-Einführungsplanung.

Die Entwicklung eines Produktionslogistikkonzeptes ist also immer eine wesentliche Voraussetzung für eine strategiekonforme PLL-Einführung. Diese kann in interdisziplinärer Projektarbeit in folgenden Projektschritten durchgeführt werden:

- Schritt 1: Voruntersuchung
- Schritt 2: Entwicklung des Pflichtenheftes
- Schritt 3: Prototypische Realisierung
- Schritt 4: Schulung der Mitarbeiter
- Schritt 5: Übertragung auf Gesamtbetrieb

Es sind unterschiedliche Einführungsstrategien für ein PLL möglich. Zu empfehlen ist

- zunächst die Einführung einer Pilotversion in einem Teilbereich des Produktionsstandortes,
- dann die Übertragung der Erkenntnisse auf das gesamte Werk.

**Voruntersuchung**

Im ersten Schritt dient zunächst die Voruntersuchung zur Fixierung der Zielsetzung und Aufgabenstellung, Projektphasen bzw. -schritte. In Abb. 5.57 sind beispielhaft Zielsetzungen und Anforderungen an die zentrale Koordinationsinstanz des PLL formuliert.

| Anforderungen an die Leitzentrale |
| --- |
| – Planung, Steuerung und Regelung aller Produktionsfaktoren (z.B. Kapazitäten, Material, Personal und Informationen) |
| – Interaktive Planungsunterstützung, flexible Reaktion auf Störungen, Ableitung von Tagesprogrammen |
| – Integration der mittel- und langfristigen Planung |
| – Integration der Bereitstellungs-, Transport- und Lagerlogistik, Datenbereitstellung |
| – Abbildung der Produkt- und Prozessstruktur in einem Datenmodell |
| – Papierarme Fertigung |
| – Verlagerung von Steuerentscheidungen an den Produktionsprozess |
| – Zustands- und ereignisorientierte Steuerung |

**Abb. 5.57** Anforderungen an die zentrale Koordinationsinstanz des PLL

Innerhalb der Voruntersuchung ist weiterhin für den Untersuchungsbereich eine Ist-Analyse durchzuführen. Sie umfasst die Kernbereiche Produkt, Fertigung, Material-, Informationsfluss und Organisation. Ausgehend von den ermittelten Daten kann dann ein Anforderungskatalog für das PLL aufgestellt werden. Darin sind z. B. die folgenden Anforderungen berücksichtigt:

- Termin- und Mengenplanung (Abb. 5.58)
- Kapazitäts- und Materialplanung, -steuerung und -regelung
- Fertigungs- und Montageprozess
- Lagerung, Disposition, Transport, Auftragszentrum
- EDV-Umfeld
- Daten- und Informationsfluss

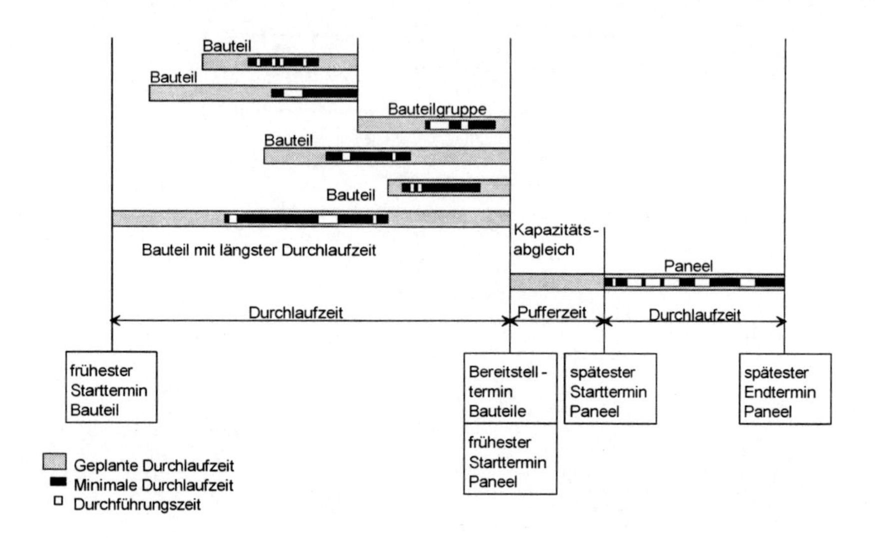


**Abb. 5.58** Analyse der Durchlaufzeiten am Beispiel der Paneelfertigung im Schiffbau

**Entwicklung eines Pflichtenheftes**
Gegenstand des Pflichtenheftes ist:

– Darstellung der speziellen Anforderungen an die Systemelemente des PLL, die sich aus der besonderen Situation des Untersuchungsbereiches für eine Pilotlösung ergeben.

– Funktionen der Leitzentrale und der einzelnen Leitstände und ihre Abgrenzung zueinander (Abb. 5.59).

– Beschreibung der Benutzeroberflächen und Definition der Schnittstellen.

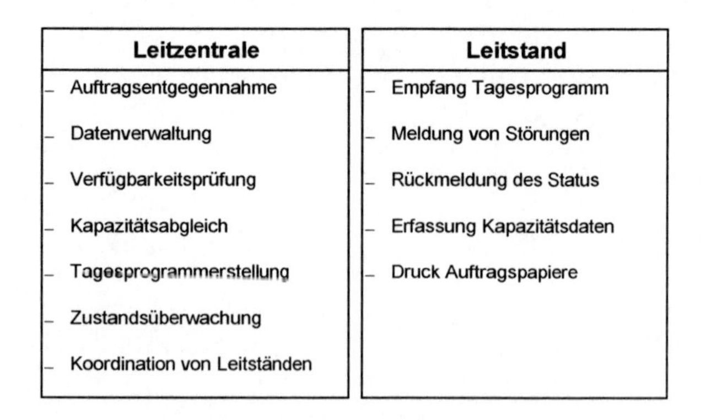


**Abb. 5.59** Abgrenzung Leitzentrale zu Leitstand (Projektbeispiel)

Die speziellen Anforderungen, die sich in der Pilotversion ergeben, umfassen die Abgrenzung der Aufgabe des PLL auf einen lokalen Bereich der Fertigung (z. B. alle Fertigungsstufen bis zur Baugruppenmontage) einschließlich der zugeordneten Lager und Puffer. Hier werden auch die Materialflussabschnitte /Paw07, S.58–73/ definiert, die durch lokale Leitstände gesteuert werden sollen.

Die Funktionen der Systemelemente (Leitzentrale, Leitstände) werden im Pflichtenheft detailliert beschrieben. Die Leitzentrale beinhaltet dabei in erster Linie planende, steuernde und koordinierende Funktionen, die Leitstände dagegen beinhalten ausführende Funktionen.

**Prototypische Realisierung**
Die prototypische Realisierung des EDV-gestützten PLL erfolgt auf Basis des entwickelten Pflichtenheftes. Dies erfolgt in den Teilschritten:

- Auswahl der Entwicklungsumgebung (Hard- und Software)
- Auswahl eines Testbereiches für den Prototyp
- Anpassung des Datenmodells
- Aufbereitung und Anpassung der Daten
- Implementierung des Funktionsumfangs
- Dokumentation

**Schulung der Mitarbeiter**
Parallel zum Projektfortschritt sind die direkt und nicht direkt am Projekt beteiligten Mitarbeiter in Workshops auf die Bedienung und Anwendung des PLL vorzubereiten. Gegenstand der Schulung sind die Themen:

- Allgemeine Vorgehensweise, Einführung in das PLL-Konzept
- Planungsvorgänge, Ressourcenüberwachung
- Steuerungs- und Regelungsvorgänge, Terminierung
- Stammdaten- und Systempflege

**Übertragung auf den Gesamtbetrieb**
Nach umfassendem Testbetrieb des Prototyps wird das PLL auf den Gesamtbetrieb übertragen. Inhalte der Übertragung auf den Gesamtbetrieb können sein:

- Integration und Kopplung weiterer Funktionsbereiche (z. B. Lager)
- Übertragung auf andere Fertigungsbereiche (z. B. Ausrüstung, Zulieferer)
- Verbesserung der Leistung und Vereinfachung der Anwendung, z. B.:

- Integration einer Simulationskomponente für die Planung
- Kennzahlenermittlung
- Personaleinsatzplanung

### 5.5.3.4 Beispiel: PLL im Schiffbau

Ein Produktionslogistik-Leitsystem wurde z. B. im Schiffbau für die Bereiche Teilefertigung und Vormontage einer neuen Kompaktwerft realisiert /Kid99/. Anlass war eine komplette Neugestaltung des Unternehmens /Paw97/. Mit der Neuordnung von Produktion und Logistik wurde die anwendungsspezifische Entwicklung eines logistikgerechten Steuerungssystems notwendig. Ausgehend von einer Ist-Analyse wurde ein Pflichtenheft mit der Beschreibung des Sollsystems der Produktionsorganisation und -steuerung erstellt (Abb. 5.60).

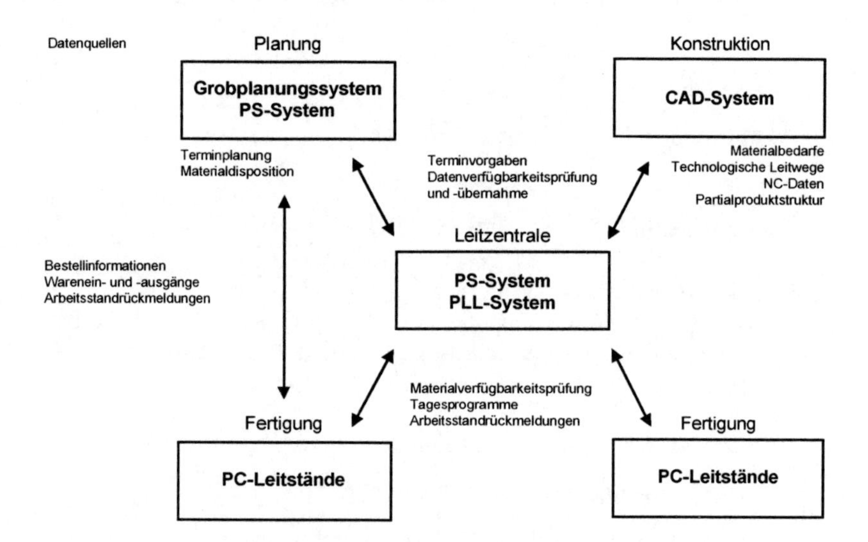


**Abb. 5.60** Datenverknüpfungen einer Leitzentrale /Kid99/

Auf Grund der Komplexität der Materialflussprozesse entschied sich das Unternehmen für eine prototypische Implementierung innerhalb eines abgegrenzten Untersuchungsbereiches, einem Bereich der Vor- und Bauteilgruppenfertigung. Die Ergebnisse und Erfahrungen der prototypischen Umsetzung wurden anschließend für die Übertragung auf die gesamte Fertigung genutzt /Paw98-2/. Ziel weiterer Entwicklungen war eine Anwendung im Gesamtunternehmen einschließlich der Ausrüstungsmontage sowie die Einbeziehung der Zulieferer in das Produktionslogistik-Leitsystem im Sinne „virtueller Unternehmen."

Das Produktionslogistik-Leitsystem wird im Anwendungsfall durch mehrere Materialflussabschnitte mit lokalen Leitständen und einer koordinierenden Leitzentrale gebildet. Die Abhängigkeiten zwischen Materialfluss- und Informationsflussstruktur sind durch die Abgrenzung der Materialflussabschnitte, die Wahl der Informationspunkte und der Regelkreise charakterisiert. Unterhalb des Rest-PPS-Systems und der zentralen Systeme zur Konstruktion und Arbeitsvorbereitung plant, steuert und koordiniert die Logistik-Leitzentrale bereichsübergreifend und zeitnah den Produktionsprozess (Abb. 5.61).

Die Fertigungsaufträge werden auf die lokalen Bereiche verteilt und dort mit Unterstützung der Leitstände eigenverantwortlich umgesetzt. Die Leitstände weisen eine differenzierte Funktionalität auf. Insbesondere in den automatisierten Bereichen mit CNC-Maschinen, fahrerlosen Transportsystemen und Automatiklagern sind entsprechende Planungs- und Steuerungsmethoden und DV-Schnittstellen zu den anlagennahen Steuerungen erforderlich.

Die Gesamtintegration der Leitstandskomponenten erfolgt über eine gemeinsame Datenbasis, die den Anwendungsbereich des Produktionslogistik-Leitsystems materialflussorientiert abbildet. Die DV-technische Realisierung und die schrittweise Einführung über eine prototypische Implementierung haben sich als sinnvoll für die Überprüfung der gefundenen Lösungen erwiesen. Die Akzeptanz im Unternehmen erhöhte sich durch die frühzeitige Einbeziehung aller Interessengruppen.

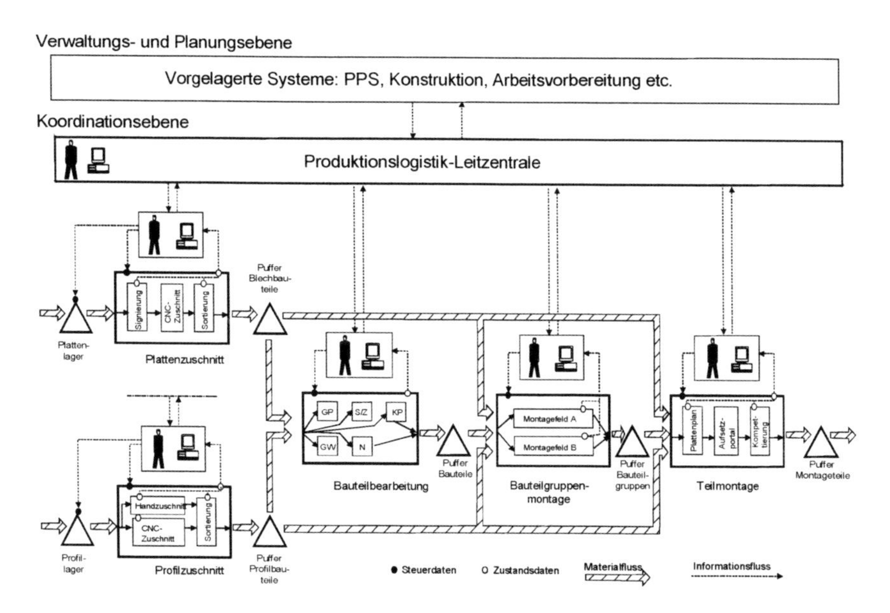


**Abb. 5.61** Anwendungsbeispiel für ein Produktionslogistik-Leitsystem (PLL) im Schiffbau /Paw89-2/

## *5.6 Gebäudesystem- und Infrastrukturplanung*

### 5.6.1 Anlässe und Anforderungen

Zukunftsorientierte Fabrikkonzepte wie z. B. „Schnelle Fabrik," „High-Tech-Fabrik" oder „Wandlungsfähige Fabrik" stellen auch neue Anforderungen an die Fabrikgebäude und Infrastruktur (vgl. auch Abschnitt 4.2.4). Die Anpassungsfähigkeit von Gebäuden ist eine große Herausforderung an den Fabrikplaner /Rein04; Reic04; Wes07/.

Unternehmen stehen heute oft vor der Aufgabe, ihre Fabrikstandorte bzw. den Fabrikneubau grundlegend an veränderte Anforderungen anpassen zu müssen. Oft ergeben sich aber bei den vorhandenen „Einzweckbauten" auch bei geringen Wachstumsraten Raum- und Bauprobleme, wie z. B.

- Raumknappheit, die mit verantwortlich ist für überhöhten Handlingaufwand, sie blockiert Rationalisierungsmaßnahmen oder hat die Ausgliederung von Funktionen zur Folge,
- Zersplitterung, weshalb erhebliche Investitionen in Fördersysteme notwendig sind
- Kleinteiligkeit, mit engem Stützenraster, geringen Nutzhöhen, unzusammenhängenden Flächen, so dass kontinuierliche Produktionsabläufe erschwert werden
- Starrheit, durch unveränderte Konstruktionen, nicht ausbaubaren Versorgungstechniken sowie Fixpunkte werden Umstellungen in der Produktion erschwert

Bei derartigen Problemen und der Notwendigkeit zur Steigerung der Flexibilität wird ein Neubau erforderlich sein. Selbst dann, wenn das Vorhandene noch nicht abgeschrieben ist /Kar85/. Die Mehrkosten für eine „neue Lösung" werden durch den Nutzen, den sie mit sich bringen, ausgeglichen. Oft wird aber auch der Anteil baulicher Investitionen falsch eingeschätzt. Es sinkt kontinuierlich im Vergleich zu den gesamten Einrichtungs- und EDV-Kosten.

### 5.6.2 Schritte der baulichen Systemplanung

Der Planungsablauf ist durch die Wechselbeziehungen zu den Teilprojekten der Einrichtungs- und Organisationsplanung geprägt. Ausgehend von den baulichen Planungsergebnissen der vorgeordneten Strukturplanung, dem Ideal- und Real-Layout, entstehen in der Systemplanung die Vorentwürfe zu den baulichen Subsystemen und der bauliche Gesamtentwurf.

**Bauliche Planungsdaten**
Grundlagen der baulichen Entwurfsplanung sind die Planungsdaten der Einrichtungs- und Organisationsplanung. Vorgabewerte für die bauliche Planung sind z. B. Daten zur Ver- und Entsorgung der Fertigung, zum Materialfluss, zur Aufbauorganisation, zu den Medien etc.

Im Einzelnen können Daten erforderlich sein

- zum Grundstück, hierzu zählen z. B.
  - Grundstücksbeschaffenheit (Nutzung, Bebauung, Erweiterungsmöglichkeit, Lageplan)
  - Größe (bebaute Flächen, Verkehrsflächen, Freiflächen, Erweiterungsflächen)
  - Bebaubarkeit (Topographie, Baugrund, Grundwasser, Hochwasser, besondere Bestimmungen)
  - Lage (geographisch, besondere Bedinungen der Umgebung)
- zur Verkehrsanbindung, wie z. B.
  - Verkehrserschließung (Wasser, Schiene, Straße)
  - Verkehrsabwicklung (Wareneingang, Wiegen, Warenausgang, Verkehrsfrequenz)
  - Lage der Verkehrsträger (Hafen, Anschlussgleis, Werkstraße, Be- und Entladeplätze, Werkseingänge, Parkplätze)
- zu den Bauwerken, wie z. B.
  - Bauwerk (Verwendung, Lage, Konstruktion, Abmessungen)
  - Versorgung und Installation (Strom, Heizung, Dampf, Gas, Druckluft, Wasser, Entwässerung)
  - Ökologische Einflüsse (Abb. 5.62, vgl. auch Abschnitt 3.5) auf das Bauwerk (Baustoffeinsatz, Recycling, Energiebilanz)
- zu den Nebenbetrieben, wie z. B.
  - Instandhaltung
  - Werkzeugmacherei
  - Abfallbeseitigung
  - Verpackungsbetrieb
  - Werksfeuerwehr

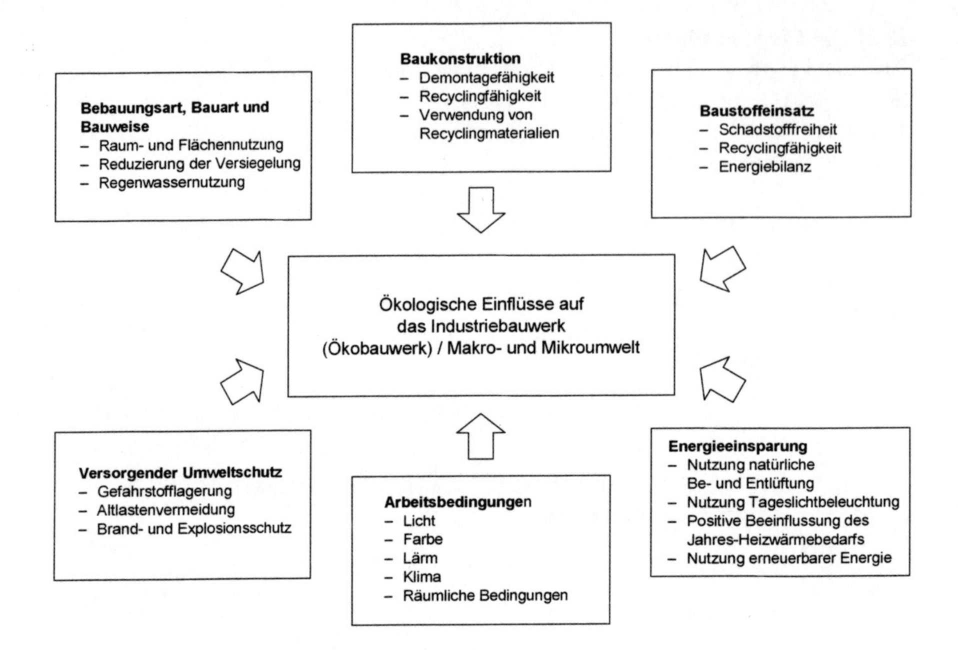


**Abb. 5.62** Ökologische Einflüsse auf Industriebauwerke /Frö04, S. 8/

- zur Verwaltung, wie z. B.
  - Organisationsschema
  - Einrichtungen (Verwaltung, Laboratorien)
  - Lage (Standort der Verwaltung, Verbindungsstellen, Einzugsgebiete, Zuordnung)
  - Größe und Belegung (Büros, Archiv, Laboratorien, Nebenräume)
  - Zuwachsrate
- zu den Sozialeinrichtungen mit Angabe von Lage, Frequenz, Größe und Zurodnung z. B. bezüglich
  - Wasch- und Umkleideräume, WC-Anlagen, Werkskantine, Sanitätsraum, Werksbücherei, Betriebsrat, Lehrwerkstatt

– Vorentwürfe für die baulichen Subsysteme, wie z. B.
  - Hochbau
  - Statik
  - Haustechnik
  - Außenanlagen
  - Bauphysik

Um die Genehmigungsfähigkeit frühzeitig zu überprüfen, sollte bereits an dieser Stelle eine Bauvoranfrage bei der Baubehörde erfolgen. Weiterhin sollte eine überschlägige Baukostenschätzung durchgeführt werden.

Aufgrund der Vorgabewerte der Produktionssysteme und der baulichen Daten werden von Fachplanern (Architekten, Statiker, Haustechniker, Verkehrsplaner, etc.) Vorentwurfsvarianten für ihre Fachbereiche erarbeitet. Diese werden dann nach Absprache untereinander und mit den Betriebsplanern iterativ bereinigt und aufeinander abgestimmt. Abb. 5.63 zeigt beispielhaft alternative Konzepte für die Verkehrserschließung eines Werkes durch Eisenbahn und LKW. Für beide Verkehrsträger wurden mehrere Varianten entwickelt und hinsichtlich Investitionen, Umbau- und Betriebskosten bewertet. Die Auswahl der weiter zu verfolgenden optimalen Vorentwurfsvarianten erfolgt dann im nächsten Schritt der baulichen Entwurfsplanung.

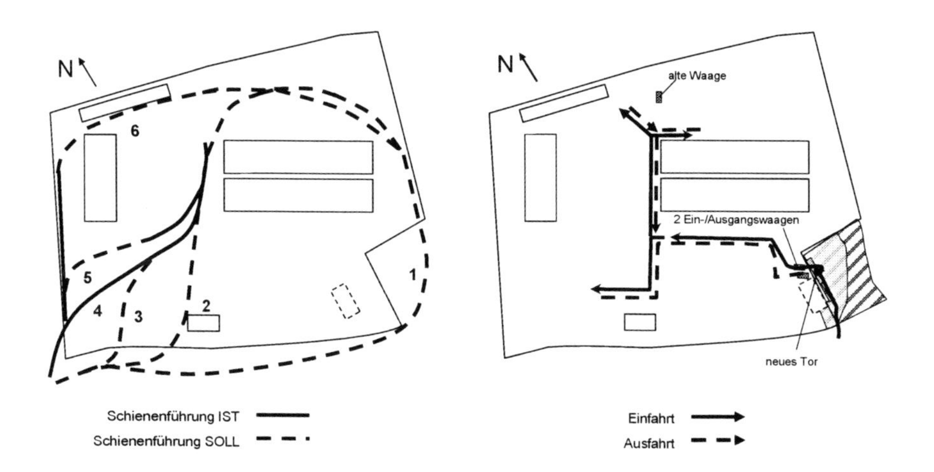


**Abb. 5.63** Alternative Schienen- und Straßenvarianten (Projektbeispiel Recyclingunternehmen)

**Bauliche Entwurfsplanung**

Grundlage der baulichen Entwurfsplanung sind der Layoutplan und Generalbebauungsplan aus der Strukturplanung, alle baulichen Planungsdaten sowie das Flächen- und Raumprogramm. Inhalt der baulichen Entwurfsplanung ist z. B.

- Bereinigung der Vorentwürfe unter Berücksichtigung des in der Strukturplanung erstellten, optimalen Real-Layouts
- Erarbeiten der endgültigen Lösungen für die Bauaufgaben (Entwürfe) in allen baulichen Fachbereichen (Hochbau, Statik, Haustechnik, Außenanlagen, Bauphysik)
- Statische Vorberechnungen
- Erstellen eines endgültigen Raumprogramms
- Erarbeiten und Einreichen der Vorlagen für die erforderlichen behördlichen Genehmigungen oder Zustimmungen
- Einholen der Baugenehmigung

Die bauliche Entwurfsplanung enthält die detaillierten baulichen Angaben jedes Raumes wie z. B. Fenster, Türen, Fußböden, Decken, Innenwände, alle Anschlüsse, Größe, Beleuchtung, Farbe etc. Diese werden dann in der nächsten Phase der Ausführungsplanung weiter ergänzt.

Der Entwurf bildet den wichtigsten Meilenstein der baulichen Planung und stellt die architektonische und ingenieur-technische Lösung der Bauaufgabe dar. Er dient ohne grundsätzliche Änderungen als Grundlage für die weiteren Teilleistungen in der Ausführungsplanung, des Ausschreibungsverfahrens und der Kostenberechnung.

## *5.7 Übungsfragen zu Vorlesungsbaustein 5*

1. Ordnen Sie die Systemplanung in den Ablauf der ganzheitlichen Fabrikplanung ein, charakterisieren Sie die Schnittstellen zur vor- und nachge ordneten Planungsphase.

2. Nennen Sie die wesentlichen Anforderungen an die Materialflusssystemplanung.

3. Skizzieren Sie die Planungsschritte und -inhalte und erläutern Sie den Detailliertheitsgrad der Systemplanung.

4. Erläutern Sie das Konzept der Fertigungsinselplanung, welche Methoden der Teilefamilienbildung kommen zur Anwendung?

5. Nennen Sie Lagerarten in der logistischen Kette und deren wesentliche Aufgabenstellung.

6. Welche Funktionsbereiche sind innerhalb eines Lagers zu unterscheiden und im Rahmen der Systemplanung zu gestalten?

7. Welche Subsysteme des Lagers sind in der Lagersystemplanung zu ermitteln?

8. Nennen Sie mögliche Subsysteme des Innerbetrieblichen Transports.

9. Sie berücksichtigen die alternativen Transportsysteme Fahrerloses Transportsystem (FTS), Hängebahnsystem und Stetigförderer. Welches Transportsystem ist eher bei geringer, mittlerer oder höherer Transportleistung wirtschaftlich einzusetzen?

10. Skizzieren Sie die Abhängigkeiten zwischen Material- und Informationsflussstruktur.

11. Welchen Inhalt umfasst die bauliche Entwurfsplanung?

## *5.8 Literatur zum Abschnitt 5*

/Bac90/ *Backer, U.*: SL-Produktion als Ideenpool.
Automobilproduktion (1990)5, S. 96

/Bul95/ *Bullinger, H.-J.*: Arbeitsplatzgestaltung: Personalorientierte Gestaltung marktgerechter Arbeitssysteme.
Teubner Verlag, Wiesbaden 1995

/Frö04/ *Fröhlich, J.*: Fabrikökologie/Entsorgungslogistik.
Studienbrief 11, Technische Universität Dresden, 2004

/Gav06/ *Gavirey, S.; Scholz-Reiter, B.*: Dezentrale Steuerungsansätze in der Produktion.
Industrie Management 22(2006)1. S. 11–14

/Hei91/ *Heinz, K.; Göttker, A.*: Teilefamilienbildung und Strukturplanung.
VDI-Z 133(1991)5, S. 78–84

/Hep98-1/ *Heptner, K.*: Projektoptimierung durch externe Beratung.
Getränkeindustrie (1998)12, S. 863–866

/Hep98-2/ *Heptner, K.*: Lagersysteme im Wirtschaftlichkeitsvergleich.
Fördertechnik (1998)1, S. 10–12

/Hep98-3/ *Heptner, K.*: Chancen und Risiken des Outsourcing – geeignete Logistikpartner sorgfältig auswählen.
Materialfluss (1998)7/8, S. 21–23

/Jon92/ *Jong, H. de:* Gestaltung der Umfeldorganisation für den Material- und Informationsfluss.
In: Tagungsunterlage „Fabrikplanung und -organisation" der TAW am 05. und 06.03.1992, Wuppertal

/Kar85/ *Karsten, G.:* Industriebaulogistik und Automation – Eine Herausforderung an die Industriearchitektur.
Industriebau 31(1985)6, S. 446–447

/Kid99/ *Kidschun, Th.; Martens, I.:* Verbundprojekt „Netzwerk-Controlling-Terminal" (NCT).
In: Tagungsunterlage zum 8. Hamburger Logistik-Kolloquium am 04.03.1999, S. 8–1 bis 8–20

/Kni86/ *Knipschild, D.*: Wirtschaftlichkeit und Nutzen von Fahrerlosen Transportsystemen.
ZwF Zeitschrift für Wirtschaftliche Fertigung 81(1986)12, S. 677–681

/Kwi85/ *Kwijas, R.*: Von der pragmatischen Einrichtungsentscheidung zur systematischen Bestimmung des wirtschaftlichen Gesamtsystems.
In: Fachbuch Lagertechnik und Betriebseinrichtungen, Hagen 1985, S. 18–23

/Mei88/ *Meister, F.*: Charakteristische Anforderungen an Lagerstrukturen.
In: Tagungsunterlage „Fabrikplanung und –organisation" der TAW am 25.11.1988, Wuppertal

/Mön85/ *Mönig, H.*: Fertigungsorganisation und Wirtschaftlichkeit einer Fertigungsinsel.
Zbf 37(1985)1, S. 83–102

/Paw92/ *Pawellek, G.*: Logistik-Beratung: Leistungsangebot und Berater-Auswahl.
Logistik Spektrum (1992)5, S. 13–15

/Paw97/ *Pawellek, G.*: Logistik gilt jetzt auch im Schiffbau als strategischer Faktor: Neue Lösungsansätze für deutsche Werften.
Logistik im Unternehmen 11(1997)11/12, S. 8–14

/Paw98-1/ *Pawellek, G.*: Outsourcing des Vertriebslagers – Ohne Planung Keine wirtschaftliche Gesamtlösung.
Fördertechnik 67(1998)3, S. 20–21

/Paw98-2/ *Pawellek, G.; Schirrmann, A.*: Produktionslogistik-Leitsysteme im Schiffbau.
Schiffs-Ingenieur Journal 44(1998)3/4, S. 21–24

/Paw99/ *Pawellek, G,; Schirrmann, A.*: Dezentrale Leitsysteme – Die Reorganisation der Produktionslogistik ist notwendig.
zfo Zeitschrift für Führung + Organisation 68(1999)5, S. 255–259

/Pie84/ *Pieper-Musiol, R.*: Materialfluss – Hauptkriterium der Fabrik- und Lagerplanung.
In: Handbuch der Techniken des Industrial Engineerings, Landsberg/Lech 1984, S. 1179–1200

/Rein04/ *Reinhart, G:* Flexibilität und Wandlungsfähigkeit von Fabriken im globalen Wettbewerb.
In: Tagungsunterlage zur 5. Deutschen Fachkonferenz Fabrikplanung am 31.03. und 01.4.2004 in Stuttgart

/Schw88/ *Schwettmann, K.*: Grundzüge der ganzheitlichen Lagerplanung.
In: Tagungsunterlage „Fabrikplanung und -organisation" der TAW am 25.11.1988, Wuppertal

/Sei97/ *Seifert, W.*: Transport nach Plan – Auswahl geeigneter Transportsysteme in Logistikzentren.
Einkauf, Materialwirtschaft, Logistik (1997)1/2, S. 12–14

/Sla04/ *Slama, St.:* Effizienzsteigerung in der Montage, deren marktorientierte Montagestrukturen und erweiterte Mitarbeiterkompetenz.
Diss. Universität Erlangen-Nürnberg 2004

/Tön03/ *Tönshoff, H.K.:* Investitionen – jetzt?
wt Werkstattstechnik 93(2003)11, S. 732

/VDI 2488/ Ermittlung von Lagerkennzahlen zur Flächen- und Raumnutzung.

/VDI 3300/ Materialfluss-Untersuchungen.

/Wes07/ *Westkämper, E.:* Anpassungsfähige Fabriken für traditionelle und neue Produkte.
In: 7. Deutsche Fachkonferenz Fabrikplanung am 22. und 23.05.2007 in Esslingen

/Wie03/ *Wiendahl, H.-H.; Lickefett, M.:* Zukunftsfähig durch abgestimmte ERP/MES-Konfiguration – Neue Gestaltungslösungen sichern den Erfolg.
Industrie Management 19(2003)2, S. 40–43

/Wol04/ *Wolf, M.:* Schneller Hochlauf der Serienfertigung in der Airbus Produktion.
In: Tagungsunterlage zur 5. Deutschen Fachkonferenz Fabrikplanung am 31.03. und 01.4.2004 in Stuttgart

# 6 Ausführungsplanung

## *6.1 Aufgabe der Ausführungsplanung*

Die Systemplanung wurde vom Unternehmen (Bauherr, Investor) zur weiteren Detailplanung freigegeben. Größe und Zuschnitt z. B. des ersten Fabrikbauabschnitts wurden festgelegt.

Aufgabe der Ausführungsplanung ist es nun, die ausgewählten Systemlösungen auf Gewerkeebene zu detaillieren, die Ausschreibungen der Gewerke oder Gesamtsysteme durchzuführen und deren Ausführung bzw. Realisierung bis zur Inbetriebnahme zu überwachen. Bei größeren Projekten wird ein eigenständiges Projektmanagement eingerichtet.

## *6.2 Planungsschritte*

Die zielgerichtete Vorgehensweise in der Ausführungsplanung umfasst somit die Planungsschritte (Abb. 6.1 und 6.2)

- Detailplanung
- Ausschreibungsverfahren
- Ausführungsüberwachung

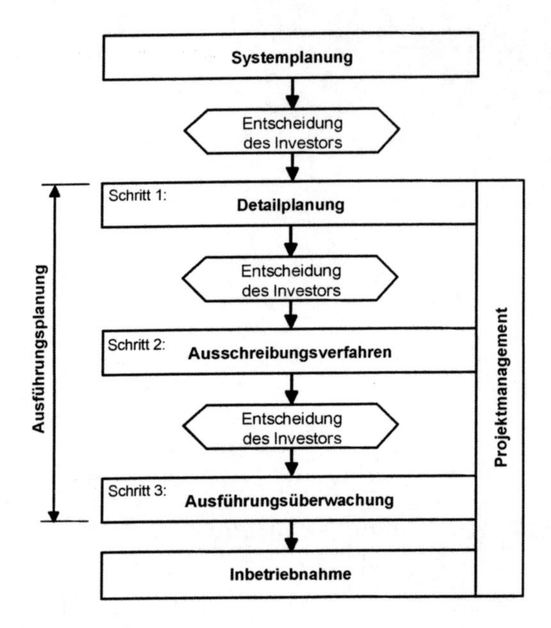


**Abb. 6.1** Schritte der Ausführungsplanung

### 6.2.1 Detailplanung

Ein erster Fabrikbauabschnitt kann die verschiedensten Funktionsbereiche umfassen, z. B.

- Wareneingang
- Fertigung und Montagebereiche
- Lager und innerbetrieblicher Transport
- Versandbereitstellung und Warenausgang

Das Planungsteam arbeitet alle ausgewählten Systemlösungen mit ihren Subsystemen (Gewerken) bis zum ausschreibungsreifen Entwurf aus. Dabei müssen die Hallenlayouts und die Erfordernisse der Gebäudeplanung berücksichtigt werden. Die Anforderungen an

- Maschinen,
- Materialfluss,
- Klima,
- Bau

erhalten in diesem Planungsschritt ihre letzte Korrektur. Die Gewerke bzw. Einrichtungen aller Bereiche werden mit ihren Schnittstellen zu den vor- und nachgelagerten Systemen detailliert. Die Ausrüstung und Gestaltung der Arbeitsplätze wird festgelegt, ebenso die Ver- und Entsorgungseinrichtungen sowie die Gebäudetechnik. Damit können in Detaillierung der Struktur- und Systemlayouts die Feinlayouts erarbeitet werden. Weiterhin werden die bisherigen Planungsergebnisse bezüglich

- Personalkapazität
- Investitionen
- Terminplan

detailliert bzw. vertieft. Die Detailplanung endet mit der Baueingabe. Hierzu gehören Betriebsbeschreibungen für die Baugenehmigung. Behördengespräche mit der Gewerbeaufsicht sind notwendig.

### 6.2.2 Ausschreibungsverfahren

Ist für die geplante Investition die Entscheidung gefallen, kann die Ausschreibung vorbereitet, durchgeführt, die Angebote eingeholt und die Aufträge vergeben werden.

**Ausschreibungsvorbereitung**
Kernstück der Ausschreibung ist die Spezifikation der Maschinen und Anlagen. Beigefügte Ausschreibungszeichnungen, Pläne und Skizzen fördern die Vollständigkeit und Übersicht. Zweckmäßigerweise sollte eine Ausschreibung in folgende sachlich abgegrenzte Abschnitte aufgeteilt werden /Rul78/:

- Teil 1: Preiszusammenstellung und Angebotsanerkenntnis
- Teil 2: Vertragsbedingungen
    - o für den Einkauf
    - o für die Ausführung von Montagearbeiten
    - o technische Vertragsbedingungen
    - o sonstige Angebotsbedingungen
- Teil 3: Termine
- Teil 4: Funktionsbeschreibung
    - o Leistungsverzeichnis
    - o Pflichtenheft

Es werden die wichtigsten Anforderungen und Aufgaben definiert. Das Pflichtenheft muss für Zwecke der Software-Entwicklung vom Hersteller ergänzt werden.

Für die Maschinen sind die Anschlussleistungen zu ermitteln. Die Einflüsse auf die Baugewerke (z. B. Bodenqualität, Lasten, Maße, Toleranzen) sind festzulegen. Ergebnis der Ausschreibungsvorbereitung sind die Ausschreibungsunterlagen. Diese werden für jedes Einzelgewerk erstellt, wobei eine Zusammenfassung für ein Generalunternehmerangebot möglich ist.

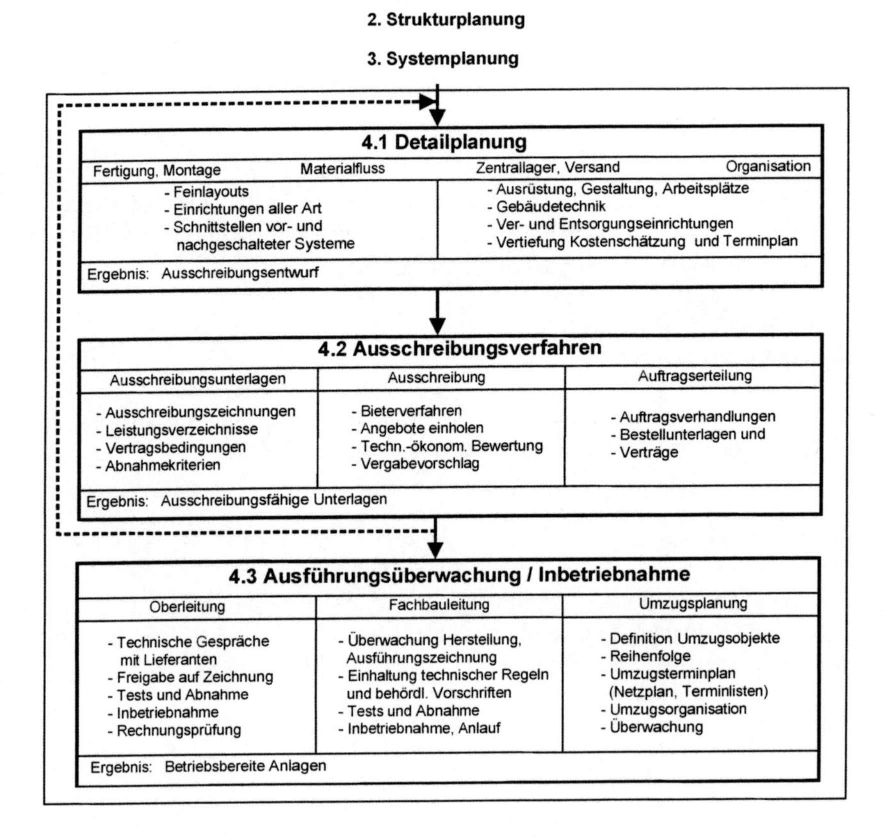


**Abb. 6.2** Schritte der Planungsphase 4: Ausführungsplanung

## Ausschreibung

Zur Durchführung der Ausschreibung gehört zunächst das Aufstellen von Bieterlisten der anzufragenden Firmen. Es sollten mindestens drei vergleichbare Angebote vorliegen. Bei der Auswahl der anzufragenden Firmen sollten in jedem Fall die Firmen Berücksichtigung finden, die bei der Detailplanung der Maschinen und Anlagen in Form von technischer Beratung oder Richtpreisangebotsabgabe behilflich waren.

Die Angebote können nun eingeholt werden. Eine gut ausgearbeitete Ausschreibung erleichtert die Auswertung der Angebote, weil diese entsprechend der Aufschlüsselung des Leistungsverzeichnisses (Spezifikation) unmittelbar vergleichbare technische und kaufmännische Angaben enthalten. Für die Auswertung empfiehlt sich neben einem Preisspiegel auch, den Vergleich der technischen Auslegung aufzustellen.

Es ist zweckmäßig, mit den Firmen der engeren Wahl zunächst Gespräche zur technischen und terminlichen Abklärung des Angebots zu führen. Als Gesprächspartner der Lieferanten sollten qualifizierte Fachingenieure und in Sonderfällen auch Spezialisten der Konstruktionsabteilungen zur Verfügung stehen. Nützlich sind zu diesem Zeitpunkt auch Besichtigungen von gelieferten und vergleichbaren Maschinen und Anlagen der Anbieter. Sind alle technischen Fragen abgeklärt, können die Firmen zu Preisverhandlungen eingeladen werden. Jede Auftragsverhandlung sollte durch ein Protokoll, in dem die wesentlichen Verhandlungsergebnisse wie Preise, Nachlässe, Liefertermine, Zahlungsbedingungen etc. festgehalten sind, dokumentiert werden, welches von den Verhandlungspartnern unterschrieben wird. Mit dem Protokoll ist dem Bieter aber noch kein Auftrag erteilt worden.

**Auftragserteilung**
Nach den Auftragsverhandlungen sollte der Auftraggeber kurzfristig seine Entscheidung treffen, um keine Lieferverzögerung zu verursachen. Es folgt die schriftliche Auftragserteilung (Kaufvertrag) durch den Auftraggeber und die Auftragsbestätigung durch den Auftragnehmer.

### 6.2.3 Ausführungsüberwachung

Mit der Auftragserteilung beginnt bei den Lieferanten eine vielseitige Tätigkeit, die vom Auftraggeber in technischer und kaufmännischer Hinsicht verfolgt werden muss.

**Oberleitung**
Die Oberleitung umfasst dabei die Gespräche mit und in den ausführenden Firmen. Die Schnittstellen zwischen den Lieferumfängen müssen abgestimmt, die Ausführungszeichnungen und die Einhaltung der in den Ausschreibungen gestellten Anforderungen überprüft werden. Zu überprüfen sind auch die Rechnungen auf Übereinstimmung mit den Verträgen. Bei den Lieferfirmen werden bereits die späteren Tests, Inbetriebnahmen und die Vorgehensweise bei der Abnahme der Lieferleistungen vorbereitet. Schließlich überprüft die Oberleitung die Zusammenstellung der Dokumentationen, führt Verhandlungen mit den Behörden und steuert die Fachbauleistung vor Ort.

**Fachbauleitung**
Die örtliche Bauleitung (Montageaufsicht) überwacht die Aufstellung der Maschinen und Herstellung der Anlagen sowie die Einhaltung von technischen und behördlichen Vorschriften. Eine wesentliche Aufgabe ist die Abnahme der erbrachten Leistungen. Dabei empfehlen sich:

- Leistungstests vor Inbetriebnahme zur Abnahme der Systeme, bezogen z. B. auf
  - o Vollständigkeit der Lieferung
  - o Funktionstest
  - o Leistungstest der Einzelkomponenten der Teilsysteme sowie Gesamtsysteme
- Leistungstests 6 Monate nach Inbetriebnahme mit Test der Gesamtleistung des Systems, unter vorher festgelegten Bedingungen

**Umzugsplanung**

Sowohl bei Restrukturierung als auch Neuplanung auf die „Grüne Wiese" ist der Umzug der Abteilungen, der vorhandenen und noch zur Anwendung kommenden Maschinen und Anlagen sorgfältig vorzubereiten und durchzuführen. Oft erfolgt dies sogar bei Aufrechterhaltung der Produktion. Dann kommt der Reihenfolge der Umzugsobjekte, dem Umzugsterminplan (Netzplan, Terminlisten) höchste Bedeutung zu. Zur Umzugsplanung gehören weiterhin die Umzugsorganisation und Überwachung.

In Bild 6.2 sind am Beispiel des Serienpumpenbaus die Schritte der Ausführungsplanung dargestellt. Einen Termin- und Maßnahmenplan zeigt Abb. 6.3 am Beispiel eines Montagewerks für die Automobilindustrie.

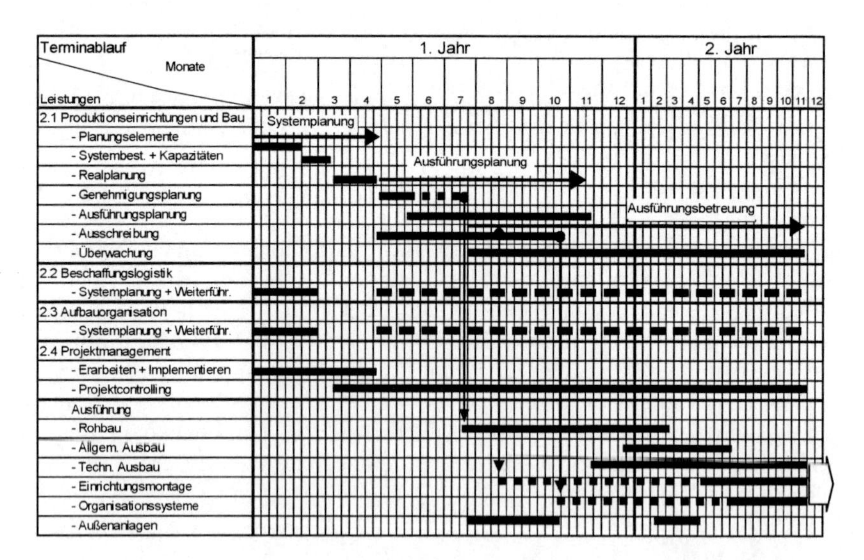


**Abb. 6.3** Termin- und Maßnahmenplan für die Planung der „Fabrik der Zukunft" Beispiel: Montagewerk für die Automobilindustrie

## *6.3 Projektmanagement*

Unternehmensleitungen werden durch die Durchführung eines Fabrikplanungsprojektes, Umstrukturierungs- oder Reorganisationsvorhabens vor besondere Probleme gestellt. Die Aufgabe ist meist von relativer Neuigkeit, die vor allem spezielles Wissen verlangt, soll sie zielorientiert gelöst werden. Die Auswirkung aus der Nichteinhaltung von z. B. Kosten und Terminen ist vielfach kostenträchtiger als der Aufwand, den ein internes oder externes Projektmanagement erfordert /Ehr83/.

### 6.3.1 Projektbegriff

Nach DIN 69901 ist ein Projekt ein Vorhaben, das im Wesentlichen durch Einmaligkeit der Bedingungen gekennzeichnet ist, wie z. B.

- Zielvorgabe,
- zeitliche, finanzielle, personelle oder andere Begrenzungen,
- Abgrenzung gegenüber anderen Vorhaben,
- projektspezifische Organisation.

**Projektziele**
Ein Projekt hat einen bestimmten Zweck zu erfüllen, der in den Projektzielen zu definieren ist. Im Falle eines Produktionslagers ist das Ziel, die Voraussetzung zu schaffen, das Lager zu betreiben, d. h. der Bau und die technisch-organisatorische Einrichtung des Lagergebäudes. Die Definition der Lagersysteme, Subsysteme und der dazugehörigen Außenanlagen erfolgt in einer Lagersystemplanung. Projektziel ist die termingemäße Einrichtung der Anlagen in festgelegter Qualität zu geplanten Kosten. Das ist das Gesamtziel.

Um in der Projektsteuerung wirksam ansetzen zu können, wird das Gesamtziel in Einzelziele gegliedert. Das können Zwischentermine für Planung und Ausführung sowie Einzelkosten, z. B. für Gewerke aus dem Gesamtbudget, sein. Diese Projektziele können sich durch äußere und innere Einflüsse verändern, z. B. durch neue Nutzerforderungen und Einflüsse aus dem Projektumfeld. Aufgabe des Projektmanagements ist, Auswirkungen aus Veränderungen deutlich zu machen und zu beurteilen. Projektziele haben dabei vier wesentliche Funktionen:

- Orientierungsfunktion für die Richtung der Planung und Ausführung
- Koordinationsfunktion für die Abstimmung von Teilzielen und -aufgaben zwischen den Projektbeteiligten

- Auswahlfunktion für die verschiedenen Wege und Alternativen, um ein Ziel zu erreichen
- Kontrollfunktion für die Erfüllung von Teilzielen und Gesamtziel

Im Gegensatz zu den Tagesaufgaben hat jedes Projekt ein Ende, so z. B. durch

- finanzielle Grenzen aufgrund des verfügbaren Budgets,
- personelle Grenzen aufgrund der verfügbaren internen Mitarbeiterkapazität. Ist die Kapazität nicht ausreichend, wird man auf externe Kapazität zurückgreifen müssen.

**Entscheidungskompetenz**
Beim internen Projektmanagement wird ein firmeninterner Auftraggeber, z. B. die Geschäftsleitung einer oder mehrerer Fachabteilungen, einen Auftrag für die Abwicklung eines Projektes geben. Aus deren Kompetenz im Unternehmen leitet sich die Kompetenz im Projekt ab.

Beim externen Projektmanagement werden Projektziel und Aufgabenstellung im Auftrag definiert. Die Entscheidungskompetenz des Projektmanagements bewegt sich dann im Rahmen der gestellten Projektziele. Folgende Führungsaufgaben gehören zum Projektmanagement:

- Treffen oder Herbeiführen aller Projektentscheidungen
- Veranlassung von Korrekturmaßnahmen bei Veränderung der Projektziele
- Verteilung von Aufgaben innerhalb des Projektes
- Festlegung von Zuständigkeiten und Informationswegen

Projektmanagement ist auch eine Dienstleistungsfunktion für die Projektbeteiligten. Es muss neben führend und steuernd auch stützend und entlastend tätig sein und wirken. Das wird dann erreicht, wenn das Projektmanagement Reibungen und Irrwege ausschließt, Probleme frühzeitig erkennt und Lösungen herbeiführt.

### 6.3.2 Projektorganisation

Die DIN 69901 definiert die Projektorganisation als die „Gesamtheit der Organisationseinheiten und der aufbau- und ablauforganisatorischen Regelungen zur Abwicklung eines bestimmten Projektes". An der Spitze der Projektorganisation steht der Projektleiter oder das Projektleitungsteam. Die Unternehmensleitung delegiert für die Projektdauer die Projektleitungsaufgaben und behält sich lediglich globale Steuerungsfunktionen und Grundsatzentscheidungen vor.

Der Projektleiter größerer Projekte muss fachneutral sein. Er sollte keine Fachverantwortung haben, denn dies würde bedeuten, dass sein Augenmerk zunächst seinem Fachgebiet gehört und erst in zweiter Linie dem Gesamtprojekt. So würde ein Architekt als Projektleiter für ein Fabrikplanungsprojekt in der Regel den bauplanerischen Aspekten seines Projektes den Vorrang einräumen, und weniger den Fertigungseinrichtungen und Materialflusssystemen. Das Prinzip der Planung „von innen nach außen" wäre nicht gewährleistet. Wichtig ist also, dass seine Kompetenzen abteilungsübergreifend sind. Seine Kompetenzen und Befugnisse werden in der Projektorganisation festgelegt. Eine entscheidende Aufgabe der Projektorganisation besteht darin, die organisatorischen Zusammenhänge des Projektes, die Zuständigkeitsbereiche und Verantwortungsabgrenzungen allen Projektbeteiligten deutlich zu machen. Seine Kenntnisse um die Schnittstellen ermöglichen erst die Vermeidung von Schnittstellenproblemen. So kann die Projektorganisation als Geschäftsordnung für ein Projekt bezeichnet werden, in der neben Steuerungsfunktionen und organisatorischen Festlegungen auch administrative Fragen und Kontrollen geregelt sind, wie z. B.

- Berichts- und Informationswesen
- Projektgliederung
- Planordnung
- Kostengliederung und -verfolgung
- Netzplanstruktur und EDV-Terminlisten
- Terminkontrolle
- Zahlungsverlauf
- Abrechnung
- Übergabe und Inbetriebnahme
- Dokumentation

### 6.3.3 Führungstechniken und -mittel

Führung setzt zunächst einmal Eignung voraus. Techniken und Methoden in der Hand eines schwachen Projektleiters machen diesen nicht zum starken Projektleiter.

**Terminplanung und -steuerung**

Es besteht heute noch vielfach die Auffassung, dass z. B. ein Netzplan ausreichendes Führungsinstrument ist. Es ist aber falsch, im Netzplan das Allheilmittel für den Projekterfolg zu sehen. Wichtig sind Kenntnisse über Zusammenhänge und Abhängigkeiten, damit man ihn wirkungsvoll kontrollieren kann. Eine wesentliche

Funktion des Netzplanes erfüllt er schon bei seiner Aufstellung, denn er zwingt zum Durchdenken des Projektes und legt Abhängigkeiten offen. Der Netzplan verschafft die Voraussetzung für eine wirkungsvolle Terminkontrolle. Verzögerungen dürfen nicht einfach hingenommen werden, sondern müssen eingehend und plausibel ergründet werden. Diese Gespräche sind in der Regel harte Gespräche. Sie verlangen Beharrlichkeit und Autorität. Der Netzplan nutzt nichts, wenn er lediglich Alibifunktion hat. Er gibt damit nur falsche Sicherheit, z. B. bei der Geschäftsleitung.

**Kostenplanung und -überwachung**
In einer Aufzählung, was in einem Projekt schief gehen kann, steht die Überschreitung der Kosten ganz vorne. Diese Tatsache ist letztlich auch ein ganz entscheidendes Motiv über den Einsatz von Projektmanagement. Kostenplanung heißt dabei nicht Kosten zu planen, sondern unter Beachtung von Investitions- und Betriebskosten zu planen. Für jede planerische Lösung gibt es Varianten. Aufgabe des Projektmangements ist darauf zu achten, dass Alternativen auch unter Beachtung der Kostenaspekte untersucht und ausgewählt werden. Dies erfordert vom Projektmanagement, von Planung etwas zu verstehen, zu erkennen, wo es Kostenansätze gibt und wie die planerischen Zusammenhänge sind. Eine häufige Ursache von Kostenüberschreitungen ist auf Schnittstellenprobleme zurückzuführen. Schnittstellen entstehen an den Berührungsflächen zwischen zwei oder mehreren Fachgebieten. Das Projektmanagement hat zu Projektbeginn in der Projektorganisation dafür zu sorgen, dass die Schnittstellen definiert werden. Der Kampf um die Einhaltung von Kosten ist häufig nicht nur mit den beteiligten Planern zu führen, sondern auch mit dem Bauherrn. Im Zuge des Baufortschrittes kommen häufig Wünsche auf, die zunächst unterdrückt oder nicht erkannt werden. Hier darf das Projektmanagement nicht zur Gefälligkeitsinstitution werden. Vielmehr muss es deutlich auf die Kostenauswirkungen aufmerksam machen und den Wunsch zur Entscheidung führen.

**Koordination**
Zwei Bereiche im Projekt müssen besonders koordiniert werden, und zwar die

- Projektziele und
- Aktivitäten der Projektbeteiligten.

Koordination der Projektziele sind z. B. Einhaltung des Budgets und Einhaltung des Endtermins. Beide Ziele befinden sich in einer Abhängigkeit. Koordination der Projektbeteiligten bedeutet Integration verschiedener Fachbereiche entsprechend der Integration von Einzelsystemen zum Gesamtsystem. Am Beispiel eines Lagers bedeutet das, Lagertechnik, Fördertechnik, Lagerverwaltung und -steuerung, Bauwerk und Installationen sowie Außenanlagen zum funktionierenden Gesamtsystem zusammenzufügen. Jeder Fachbereich hat auf die anderen Fachbereiche einzuwirken, für seinen Bereich optimale Voraussetzungen zu schaffen. Und das Projektmanagement hat diesen Prozess fachneutral zu steuern.

### 6.3.4 Wann sollte Projektmanagement angewendet werden?

Bei kleineren Projekten ohne großen Komplikationsgrad wird die Steuerung vom jeweiligen Projektleiter im Rahmen seiner Koordinationsaufgaben übernommen. Er muss jedoch vom Bauherrn unterstützt werden. Ist der Bauherr aufgrund seiner Kapazität nicht in der Lage, kann er sich eines Bauherrnstellvertreters bedienen, dessen Aufgaben dann vor dem Hintergrund der spezifischen Projektprobleme und der Organisation umrissen werden.

Bei mittleren Projekten mit normalem Komplikationsgrad erbringt das Planungsteam neben seinen planerischen Aufgaben auch das Projektmanagement im Rahmen der Projektbearbeitung.

Bei großen Projekten mit hohem Komplikationsgrad empfiehlt sich der Einsatz eines übergeordneten Projektmanagements. In der Regel gibt es auf der Bauherrenseite bei großen Projekten eine große Anzahl direkt und indirekt beteiligter Verantwortungsbereiche. Diese erfordern erheblichen Steuerungsaufwand, damit gibt es ein weiteres Argument für das Projektmanagement. Die Projektleitung kann sich in Stabsfunktion auch durch ein internes oder externes Projektmanagement unterstützen lassen. Diese Stabsfunktionen können sein:

- Vertragsberatung
- Projektorganisation
- Termin- und Ablaufplanung
- Kostenverlaufsplanung
- Fachberatung
- Planungskoordination

Bei Fabrikplanungsprojekten können Investitionssummen bei 200 bis 400 Mio. EURO liegen. Das Warenverteilzentrum von Quelle in Leipzig lag z. B. bei 450 Mio. EURO. Auch bei kleineren Projekten kann die Einrichtung eines Projektmanagements sinnvoll sein. Die Komplexität des Projektes hat nicht immer nur mit der Höhe der Investitionssumme zu tun, sondern auch mit der Vielzahl der Beteiligten, Berücksichtigung verschiedener Währungen, etc.

## *6.4 Personalentwicklung*

Neben der Projektorganisation ist die Personalentwicklung für den Erfolg eines Projektes entscheidend sein, wie bereits im Zusammenhang mit dem „Partizipativen Change Management" in Abschnitt 2.3.3 ausgeführt /Paw07/. Bei der Fabrikplanung, sei es für eine Erweiterung, Rationalisierung oder einen Neubau, müssen jeweils die projektspezifischen Einflussfaktoren untersucht und bewertet werden. Diese Vorgehensweise muss zu anwenderorientierten Lösungen führen.

**Erfolgsfaktor Mitarbeiter**

Die Realisierung neuer Fabrikplanungskonzepte stellt auch neue Anforderungen an die Mitarbeiter. Damit wird /Kwi93/

- die Qualifizierung der Mitarbeiter noch stärker zu einem Wettbewerbsfaktor (Abb. 6.4),
- qualifizierte, kreative, verantwortungsbewusste und selbstständige Mitarbeiter sind nicht nur in den Führungsetagen erforderlich, sondern ebenso für die Betreuung der neuen Produktionssysteme und Organisationssysteme.

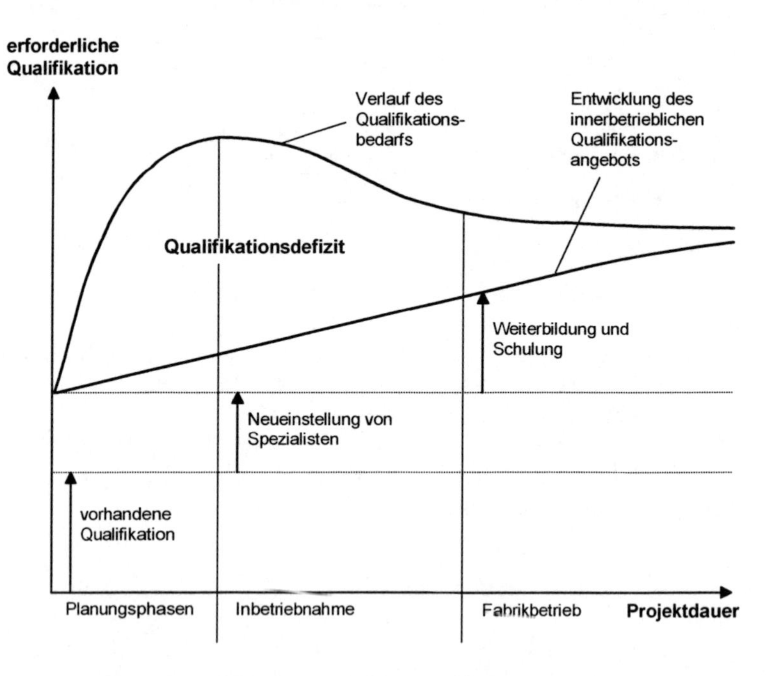


**Abb. 6.4** Personal- und Qualifikationsbedarf bei Fabrikplanungsprojekten

Eine Analyse von erkannten Schwachstellen bei realisierten Projekten zeigt, dass die Umsetzung von innovativen Fabrikkonzepten bei gleichzeitiger Qualifizierung der Mitarbeiter häufig noch stiefmütterlich behandelt wird:

- Die Notwendigkeit der Schulung wird fast immer unzureichend durchgeführt.
- Bei Investitionen von 20 Mio. EURO sind 20.000 EURO für die Erarbeitung des Qualifizierungsprogramms bereits schwer durchsetzbar.

Die Einleitung eines Überzeugungsprozesses ist hier notwendig, die Einsicht, dass auch die Qualifizierung methodisch geplant und umgesetzt werden muss. Schritte hierzu sind:

- Qualifizierungsbedarfsanalyse
- Erarbeitung eines Qualifizierungskonzeptes
- Durchführung und Nachbetreuung der Qualifizierungsmaßnahmen
- Die Inbetriebnahme und das Hochfahren der Fabriksysteme mit neuer Technik und neuer Organisation kann nicht mit „altem" Personal durchgeführt werden. Gerade in dieser Phase sind die qualifizierten und motivierten Mitarbeiter Voraussetzung.

**Personelle Maßnahmen**
Es empfiehlt sich, bereits die Durchführung der Projektplanung für die Personalentwicklung zu nutzen /Paw92/. Bereits im Projekt gilt es, frühzeitig den Personal- und Qualifikationsbedarf der Mitarbeiter zu bestimmen. Dies fördert umgehend die Akzeptanz der neuen Produktions- und Logistiksysteme, schafft Sicherheit in der Vorgehensweise der Unternehmensführung sowie der Mitarbeiter, die ihren Arbeitsplatz gesichert sehen. Die Identifikation mit dem Projekt wird erhöht. Für dem Erfolg des Projektes sind Identifikation und Akzeptanz durch die Mitarbeiter unerlässlich: Der Mitarbeiter ist also auch in Fabrikplanungsprojekten die Nummer 1.

## *6.5 Übungsfragen zum Abschnitt 6*

1. Erläutern Sie die Aufgabe der Ausführungsplanung als Brücke zwischen der Systemplanung und Inbetriebnahme.

2. Welche Teilschritte gehören zum Ausschreibungsverfahren?

3. Nach Auftragserteilung an Maschinenhersteller und Lieferanten muss der Auftraggeber die Ausführung überwachen. Welche Teilaufgaben können hierzu erforderlich sein?

4. Welche Ziele hat das Projektmanagement bei Fabrikplanungsprojekten? Nennen Sie Führungstechniken und Methoden des Projektleiters.

5. Wann sollte ein eigenständiges Projektmanagement im Rahmen eines Fabrikplanungsprojektes eingerichtet werden?

6. Welche Bedeutung hat die projektbegleitende Personalentwicklung bei Fabrikplanungsprojekten?

## *6.6 Literatur zum Abschnitt 6*

/DIN69901/ Projektmanagement – Projektmanagementsysteme

/Ehr83/ *Ehrecke, G.*: Methoden und Einsatz des Projektmanagements. In: Tagungsunterlage zum Seminar „Planung und Realisierung von Logistik Systemen“ am 05.09.83 in Bad Homburg

/Kwi93/ *Kwijas, R.; Simioni, B.*: Trends in der Kommissioniertechnik – Erfolgsfaktor Mensch. Schweizer Logistikkatalog 1993

/Paw92/ *Pawellek, G.*: Projektbegleitende Logistik-Weiterbildung. Logistik Spektrum (1992)2, S. 4–5

/Paw07/ *Pawellek, G.:* Chance Management bei Reorghanisationsprozessen unter Beteiligung der Mitarbeiter. In: Tagungsunterlage „Produktionslogistik“, FGL-Seminar am 21.06.2007 in Hamburg, S. 7.1 bis 7.10

/Rul78/ *Ruloff, J.*: Maschinen- und Anlageneinkauf aus der Sicht des berufsmäßigen Planers. Ausstellung + Kontakt (1978)4, S. 6–7

# 7 EDV-Unterstützung

## *7.1 Notwendigkeit, Entwicklung und Anforderungen*

### 7.1.1 Notwendigkeit und Möglichkeiten zur Planungsunterstützung

In der „Fabrik der Zukunft" rückt die produkt- und auftragsorientierte Gestaltung der Produktion zunehmend in den Vordergrund:

- Produkte werden immer kurzlebiger und variantenreicher
- Aufträge werden immer kurzfristiger und kundenspezifischer

Strukturelle Änderungen in den Produktionsbetrieben haben Auswirkungen auf die Fertigungs- und Materialflussstruktur, damit auch auf die Werksstruktur, Gebäude und Ver- und Entsorgungsanlagen. Auch letztere müssen anpassungsfähig und multifunktional gestaltet werden. Dies erfordert für das Fabrikmanagement

- flexible Produktionsstrukturen und -technologien, die in immer kürzeren Abständen an die veränderten Produkt- und Auftragsdaten angepasst werden können,
- anpassungs- und entwicklungsfähige Fabrikplanungskonzepte, um schneller neue Anforderungen in Planungsergebnisse umsetzen zu können

Eine permanente Produktinnovation und darauf abgestimmte Prozessinnovation ist in Zukunft ein entscheidender Erfolgsfaktor. Folgende grundsätzliche Möglichkeiten zur Planungsunterstützung der ganzheitlichen Fabrikplanung können unterschieden werden, bezüglich

- Planungsablauf, d. h. Strukturierung des Gesamtsystems und der Vorgehensweise in Planungsphasen und -schritte
- Planungstechnik, d. h. Anwendung wissenschaftlicher Methoden, standardisierter Regeln und Berechnungsverfahren
- Planungshilfsmittel, d. h. Einsatz der EDV mit entsprechenden Software-Programmen zur Analyse, Bewertung, Optimierung und Simulation

Unterstützungsmöglichkeiten durch EDV-Programme ergeben sich bei der Informationsbeschaffung, -verarbeitung und -darstellung. Datenbanken ermöglichen die Speicherung großer Datenmengen und den schnellen Zugriff auf vorhandene Datenbestände zur Erstellung aktueller Auswertungen. Sie erleichtern den Einsatz datenintensiver Problemlösungen, z. B. durch die Verknüpfung unterschiedlicher Tabellen, und erlauben die Speicherung verschiedener Planungsalternativen. Die rasante Entwicklung auf dem Hardware-Sektor macht den Einsatz von methodenintensiven Optimierungstechniken und Statistikprogrammen möglich. Für die Darstellung von grafischen Auswertungen, z. B. Layout-Darstellungen und Diagramm-Grafiken stehen zahlreiche Softwarepakete zur Verfügung.

EDV-Unterstützung der Planungstechnik erfolgt durch die Anwendung standardisierungsfähiger Regeln und Berechnungsverfahren. Wobei traditionelle mathematische Verfahren – wie z. B. die Lineare Programmierung – oft nicht mehr ausreichen, um Planungsszenarien zu optimieren. Neuere Ansätze gehen in Richtung der sogenannten „Adaptive Planning Intelligence (API)", um schnell und flexibel auf unerwartete Ereignisse reagieren zu können /Ret05/. Es ist auch eine EDV-Unterstützung zur Navigation durch den Planungsablauf denkbar. Projektmanagementsysteme unterstützen die Strukturierung der Vorgehensweise in einzelne Planungsschritte, die Zuordnung von Kosten und Kapazitäten und die Überwachung des Projektfortschritts.

### 7.1.2 Entwicklung der EDV-Unterstützung

Zunächst soll Abb. 7.1 einen Rückblick auf die Entwicklung der EDV-unterstützten Planung aufzeigen. In den 60er und 70er Jahren standen kaufmännische Anwendungen im Mittelpunkt der elektronischen Datenverarbeitung in der Industrie. Seit Anfang der 80er Jahre orientiert sich der EDV-Einsatz sehr stark an den technischen Funktionen, wie Konstruktion, Fertigung, Planung und Steuerung.

In der technischen Planung fanden ursprünglich nur kleine alphanumerische Programme Anwendung. Dies waren Umsetzungen von manuellen Berechnungsverfahren oder -methoden in den EDV-Bereich. Hierzu zählen z. B.

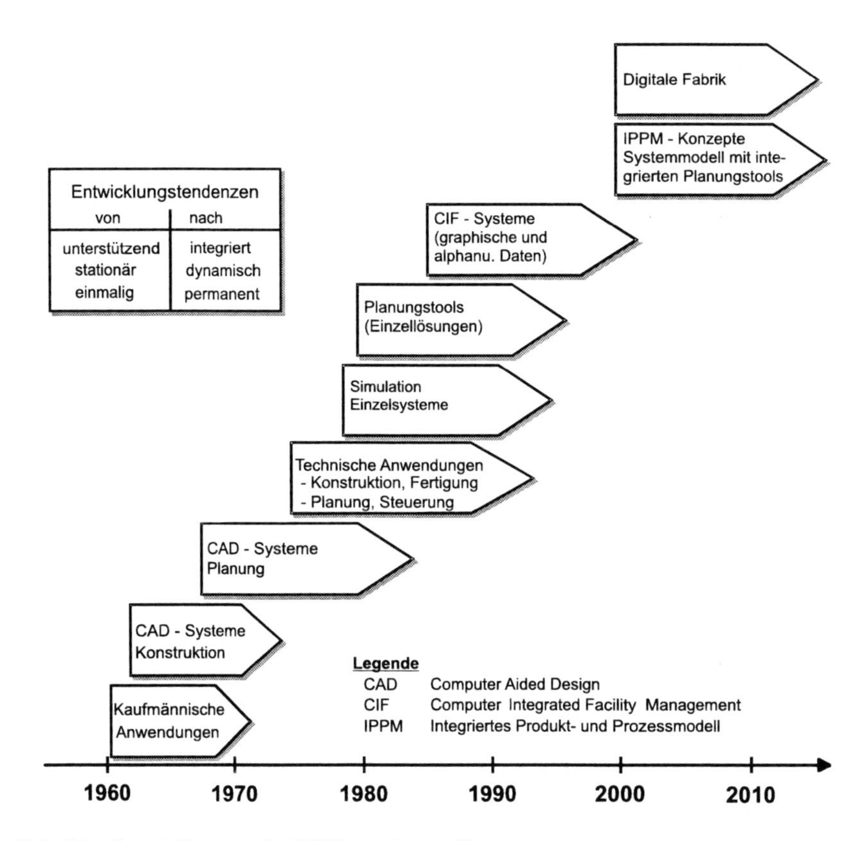


**Abb. 7.1** Entwicklung in der EDV-gestützten Planung

- analytische Methoden der Leistungsrechnung
- Transport- und Materialfluss-Matrizen
- Anordnungsoptimierungen von Fertigungsmaschinen

Im Funktionsbereich der Konstruktion werden bereits seit den 60er Jahren die Grafiken am Computer erstellt. Erste CAD-Systeme (Computer Aided Design) dienen der Elektroindustrie zur Erstellung und schnelleren Änderung von Logik- und Schaltplänen sowie den Konstrukteuren zur Abbildung von technischen Zeichnungen.

Diesen Entwicklungsprozess machten sich auch die Fabrikplaner zu Nutzen. Zunächst wurden reine Grafiksysteme eingesetzt. Dem Planer standen die benötigten Daten und Kennzahlen allerdings selten EDV-mäßig – und dann auch nur auf anderen Systemen – zur Verfügung. Mit zunehmender Anwendung erkannte man die Notwendigkeit, Grafik und Alphanumerik miteinander zu koppeln. Erste CIF-Systeme (Computer Integrated Facility Management) kamen Mitte der 80er Jahre in die Anwendung /Hei89/.

Bis in die 80er Jahre wurden Fabriksysteme, wie z. B. Produktions- oder Materialflusssysteme, häufig nur statisch geplant. Für dynamische Betrachtungen wurden allenfalls Mittelwerte herangezogen. Seit Anfang der 90er Jahre werden geplante Fabriksysteme und bereits bestehende Anlagen dynamisch betrachtet. Hierfür bietet sich die inzwischen weiter entwickelte Simulationstechnik an, sie kann den Planungsprozess verbessern und die Planungsqualität erhöhen.

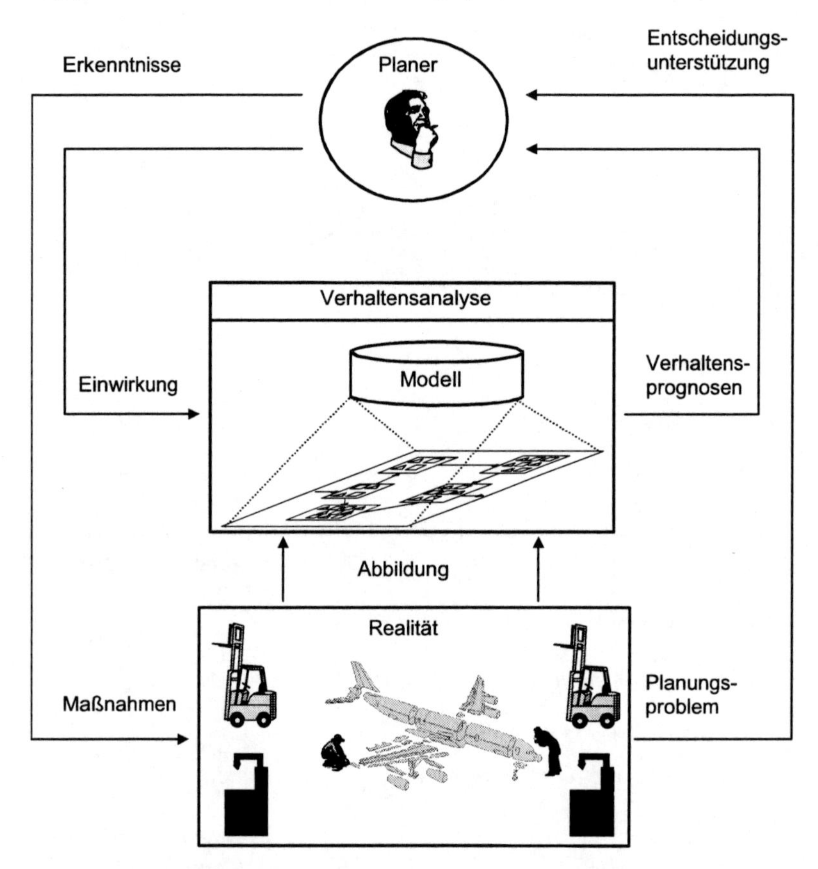


**Abb. 7.2** Wechselwirkungen zwischen Planer, realem System und Modell

Aktuelle Entwicklungen haben das Ziel, das Gesamtsystem oder Teil- bzw. Subsysteme einer Fabrik in einem Modell abzubilden (Abb. 7.2). Der Ist-Zustand wird durch Rückkopplung aus dem realen Prozess entsprechend eines adaptiven Regelkreises fortgeschrieben. Das Modell kann als Datenbasis für die strategische Planung, aber in weitergehenden Konzepten auch für die Steuerung in der aktuellen Auftragsabwicklung dienen /Paw99-2/.

## Anforderungen an die EDV-gestützte Planung

Die ganzheitliche Fabrikplanung ist heute ohne Unterstützung durch den Computer kaum vorstellbar. Die Anforderungen an die EDV-Unterstützung ergeben sich aus der konkreten Fabrikplanungsaufgabe. Eine typische Aufgabenverteilung einer Fabrikplanungsabteilung zeigt Abb. 7.3 a. Danach wird die meiste Zeit einer Fabrikplanungsabteilung mit 35% für Vorplanungen und mit 24% für Routineaufgaben aufgewendet. Die Praxis zeigt auch, dass für die Informationsbeschaffung, -aufbereitung und -abstimmung 45% der durchschnittlichen Arbeitszeit bei Fabrikplanern aufgewendet wird. Die Erfassung und Auswertung der oft umfangreichen Daten ist kostengünstig und zeitgerecht nur durch den Einsatz von EDV möglich. Vor diesem Hintergrund bietet sich der Aufbau einer Datenbank an, in der die erfassten Daten gespeichert und für spätere Planungen immer wieder aktualisiert werden /Bra84/.

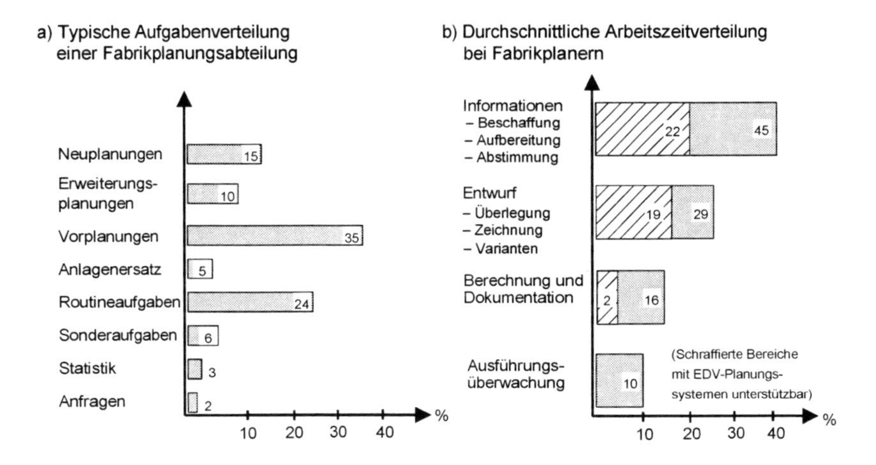


**Abb. 7.3** Aufgaben- und Arbeitszeitverteilung in der Fabrikplanung /Bra84/

Aus der Arbeitszeitverteilung bei Fabrikplanern ist auch zu ersehen, welcher Anteil mit EDV-Planungssystemen unterstützbar ist (Abb. 7.3 b).

Darüber hinaus sind die an die Planungsmethoden gestellten Anforderungen – ganzheitliche Betrachtung aller Funktionsbereiche, Simulation von Zeit- und Raum- sowie Kosten- und Leistungsgrößen – nur mit Hilfe von integrierten Programmen zu erfüllen. Die wesentlichen Anforderungen an die EDV-Unterstützung ergeben sich aus

– der Zunahme der Datenflut,

– der Abnahme des Planungshorizontes,

- der hohen Komplexität des Problems (Berücksichtigung vieler Einflussfaktoren, Untersuchung vieler Alternativen),
- der Verkürzung der Reaktionsfähigkeit bei einer veränderten Ausgangssituation,
- der erforderlichen Qualität an das Planungsergebnis.

Weiterhin lassen sich folgende Anforderungen an EDV-Hilfsmittel bei der Fabrikplanung stellen:

- Die Planungsdaten sollen permanent verfügbar, aktuell, vollständig und richtig sein.
- Die ganzheitliche Betrachtung aller Produktionsstrukturen (wie z. B. Produkt-, Fertigungs-, Materialflussstrukturen) sollte möglich sein.
- Die Planungsverfahren sollten dialogorieniert und an die Bedürfnisse des Anwenders anpassbar sein.

## *7.2 EDV-Programme als Planungshilfsmittel*

### 7.2.1 Einsatzgebiete

Für spezifische Einsatzgebiete in der Fabrikplanung gibt es die verschiedensten EDV-Programme, die mehr oder weniger den jeweils speziellen Anforderungen gerecht werden. Hierzu zählen insbesondere

- Massendatenverarbeitung zur Datenaufbereitung und -analyse,
- Simulation von Leistungs- und Zeitverhalten von Einrichtungssystemen,
- Planerstellung mit CAD,
- Durchführung komplexer analytischer bzw. heuristischer Problemlösungsverfahren, wie z. B. Ermittlung der Fertigungs- und Montagestruktur, Lagerstruktur, Lager- und Transport-Systemauswahl, Layoutoptimierung.

Für andere Gebiete sind entsprechende Programme noch zu entwickeln. Eine wichtige Anwendung bei der Ist-Analyse von Unternehmen ist die gezielte Abfrage umfangreicher Plan- und Betriebsdatenbestände, um spezielle Informationen auszulesen und anderen Auswertungsprogrammen zur Weiterverarbeitung verfügbar zu machen. Zweckmäßig ist dabei die Anwendung standardisierter Abfragesprachen – wie z. B. SQL – auf relationalen Datenbanksystemen.

Die in der Praxis angewandten EDV-gestützten Analyse- und Planungsmethoden sind vielfältig. Die EDV-Unterstützung ist prinzipiell bei allen Planungsphasen der Fabrikplanung denkbar (Abb. 7.4). Nachfolgend werden einige erprobte EDV-Werkzeuge bzw. -Tools entlang des Planungsprozesses von der Zielplanung bis zur Ausführungsüberwachung und für den laufenden Betrieb näher erläutert /Schu87, Eng90/. Dabei liegt der Schwerpunkt auf den Analyse- und Planungsmethoden, die folgende aktuellen Fragen beantworten:

- Wie analysiere ich vorhandene Potenziale, und wie beurteile ich das Kosten-Nutzen-Verhalten vorgeschlagener Maßnahmen?
- Wie analysiere und plane ich den Produktionsprozess, um eine logistikorientierte Fabrik zu gestalten?

| Planungsphase | Betrachtungsebene | EDV-TOOLS (Beispiele) | sonstige Hilfsmittel (Beispiele) |
|---|---|---|---|
| 1. Zielplanung | **Gesamtunternehmen**<br>– Entwicklung<br>– Vertrieb<br>– Produktion<br>– Verwaltung | **EQUIP**<br>(Entwicklung quantifizierter Innovationsprogramme) | – Bilanzsimulation<br>– Kennzahlensysteme |
| 2. Strukturplanung | **Werk**<br>– Produktion<br>– Instandhaltung<br>– Werkzeugbau<br>– u.s.w. | **PROLOGA**<br>(Produktionslogistik-Analysator)<br>PLS (permanente Logistikstrukturplanung) | – CAD<br>– dialogorientierte Datenbasis |
| 3. Systemplanung | **Produktion**<br>– Fertigung<br>– Lager- und<br>– Materialfluss<br>– Montage<br>– PPS | **LASYS**<br>(Lagersystembestimmung)<br>**OPAL**<br>(optim. Palettenabm.)<br>**MAFLU**<br>(Materialflussoptimierung)<br>**PUDIM**<br>(Pufferdimensionierung) | – CAD<br>– Simulation<br>– Prozeßkettenanalyse |
| 4. Ausführungs-planung | **Gewerke und Fabrik**<br>– Grundstücke<br>– Gebäude<br>– Ver- u. Entsorgung<br>– Maschinen u.<br>– Einrichtungen<br>– Informationssyst. | **AVA**<br>(Aufschreibung, Vergabe, Abrechnung) | – Standardleistungs-bücher<br>– CAD<br>– Datenbanken<br>– Normteilekatalog |
| 5. Ausführungs-überwachung | **Arbeitspakete**<br>– Leistungen<br>– Kosten<br>– Termine | **CAPM**<br>(Computer Aided Project-management) | – Netzpläne<br>– Balkendiagramme |
| 6. Betrieb | **Gesamtunternehmen** | **KIM**<br>(Key Indicated Management) | – Kennzahlensysteme |

**Abb. 7.4** Zuordnung von DV-Tools zu den Planungsphasen

## 7.2.2 Zuordnung von EDV-Programmen zu Planungsphasen

### 7.2.2.1 Strategieplanung

In der Strategieplanung für die „Fabrik der Zukunft" sind Ziel- und Maßnahmenplanung zu erarbeiten. Dabei kommen kennzahlengestützte Analyse- und Bewertungsverfahren zur Anwendung.

**Beispiel EQUIP**
Am Beispiel der Entwicklung eines quantifizierten Innovationsprogramms (EQUIP) umfasst die Planungsvorgehensweise drei wesentliche Schritte (vgl. Abschnitt 3.3):

- Ermittlung und Analyse der Datenbasis
- Ermittlung der Positionen und Potenziale
- Aufstellung des Maßnahmenprogramms

EQUIP wird seit längerer Zeit in verschiedenen Branchen erfolgreich eingesetzt /Dew91/, aber auch heute und mit Sicherheit auch zukünftig noch permanent weiterentwickelt. Was ja im Prinzip für alle EDV-Anwendungen gilt. Es liefert ein quantifiziertes Innovationsprogramm, das für die Unternehmensleitung einen kontrollierbaren Weg zur Erneuerung der Fabrik in übersichtlichen Schritten aufzeigt. Bei der Umsetzung des Innovationsprogramms im Rahmen einzelner Projekte dienen die Kennzahlen zur Kontrolle von Aufwand und Nutzen jeder einzelnen Maßnahme.

### 7.2.2.2 Strukturplanung

Die Strukturplanung ist zwischen der Strategieplanung – hieraus empfängt sie ihre grundsätzlichen Vorgaben – und der Systemplanung von Projekten angesiedelt. Ergebnis der ganzheitlichen Strukturplanung ist die Bestimmung der zukünftigen Prinzipien in Fertigung, Montage, Transport und Lagerhaltung. Weiterhin werden die ermittelten Produktionsstrukturen mit der räumlichen Werksstruktur einschließlich der günstigsten Anordnung der Betriebsbereiche (Materialfluss, Groblayout) bestimmt. Nachfolgend werden zwei Planungswerkzeuge vorgestellt, die zum einen der numerischen und grafischen Analyse dienen, zum anderen aber eine dialoggesteuerte Unterstützung der Planung bieten.

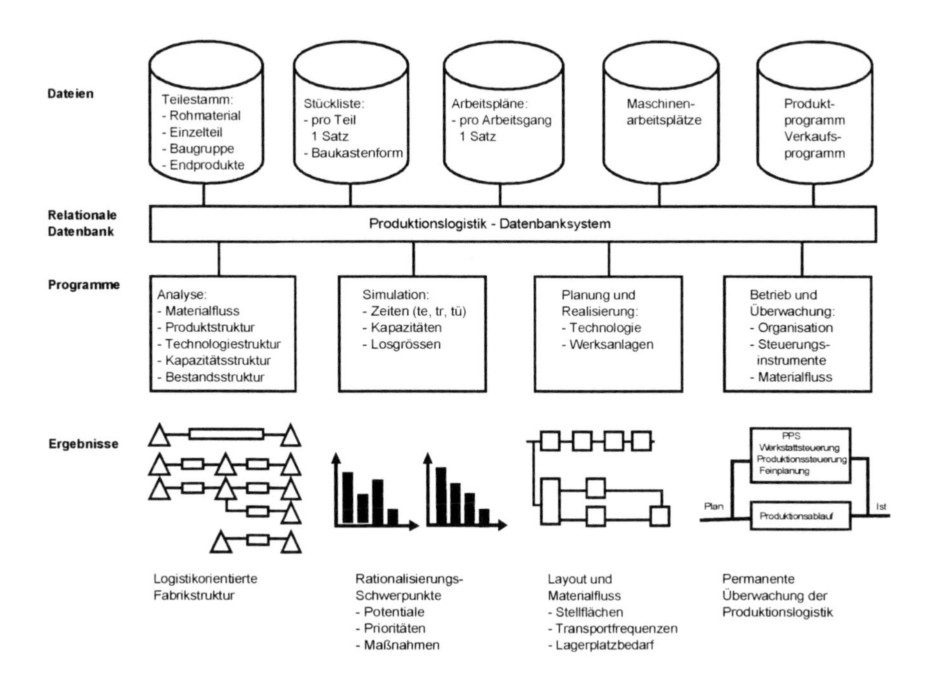


**Abb. 7.5** Datenbanksystem zur Analyse, Bewertung, Planung und Überwachung der Produktionslogistik

## Beispiel PROLOGA

PROLOGA (Produktionslogistik-Analysator) dient zur Produkt-, Technologie- und Werkstattstrukturanalyse als Grundlage für die flussorientierte Neugestaltung der Fabrik /Pol87/. PROLOGA basiert auf einem mathematischen Modell der Fabrik, das eine deterministische, datenorientierte Ganzheitsanalyse der Fabrik erlaubt (Abb. 7.5). Sämtliche Produktions- und Logistikdaten, wie Teilestamm, Stücklisten, Arbeitspläne, Maschinendaten sowie Auftragsdaten, werden übernommen und für verschiedene Analysen aufbereitet.

In einem iterativen und interaktiven Planungsprozess wird mit Hilfe von PROLOGA ein Maßnahmenkatalog für eine Neustrukturierung der Produktion durch

- Ermittlung und Verknüpfung von Materialflussabschnitten,
- Bildung von Kapazitätsfeldern und
- Definition von Gruppen mit gleicher Technologiefolge

erarbeitet. Eine Simulation der Umstrukturierungsvorschläge zeigt die Auswirkungen auf Durchlaufzeiten und Kapazitäten und gibt Hinweise auf eine Verbesserung in Richtung neue Fertigungsorganisation und/oder Steuerungsverfahren.

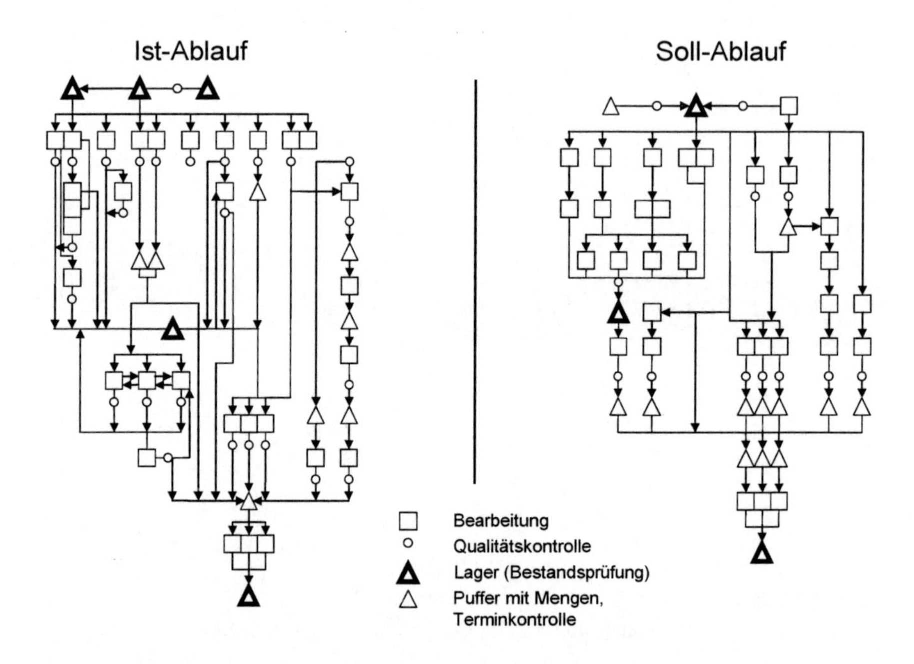


**Abb. 7.6** Ergebnis einer Produktionslogistik-Strukturplanung (Beispiel: Büromaschinenhersteller)

Abb. 7.6 zeigt beispielhaft das Ergebnis einer Neustrukturierung in einem montageintensiven Produktionsbetrieb. Gegenüber der Ausgangslösung wurde eine günstigere Gruppierung der Produktionsbereiche und der einzelnen Maschinen ermittelt. Parallel dazu erfolgte die Ermittlung einer günstigeren Anordnung und Zuordnung von Lägern unter Berücksichtigung der organisatorischen Bestandsführung sowie Materialpuffern einschließlich Mengen- und Terminkontrolle.

**Beispiel MAFLU**
MAFLU (Materialflussplanung) ermöglicht die Visualisierung von Materialflüssen in ganzen Fabriken oder Fabrikbereichen. Die Anwendungsmöglichkeit dieses Werkzeuges ist sowohl bei der Ist-Analyse als auch bei der Neustrukturierung gegeben.

Die Materialflussintensitäten werden, ausgehend von einer Von-Nach-Matrix, zunächst mittels sogenannten Sankey-Diagrammen dargestellt. Diese Sankey-Diagramme können dann vom Benutzer in ein vorhandenes oder geplantes Layout eingepasst werden (Abb. 7.7).

Materialfluss-Matrix

| von \ nach | EX | FLB | GB1 | GB2 | GB3 | LB | IN |
|---|---|---|---|---|---|---|---|
| EX | | | | | | | |
| FLB | 180 | | | | | 227 | |
| GB1 | | | | 22 | 40 | | |
| GB2 | 451 | | | | 20 | 40 | |
| GB3 | 80 | 50 | | | | | |
| LB | | 227 | 110 | 102 | 110 | | |
| IN | | 525 | | | | 212 | |

Materialflussbeziehungen, direkt verbunden

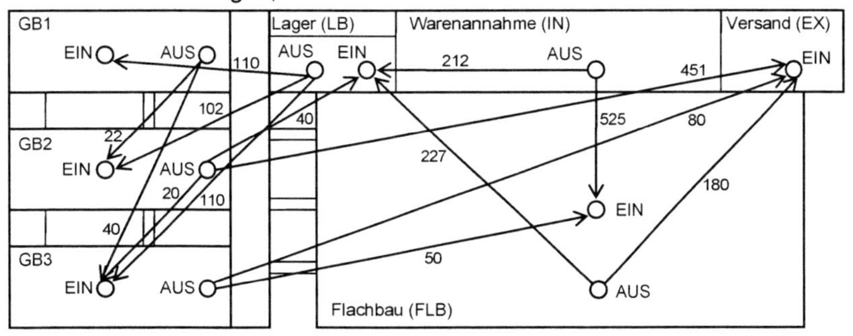


Materialflussbeziehungen, orientiert an Transportwegen

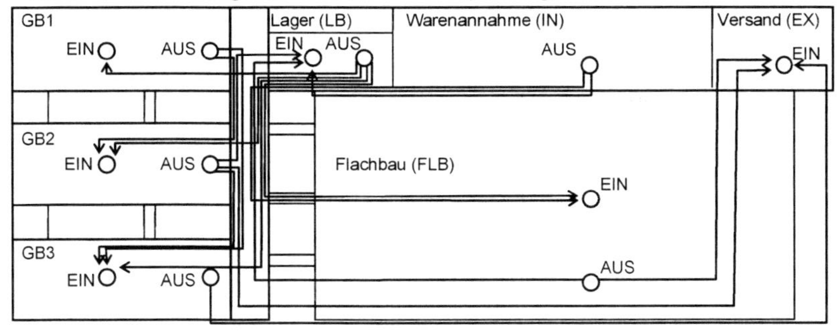


**Abb. 7.7** Visualisierung von Materialflussbeziehungen

Diese Darstellung ermöglicht eine anschauliche Beurteilung der Belastung bestimmter Streckenbereiche oder Knoten sowie der Anordnung der einzelnen Quellen oder Senken (vgl. Abschnitt 7.4.3.2).

Der Anwender kann nun durch Analyse und Neugestaltung von Wegen oder Standorten die Materialflussbeziehungen im Dialog mit dem Rechner optimieren. Ziel der Optimierung ist zum einen eine möglichst kreuzungsfreie Anordnung der Knoten und zum anderen eine Minimierung des Produktes aus Wegstrecke und Materialflussintensität.

### 7.2.2.3 Systemplanung

Die Wirtschaftlichkeit und Funktionalität von Systemen wird in der Phase der Systemplanung grundlegend entschieden. Fehler in diesem Planungsstadium führen zu unwirtschaftlichen Systemen mit zum Teil unabsehbaren Auswirkungen auf die vor- und nachgeschalteten Funktionsbereiche. Daher wurden gerade in den letzten Jahren verschiedene Ansätze einerseits zur Erhöhung der Planungssicherheit durch EDV-Unterstützung und andererseits zur Rationalisierung des Planungsablaufes gemacht. Im Folgenden sollen am Beispiel der Planung von Lagersystemen die Möglichkeiten eines EDV-Einsatzes aufgezeigt werden.

**Beispiel LASYS**
LASYS (Lagersystemplanung) ist ein Programmsystem (Abb. 7.8), welches dem qualifizierten Planer die Möglichkeit gibt, den gesamten Ablauf der Systembestimmung interaktiv an einem EDV-Arbeitsplatz durchzuführen. Dieses Ziel erfordert eine ganzheitliche Betrachtungsweise, wobei formale Schwerpunkte im Bereich der Benutzerführung, Datenhandhabung und Flexibilität sowie inhaltliche Schwerpunkte in den Bereichen der Optimierung der Lagersysteme und Kommissionierung gesetzt wurden /Mei87; Schw87/.

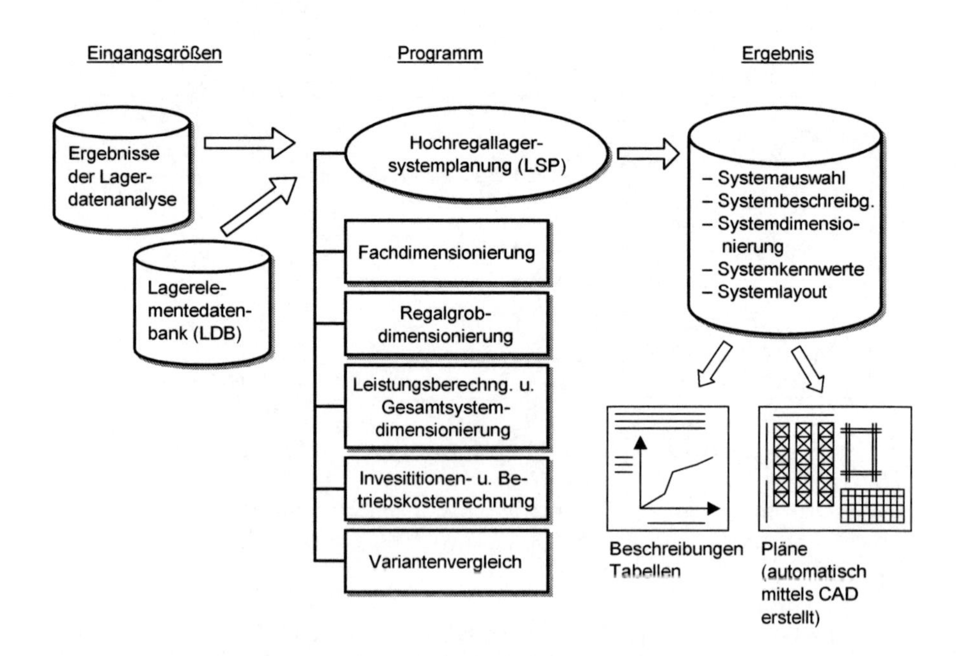


**Abb. 7.8** Programmsystem zur Lagersystemplanung

Zuerst werden die Ausgangsdaten (Kapazitäts- und Bewegungsdaten) im Teilprogramm „Lagerdatenanalyse" aufbereitet und ausgewertet. In einer Lagerelemente-Datenbank sind projektunabhängige Daten abgelegt. Dazu gehören z. B. Ladehilfsmitteldaten, Standardelemente der Einrichtungen, Investitionsrichtwerte für Einrichtungen, Fördertechnik, Bau und technische Gebäudeausrüstung, AfA-Sätze, Personalkosten- und Energiekostensätze. Bei Aufruf der „Lagersystemplanung" werden diese Stammdaten in das Projekt kopiert und können projektspezifisch verändert werden. Die wesentlichen Funktionen der Lagersystemplanung mit dem EDV-Werkzeug LASYS sind die technische Dimensionierung, die Leistungsberechnung, die Investitions- und Jahreskostenberechnung, der Variantenvergleich und die Ergebnisdarstellung.

LASYS-Hauptfunktionen sind die Fachdimensionierung und die Regaldimensionierung. Die Fachabmessung beginnt mit der Lagerhilfsmitteldimensionierung (Abb. 7.9). Sie stellt die kleinste Systemeinheit für alle weiteren Schritte zur Festlegung der Lagergeometrie dar. Ergebnis sind zunächst die Lagereinheiten, dann die Fachsystemmaße. Die Dimensionierung erfolgt über die Stufen:

Lagergut
\+ Lagerhilfsmittel
= Lagereinheit
\+ Stahlbaudaten und Freimaße
= Fachsystemmaße

Bei der Regaldimensionierung sind die statische und dynamische Dimensionierung zu unterscheiden. Besteht die Möglichkeit, das Lager in ein bestehendes Gebäude zu integrieren, wird die Regaldimensionierung häufig statisch durchgeführt. Der Benutzer gibt vor:

- Regallänge oder Fächer nebeneinander
- Lagerbreite oder Anzahl Gassen
- Lagerhöhe oder Fächer übereinander
- Anzahl Stellplätze

Bei der dynamischen Regaldimensionierung werden Regalabmessungen und Anzahl Regalbediengeräte (RBG) automatisch aufeinander abgestimmt. Sie stellt somit eine Optimierung des Gesamtsystems dar.

Interessant ist, dass bei EDV-unterstützter Lagersystemplanung die geplante Variante auch Zeichnungsdaten erzeugt und an ein CAD-System übergibt. Die Zeichnungen können dann nicht nur per Plotter ausgegeben werden (Abb. 7.10, Bild 7.11, Abb. 7.12), sondern der Benutzer kann das Lagerlayout auch über ein CAD-System z. B. in ein Fabriklayout integrieren /Koc92/. Weiterhin steht die Lösungsvariante als Basis für die Ausführungsplanung zur Verfügung.

Mit den heutigen EDV-Werkzeugen wird das bekannte und bewährte Planungsvorgehen in Inhalt und Ablauf beibehalten, jedoch durch den EDV-Einsatz erheblich beschleunigt. So können in kurzer Zeit wesentlich mehr Varianten betrachtet werden, was die Planungsqualität erheblich erhöht. Die Dokumentation des Planungsablaufes und die Zeichnungserstellung erfolgen automatisch, so dass der Planer wesentlich von diesen Arbeiten entlastet wird.

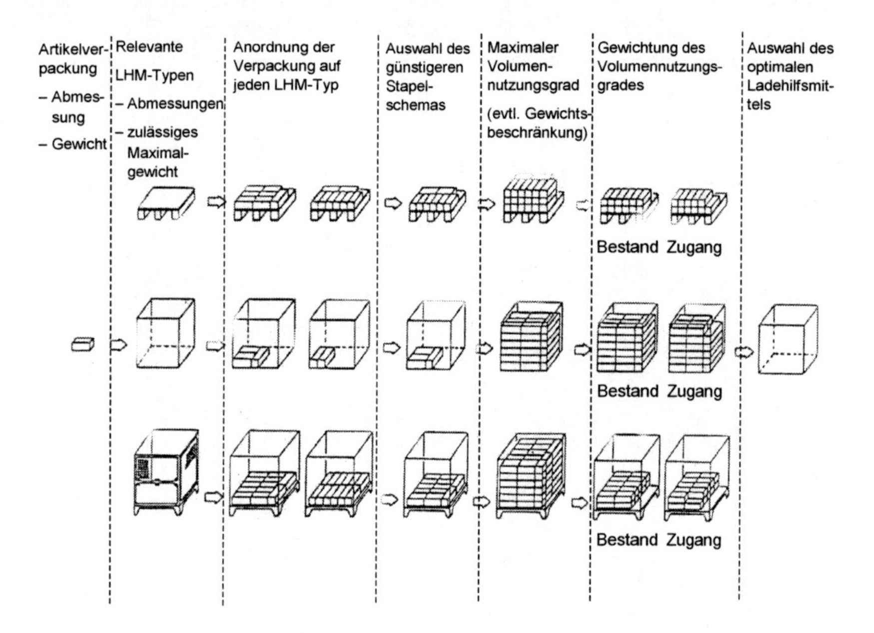


**Abb. 7.9** Logik der Ladehilfsmittelzuordnung

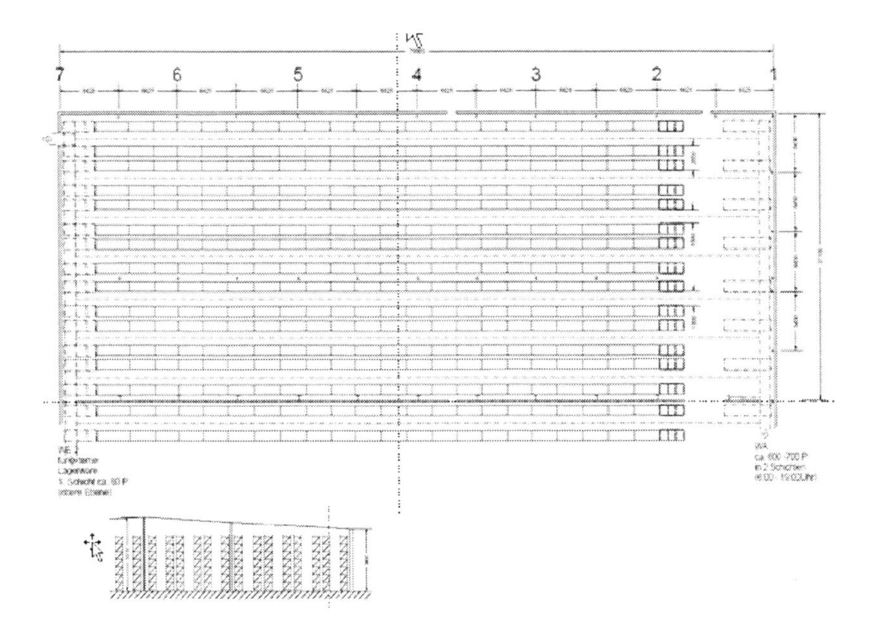


**Abb. 7.10** Computer gestützte Lagersystemplanung – Lager-Layouterstellung

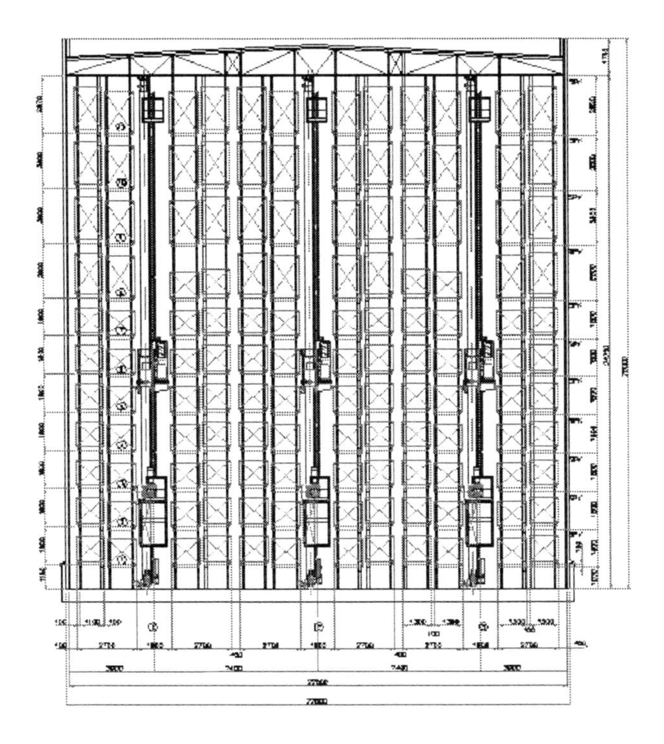

**Abb. 7.11** CAD in der Lagersystemplanung – Schnitt durch Hochregallager

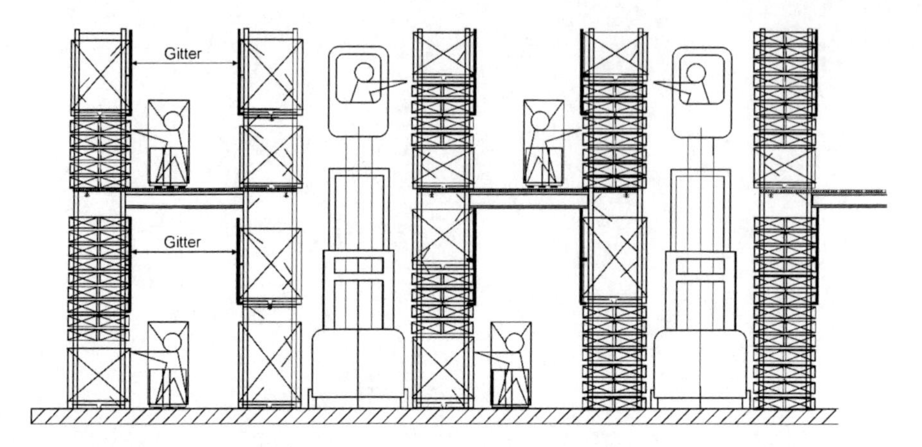


**Abb. 7.12** CAD in der Lagersystemplanung – Stollenlager

7.2.2.4 Ausführungsplanung

In der Phase der Ausführungsplanung werden die ermittelten Systeme bis zur Ausschreibung, Vergabe und Abrechnung der Leistungen durchgeplant. Aufgaben im Einzelnen sind u.a. die Erstellung von Leistungsverzeichnissen, die Auswertung von Angeboten und Preisspiegeln, die Erstellung von Auftrags-, Leistungsverzeichnissen sowie Abrechnung der Gewerke.

AVA (Ausschreibung, Vergabe, Abrechnung) ist ein integriertes EDV-System zur rationalen Erfüllung dieser Aufgaben (Abb. 7.13). Es ermöglicht die rationelle Erstellung der Ausschreibungsunterlagen und mit entsprechendem Standardtext, die kurzfristige Auswertung der Angebote und die Kostenüberwachung während der Abwicklung. Als Grundlage hierfür dienen Objektpläne, Objektbeschreibungen und Massenermittlungen /Schu87/.

Der EDV-Einsatz hat bereits frühzeitig Eingang in die Phase der Ausführungsplanung gefunden. Die heutigen Bemühungen in der Praxis gehen dahin, die kompletten Ausschreibungsunterlagen parallel zur laufenden Planung mit einem CAD-System zu erstellen.

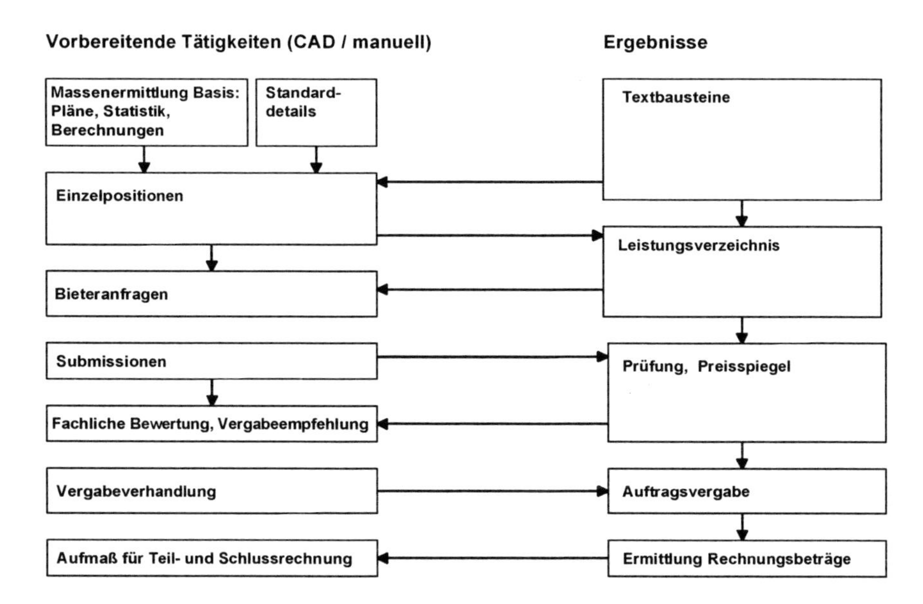


**Abb. 7.13** Objektplanung: DV-gestützte Ausschreibung, Vergabe und Abrechnung

### 7.2.2.5 Ausführungsüberwachung

EDV-Einsatz und Projektmanagement waren zunächst zwei beinahe unvereinbare Begriffe. Inzwischen ist die Akzeptanz insbesondere bei großen und/oder komplexen Projekten gestiegen, nicht nur im Anlagenbau, sondern zunehmend auch in der Neu- bzw. Umgestaltung von Produktionsunternehmen im Sinne „Fabrik der Zukunft". Hier wird das Projektmanagement zu einem Instrument für das „Management von Risiken und Änderungen" (Abb. 7.14).

Das Planungsinstrument CAPM (Computer Aided Project Management) verfügt hierzu neben dem klassischen Netzplan- und dem Kapazitätsplanungsteil über eine relationale Datenbank. Damit wird das Projektmanagement zu einem /Adl88/

– Planungsinstrument; für z. B. Projektstrukturpläne, Ablauf- und Terminplanung, Kapazitätsplanung, Kostenplanung und Cash-flow-Planung,
– Steuerungsinstrument; für z. B. das Aufzeigen des Projektfortschritts, Aufzeigen von Entscheidungsgrundlagen, Ermittlung von Alternativen bei Problemlösungen (Simulationsrechnungen etc.), Aufzeigen von Kostenentwicklungen, Trend- und Prognoserechnungen sowie Optimierung des zeitbezogenen Finanzbedarfs zur Minimierung von Finanzierungskosten,

– Kontroll- und Dokumentationsinstrument; für z. B. die automatische Erstellung von Managementinformationen auf unterschiedlich verdichteten Ebenen, Speichern von Projektdaten zur späteren Auswertung, Aufbereitung und Nutzung in Folgeprojekten, automatische Ermittlung des Projektfortschrittes und zur Dokumentation für die Rechnungslegung und Rechnungsverfolgung, für das Materialmanagement inklusive der Transportlogistik sowie Lagerhaltung auf der Baustelle, für die Zeichnungsdokumentation und Dokumentation von Lieferungen und Leistungen einschließlich Vertragsdokumentation.

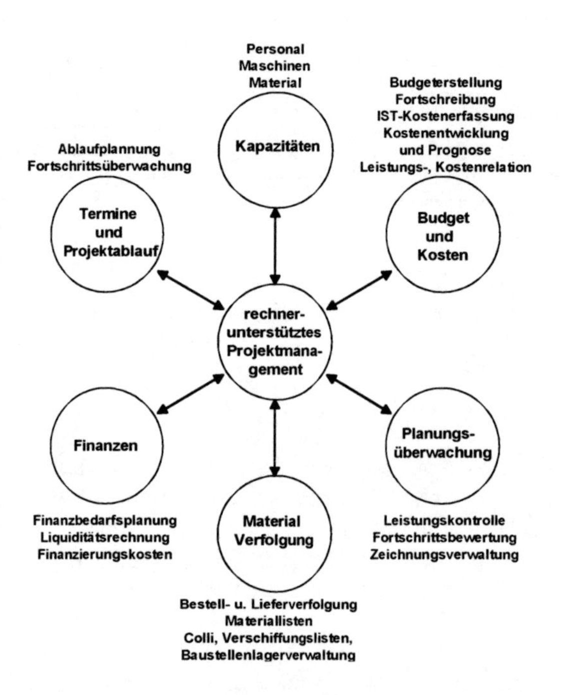


**Abb. 7.14** Anwendungsbereiche des rechnerunterstützten Projektmanagements

Die Eingage von Daten und deren Änderungen erfolgt über maßgeschneiderte Bildschirmmasken, und mit Hilfe von Verarbeitungsprozeduren kann dem System mitgeteilt werden, in welcher Form Rechnungen etwa zur Cash-flow-Ermittlung durchgeführt werden sollen. Für die Ausgabe stehen Berichtsgeneratoren zur Verfügung, mit deren Hilfe beliebige Daten für einen Bericht ausgewählt, sortiert und leicht verständlich aufbereitet werden können, so dass damit eine gezielte Information der am Projekt Beteiligten möglich wird. Grafische Darstellungen wie Netzpläne, Balkendiagramme, Strukturpläne, Histogramme und Kreisdiagramme ebenso wie einfache Kurvenverläufe können dabei wesentlich zu einer schnellen Erfassung von Zusammenhängen beitragen.

## *7.3 Werkzeuge der Fabrikplanung*

### 7.3.1 Simulation

Die fortschreitende Komplexität der Planungsprozesse in der Fabrikplanung erfordert immer häufiger den Einsatz der Simulationstechnik. Die Planungsgüte kann durch die Untersuchung des dynamischen Verhaltens der Fabrikanlagen mit Hilfe der Simulation verbessert werden. Die Simulationstechnik hat sich als geeignetes Instrumentarium erwiesen, um Systeme und Abläufe transparent zu machen. Dabei werden alle quantifizierbaren Größen des Systems formalisiert und in ein operatives Modell überführt. Mit Hilfe dieses Modells wird das reale System und sein Prozessgeschehen nachgebildet. Durch Veränderung der auf das Modell wirkenden Einflussfaktoren sowie der einzelnen Systemelemente kann eine Vielzahl von Prozessvarianten simuliert und das jeweils daraus resultierende Systemverhalten des Fabriksystems untersucht werden.

#### 7.3.1.1 Anforderungen an die Simulation

Simulationsuntersuchungen werden meist angefertigt, um die Konsequenzen geplanter Änderungen eines Systems im Modell voraus zu empfinden und zu bewerten. Dabei sollte der Planer, der ja alles Wissen über die zu simulierende Anlage besitzt, selbst simulieren, um Verluste beim Übergang von Informationen zu einem Simulationsexperten und zurück zu vermeiden.

In der Regel ist allerdings die Simulationsuntersuchung nur ein kleiner Abschnitt im Ablauf eines Projektes, das von Struktur- und Systemplanung bis zur Realisierung reichen kann. Der Planer beschäftigt sich folglich nicht so oft mit einer Simulationsaufgabe. Die Anforderungen an ein anwenderorientiertes Simulationssystem /Ben90/:

- universelle Einsetzbarkeit
- leichte Erlernbarkeit
- durchgängig benutzerfreundliche Bedienung
- schnelle und einfache Modellerstellung
- keine Notwendigkeit von Kenntnissen über Programmier- und Simulationssprachen
- kurze Rechenzeiten auch bei der Bearbeitung komplexer Modelle
- benutzerfreundliche Ergebnisaufbereitung
- Lauffähigkeit auf Personalcomputern

#### 7.3.1.2 Schritte einer Simulationsstudie

Der generelle Ablauf von Simulationsuntersuchungen gliedert sich in die Abschnitte Datenerfassung, Modellierung, Durchführung von Simulationsläufen und Interpretation der Ergebnisse sowie Übertragung der gewonnenen Ergebnisse auf das Realsystem (Abb. 7.15):

- Die Datenerfassung dient zur Bereitstellung aller simulationsrelevanten Daten. Die Aussagefähigkeit der Simulationsergebnisse ist wesentlich von der Qualität der erfassten Daten abhängig.
- In der Modellierung werden Daten in ein Simulationsmodell umgesetzt, d. h. die Realität bzw. der Planungszustand wird im Computer abgebildet. Das Modell muss im Rahmen einer Validierung auf seine Richtigkeit und Aussagefähigkeit überprüft werden.
- Simulationsläufe werden unter Veränderung von Parametern durchgeführt. Die Interpretation der Simulationsergebnisse führt zu Kenntnissen über das Verhalten des simulierten Systems.

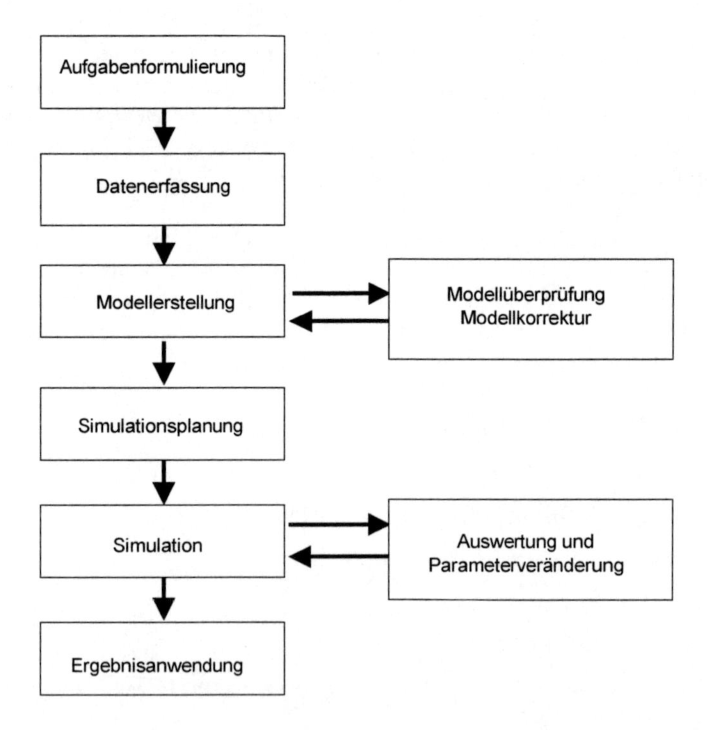


**Abb. 7.15** Ablauf einer Simulationsstudie

Simulationssysteme sind keine Optimierungssysteme. Die Optimierung des Systems muss der Planer selbst durch eine geeignete Wahl der Parameter bewirken. Damit ist die Simulation „nur" ein modernes Hilfsmittel, das dem Planer die Rechenarbeit abnimmt.

### 7.3.1.3 Simulationsaufgaben

Haupteinsatzgebiete für die Simulation sind die Planung und der Betrieb von Fabriksystemen /Paw04/. Dabei geht die Entwicklung in der Simulation z. B. von Materialflusssystemen (FTS, Hängebahnsysteme) dahin, dass das zur Planung entwickelte Simulationsmodell nach entsprechender Modellanpassung auch zur simulationsgestützten Materialflusssteuerung verwendet wird (Abb. 7.16).

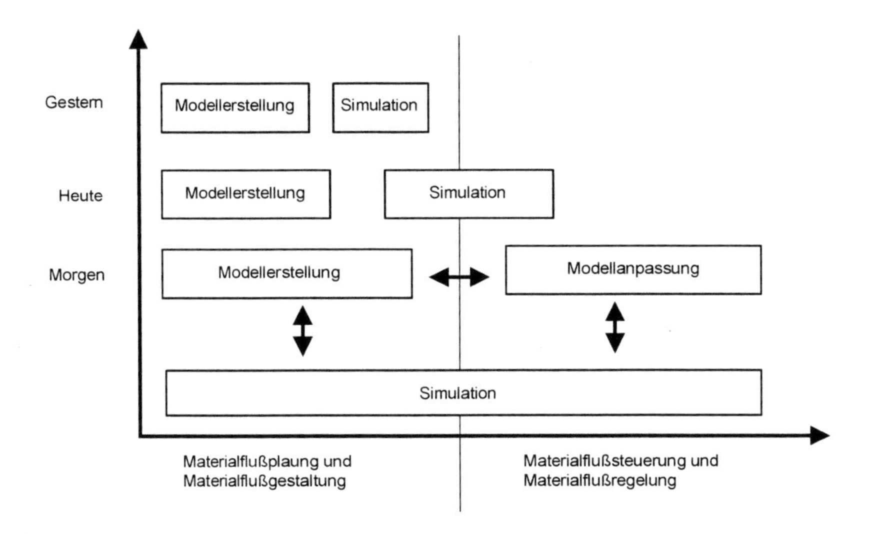


**Abb. 7.16** Einsatzgebiete der Simulation

Simulationsaufgaben in der Fabrikplanung werden in allen Phasen der Strategie-, Struktur-, System- und Ausführungsplanung bearbeitet. So z. B. in der (Abb. 7.17)

- Strategieplanung zur kennzahlengestützten Analyse der Auswirkungen von Veränderungen bzgl. Markt, Technologie und Gesellschaft:
    - Simulation von Kosten- und Leistungsstrukturen
    - Unterstützung der Entscheidung bei Unternehmensfusionen
    - Bewertung von Veränderungen bzgl. Fertigungstiefe, Outsourcing, globale Kapazitätsverteilung

- Strukturplanung auf hohem Abstraktionsgrad, Betriebsbereiche werden nur als Objektquellen und -senken gesehen:
  - materialflussmäßige Interdependenzen einzelner Werks- oder Betriebsbereiche
  - Anordnung der Maschinen (Minimum der Transportkosten)
  - Gestaltung und Dimensionierung der betrieblichen Infrastruktur (Wege für Personen, Fahrzeuge, Transportmittel, Vorauswahl, Lagergrobdimensionierung, Informationsfluss- und Materiaflussintensitäten)
  - Beurteilung der Fabrikstrukturen bei unterschiedlichen Systemlastverläufen (Produktionsprogramm, Arbeitspläne, Mengengerüst)
- Systemplanung mit Ausgestaltung der verschiedenen Systeme (Transport-, Lager-, Umschlags-, Informationssysteme):
  - Beurteilung des Zusammenwirkens der Systeme
  - Simulation von Topologien (Funktionalität, Leistungsgrenzen, Engpässe, z. B. bei Puffergestaltung, Fahrkurs-Layout)
  - Wahl von Parametern, wie z. B. Anzahl der Fahrzeuge in Abhängigkeit der Systemlast, Fördergeschwindigkeit, Fahrzeugdispositionsstrategien, Steuerungsalternativen
  - Bewertung der Reaktionen auf stochastische Einflüsse, Bestimmung der Systemflexibilität
- Ausführungsplanung zur detaillierten Gestaltung und Dimensionierung komplexer Subsysteme:
  - Fahrkurskreuzungen und Komplexknoten
  - Anordnung und Anzahl von Block- und Pulkstrecken
  - Kollisionsvermeidung (Hüllkurvenanalyse)

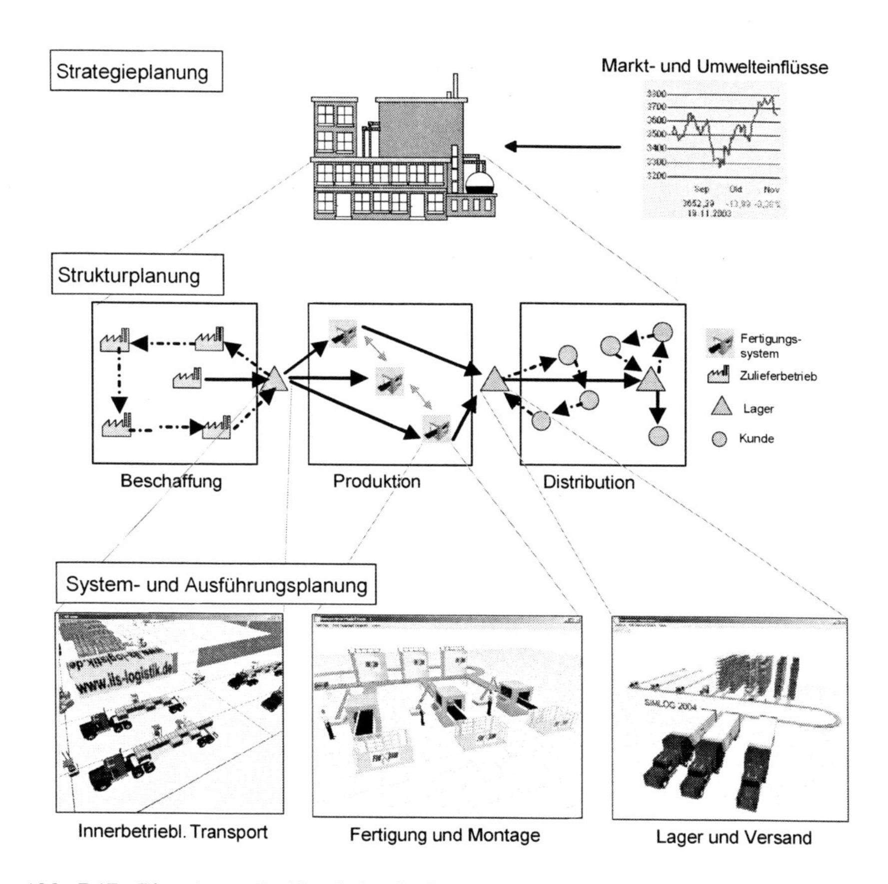


**Abb. 7.17** Einordnung der Simulation in die Gestaltungsebenen

Abb. 7.18 zeigt Fragestellungen der Simulationstechnik am Beispiel eines Unternehmens der Automobilindustrie. Konkrete Simulationsstudien in einem PKW-Montagewerk beziehen sich auf den Produktionsablauf, den Materialfluss, die Logistik, Layoutplanung und Arbeitsorganisation (Abb. 7.19).

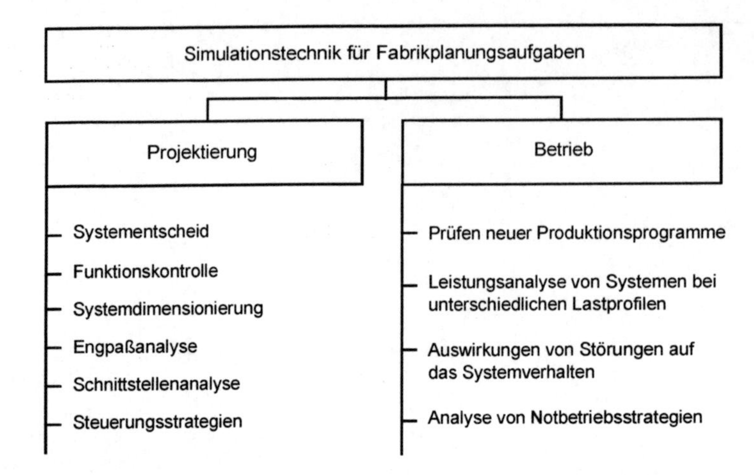


**Abb. 7.18** Fragestellungen der Simulation

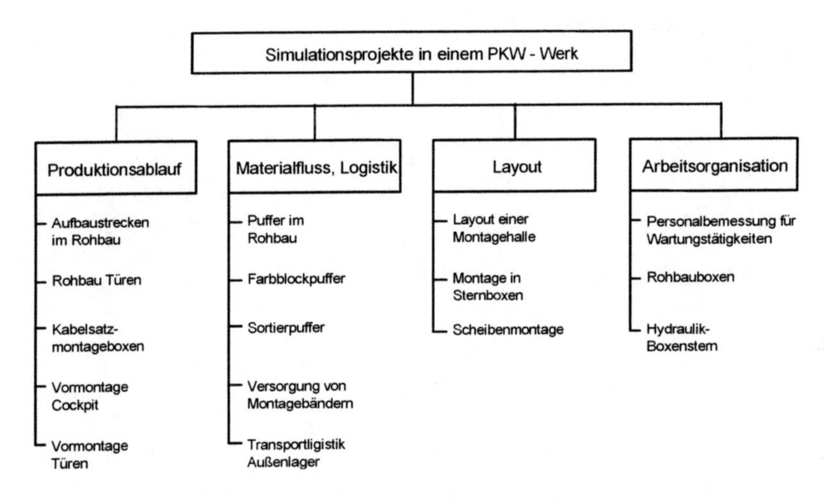


**Abb. 7.19** Simulationsstudien in einem PKW-Montagewerk

**Einsatz der Simulation**

Innerhalb der System- und Ausführungsplanung erstreckt sich zeitlich gesehen der Einsatz der Simulation über drei Phasen:

- Unterstützung der Systemauswahl durch Simulation vor Realisierung
- Unterstützung der Softwareentwicklung und Inbetriebnahme während der Realisierung
- Unterstützung der operativen Tagesplanung im laufenden Betrieb (der System- und Ausführungsplanung nachgelagert)

#### 7.3.1.4 Unterstützung der Systemauswahl durch Simulation

In der Systemplanung bzw. der Systembestimmung werden durch Simulation geeignete Systemvarianten und Systemvorschläge modelliert und untersucht (nicht geplant!). Dabei steht die Erzeugung von Kennzahlen als objektive Bewertungskriterien im Vordergrund. Die Kennzahlen sollen einen besseren Rückschluss auf die zukünftige Produktivität und die eventuellen Engpässe der Fertigungs- und Montagesysteme sowie Lager- und Transportsysteme ermöglichen. Der Vorteil der einmal erstellten Simulation besteht vor allem darin, dass beliebige Auftragsstrukturen und Mengen durch das Modell geschleust werden können. Systemparameter, wie z. B. die Geschwindigkeit oder Art eines Unstetigförderers oder die Anzahl der Mitarbeiter können per Mausklick verändert werden. Die Auswirkungen werden in einigen Sekunden bis wenigen Minuten quantifiziert.

Typische Ergebnisse, die die Simulation in der Systemplanung liefern kann sind:

- Ermittlung oder Prüfung eines auf die Produktionserfordernisse abgestimmten Werk- oder Fabriklayouts
- Vergleich manueller, teilautomatischer und vollautomatischer Montage oder Produktionsverfahren
- Bestimmung von Kapazitätsgrenzen in Montage- und Produktionslinien
- Ermittlung oder Prüfung eines auf Artikelstruktur und Artikelumschlag abgestimmten Lagerlayouts
- Dimensionierung oder Auswahl geeigneter Lagerbediengeräte und Kommissioniersysteme (Schwerpunkt im Bereich der Lagersimulationen)
- Entwicklung und Test von Ein- und Auslager-, Bereitstellungs- und Entsorgungsstrategien
- Auswahl bzw. Bestimmung des optimalen Gesamtablaufen
- Überprüfung von Durchsatzleistungen
- Quantifizierung der Betriebskosten
- Beobachtung des Zusammenspiels verschiedener Werksbereiche, Suche von potentiellen Engpässen

**Beispiel Getränkehersteller:**
Gegenstand der Simulation bei einer logistikgerechten Reorganisation eines Brauereibetriebes waren u.a. die Bereiche Entsorgung der Getränkeabfüllanlagen, Stetigförderer, Staplerorganisation, Flächen und Wege bis hin zur LKW-Beladung (Abb. 7.20).

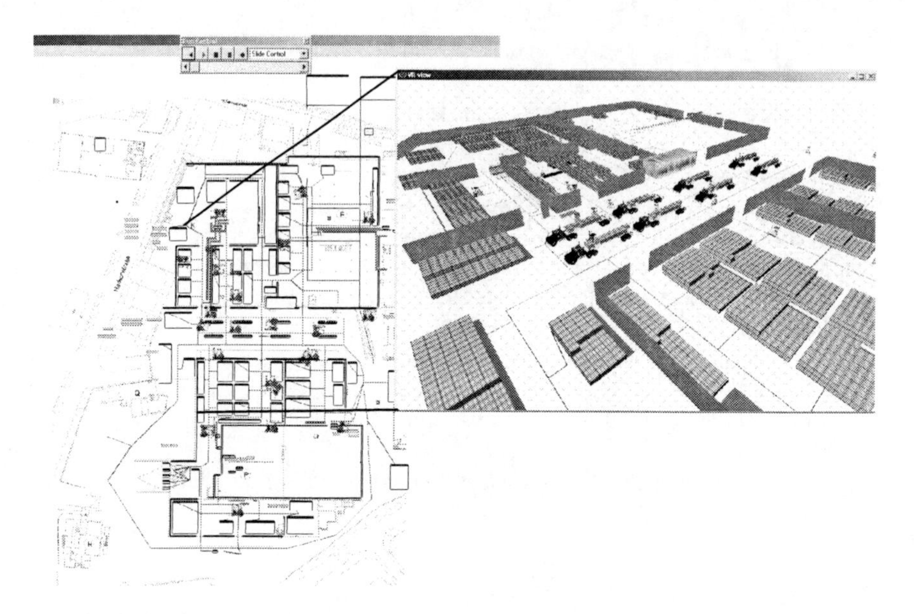

**Abb. 7.20** Simulationsmodell für das Blocklager eines Getränke-Distributionszentrums

Bei diesem Anwendungsbeispiel, in dem es um die Gesamtgestaltung der innerbetrieblichen Logistik ging, stellte sich u.a. die Frage, wie sich eine Verkleinerung der artikelreinen Blöcke auf die Verladegeschwindigkeit der LKW's auswirkt. In den Lagerblöcken werden die Paletten, die auf die LKW's verladen werden müssen, gelagert. Die Verladegeschwindigkeit besitzt in diesem Unternehmen eine strategische Bedeutung und musste daher unter allen Umständen kurz ausfallen. Zu den Randbedingungen zählen z. B.

- Lagerblockgrößen
- auszuliefernde Artikelspektrum
- Anzahl der auszuliefernden Paletten
- Wegenetz der Gabelstapler und die dort auftretenden Behinderungen z. B. bei Tordurchfahrten
- unterschiedliche Typen von LKW's
- zeitliche Verläufe der LKW-Abfertigungen

- Arbeitszeitregelungen
- Anzahl und die technischen Parameter der Gabelstapler
- verschiedene Klammergrößen und Stapelhöhen

Im Ergebnis wurde eine optimale Lagerkonfiguration gefunden, die eine effektive und flexible Flächennutzung mit wenig Gabelstaplern und kurzer Verladezeit an den LKW's gewährleistet. Die Investition in die neue Gabelstaplerflotte sowie die Bestimmung der laufenden Betriebskosten, insbesondere des dafür notwendigen Personals, konnte best möglich abgesichert werden.

#### 7.3.1.5 Unterstützung der Inbetriebnahme durch Simulation

Die zweite Einsatzphase der Simulation beginnt nach der Bestimmung des technischen Systems mit der Planung und Inbetriebnahme der Steuerungen für die Produktions- und Logistiksysteme. Automatisierte, verkettete Montagesysteme oder logistische Leitsoftware, wie z. B. Materialflusssteuerungen, Lagerverwaltungssysteme oder Staplerleitsysteme, sind in der Regel kundenindividuell programmiert oder mindestens stark kundenindividuell angepasst (auch wenn die Hersteller dieser Systeme natürlich etwas anderes behaupten). Die kundenindividuelle Software, die letztendlich für die fehlerfreie und effiziente Steuerung der Anlagen notwenig ist, ist jedoch zu Beginn i. d. R. nicht fehlerfrei. Bei großen Anlagen, wie z. B. komplexe automatisierte Fertigungs- und Montagesysteme oder Hochregalläger wurden bisher immer mehr oder wenig stark ausgeprägte Anlaufschwierigkeiten beobachtet. Diese erstrecken sich manchmal sogar auf Jahre.

Eine wesentliche Ursache für die Anlaufschwierigkeiten liegt im Testen bzw. in der sofortigen Inbetriebnahme der Software am realen System. Fehler in der Software wirken sich sofort real aus und führen sogar zu Totalausfällen. Durch die Erweiterung des Simulationsmodells um die entsprechenden softwaretechnischen Schnittstellen eines Kranes oder einer Fördertechnik, was heutzutage problemlos möglich ist, kann das Simulationsmodell als Testumgebung genutzt werden. Das zukünftige Leitsystem kann praktisch nicht unterscheiden, ob es die reale oder die simulierte Gesamtanlage steuert. Das Prinzip ist in Abb. 7.21 am Beispiel von logistischen Leitsystemen für mehrere verkettete Materialfluss- und Lagersysteme dargestellt.

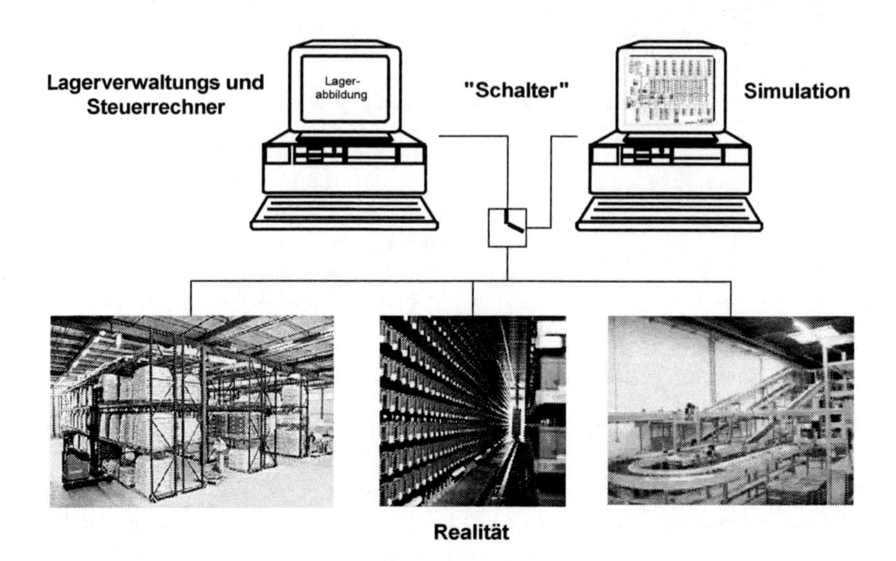


**Abb. 7.21** Prinzip der simulationsgestützten Tests von logistischen Leitsystemen

Bei dieser Art der Simulation kommt es nicht so sehr auf die Realitätsnähe des Simulationsmodells an. Es genügt ein logisch gleichwertiges Verhalten zwischen Simulationsmodell und Realität. Das heißt, dass z. B. auf einen Einlagerbefehl für eine Palette in einen Lagerbereich auch ein entsprechendes Quittungssignal erfolgt, dass die Einlagerung stattgefunden hat. Dass die Palette exakt entlang des tatsächlichen Materialflusses geführt wird, ist dabei nicht notwendig.

**Beispiel: Test eines Lagerverwaltungs- und Steuerungssystems**
Für ein automatisiertes Hochregallagersystem mit Lagervorzone und peripherer Fördertechnik wurde ein Simulationsmodell erstellt, um das zu implementierende Lagerverwaltungs- und Steuerungssystem zu testen. Das Modell verbindet sich – wie die reale Lagertechnik – mit dem echten Lagerverwaltungssystem und simuliert typische Geschäftsvorfälle, wie z. B.

- Anlieferung von Paletten,
- Qualitätsprüfung,
- Einlagerung in das Hochregal,
- Auslagerungen,
- Umlagerungen usw.

Die Signale (Telegramme), die zwischen der Simulation und dem Lagerverwaltungs- und –Steuerungssystem ausgetauscht werden, sind identisch zur realen Fördertechnikwelt. Auch wartet die Simulation auf die Steueranweisungen des Lagerverwaltungssystems, um die Materialflussbewegungen auszuführen. Kommen fehlerhafte Signale oder Signale mit falschem Inhalt, z. B. falsches Einlagerziel, so wird sich die Simulation signalkonform verhalten und den Materialfluss falsch steuern. Das ist in der Simulation sofort zu erkennen. Der Fehler kann untersucht und eliminiert werden, ohne das reale Folgen aufgetreten sind.

Das simulationsgestützte Testen von Fertigungs-, Montage- und Logistik-Anwendungs- bzw. Leitsoftware erbringt allgemein folgende wesentliche Vorteile:

- Überprüfung und Ermittlung der optimalen Identpunkte im Materialfluss
- Eliminierung von Fehlern aus der Steuerungssoftware
- Testen aller Betriebsverfahren einer Anlage in kurzer Zeit (Simulation läuft wesentlich schneller als die reale Anlage)
- Performance-Test und Abnahme der zukünftigen Steuerungssoftware
- Verhalten der Steuerungssoftware bei falschen oder fehlerhaften Informationen aus dem Materialfluss
- Verhalten der Software bei Übertragungsschwierigkeiten

Das Verfahren zielt generell darauf ab, die Inbetriebnahmephase durch die zeitliche Vorverlagerung der Softwaretest zu verkürzen, sowie die Steuerungssoftware robust und fehlerfrei zu gestalten.

#### 7.3.1.6 Unterstützung operativer Entscheidungen durch Simulation

Die dritte Einsatzphase der Simulation liegt außerhalb der Systemplanung und betrifft den operativen Betrieb (Abb. 7.22). In der Praxis stellen sich immer wieder Fragen, die auf Veränderungen bestimmter Randbedingungen innerhalb eines vorhandenen Systems zurückzuführen sind. Dazu zählt z. B. die Veränderung der Kunden- oder Auftragsstruktur (z. B. Weihnachtsgeschäft). Die Veränderungen können sogar innerhalb von 24 h schwanken. Bei derartigen Schwankungen wird in der Regel der stabile Systemzustand verlassen. Meistens treten dann in den Produktions- und Logistiksystemen Engpässe auf, wie z. B. Lieferschwierigkeiten oder Überkompensationen, wie z. B. zu viel bestelltes Personal. Simulationsmodelle können auf Grund der schnellen Rechengeschwindigkeit Kurzzeitprognosen ausgeben. Dieses Vorgehen kann auch als Grobplanung innerhalb der Betriebsphase bezeichnet werden. Beispielhaft werden damit folgende Ziele verfolgt:

- Prognosen für die operative Tagesplanung auf Basis der aktuellen Auftragsdaten
- Erkennen von Engpässen und Lastspitzen

- Auslösen des rechtzeitigen Nachschubs
- Bessere Einbindung des außerbetrieblichen Transports
- Aussagen über die Auswirkung der Einbindung von Neukunden oder veränderten Auftragsstrukturen

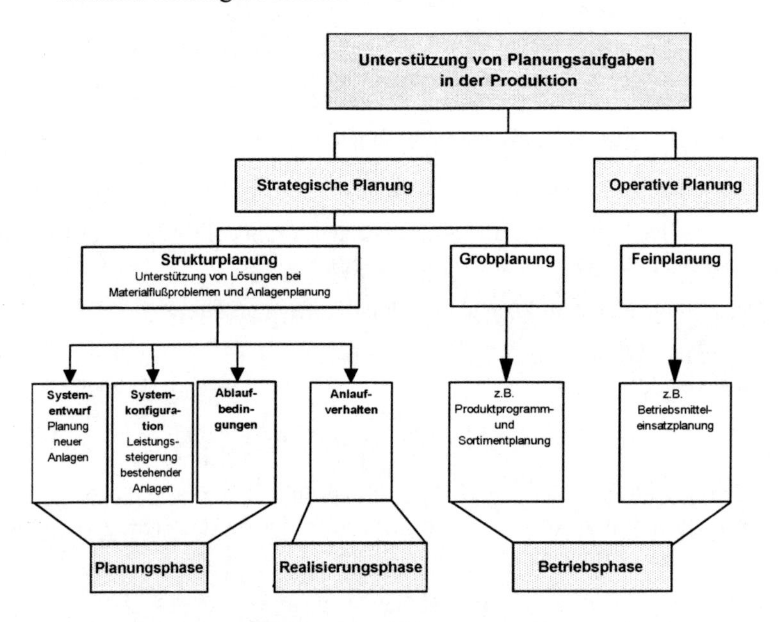


**Abb. 7.22** Weitere Einsatzphasen der Simulation

## Beispiel: Lager-Cockpit

Das in Abb. 7.23 dargestellte Simulationssystem wurde für die Überwachung der Lagerung und Kommissionierung in einem Versandlager für Spirituosen im Sinne eines „Lager-Cockpits" entwickelt. Die Kommissionierung ist auf Grund der vielen unterschiedlichen Artikelsorten sehr personalintensiv. In einer zuvor gelaufen Simulationsuntersuchung, konnte die Wirtschaftlichkeit einer automatisierten Lösung nicht nachgewiesen werden. Das Risiko, das sich aus möglichen Artikel- und Mengenschwankungen ergab, war zu groß, als dass eine automatisierte Lösung eine 48 h Lieferfähigkeit hätte gewährleisten können. Das für die manuelle Variante entwickelte Simulationssystem ist aber in der Lage, die Auftragszeiten sehr gut vorherzusagen, so dass z. B. die Abfertigungszeiten für die LKW-Touren im voraus bestimmt werden. Die Speditcure können nun vorher informiert werden, falls es zu entscheidenden Verspätungen kommt oder der Lagerleiter kann punktuell die Personalstärke am richtigen Platz erhöhen, damit es nicht zu Verspätungen kommt.

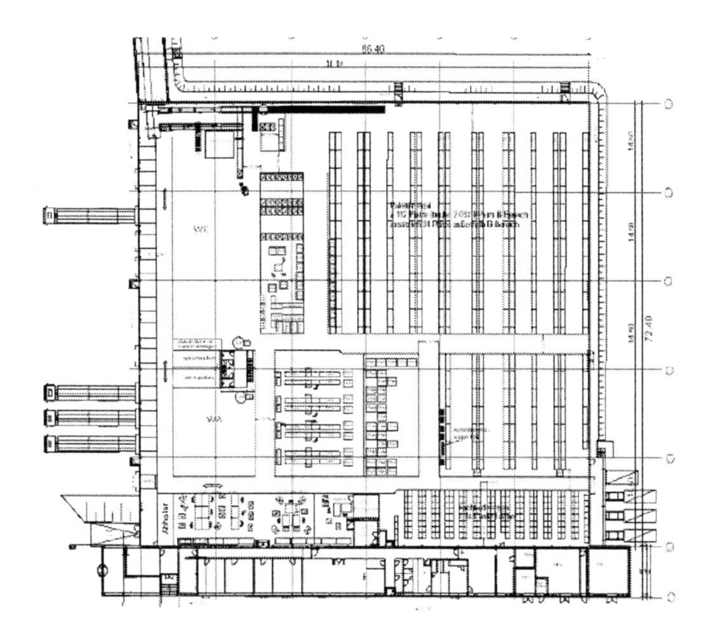

**Abb. 7.23** Layout der Kommissionierzone eines Versandlagers für Spirituosen

Ein Beispiel für die Ergebnisausgabe ist in Abb. 7.24 dargestellt.

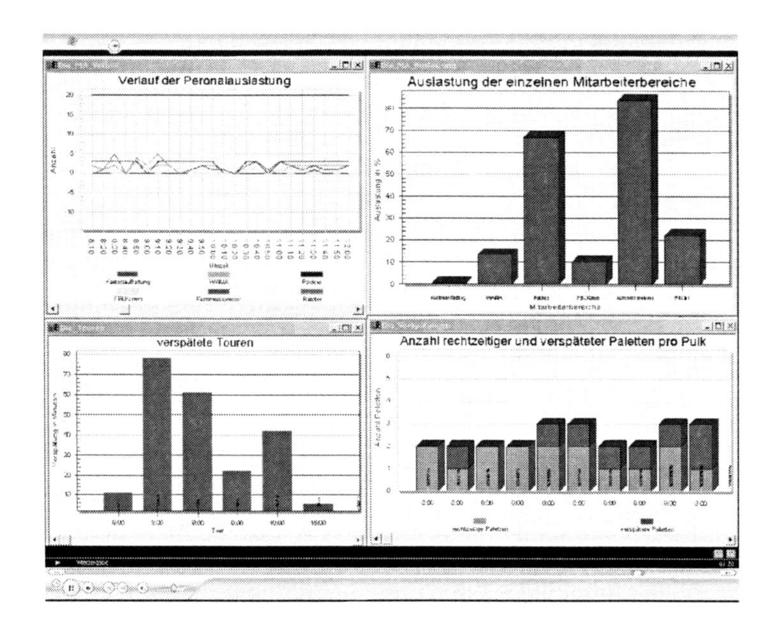


**Abb. 7.24** Beispiel für die Ergebnisausgabe eines operativen Simulationstools in der Spirituosen-Distribution

Die Einbindung von Simulationstools in noch kürzere Vorhersagezeiträume, z. B. für Minutenhorizonte, bereitet bei dieser Art der Abbildung noch Probleme auf Grund der zu langsamen Rechenzeiten. Die Rechengeschwindigkeit kann gegenwärtig nur angehoben werden, wenn die Abbildungsgenauigkeit der Simulationsmodelle gesenkt wird. Aber dann besteht die Gefahr, dass die Ergebnisse zu ungenau und damit unbrauchbar werden.

### 7.3.2 Facility Management (FM)

In der Produktentwicklung und Konstruktion ist CAD (Computer Aided Design) seit den 60er Jahren im Einsatz. Seit den 70er Jahren wird CAD auch in Planungsabteilungen genutzt. Seit Mitte der 80er Jahre wird CAD in Verbindung mit Datenbanksystemen genutzt, um neben der Fabrikplanung auch die Bewirtschaftung von Sachanlagen durchzuführen /Hei89/. Heute können in integrierten CAD-Datenbanksystemen alle Sachanlagen der Fabrik integriert abgebildet werden.

#### 7.3.2.1 Situation in der Anlagenwirtschaft

Die Situation in der Anlagenwirtschaft vieler Unternehmen ist allerdings nach wie vor gekennzeichnet durch gesplittete Zuständigkeiten. Die Splittung der Zuständigkeiten geht von Einzelpersonen über Organisationseinheiten bis in die Vorstandsebene. Nachteile sind z. B. getrennte Datensammlungen, redundante Datenhaltung, mangelnde Zuverlässigkeit. Dabei geht bei der Ermittlung der Datenbasis für die Planung oder das Anlagencontrolling oft viel Zeit verloren.

In den letzten Jahren haben einige Unternehmen die Chance genutzt, im Zuge von Reorganisationsmaßnahmen die Anlagenwirtschaft als Querschnittsfunktion (analog der Materialwirtschaft) zu ordnen. Der Begriff „Facility Management (FM)“ kennzeichnet eine interne Dienstleistung mit der technischen und wirtschaftlichen Verantwortung für alle Sachanlagen. Unter Berücksichtigung der notwendigen Instrumente stellt „Computer Integrated Facilities Management (CIF)“ einen Funktionsbereich des Computer Integrated Manufacturing (CIM) dar (Abb. 7.25).

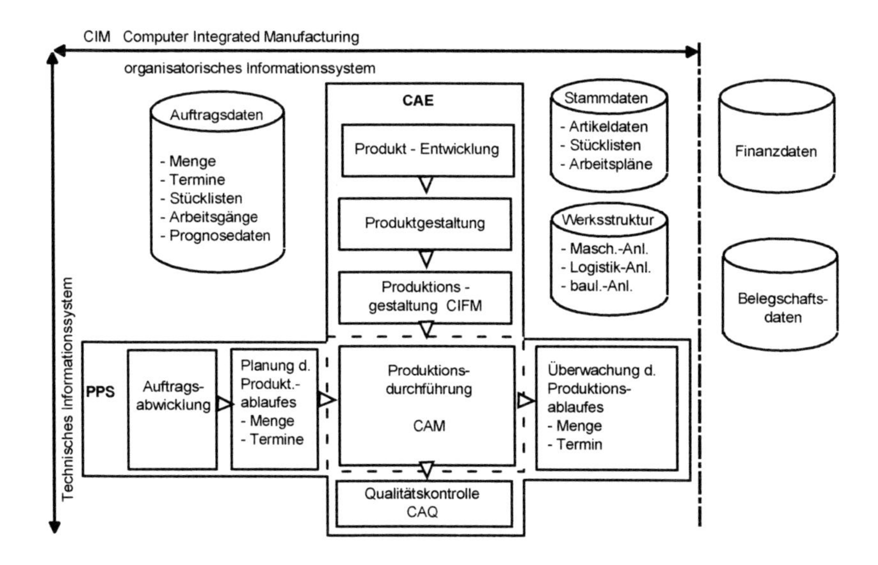


**Abb. 7.25** CIFM Computer Integrated Facilities Management – ein Integrationsmodell der „Fabrik der Zukunft"

### 7.3.2.2 CIF-Funktionen und -Systeme

FM hat die vier Hauptfunktionen Anlagenplanung, -realisierung, -bewirtschaftung und -controlling. Zu jeder Hauptfunktion gibt es mehrere Unterfunktionen der Anlagenwirtschaft (Abb. 7.26). Die Hauptfunktionen mit ihren Unterfunktionen bilden untereinander einen Regelkreis. CIF-Funktionen arbeiten dezentral, aber mit einer einheitlichen Datenbasis. Die Daten sind immer aktuell und stehen nach ihrer jeweiligen Zugriffsberechtigung zur Verfügung.

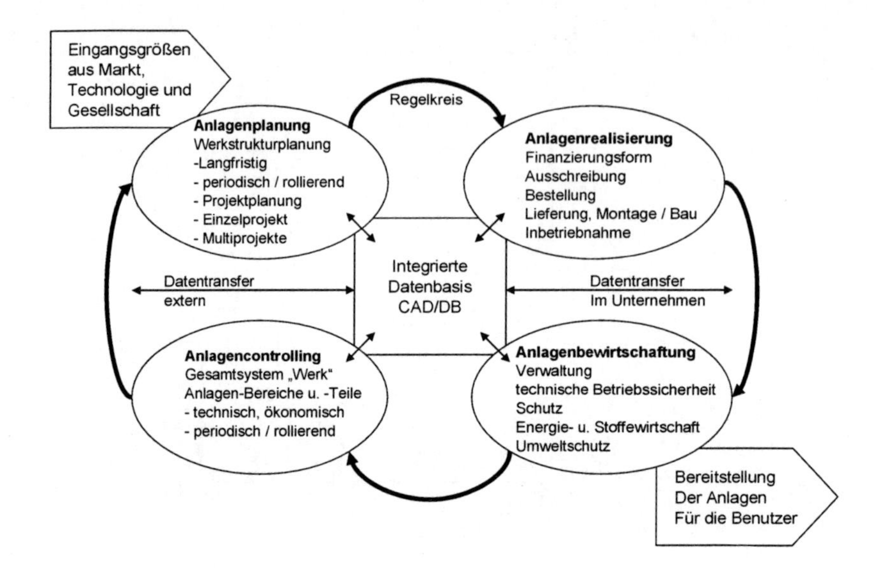


**Abb. 7.26** CIF – Anlagenwirtschaft im System

Mit CIF-Systemen ist es möglich, alle Daten über Anlagen umfassend, durchgängig, grafisch und integriert zu speichern und je nach spezifischem Einzelbedarf selektiert zur Verfügung zu stellen (Abb. 7.27). CIF stellt damit ein rechnerinternes Modell der Fabrik dar (Abb. 7.28).

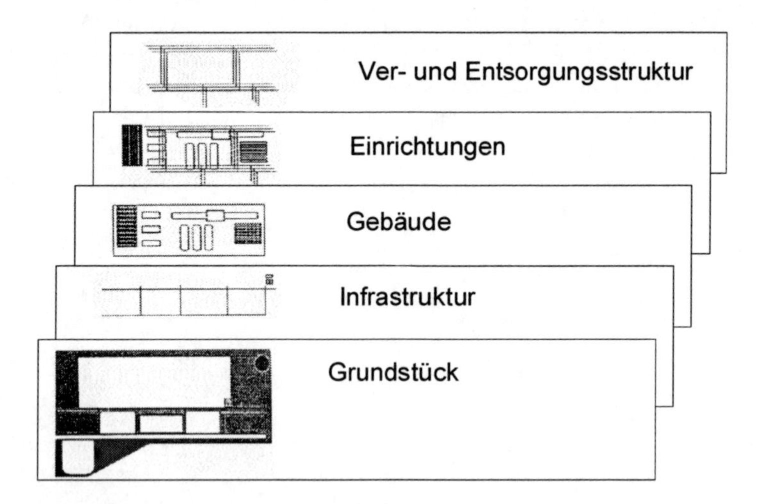


**Abb. 7.27** CIF-Objekte

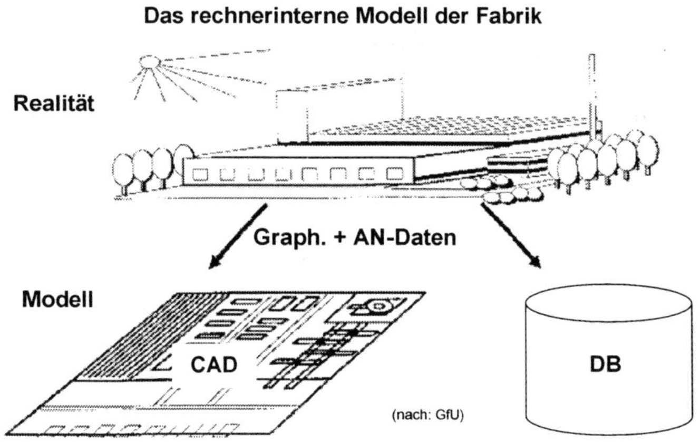

Das rechnerinterne Modell der Fabrik

Realität

Graph. + AN-Daten

Modell

CAD

DB

(nach: GfU)

**Abb. 7.28** Werkstrukturdatenbank als Basis für die Anlagenwirtschaft

## 7.3.3 Virtual Reality

### 7.3.3.1 3D-CAD in der Fabrikplanung

Auch in der grafischen Darstellung haben sich die Werkzeuge des Planers stetig weiterentwickelt. CAD-Programme, die reine zweidimensionale Zeichnungen ermöglichen, werden von 3D-CAD-Systemen zunehmend abgelöst. Das Zeichnen erfolgt über geeignete Interaktionsgeräte wie Maus, Grafiktablett oder Tastatur. Dadurch geht ein Großteil der Intuitivität und der Kreativität verloren. Hier bieten die neuen Techniken der Virtuellen Realität (VR) ein erhebliches Verbesserungspotenzial.

Für den Bereich der Fabrikplanung muss allerdings festgestellt werden, dass bisher nur wenige Unternehmen Planungen mit 3D-CAD vornehmen. Der Grund hierfür ist darin zu sehen, dass die Integration aller notwendigen Zeichnungsinformationen, z. B. über Gebäudestruktur, Fördertechnik, Maschinen, Ver- und Entsorgungstechnik den Aufwand für 3D-Zeichnungen extrem ansteigen lassen. Statt der dreidimensionalen Zeichnungen wird oft auf ein zweidimensionales Schichtenmodell zurückgegriffen, das mit relativ wenig Aufwand erstellt werden kann, und das mit dem Ein- und Ausblenden von Layern eine einfache Struktur behält.

Zur leichteren Darstellung dreidimensionaler Gebilde wurden Programmsysteme entwickelt, die eine baukastenähnliche Ansammlung dreidimensionaler Grundstrukturen enthalten, die auf einfache Weise in Zeichnungen eingefügt werden können /Kru07/.

#### 7.3.3.2 Methoden der Visualisierung und Nutzenpotenziale

Mit Hilfe leistungsstarker Informationstechnologie sind große Datenmengen verarbeitbar. Somit lassen sich verschiedene Planungsgrößen der Fabrik, wie z. B. Detaillierungsgrad, Planungshorizont und Planungssequenz, in Abhängigkeit des Planungsobjektes darstellen /Küh99/. Zur Visualisierung können folgende Methoden unterschieden werden /Bra01/:

- Stereoskopische Darstellungen; dabei kann jeder normale Monitor von einer Workstation oder einem PC genutzt werden
- Head Mounted Display; dabei erzeugen zwei Miniaturmonitore, die an einer helmförmigen Haltevorrichtung befestigt sind, für jedes Auge ein einzelnes Bild
- Großprojektion; dabei werden die Visualisierungsdaten auf eine große Projektionsfläche projiziert
- Build-IT-Planungstisch /Pos99/; dabei werden von den beteiligten Planern auf die Oberfläche des Konferenztisches ein Grundriss der aufzubauenden oder einzurichtenden Fabrik projiziert. Gleichzeitig wird auf eine Leinwand an der Stirnseite des Tisches eine vom Planer definierte Ansicht projiziert.

Der Einsatz von modernen Werkzeugen wie Virtual Reality bei der Planung von Fabrik- und Logistiksystemen eröffnet dem Planer folgende Nutzenpotenziale:

- Erhöhung der Planungsgeschwindigkeit aufgrund der Bereitstellung von rechnergestützten Funktionalitäten, wie Datenbanken mit Fabrikmodellen und Anlagendaten, damit Zugriff auf verschiedene Planungsstände
- Erhöhung der Planungssicherheit aufgrund der räumlichen Darstellung komplexer Systeme, Fehlplanungen können vermieden werden
- Verzicht auf aufwändige Prototypen und Modelle
- Integration der Beteiligten aufgrund der partizipativen Planung

Die VR-Systeme sollen einen intuitiven Umgang mit den Planungsgegenständen erlauben, ohne eine Kenntnis der Planungswerkzeuge vorauszusetzen. So wurden z. B. VR-Anwendungen in der Robotik entwickelt zur Bewegungsvorgabe (Abb. 7.29) und -überprüfung. Beide Zwecke sind sowohl in Form isolierter Anwendungen, also rein virtuell, verfolgt worden als auch in Kopplung mit einem physisch-realen Robotersystem /Schr97/.

**Abb. 7.29** Bewegungsvorgabe einer Roboterbahn mittels eines Eingabegeräts in Virtual Reality /Wes06-1/

### 7.3.4 Digitale Fabrik

#### 7.3.4.1 Konzeption und Gestaltungsfelder

Die Digitale Fabrik gilt als das große Leitthema in den nächsten Jahren und rückt immer mehr in den Mittelpunkt des Interesses (Abb. 7.30). Dabei wird unter dem Begriff „Digitale Fabrik" ein umfassendes Netzwerk von digitalen Modellen, Methoden und Werkzeugen zur Simulation sowie 3D/VR-Visualisierungen von Fertigungsabläufen verstanden, die durch ein durchgängiges Datenmanagement integriert sind /Gau02; Bra05; Kam05; Leh06/.

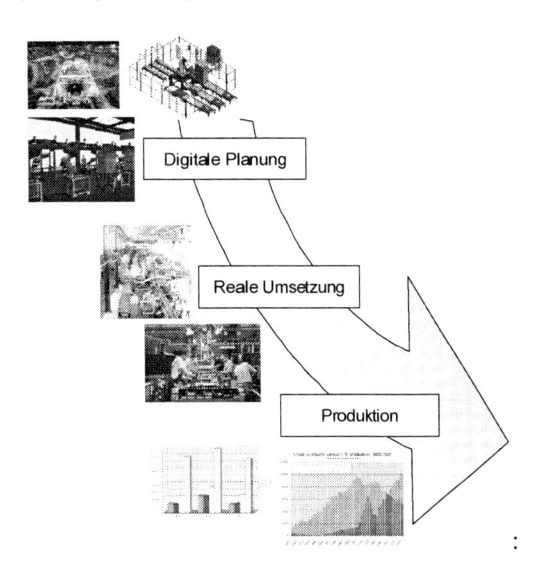


**Abb. 7.30** Digitale Fabrik und ihre Vernetzung mit der realen Fabrik

Das der Digitalen Fabrik zugrunde liegende EDV-System verfügt über ein integriertes Product-, Process- und Ressource-Modell (PPR-Modell). Es soll das gemeinsame Verständnis aller am Produktenstehungsprozess beteiligten Personen erhöhen (Abb. 7.31). Moderne Softwarelösungen spannen den Bogen direkt aus der Konstruktion und Entwicklung hin zu allen relevanten Planungs- und Produktionsabteilungen. Ein Zusammenwirken dieser Art eröffnet für alle Beteiligten eine neue Dimension des „Simultaneous Engineering", vom ersten Design über die Planung bis hin zum Produktionsanlauf (Abb. 7.31).

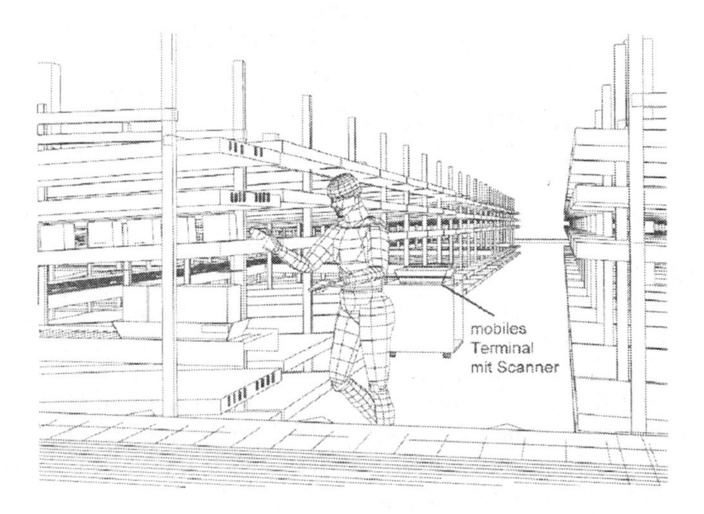


**Abb. 7.31** Lagersystemplanung – Systembeispiel Durchlaufkanäle /Mer95/

Wesentliche Merkmale der Digitalen-Fabrik-Strategie sind:

- Stärkere Verzahnung zwischen Entwicklung und Planung
- frühzeitige Untersuchung von kritischen Umfängen und Verbaufolgen
- schnelle Kommunikation zwischen Konstruktion, Prototypenbau, Service und Planung
- Unterstützung und Beschleunigung der eigentlichen Planung in Themengebieten wie:
    - Prozessplanung
    - Betriebsmittel- und Layout-Planung
    - Zeitwirtschaft
    - Austaktung von Produktlinien

- Ableitung der benötigten Daten für die Fertigung wie
  - o Programm Codes für Werkzeugmaschinen, Messmaschinen und Roboter
  - o SPS-Programmierungen
  - o Arbeitsunterweisungen direkt für den Shop Floor

Gestaltungsfelder der Digitalen Fabrik sind z. B. /Wes06-2/

- Montageplanung, insb. Montagesystemplanung, Evaluierung der Montierbarkeit eines Produkts
- Planung der Fertigungsprozesse, insb. Vergleich alternativer Fertigungsprozesse
- Arbeitsplatzgestaltung, insb. Ergonomische Analysen zur Ermittlung von Haltungs- und Bewegungsanforderungen an die Mitarbeiter, Anordnung der Bereitstellungsbehälter
- Planung von Materialflussprozessen, insb. Gestaltung des Zusammenspiels von Förder- und Lagertechnik mit den Kommissionier- und Arbeitsstationen

#### 7.3.4.2 Product-Life-Cycle Management (PLM)

Die Existenz einer Fabrik ist von der Lebensdauer seiner Betriebsmittel bestimmt. Um die Digitale Fabrik als ganzheitlichen Ansatz zu verstehen, muss die Fertigungsplanung in einem unmittelbaren Zusammenhang mit dem durchgängigen Datenmanagement über den gesamten Lebenszyklus nicht nur des Produktes, sondern auch der zugehörigen Investitionsgüter wie Werkzeugmaschinen gebracht werden /CAD04/. Dieser Anspruch setzt für Unternehmen die genauere Kenntnis aller Prozesse voraus, die sich im Lebenszyklus eines Produktes im Laufe seines Entstehens und seiner Existenz abspielen /Neu00/, dies sind

- der Herstellungsprozess,
- die Überwachung des Betriebs vor Ort,
- die Instandhaltung und Wartung sowie
- die Verwertung nach Aufbrauch des Produktes.

Moderne Softwaresysteme unterstützen die Virtuelle Produktentwicklung (VPD) durch das Konzept des „Relational Designs“ /Prz04/.

In optimaler Verzahnung mit der Produktentwicklung lassen sich im Rahmen der Montage-Ablaufvalidierung die Auswirkungen von Änderungen rasch erkennen und frühe Zugänglichkeits- und Fügeuntersuchungen durchführen. Der Weg zur technisch und wirtschaftlich optimalen Lösung wird verkürzt, da Investitionsanalyse und Kalkulation „per Knopfdruck“ die systematische Bewertung von Alternativen ermöglicht. Die integrierte Simulation von Montage, maschinellen Abläufen und Materialfluss in frühen Produktentstehungsphasen vereinfacht das „Spielen“ mit Prämissen wie Stückzahl, Standort und Kosten sowie deren Auswirkungen auf die Fabrik.

Die Wiederverwendung von Planungsbausteinen über Templates (Schablonen von Wissensbausteinen) unterstützt die Forderung, eine Standardisierung auf Basis von Best-Practices-Erfahrungen im Planungsprozess voranzutreiben. Durch begleitendes Reporting wichtiger Kenngrößen wie Auslastung, Ressourcen, Flächenbelegung oder Kosten wird die Transparenz im Planungsprozess nachhaltig erhöht. Randbedingungen in Hinsicht auf die Betriebsmittelkonstruktion und -fertigung lassen sich zeitnah zur Verfügung stellen.

**Potenzialfaktoren**
Die Methoden und Werkzeuge der Digitalen Fabrik bieten folgende Potenzialfaktoren /Wes04/:

- Zeit; d. h. das virtuelle Konzipieren und Analysieren erfolgt in der digitalen Welt schneller als in der realen Welt. Durch die in Software implementierten Methoden werden Planer von Routinetätigkeiten entlastet.

- Qualität; d. h. mittels virtueller Modelle lässt sich der Reifegrad eines Produkts oder eines Prozesses absichern sowie die Kundentauglichkeit sicherstellen.

- Kosten; d. h. die digitale Absicherung verursacht zunächst höhere Planungskosten. Durch die Reduzierung von Fehlern und durch bessere Dimensionierung sollen diese Mehrkosten andernorts eingespart werden. Ein Ansatzpunkt hierfür liegt z. B. in der Vermeidung von Mehrfacharbeit bei Produktentstehung, Produktionssystemplanung und Produktion.

- Ramp-up (Anlaufzeit); d. h. mittels virtueller Modelle lässt sich der Produktionsanlauf absichern und schneller die Kammlinie erreichen. Dies führt nicht zuletzt zu einem schnelleren Return on Investment durch die schnellere Inbetriebnahme.

Allerdings gibt es Anwendungen bisher nur in Großunternehmen. Eine aktuelle Studie zum Thema „Stand der Digitalen Fabrik bei KmU“ führte zum Ergebnis, dass lediglich 20% kleinerer und mittlerer Unternehmen bereits einzelne Werkzeuge der Digitalen Fabrik nutzen und weitere 10% der Unternehmen den Einsatz geplant haben /Bie05; Rit06/.

### 7.3.4.3 Augmented Reality (AR)

Eine kritische Voraussetzung für den erfolgreichen Einsatz der Digitalen Fabrik ist die Verfügbarkeit aktueller und hinreichend realitätsgetreuer Modelle. Viele Anlagen und Gebäude existieren seit Jahren, so dass entsprechende 3D-Daten oft nicht aktuell oder verfügbar sind, daher aufwendig rekonstruiert werden müssen.

Augmented Reality stellt ein Ansatz dar, bei dem die reale Umgebung nicht vollständig zu digitalisieren und zu modellieren ist. Vielmehr werden die virtuellen Planungsobjekte direkt in die reale Fertigungsumgebung eingeblendet (Abb. 7.32). Eine aufwendige Rekonstruktion der realen Umgebung kann hierdurch reduziert oder auch ganz vermieden werden. Damit sich diese Technologie nutzbringend einsetzen lässt, müssen neben der reinen AR-Visualisierung auch Techniken zur interaktiven Analyse und Modellierung bereitgestellt werden /Zäh05/.

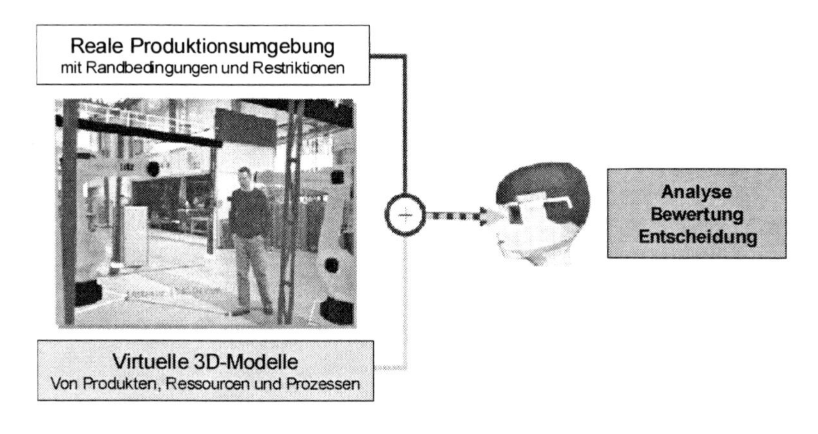


**Abb. 7.32** Prinzip der AR-gestützten Planung /Zäh05/

### 7.3.4.4 Advanced Industrial Engineering (aIE)

Das „advanced Industrial Engineering“ vereint die klassischen Methoden des „Industrial Engineering“ mit den Potenzialen des „Produktionsmanagements“ und den Möglichkeiten der digitalen Engineering-Systeme. Im Vordergrund stehen die Ziele einer maximalen und schnellen Adaption der Produktionssysteme an turbulente Veränderungen. aIE befasst sich mit der Planung und Optimierung der Fabriken, Standorte, Prozesse, Maschinen und Einrichtungen sowie der betrieblichen Organisation /Wes05/. Es umfasst im Wesentlichen folgende Bausteine /Ald06/:

- Methoden des Industrial Engineering, die vor dem Hintergrund einer höhere Dynamik und Anpassungsfähigkeit in vielen Fällen verändert, erweitert oder ergänzt werden,
- Produktions-Technologie-Management, das die Leistungsfähigkeit von Technologien überwacht, mit den klassischen Werkzeugen wie z. B. S-Kurvenmodell, Technologie-Road Maps, Technologie-Kalender und an die digitale Fabrik ankoppelt,
- Digitale Engineering-Systeme, eine Zusammenfassung computerbasierter Simulations- und Visualisierungstools, Werkzeuge zur Prozessmodellierung sowie Virtual und Augmented Reality-Anwendungen

## *7.4 Integrierte Planungssysteme für Produktion und Logistik*

### 7.4.1 Planungskonzept IPPL

In der Fabrikplanung gewinnt die „Integrierte Produkt- und Produktionslogistik (IPPL)“ zunehmend an Bedeutung /Paw08-2/. Der strukturelle Zusammenhang erfolgt dabei in der Fabrikplanungsphase „Strukturplanung“. Deren Aufgabe ist es, die strukturellen Beziehungen und Wechselwirkungen zwischen den Ressourcen zu gestalten und aufeinander abzustimmen. Ausgehend von der Produktstruktur werden die vorhandenen oder zu planenden Produktions- und Logistikkapazitäten zu Materialfluss-, Informationsfluss- und Organisationsstrukturen verknüpft (Abb. 7.33). Die Detaillierung der Strukturdaten stellt den Übergang her zur System- und Ausführungsplanung. Die Zusammenfassung von Daten zu wenigen Kennzahlen führt zur Strategieplanung. Die integrierten Produktions- und Logistikstrukturen können unter automatischer Berücksichtigung ihrer Abhängigkeiten analysiert, bewertet und optimiert werden. Ein Ansatz dabei ist z. B. die fortlaufende Reduzierung der Komplexität in den vier Schritten /Paw07-2, S.41–89/:

- Optimierung der Produktstrukturen
- Optimierung der Materialflussstrukturen
- Optimierung der Informationsflussstrukturen
- Optimierung der Organisationsstrukturen

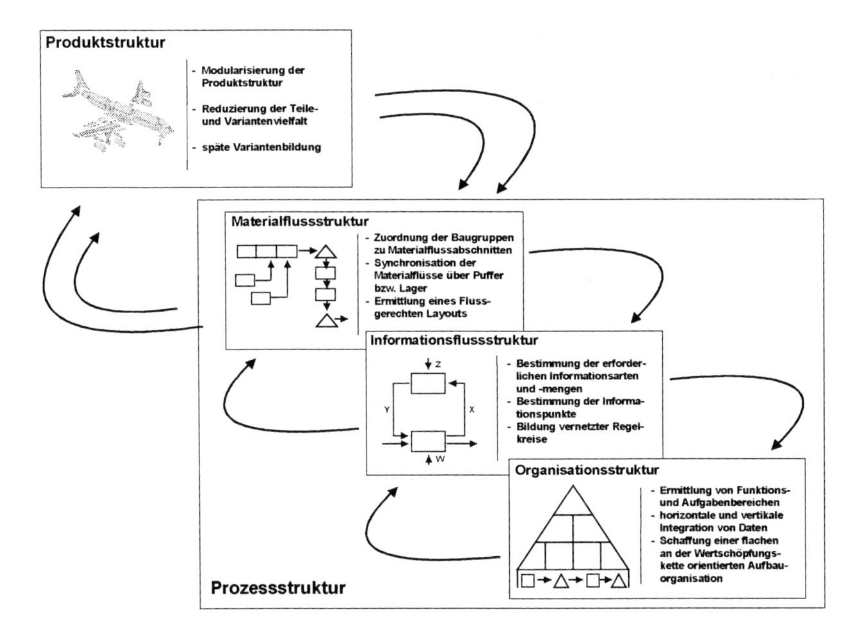


**Abb. 7.33** Potenziale bei Integrierter Produkt- und Produktionslogistik (IPPL)

Die Entwicklungen am adaptiven IPPL-Konzept sind ein Ergebnis aus dem Forschungsverbundprojekt „Entwicklung logistischer Konzepte und Komponenten von Nutzlastsystemen für Flugzeuge" /LUFO1/ und die daraus folgenden Weiterentwicklungen sowie aus nachfolgenden Praxisanwendungen von IPPL-Komponenten in kleineren, mittleren und größeren Unternehmen verschiedener Branchen.

Zur ganzheitlichen integrierten Planung und Optimierung der Teilstrukturen von internen und externen Produktions- und Logistiknetzwerken wurden erste Ansätze für das adaptive Planungskonzept „Integrierte Produkt- und Produktionslogistik" bereits in den frühen 90er Jahren entwickelt /Paw92-1; Paw95/. Ziel war und ist eine schnellere methodengestützte Planung mit höherer Qualität bei veränderten Anforderungen. Dies wird erreicht durch Schaffung einer ganzheitlichen Abbildung der Wertschöpfungsketten mit ihren Vernetzungen im Unternehmen bzw. im Produktionsnetzwerk in einem flexiblen Modell. Dieser Ansatz zur integrierten Abbildung der Prozesse und Abhängigkeiten in einem Modell ist nach wie vor von großer Bedeutung und stellt eine Herausforderung an die industrienahe, anwendungsorientierte Forschung dar.

Werkzeuge der „Digitalen Fabrik“ und zur Modellierung von Geschäftsprozessen werden kontinuierlich weiterentwickelt, um Abläufe der Produktion und Logistik abzubilden /Nyh06/. Das Modell im IPPL-Konzept erlaubt, verschiedene Sichten des Gesamtsystems bzw. die verschiedenen Teilstrukturen zu betrachten und mit Unterstützung eines Methoden-Management-Systems im Vorgehensmodell der Planung zu Navigieren sowie Methoden-Bausteine des Industrial Engineerings und IT-Tools bereitzustellen /Paw06/. Hierbei nimmt bereits die Betrachtung der Produktstruktur und deren logistikgerechte Entwicklung eine Schlüsselrolle ein. Die Erreichung der logistischen Zielgrößen, wie z. B. kurze Durchlaufzeiten, kurze Lieferzeiten und niedrige Bestände, kann bereits weit vorn in der Kette des Produkct-Life-Cicle, nämlich in der Produktentwicklung, berücksichtigt werden. Voraussetzungen sind die Transparenz der Abhängigkeiten zwischen den Produkt- und Produktionsstrukturen sowie geeignete Werkzeuge bzw. EDV-Tools für die ganzheitliche datenintegrierte Planung /Paw94; Paw99-1/. Die aktuellen Entwicklungsfelder sind (Abb. 7.34)

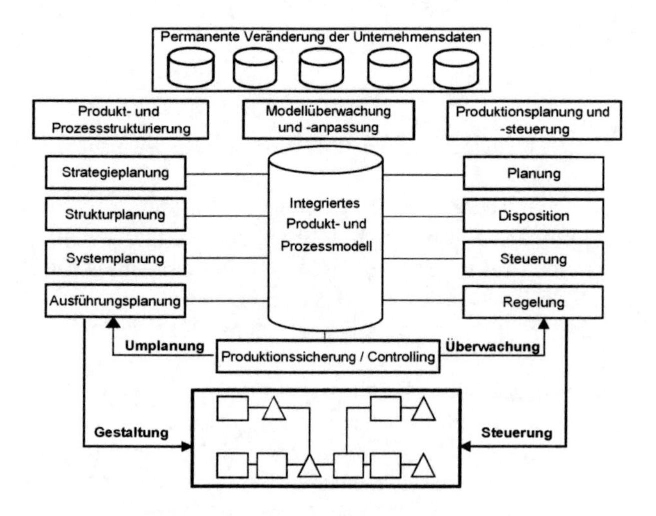


**Abb. 7.34** KYPOS – Konzeption und Planungsbereiche /Paw92-2/

- die Modellierung der Produktion, mit ihren Wechselwirkungen zwischen Markt einerseits und den internen Wirksystemen andererseits nach den Prinzipien der Unternehmenskybernetik, insbesondere der kybernetischen Produktionsorganisation und -steuerung (KYPOS),
- die Umsetzung dieses kybernetischen Ansatzes zur adaptiven Produktionsmodellierung mittels des integrierten Produkt- und Produktionsmodells (IPPM),

- ein Planungssystem zur integrierten Produkt- und Prozessplanung mit Methoden und EDV-Tools zur Strategie-, Struktur-, System- und Ausführungsplanung sowie einem Methoden-Management-System (MMS) zur Bereitstellung von Methoden zur Planung und Optimierung des Fabrik- bzw. Produktionssystems,
- ein Lenkungssystem zur Produktionsplanung und -steuerung, das von der ganzheitlichen Optimierung der Teilstrukturen ausgeht und so die EDV-Anwendung für die Produktionslogistik grundlegend vereinfacht /Paw07-2, S.125–141/.

## 7.4.2 Integriertes Produkt- und Prozessmodell

### 7.4.2.1 Modellübersicht

Bei der modellhaften Abbildung der Produktionsstrukturen im IPPM werden die verknüpften Teilstrukturen mit ihren Komponenten betrachtet. Hierzu zählen Produktionsverfahren, Kapazitäten, Standorte. Zu den Funktionalitäten zählen die Modellbildung, Bewertung, Optimierung und Ergebnisdarstellung (Abb. 7.35).

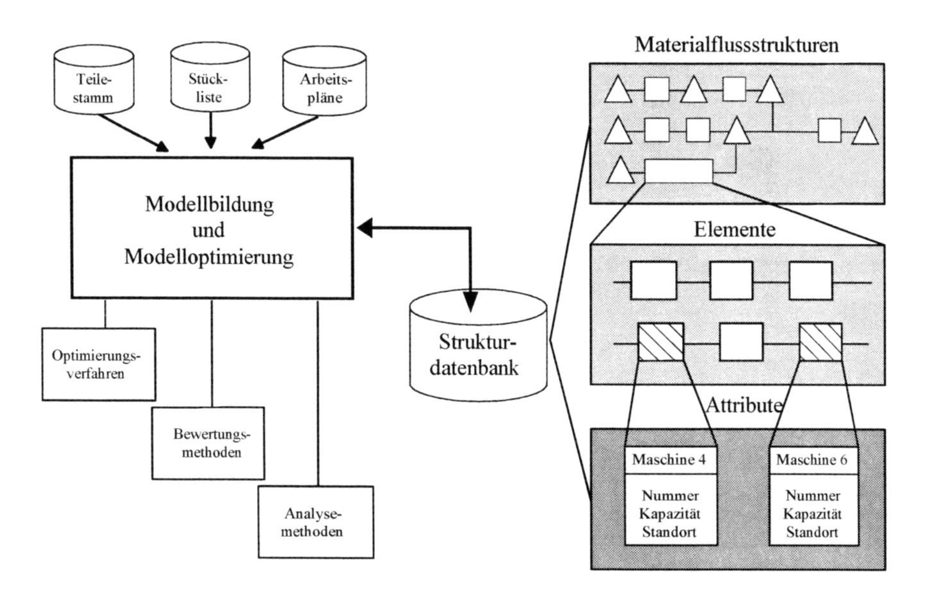


**Abb. 7.35** Schaffung von Regelkreisen und Modelloptimierung in einer Strukturdatenbank

Das IPPM bildet die Abhängigkeiten und Wechselwirkungen von Produkt- und Prozessstrukturen im Modell ab und erlaubt Einblicke in die verschiedenen Teilstrukturen (Abb. 7.36). Das IPPM verzahnt die Informationen über die Teilstrukturen in einem integrierten Modell. Es visualisiert die Abhängigkeiten und dient als Plattform für verschiedene Analyse- und Bewertungsmethoden. Die Generierung unterschiedlicher Sichten wird anhand der Verknüpfung der modellierten Objekte mit ihren Attributen gewährleistet. So können z. B. das Produkt-, Prozess- und Funktionsmodell betrachtet werden, aber auch das Lager-, Ressourcen- und Standortmodell zur Materiafluss- und Transportplanung.

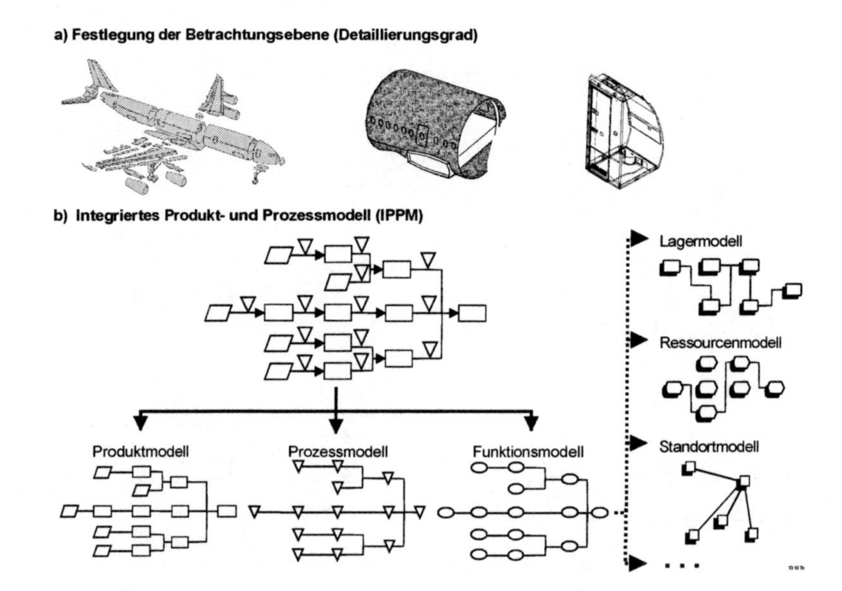


**Abb. 7.36** Modellübersicht IPPL

### 7.4.2.2 Aufbau des IPPM für die Fabrikplanung

Das IPPM stellt ein allgemein gültiges Gesamtmodell für interne und externe Produktionsnetzwerke dar /Paw98/. Die modellintegrierte Vernetzung der Teilstrukturen bietet z. B. die Möglichkeit, in der Phase der Fabrikstrukturplanung die Idealplanung, d. h. die Gestaltung der Prozessketten und den Entwurf der Produktionsstruktur, zu unterstützen.

Im Anwendungsfall konkretisiert sich das allgemein gültige IPPM durch die projektspezifischen Spezifikationen, und zwar abhängig von der jeweiligen Datenlage:

- Zunächst existiert eine neutrale Produkt- und Prozessstruktur, d. h. sie ist produktunabhängig und unternehmensunabhängig.
- Die formale Produkt- und Prozessstruktur ist produktspezifisch, aber noch unternehmens- und standortunabhängig, d. h. die Produktzusammensetzung ist festgelegt, bei den Prozessen werden Produktions- und Logistikprozessketten als black box unterschieden.
- Die reale Produkt- und Prozessstruktur ist produkt-, unternehmens- und standortspezifisch, d. h. sie ergibt sich durch Pflege der Produkt- und Prozessparameter, wobei sich automatisch Fertigungs- und Montageprozesse sowie die Prozessketten für die Logistik einfügen.

So ergibt sich z. B. mit dem Prozessparameter „Ort" das Produktionsnetz, bestehend aus dem Werksstandort und der Zulieferwerke (Abb. 7.37a). Zur näheren Betrachtung der Prozesse innerhalb eines Standortes kann der zugehörige Standortblock aufgeklappt werden, z. B. von der Ebene „Werk", über die Ebene „Halle" bis hin zur Ebene „Montagegruppe" (Abb. 7.37b). Folgende wesentlichen Prozessarten werden abgebildet:

- Fertigungs- und Montageprozesse, d. h. alle fügenden, verändernden und trennenden Fertigungsprozesse sowie Montage- und Demontageprozesse
- Innerbetriebliche Transportprozesse, d. h. alle Prozesse für die Vorbereitung, Durchführung und Nachbereitung von Transporten einschließlich der Transporte von Leerpaletten und Beistellen leerer Anhänger
- Außerbetriebliche Transportprozesse, d. h. alle Prozesse zur Beförderung von Teilen, Komponenten und Produkten zwischen Betriebsstandorten eines Unternehmens und den Zulieferanten
- Lager- und Pufferprozesse, d. h. alle Prozesse zur mittel- und langfristigen Bevorratung sowie Synchronisationsprozesse zwecks kurz- und mittelfristigen Ausgleichs von Unregelmäßigkeiten im Fertigungsablauf

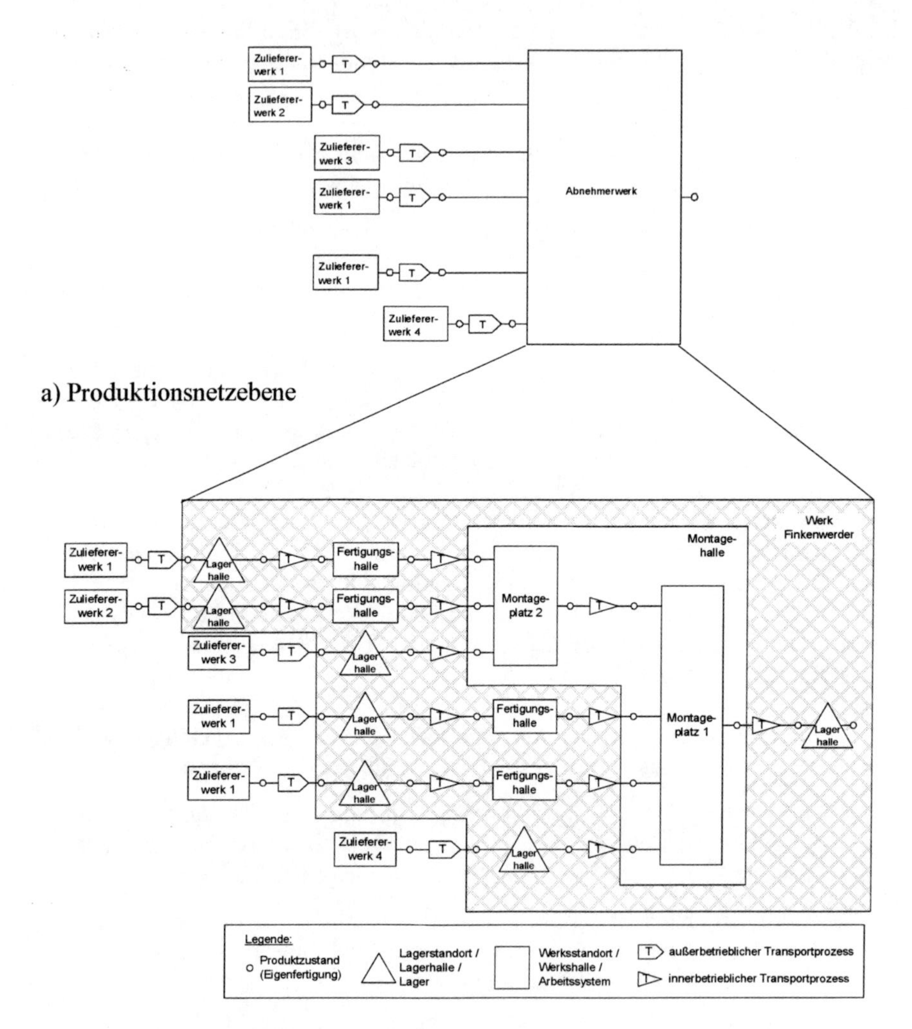


**Abb. 7.37** Standortstruktur auf Produktionsnetz-, Werks- und Montagegruppenebene

Mit entsprechenden Methoden und Hilfsmitteln können die Produkt- und Prozessstrukturen im IPPM untersucht werden /Paw07-1/. Es besteht die Möglichkeit, das Produktions- und Logistiknetzwerk mit anderen Produktionsstrukturen zu vergleichen und Verbesserungspotenziale bezüglich Produktaufbau und Produktionsablauf zu erkennen. Hierzu stehen Hilfsmittel z. B. zur Analyse und Bewertung der Zeitstruktur, Standortstruktur, Produktstruktur, Materialflussstruktur, Informationsflussstruktur, Organisationsstruktur und Kostenstruktur zur Verfügung.

### 7.4.3 IPPL-Tools

Die Analyse und Bewertung der Teilstrukturen sowie deren Visualisierung erfolgt anhand verschiedener Funktionen, den sogenannten IPPL-Tools. Sie ermöglichen eine informationstechnische Verarbeitung und Aufbereitung der im IPPM erfassten Daten /Paw96/. Es sind verschiedenste IPPL-Tools prototypisch realisiert bzw. in der praktischen Anwendung, z. B. zur

- Produktstrukturanalyse und -optimierung
- Produktionsstrukturanalyse und -optimierung
    - Lagerstrukturplanung
    - Materialfluss- und Informationsflussplanung

#### 7.4.3.1 Produktstrukturanalyse und -optimierung

Bei logistikorientierter Ausrichtung der ganzheitlichen Fabrikplanung kommt der logistikgerechten Produktstruktur eine wichtige Rolle zu. Sie ist eine der wichtigsten Strukturen im Unternehmen und muss zur Optimierung der Produktionslogistik zuerst berücksichtigt werden /Har92; Paw08-2/.

Das IPPL-Konzept erlaubt die permanente Analyse der Produkt- und Produktionsdaten. Die EDV-Unterstützung ist u.a. durch die Fähigkeit der permanenten Anpassung von Planungsdaten bei Veränderungen charakterisiert (vgl. Abschnitt 3.4.1). Maßnahmen zur Optimierung der Produktstrukturen sind insbesondere die Analyse der Produktvielfalt, der Erzeugnisstruktur und des Teilespektrums (Abb. 7.38).

Ziel ist die Ermittlung einer an der Produktstruktur und den Kundenwünschen orientierte Produktionsstruktur, so dass kurze Lieferzeiten, bei gleichzeitig geringen Beständen mit einem möglichst geringen Dispositionsaufwand erreicht werden /Paw00; Paw02/. In der Analyse gilt es situativ auf der Datenbasis des IPPM's die Bevorratungsebene, Planungsstückliste, Partialfolgen, Teileklassen etc. abzuleiten (Abb. 7.39).

**Teiledifferenzierte Logistikoptimierung**
Bei der TDL-Methode geht: es um die differenzierte Betrachtung des Teilespektrums. Die Anwendungsgebiete sind sehr vielfältig. Sie liegen insbesondere in den Bereichen Fertigungssteuerung, Beschaffung, Lagerhaltung und Ersatzteillogistik /Har93/. Ein Anwendungsbeispiel in der Fabrikplanung ist die Optimierung der Materialflussstruktur zwischen Zulieferer und Bereitstellpunkt in der Produktion mit den Auswirkungen auf das Werkslayout (vgl. Abschnit 4.4.2.2).

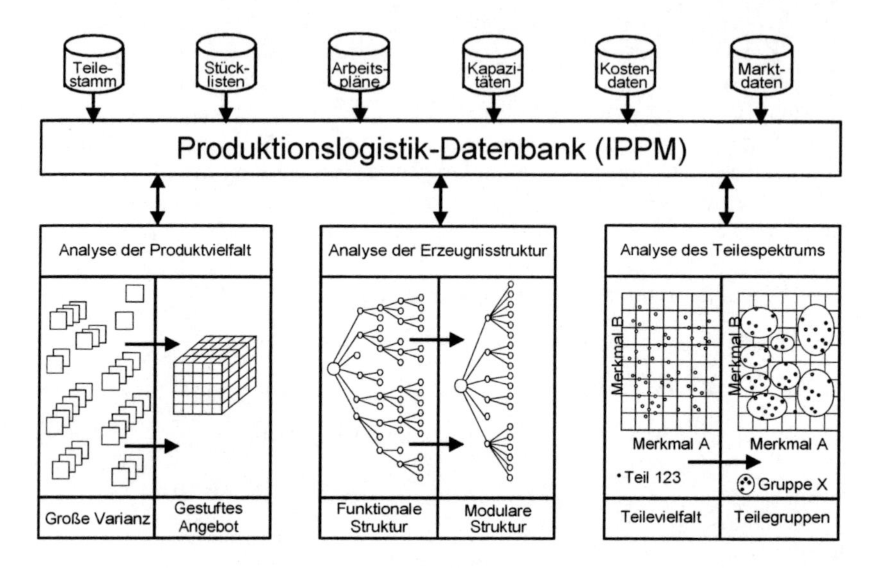


**Abb. 7.38** Maßnahmen zur Optimierung der Produkte nach logistischen Aspekten

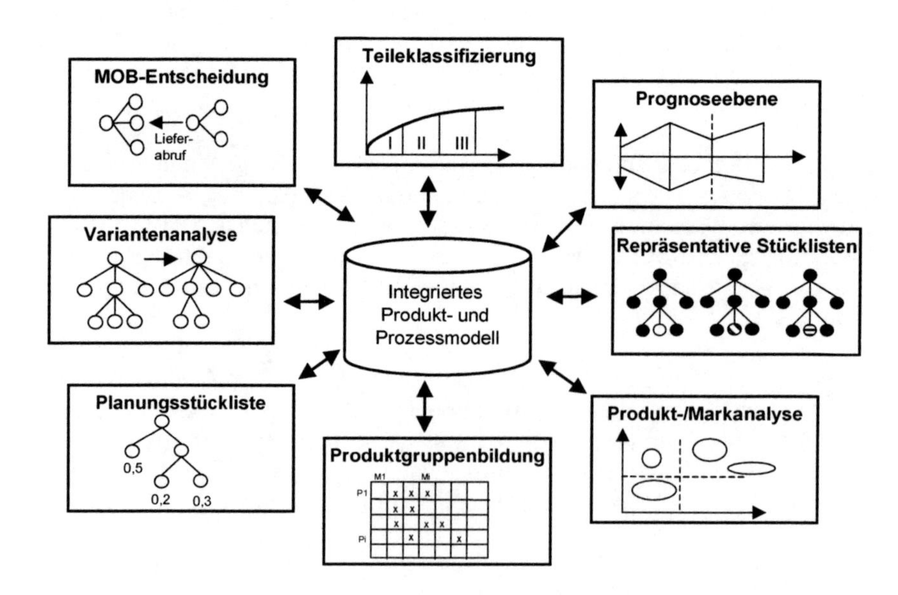


**Abb. 7.39** Anwenderprogramme für die Produktstrukturanalyse und -optimierung

### 7.4.3.2 Produktionsstrukturanalyse und -optimierung

Abhängig von der optimierten Produktstruktur kann die Produktionsstruktur, d. h. die Materialfluss-, Informationsfluss- und Organisationsstruktur gestaltet werden. Die Segmentierung des Materialflusses ist eine Voraussetzung für logistikgerechte Abläufe in der Produktion. Informations- und Organisationsstruktur bauen darauf auf.

**Materialflussstrukturierung**
In der Fabrikplanungsphase der Produktionsstrukturplanung ist die Materialflussstrukturoptimierung ein wesentlicher Baustein. Im EDV-Tool MAFLU werden die vorhandenen Materialflussstrukturen, abgelegt im IPPM, datenmäßig aufbereitet, visualisiert und Ideal-Strukturdaten erzeugt. Eine Orientierung über die Funktionen des MAFLU-Tools ist dem (Bild 7.40) zu entnehmen. Maßnahmen zur Optimierung des Materialflusses betreffen dabei im Wesentlichen die Ablauf-, Fertigungs- und Steuerungsstruktur (Abb. 7.41).

**Lager- und Pufferstrukturierung**
Das IPPL-Tool „Lager- und Pufferstrukturierung" umfasst mehrere Module, die zur Ermittlung der optimalen Lagerstruktur, aber auch gleichzeitig bei der Planung der Materialflussstruktur und -steuerung, benötigt werden (Abb. 7.42). Zur Datenbasis zählen aus Sicht der Planung z. B. Stammdaten (Produkte, Maschinen, Ladehilfsmittel), Strukturstücklisten, Arbeitsplandaten und Verbrauchsdaten. Im Vordergrund stehen Ähnlichkeitsanalyse der Teile im Materialfluss, Zuordnung der Teile zu definierten Lager- und Pufferfunktionen, Bestimmung der notwendigen Lageranzahl, Standortwahl der Lager sowie Festlegung der benötigten Lager kapazität /Der93/.

| Menüpunkt | Funktionalität | Funktionsbeschreibung |
|---|---|---|
| **Modellierung** | - Ressourcenmodell<br>- Prozessmodell<br>- Produktmodell | Funktion zum Erzeugen, Manipulieren und Löschen von Modellelementen (Artikel, Kapazitäten, Arbeitsplan) |
| **Visualisierung** | - Kapazitätsfeld<br>o Darstellung pro Cluster<br>o Darstellung für alle Cluster<br>- Beziehungsfeld<br>o der Segmentierung<br>o der Ist-Situation | Darstellung von Sichten auf das Modell (Kapazitätsfeld, Beziehungsfeld usw.) |
| **Analyse** | - Clusterfunktion<br>o Single Linkage<br>o Complete Linkage<br>o Average Linkage<br>o Weighted Average Linkage | Initialisierung des Clusteranalyse-Stammes durch die Verfahrensauswahl mit der Vorgabe der Einstellungsparameter (Distanzfunktion, Distanzmaß usw.) |
| | - Segmentzuordnung<br>o Kennzahlengestützt<br>o manuell (Kapazität pro Segment) | Ermittlung der Segmente auf Basis der Zuordnungskennzahlen und interaktive Kapazitätszuordnung |
| | - Kennzahlenermittlung | Ermittlung der Kennzahlen pro Segment |
| | - Variantenvergleich | Ermittlung der Kennzahlen pro Analysestamm sowie der Gesamtkennzahl in tabellarischer Form zum Variantenvergleich |
| **Datenbank** | - Logout<br>- Speichern der Datenbank | Wechsel zwischen Datenbanken und Sicherung der Analyseergebnisse |
| **Fenster** | - Überlappend<br>- Nebeneinander<br>- Symbole anordnen<br>- Alle verkleinern | Anordnung geöffneter Fenster und Fensterwechsel in der Vollbildschirmdarstellung von geöffneten Anwendungen |

**Abb. 7.40** Übersicht über die Funktionen des MAFLU-Tools

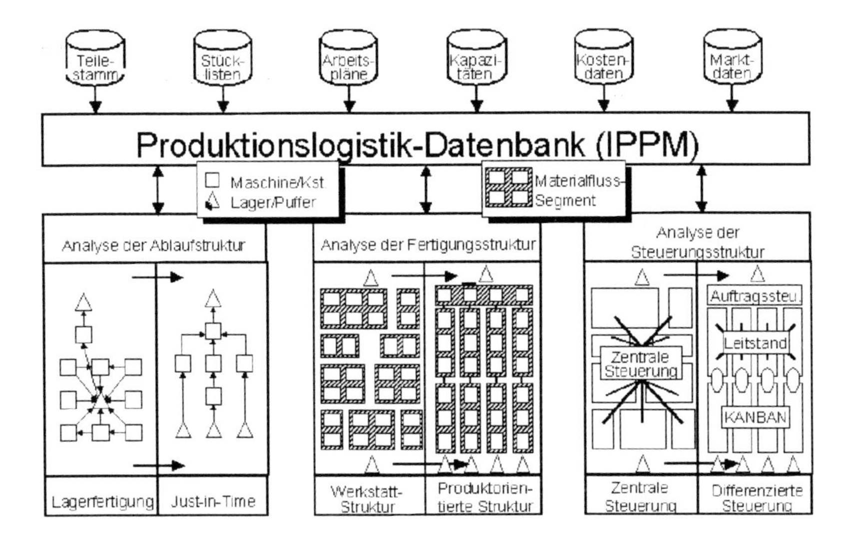


**Abb. 7.41** Maßnahmen zur Optimierung des Materialflusses nach logistischen Aspekten

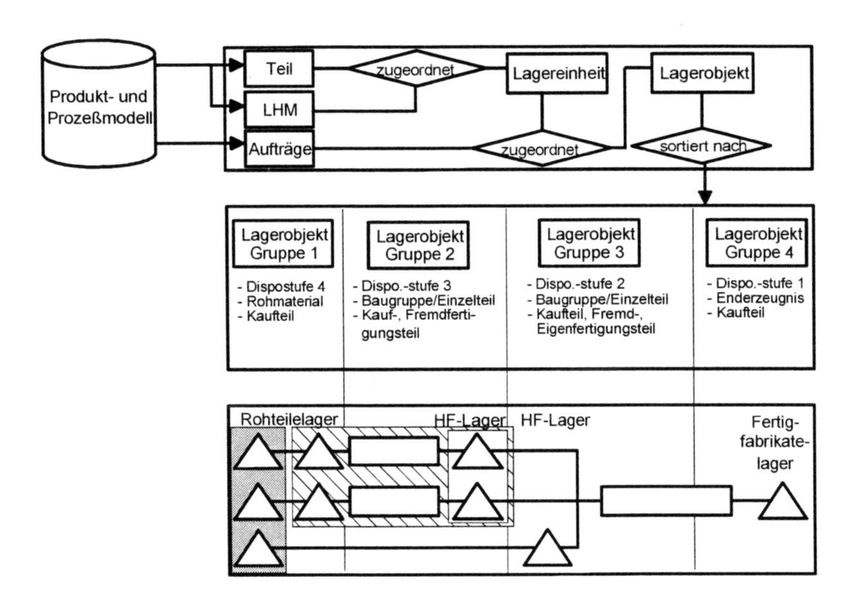


**Abb. 7.42** Lagerstrukturplanung

**Informationsflussstrukturierung**

Abb. 7.43 zeigt das Beispiel eines Soll-Konzeptes für ein Produktionslogistik-Leitsystem (PLL) für einen mittleren Betrieb zur kundenorientierten Montage elektronischer Geräte mit hoher Produktvarianz. Wie zu erkennen, bilden Materialfluss- und Informationsflussstrukturen eine Einheit und müssen daher ganzheitlich geplant werden. Im PLL-Konzept werden die Informationsflussstrukturen geprägt durch die Anforderungen, logistikgerechte Materialflüsse zu gewährleisten. Dabei gilt das Prinzip, Informationen möglichst dort zu speichern, wo sie benötigt werden. Im Rahmen der Planung sind Informationsprozessanalyse und -bedarfsanalyse, insbesondere die Beschreibung der Regelkreise und ihres Vernetzungsgrades, sowie die Verteilung der Aufgaben und Verantwortlichkeiten durchzuführen /Lün92/.

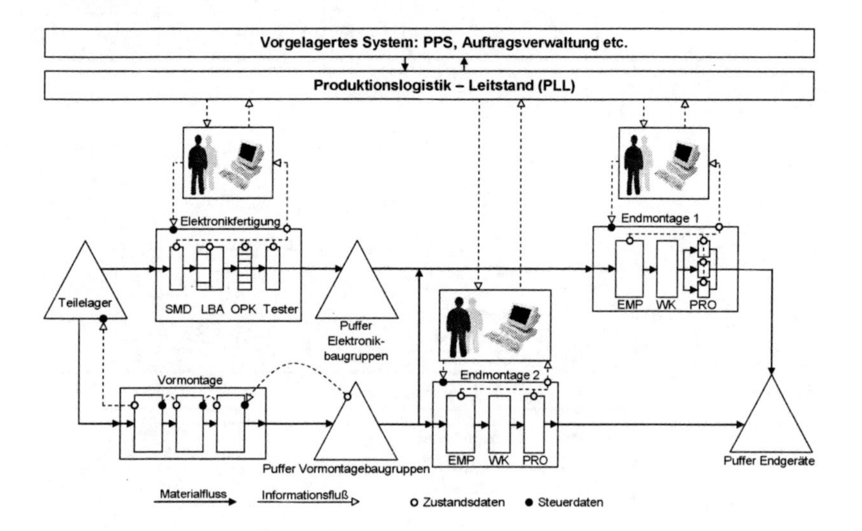


**Abb. 7.43** Materialfluss- und Informationsflusskonzept für ein Produktionslogistik-Leitsystem (PLL)

### 7.4.4 Datenintegrierte Layoutplanung

Die Optimierung der Produktionsstruktur auf der Datenbasis des IPPM kann als ein Schritt in der Planungsphase der Fabrikstrukturplanung gesehen werden. Ein Zwischenergebnis ist die optimierte, logistikgerechte Materialflussstruktur mit derren Elementen, den Materialflussabschnitten, der Lager- und Pufferstruktur sowie den sie verbindenden Transportbeziehungen. Davon ausgehend sind das Ideallayout und Reallayout unter Anwendung des EDV-Tools „Datenintegrierte Layoutentwicklung“ zu planen.

**Ideallayoutentwicklung**
Die Bestimmung der Idealanordnung erfolgt unter Anwendung des Dreieck- bzw. Viereck-Verfahrens (vgl. Abschnitt 4.4.1.4). Die Grundlage bildet ein aus dreieckigen oder quadratischen Flächen zusammengesetztes Raster, auf dessen Eckpunkten die Layoutelemente platziert werden. Die Rasterkoordinaten sind im IPPM abzulegen. Für die Bewertung kann als geläufige Kennzahl die Berechnung des Transportaufwandes mittels der Transportdistanzmatrix verwendet werden.

**Reallayoutentwicklung**
Gegenüber der Ideallayoutentwicklung sind bei der Reallayoutentwicklung eine Vielzahl von Randbedingungen zu berücksichtigen. Deshalb ist die Beteiligung von Fachleuten unumgänglich, denn EDV-Programme können lediglich bei den algorithmischen Aufgaben unterstützen. Folgende Schritte sind erforderlich:

- Generierung der Planungsfläche und ihre Aufteilung in Randbedingungsbereiche
  (Abb. 7.44)
- Anordnung der Organisationseinheiten in der Planungsfläche, ggfls. Einplanung neuer Verkehrswege (Abb. 7.45)
- Bewertung der Layoutvarianten

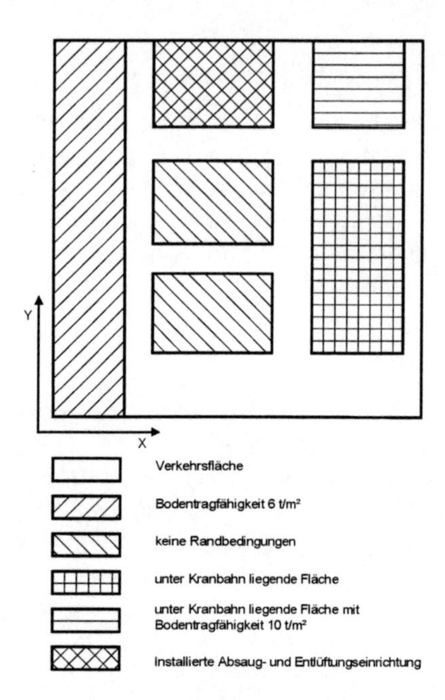


**Abb. 7.44** Aufteilung der Planungsgrundfläche in Randbedingungsbereiche

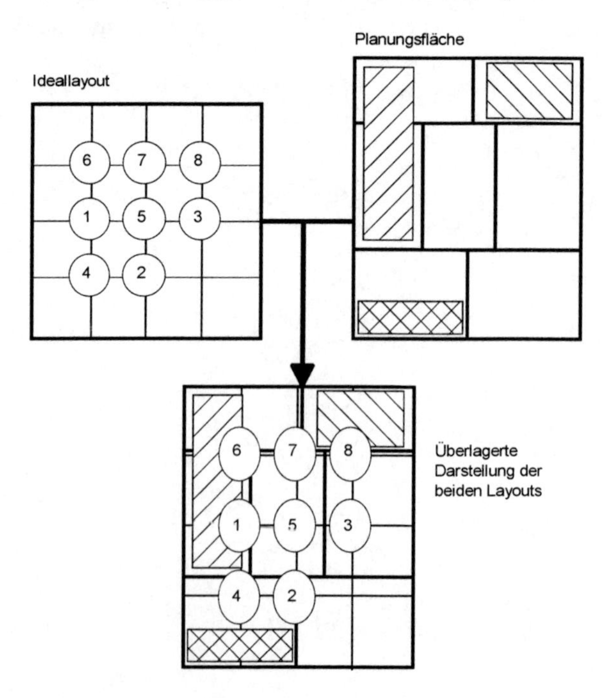


**Abb. 7.45** Überlagerung des Ideallayouts mit der Planungsfläche durch Strecken bzw. Komprimieren des Ideallayouts

Abb. 7.46 zeigt den Ablauf der Layoutplanung auf der Basis des Integrierten Produkt- und Prozessmodells IPPM.

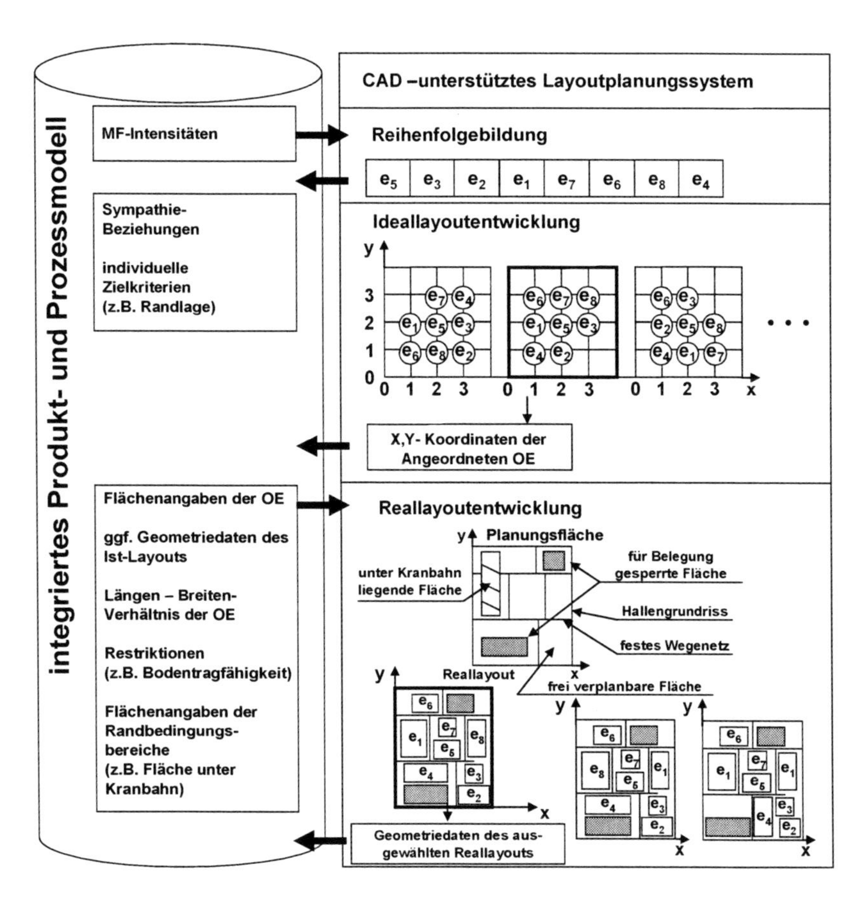


**Abb. 7.46** CAD-unterstützte Layoutplanung auf Basis des integrierten Produkt- und Prozessmodells

## 7.4.5 Methoden-Management-System MEPORT

Die Anforderungen an die Fabrikplanung bezüglich zielgerichteter aber auch beschleunigter Bearbeitung von Planungsaufgaben steigen weiterhin erheblich. Zunehmend werden daher Methoden und Instrumente zur Analyse, Bewertung und Optimierung von erfahrenen Planern sowie von den Projektteams aus Führungskräften und Mitarbeitern verschiedener Funktionsbereiche angewendet (Abb. 7.47). Um beurteilen zu können, welche Methoden zur Lösung der jeweiligen Problemstellungen geeignet sind, wurde vom FIL Forschungsinstitut für Logistik der Forschungsgemeinschaft für Logistik e.V. in Hamburg zusammen mit dem Arbeitsgebiet Technische Logistik der TU Hamburg-Harburg ein flexibles Internet-basiertes Methodenportal entwickelt /0'Sh06; Schr06/. Dabei wurden Grundsätze des Content Management zur Neuanlage und Pflege von Methodenbeschreibungen mit entsprechend vordefinierter Workflows für Aufgabenabgrenzung, Analyse und Bewertung sowie ein ausgeprägtes Nutzerrollenkonzept realisiert.

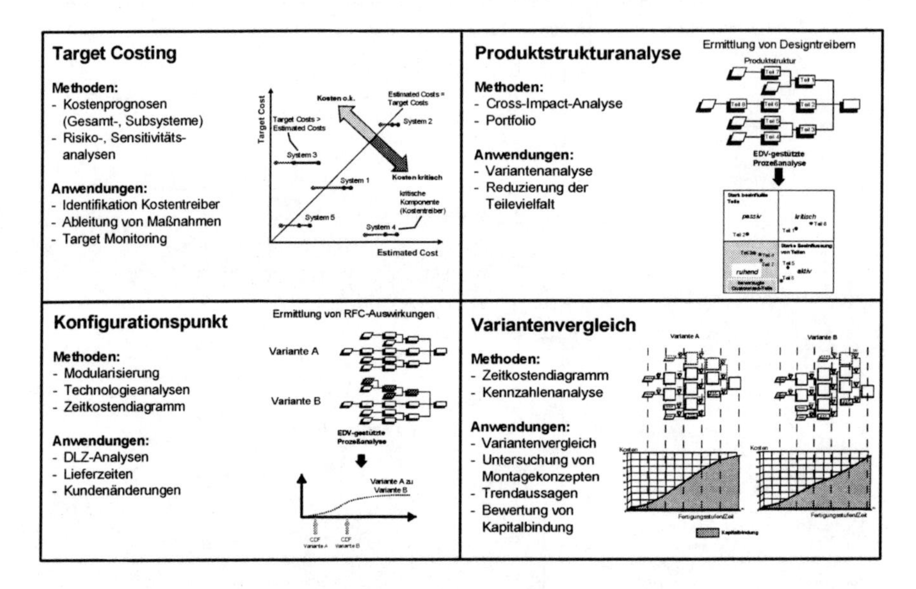


**Abb. 7.47** Methodenbeispiele aus dem IPPL-Werkzeugkasten /Schr06/

Die Anwendung von MEPORT beginnt mit Bekanntwerden eines Problems oder Verbesserungspotenzials. Es kann anschließend unter Zuhilfenahme der Auswahlunterstützung nach geeigneten Methoden gesucht werden. Eine Methodenanzeige erfolgt über einheitlich strukturierte Beschreibungen, die einen schnellen Anlernprozess, eine effiziente Reaktion auf das Problem sowie eine strukturierte Vorgehensweise ermöglicht.

Den grundsätzlichen Aufbau von MEPORT zeigt Abb. 7.48, der sich in einen anwendungsspezifischen Teil zur Verwaltung der Systemeinstellungen und einen methodenspezifischen Teil zur Administration und Überarbeitung der Zugriffseigenschaften und Beschreibungsmerkmale der Methoden unterteilt. Neben der Methodenauswahl über die Bezeichnung, wie z. B. „Teiledifferenzierte Logistikoptimierung", können weitere Zugriffsstrukturen gewählt werden, wie z. B. die

Auswahl über die Methodenfunktion (z. B. Bestände reduzieren) oder die Methodenhierarchie (Produktionslogistik, Bestandsanalyse, Bereitstellungsstrategien, mehrdimensionale ABC-Analyse). Der Zugang über die Problemstellung (z. B. Reduzierung der Durchlaufzeit um 50%) führt über die Identifikation und Abgrenzung des Untersuchungsbereiches, Problemstrukturierung, Strukturierung der Vorgehensweise in Arbeitsphasen und -schritten, Navigieren durch die Vorgehensstruktur bis hin zum Vorschlag für die Anwendung von Planungsmethoden bzw. IT-Tools zur effizienten Bearbeitung der Aufgabenstellung.

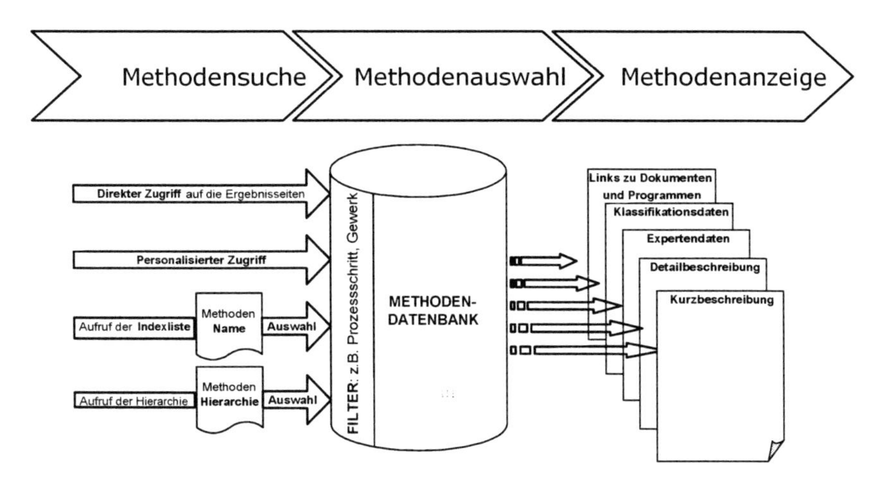


**Abb. 7.48** Internetbasiertes Methodenportal MEPORT /O'Sh06/

Das Methodenportal MEPORT kann strukturiert und systematisch in eine Abteilung Fabrikplanung, aber auch in ein Ganzheitliches Produktionssystem (GPS) zur permanenten Unterstützung von KVP-Teams, eingegliedert werden. Dabei macht es Sinn, dass KVP-Teams für die logistikgerechte Produkt-, Materialfluss-, Informationsfluss- und Organisationsgestaltung parallel arbeiten, unter gemeinsamer Nutzung einer zentral eingerichteten, einheitlichen Methodensammlung. Auch besteht eine erhebliche Herausforderung bei global agierenden Unternehmen mit weltweit verteilten Produktionsstandorten. Hier gilt es zukünftig verstärkt, Vorgehensweisen, Methoden und Lösungsansätze der Fabrikplanung und des Verbesserungsmanagements effizient zu „Distribuieren" (Abb. 7.49). Wobei durch das MEPORT-Konzept Methodeneinsatzbarrieren aufgehoben werden können /Paw06/.

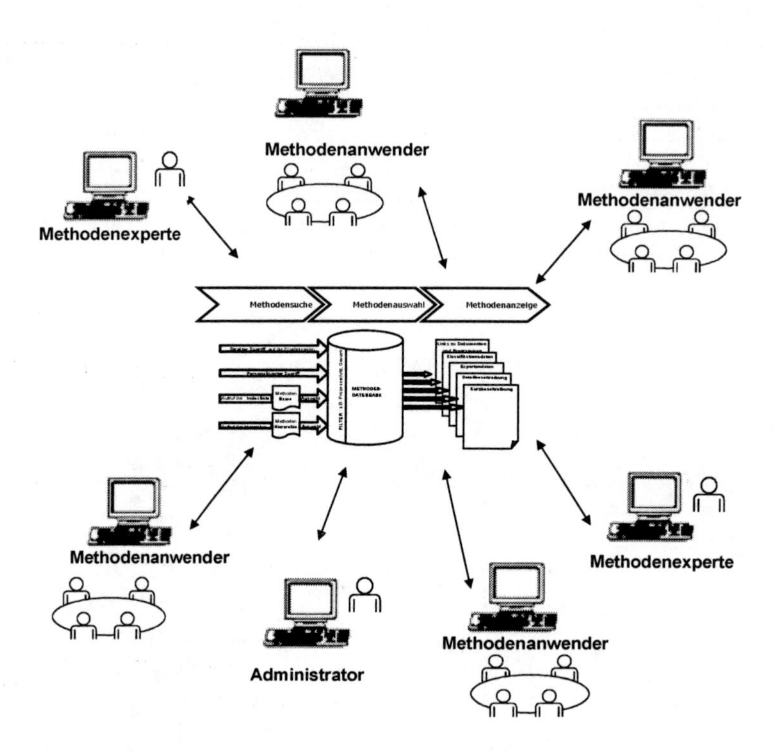


**Abb. 7.49** MEPORT zur Unterstützung von KVP-Teams

MEPORT dient dem flexiblen, internet- oder intranet-basierten Methoden-Management /Schr06/. Die unternehmens- und anwenderspezifische Ausgestaltung durch Customizing ermöglicht nicht nur einen komfortablen Zugriff auf die Methoden, sondern gewährleistet durch Zuordnung von Verantwortlichkeiten eine Sicherstellung der Methodenqualität.

Der Aufbau des Methoden-Management-Systems für die Fabrikplanung ist durch ein auf die Benutzerbedürfnisse zugeschnittenes Anwendungs- und Verwaltungssystem gekennzeichnet. Die Aufgaben

- des Verwaltungssystems sind im Wesentlichen
    - die Elemente der Methodenbasis technisch zu organisieren,
    - Zugriffe auf die Methodenbasis zu regeln und missbräuchliche Anwendung zu verhindern,
    - das Einrichten, Ändern, Löschen und Hinzufügen von Nutzern Methoden zu ermöglichen.

- des Anwendungssystems sind
  - Informationen über die Methodenbasis zur Verfügung zu stellen,
  - den Benutzer bei der Methodenvorbereitung, z. B. durch eine Führung bei der Methodenauswahl und Parameterversorgung zu unterstützen (Benutzerführung),
  - eine übersichtliche und verständliche Darstellung des Auswahlergebnisses sicherzustellen,
  - die Anwendung und Handhabung des Methoden-Management-Systems leicht erlernbar, transparent und benutzerfreundlich zu gestalten.

Weiterhin sind detaillierte Informationen, z. B. über die Angabe eines Methodenexperten, Langbeschreibungen, Tool-Unterstützung, Schulungsunterlagen, weiterführende Literatur etc. enthalten. Die Realisierung von MEPORT basiert auf der Internet-Technologie. Die Verwendung dieser weitgehend Plattform-unabhängigen Technologie bietet zahlreiche Vorteile, wie z. B. geringe Anforderungen an Hard- und Software, einfache Installation und Wartung, geringer Schulungsaufwand, Vermeidung von Datenredundanz, die gerade bei der Nutzung als Disziplinen-übergreifende Wissenssammlung ausschlaggebend sind /Schr06/.

## *7.5 Entwicklungsstand und Ausblick*

### 7.5.1 Stand des EDV-Einsatzes bei der Planung

Die EDV-unterstützte Fabrikplanung wird vor dem Hintergrund immer leistungsfähigerer Rechner und immer komplexeren Planungsaufgaben stark gefordert. Veröffentlichungen mit Begriffen wie „Digitale Fabrik“, „Digitalisierung der Fabrik“ oder „Digital Manufacturing“ vermitteln eine Entwicklungsrichtung, die auf eine vollständige Rechnerunterstützung abzielt. Die Demonstrationen virtueller Fabriken, die von Softwarehäusern und Forschungsinstituten auf Fachmessen vorgeführt werden, erwecken den Eindruck einer perfekten Durchgängigkeit in der Computernutzung, von der Produktentwicklung bis zur Entwicklung von Fabrik- und Produktionssystemen.

Eine Bestandsaufnahme des Softwareangebotes für die Fabrikplanung und ihrer praktischen Nutzung zeigt, dass bisher überwiegend Insellösungen für spezielle Fragestellungen existieren (Abb. 7.50), z. B. für die Layoutplanung, Lagersystemplanung oder Transportmittelauswahl /Scha01/. Bei der Umfrage wurde unterschieden zwischen Fällen

- ohne Computereinsatz und folgenden Software-Kategorien: Standardsoftware, z. B. Excel, Access, SAP zur Datenaufbereitung, oder auch CAD-Programmen wie AutoCAD für die Bearbeitung von grafischen Problemen,
- selbst entwickelter Software, die in der Regel eine aufgabenspezifische Adaption von Standardsoftware darstellt,
- Spezialsoftware zur Fabrikplanung, die speziell auf die Anwendung der typischen Aufgaben der Fabrikplanung zielt und bereits vom Hersteller auf die Probleme der Fabrikplanung zugeschnitten ist.

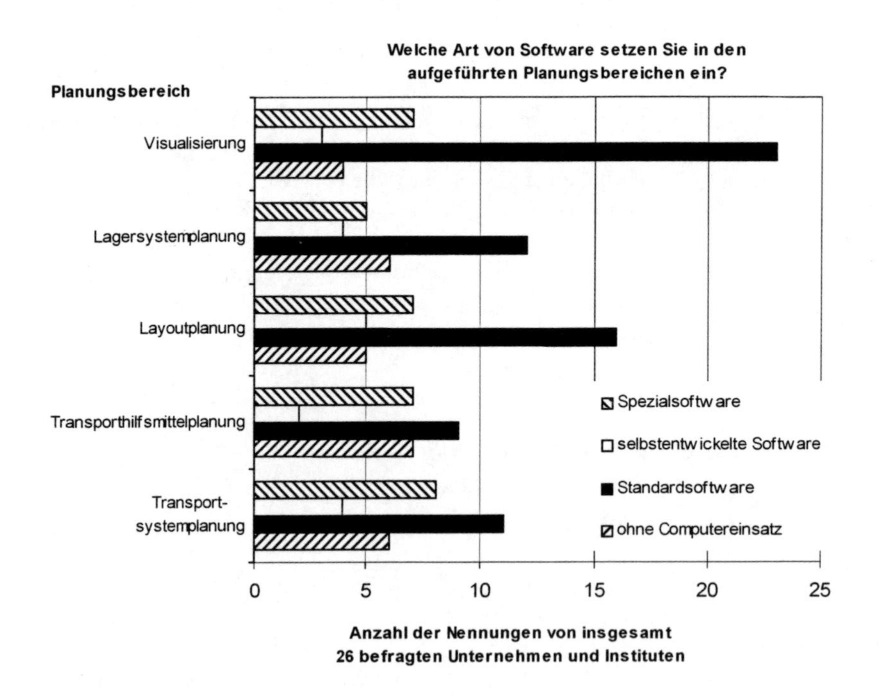


**Abb. 7.50** Softwarearten nach Planungsbereichen

Tendenziell lässt sich sagen, dass in allen Planungsbereichen im hohen Maße Standardsoftware eingesetzt wird. Problemspezifische Spezialsoftware, ausgenommen in der Layoutplanung, kommt nur zu einem sehr geringen Anteil zum Einsatz. In der Layoutplanung ist der Softwareeinsatz am weitesten etabliert. Grundsätzlich haben die Firmen die Notwendigkeit erkannt, mehr Software einzusetzen, dennoch aber stehen sie skeptisch gegenüber dem Einsatz von Fabrikplanungssoftware (Abb. 7.51).

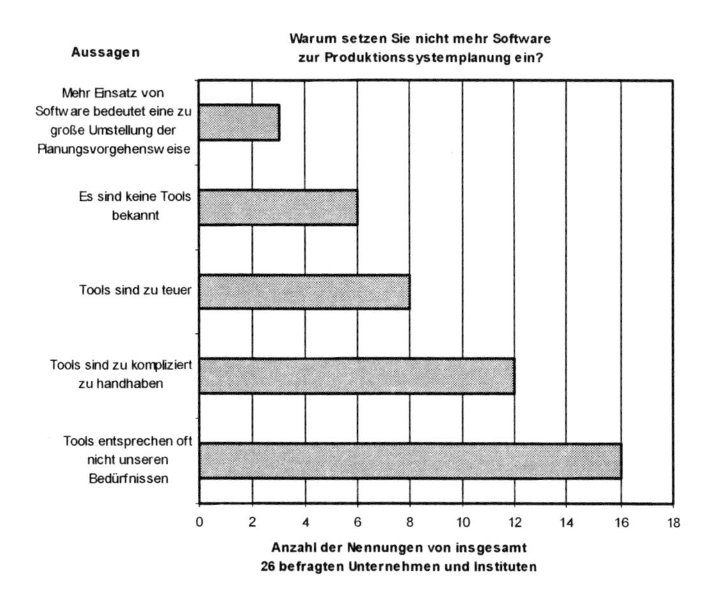


**Abb. 7.51** Gründe für den begrenzten Softwareeinsatz

### 7.5.2 Ausblick

Die Markt- und Technologieveränderungen erfolgen immer schneller und erfordern immer kurzfristigere Anpassungen der Produktion. Entsprechend muss die ganzheitliche Planung der Fabrik immer genauer und schneller durchgeführt werden und öfter erfolgen. Die Planungsmethoden und die Planungsinstrumente werden entsprechend weiterentwickelt /Con06; Schuh06; Wes07; Paw08-1/.

Die EDV kann in vielfältiger Weise Unterstützung bieten. Mit ihrer Hilfe werden Fabrikplanungsaufgaben in der gewünschten Schnelligkeit und Qualität durch Datenfortschreibung und permanente Planung durchgeführt werden können. Die Basis der EDV-gestützten Analyse und Planung werden Instrumente sein, mit denen das „Modell der Fabrik“ rechnerintern in seinen Strukturen bzw. Anlagen und Kapazitäten (CAD/Werkstrukturdatenbank) und in den Abläufen (Simulation) abgebildet wird /Leh06/. Zukünftige Planungsinstrumente werden – auf diesem Modell basierend – mit höher als heute integrierten Programmen genauere und vor allem schnellere Planungen ermöglichen /Nyh06/.

Periodisch durchgeführte Strategie- und Strukturplanungen für die ganze Fabrik – analog der heute selbstverständlich durchgeführten Finanzplanung – werden erlauben, jede Einzelmaßnahme in die geplante Gesamtentwicklung der Unternehmensstandortes bzw. eines Werkes integriert durchzuführen. Bessere, vor allem umfassendere Instrumente für das Verfahrenscontrolling mit entsprechenden

Messsystemen mit laufender Integration der sich wandelnden Randbedingungen werden die Anpassung des Betriebes permanent ermöglichen und manche heute noch notwendige Umstrukturierungsmaßnahme von vornherein vermeiden helfen /Paw07-2, S. 225–234/.

## 7.6 Übungsfragen zum Abschnitt 7

1. Nennen Sie die grundsätzlichen Möglichkeiten zur Unterstützung der Planung, und welche Unterstützungsmöglichkeiten ergeben sich insbesondere durch EDV-Programme?

2. Welche Anforderungen stellen sich an die EDV-gestützte Planung?

3. Welche EDV-gestützten Analyse- und Planungsmethoden kennen Sie? Ordnen Sie diese den Planungsphasen zu.

4. Was ist der Unterschied zwischen der EDV-gestützten Planung und der EDV-integrierten Planung?

5. Die Simulation ist kein Optimierungsverfahren, sondern?

6. Nennen Sie Fabrikplanungsaufgaben, die sich für die Simulation eignen.

7. Erläutern Sie den Ansatz des Facility Management (FM).

8. Welcher Nutzen ist mit dem Einsatz von den Werkzeugen des Virtual Reality bei der Fabrikplanung zu erwarten?

9. Welche Entwicklungsfelder umfasst die Integrierte Produkt- und Produktionslogistik (IPPL)?

## 7.7 Literatur zum Abschnitt 7

/Adl88/ *Adlbrecht, G.*: Wirtschaftlichkeit durch Projektmanagement. Wirtschaft & Produktivität (1988)4, S. 10

/Ald06/ *Aldinger, L.; Constantinesce, C.; Hummel, V.; Kreuzhage, R.; Westkämper, E.*: Fabrikplanung und Digitale Fabrik – Neue Ansätze „Advanced Manufacturing Engineering“. Wt Werkstattstechnik online 96(2006)3, S. 110–114

/Ben90/ *Benecke, C.*: Simulation von Materialfluß- und Lagerprozessen. Zeitschrift für Logistik (1990), S. 30–33

/Bie05/ *Bierschenk, S.; Fisser, F.; Kuhlmann, T.; Ritter, A.*: Stand der Digitalen Fabrik bei kleinen und mittelständischen. Unternehmen – Auswertung der Breitenfragung. Stuttgart, 2005.

/Bra01/ *Bracht, U., Fahlbach, M.W.*: Fabrikplanung mit Virtual Reality. ZwF Zeitschrift für wirtschaftliche Fertigung 96(2001)1-2, S. 20–26

/Bra05/ *Bracht, U.; Schlange, C.; Eckert, C.; Masurat, T.*: Datenmanagement für die Digitale Fabrik. Wt Werkstattstechnik 95(2005)4, S. 197–204

/Bra84/ *Bracht, U.*: Rechnergestützte Fabrikanalyse und -planung auf der Basis einer flächenbezogenen Werksstruktur-Datenbank. Berichte aus dem Institut für Fabrikanlagen (Reihe 2, Nr. 76), Universität Hannover 1984

/CAD04/ CADplus 04/2004, Delmia Sonderdruck Hannover Messe 2004, Delmia GmbH, www.delmia.de

/Con06/ *Constantinescu, C.; Hummel, V.; Westkämper, E.:* Fabrik Life Cycle Management – kollaborative standardisierte Umgebung für die Fabrikplanung (KOSIFA). Wt Werkstattstechnik online 96(2006)4, S. 178–182

/Dew91/ *Dewender, G.*: Innovationsmanagement und strategisches Controlling. In: Tagungsunterlage „Controlling" der Techno Congress München, Düsseldorf am 08.05.1991

/Der93/ *Dresen, H.*: Lagerplanung unter Berücksichtigung der Lager- und Pufferstruktur. In: Produktionslogistik, Forschungsgemeinschaft für Logistik e.V. (FGL),Hrsg. Prof. Pawellek, Hamburg 1993, S. 65–76

/Eng90/ *Engler, W.*: Ziele, Methoden und Instrumente bei logistischen Projekten – Demonstration ausgewählter EDV-Tools. In: Tagungsunterlage „Durchgängige Unternehmenslogistik für die Fabrik der Zukunft" der BVL am 13.02.1990, Mülheim/Ruhr

/Gau02/ *Gausemeier, J.; Eckes, K.; Schoo, M.:* Virtualisierung der Produkt- und Produktionsprozessentwicklung.
ZwF Zeitschrift für wissenschaftliche Fertigung 97(2002)7–8, S. 380–384

/Har92/ *Hartmann, T.; Hinz, F.*: Umfeldorganisation und Produktstrukturanalyse.
In: Generalisierungsaspekte von Produktionslogistik-Leitsystemen (PLL), Ergebnisbericht des PLL-Arbeitskreises der Forschungsgemeinschaft für Logistik e.V. (FGL),
Hrsg. Prof. Pawellek, Hamburg 1992, Kap. 1.2.1

/Har93/ *Hartmann, T.*: Senkung der Komplexität durch teiledifferenzierte Logistikoptimierung.
In: Produktionslogistik, Forschungsgemeinschaft für Logistik e.V. (FGL), Hrsg. Prof. Pawellek, Hamburg 1993, S. 131–145

/Hei89/ *Heidbreder, U.W.*: CIF Computer Integrated Facilities Management.
In: Tagungsunterlage „Fabrikplanung und -organisation" der TAW am 26. und 27.01.1989, Wuppertal

/Kam05/ *Kaminsky, Chr.; Glossner, M.*: Digitale Fabrik im Werkzeugbau.
VDI-Zeitschrift 147(2005)6, S. 42–45

/Kap06/ *Kapp, R.; Le Blond, J.; Schreiber, St.; Pfeffer, M.; Westkämper, E.:*
Echtzeitfähiges Fabrik-Cockpit für den produzierenden Mittelstand.
Industrie Management 22(2006)2, S. 49–52

/Koc92/ *Koch, R.:* CADLAY – Programmsystem zur materialflussgerechten Werkstättenplanung.
In: Handbuch zum 1. Hamburger Logistik-Kolloquium am 26.03.1992 der TU Hamburg-Harburg

/Kru07/ *Krug, H.:* Planung und virtuelle Inbetriebnahme von kompletten Produktionslinien mit 3D-Simulation.
In: Handbuch zur 7. Deutschen Fachkonferenz „Fabrikplanung" am 22. und 23.05.2007 in Esslingen

/Küh99/ *Kühnle, H.* Simultane Fabrikgestaltung – Modellsysteme visualisieren.
wt Werkstattstechnik online 89(1999)1/2, S. 13–17

/Leh06/ *Lehmann, J.; Müller, E.:* Ansatz zur Entwicklung von Methoden zur ganzheitlichen integrierten Planung kundenorientierter wandlungsfähiger Fabriken mit Hilfe der Digitalen Fabrik.
wt Werkstattstechnik online 96(2006)4, S. 150–155

/Lün92/ *Lünstedt, F.:* Vorgehensweisen und Methoden der Informationflussstrukturierung.
In: Generalisierungsaspekte von Produktionslogistik- Leitsystemen (PLL), Ergebnisbericht des PLL-Arbeitskreises der Forschungsgemeinschaft für Logistik e.V. (FGL),
Hrsg. Prof. Pawellek, Hamburg 1992, Kap. 1.5.1

/Mei87/ *Meister, F.:* Untersuchung von Lagersystemen mit Hilfe von EDV-Modellen.
Fördertechnik (1987)3, S. 26–28

/Mer95/ *Merkel, K.:* Die moderne Distribution der Polygram GmbH.
In: VDI Berichte 1233 Tagungsunterlage Lagerlogistik,
S. 151–181, Magdeburg 1995

/Neu00/ *Neugebauer, R.; Lang, R.; Hoffmann, D.:* Modellansatz für das Produkt-Life-Cycle.
ZwF Zeitschrift für wissenschaftliche Fertigung 95(2000)10,
S.510–513

/Nyh06/ *Nyhuis, P.:* Fabrikplanung, Produktionssteuerung, Management – Zukunft Möglich machen.
wt Werkstattstechnik online 96(2006)4, S. 4

/O'Sh06/ *O'Shea, M.:* Methoden-Managementsystem MEPORT.
In: Tagungsunterlage „Produktions- und Zulieferlogistik“,
FGL-Seminar am 22.06.2006 in Hamburg, S. 7.1 bis 7.12

/Paw92-1/ *Pawellek, G.; Best, D.:* Anwendung kybernetischer Prinzipien zur Produktionsorganisation und -steuerung.
VDI-Zeitschrift 134(1992)3, S. 90–93

/Paw92-2/ *Pawellek, G.:* Kybernetische Produktionsorganisation und -steuerung.
In: Jubiläumsschrift 20 Jahre Lehrstuhl für Förder- und Lagerwesen, Universität Dortmund 1992, S. 2–41 bis 2–58

/Paw94/ *Pawellek, G.; Krüger, T.*: Kostentransparenz in der Produktionslogistik.
ZfB Zeitschrift für Betriebswirtschaft 64(1994) 2, S. 203–211

/Paw95/ *Pawellek, G.; Krüger, T.*: Neue DV-Tools zur Optimierung der Produktionslogistik.
Logistik Spektrum (1995)1/2, S. 6–9

/Paw96/ *Pawellek, G.*: EDV-Tools unternehmensspezifisch aufbauen. Gestaltung von Veränderungen in Produktion und Logistik.
Technische Rundschau Transfer 88(1996)14, S. 28–32

/Paw98/ *Pawellek, G.; Daus, O.; Schirrmann, A.*: Entwicklung logistischer Konzepte und Komponenten von Nutzlastsystemen für Flugzeuge. Ergebnisbericht zum BMBF-Projekt (Teil 1: Integrationskonzept), Hamburg 1998

/Paw99-1/ *Pawellek, G.; Schramm, A.*: Neues Planungs-Tool für mehr Kostentransparenz in der Produktion.
Logistik Spektrum 11(1999)4, S. 12–14

/Paw99-2/ *Pawellek, G.; Schirrmann, A.*: Dezentrale Leitsysteme – Die Reorganisation der Produktionslogistik ist notwendig.
zfo Zeitschrift Führung + Organisation 68(1999)5, S. 255–259

/Paw00/ *Pawellek, G.; Schramm, A.*: Neues Werkzeug für die Produktentwicklung – Target Costing im Maschinen- und Anlagenbau.
ZwF Zeitschrift für wirtschaftliche Fertigung 95(2000)10, S. 467–470

/Paw02/ *Pawellek, G.*: Integrierte Produkt- und Produktionslogistik (IPPL) – Neue IT-Werkzeuge zur Logistikoptimierung bereits im Produktentwicklungsprozess.
In: Jahrbuch der Logistik 2002, S. 240–243

/Paw04/ *Pawellek, G.; Schönknecht, A.*: Simulation in Planung und Betrieb logistischer Systeme.
Logistik für Unternehmen (2004)9, S. 62–65

/Paw06/ *Pawellek, G.; O'Shea, M.; Schramm, A.*: Optimieren der Methodenanwendung mittels intranetbasiertem Methoden-Management-System.
ZwF Zeitschrift für wirtschaftliche Fertigung 101(2006)9, S. 529–533

/Paw07-1/ *Pawellek, G.; Schirrmann, A.:* Modellsystem zur Gestaltung und Steuerung der Logistik in Produktionsnetzen.
In: Tagungshandbuch zum 3. Fachkolloquium der Wissenschaftlichen Gesellschaft für Technische Logistik (WGTL) am 22. und 23.03.2007 in Hamburg

/Paw07-2/ *Pawellek, G.:* Produktionslogistik: Planung – Steuerung – Controlling. Carl Hanser Verlag 2007

/Paw08-1/ *Pawellek, G.; Schramm, A.:* Produktionslogistik – Verfahrenscontrolling als Steuerungsinstrument.
PPS Management 13(2008)1, S. 17–21

/Paw08-2/ *Pawellek, G.; O'Shea, M.; Schramm, A.:* Integrierte Produkt- und Produktionslogistik am Beispiel der Automobilindustrie.
VDI-Z 150(2008)1/2, S. 62–65

/Pol87/ *Polensky, W.:* Der Produktionslogistik-Analysator PROLOGA:
In: Tagungsunterlage „Fabrikplanung und -organisation" der TAW am 26.03.1987, Wuppertal

/Pos99/ *Post, H.J.:* Neue Realitäten – Virtual Reality als kostbares Werkzeug c't (1999)19, S. 98–103

/Prz04/ *Przybylinski, S.:* „A New Paradigm for Design", White Paper, plm.3ds.com/uploads/tx_user3dsplmxml/VPDM_White_Paper_May2004_01.pdf

/Ret05/ *Rettig, U.; Surholt, D.:* Planungssysteme für die Zukunft.
dnf Intralogistik (2005)6, S. 35–36

/Rit06/ *Ritter, A.; Kuhlmann, T.:* Potentialorientierte Systemauswahl der Digitalen Fabrik.
Industrie Management 22(2006)2, S. 53–56

/Scha01/ *Scharf, P.; Vondran, S.; Lieske, O.:* Computereinsatz bei der Planung von Produktionssystemen.
VDI-Z 143(2001)9, S. 84–85

/Schr06/ *Schramm, A.:* Methoden und Tools zur Optimierung der Produktions- und Zulieferlogistik.
In: Tagungsunterlage „Produktions- und Zulieferlogistik", FGL-Seminar am 22.06.2006 in Hamburg, S. 6.1 bis 6.14

/Schr97/ *Schraft, R.D.; Wapler, M.; Flaig, T.*: Effiziente Inbetriebnahme von Roboteranlagen mit Virtual Reality-Systemen.
Robotica and Management 2(1997)1, S. 34–37

/Schu87/ *Schulte, H.*; *Pawellek, G.*: Die Entwicklung der „Fabrik für die Zukunft" in der Praxis – Neue Methoden und EDV-Tools.
Industriebau (1987)3, S. 140–147

/Schuh06/ *Schuh, G.; Gulden, S.; Gottschalk, S; Kampker, A.*: Komplexitätswissenschaft in der Fabrikplanung.
wt Werkstattstechnik online 96(2006)4, S. 167–170

/Schw87/ *Schwettmann, K.; Meister, F.*: Instrumente und Methoden der Lagerplanung – Kreativität dem Planer, Routine dem Rechner.
Lagertechnik (1987), S. 28–32

/Wes04/ *Westkämper, E.*: Key Note zur Veranstaltung „Digitale Fabrik" des Verlags
Moderne Industrie, Ludwigsburg, am 30.06.2004

/Wes05/ *Westkämper, E.*: Mächtige Hilfsmittel stehen bereit – Chancen der deutschen Produktionstechnik: Veränderungen schneller und präziser erreichen.
Intelligenter Produzieren (2005)1, S. 11–13

/Wes06-1/ *Westkämper, E.*; *Runde, C.*: Anwendungen von Virtual Reality in der Digitalen Fabrik – Eine Übersicht.
wt Werkstattstechnik online 96(2006)3, S. 99–103

/Wes06-2/ *Westkämper, E.; Neunteufel, H.; Runde, C.; Kunst, S.*: Ein Modell zur Wirtschaftlichkeitsbewertung des Einsatzes von Virtual Reality für Aufgaben in der Digitalen Fabrik.
wt Werkstattstechnik online 96(2006)3, S. 104–109

/Wes07/ *Westkämper, E.*: Anpassungsfähige Fabriken für traditionelle und neue Produkte.
In: Handbuch zur 7. Deutschen Fachkonferenz „Fabrikplanung" am 22. und 23.05.2007 in Esslingen

/Zäh05/ *Zäh, M.F.; Vogt, W.; Patron, C.*: Interaktive Planung von Produktionssystemen mittels Augmented Reality.
wt Werkstattstechnik online 95(2005)9, S. 615–619

# Sachverzeichnis

Q



R



S